KB140557

발품으로 그려낸
스토리 가이드북
영남알프스 100선

원(손)지도 오세철(울산오바우)

지도 일러스트 문정훈 · 김준경 · 김혜진

사진 곽호근 · 배성동

삽화 문정훈

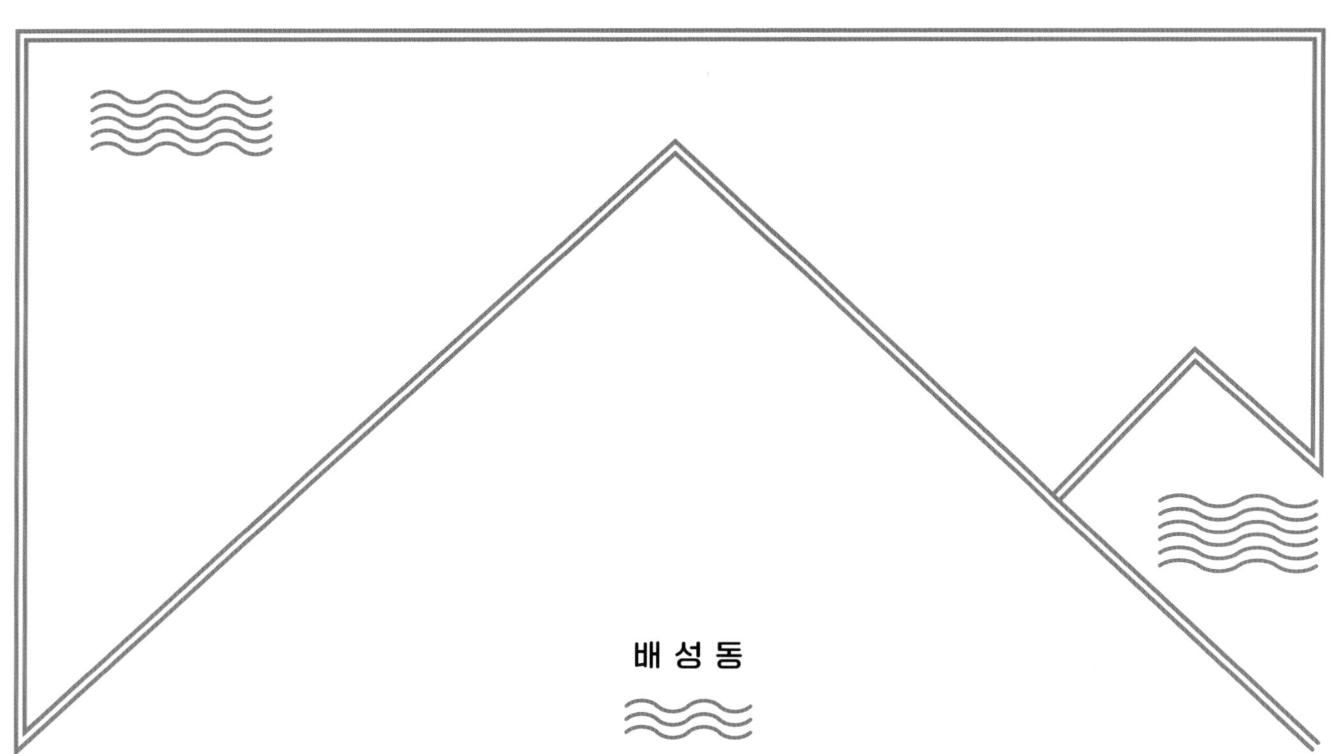

배 성 동

발품으로 그려낸
스토리 가이드북

Yeongnam Alps Top 100 Peaks

영남알프스 100선

민속원

영남알프스 바람신 가라사대

바람신 만나려면 영남알프스에 오시라
하늘 냄새에 가슴 벅찰 터이니 울음주머니 채워 오고

밥물 넘치는 억새평원
동풍이면 간월재 남풍이면 신불재 서풍이면 구름재
눈썹마저 빼놓고 왔다면 바람 헤집고 다니는 사자평에 날려 보내시라

팔랑개비 인생이여
억센 바람 부는 날이면 가지산 눈발로 흩날리고
발로 지도를 그려 보았다면 운문산 표범으로 쏘다니시라

홀딱새 부르는 날이면 세상사 초연한 알몸으로 오고
단풍 물 끓는 학심이골에는 빨치산으로 뛰어들고
뜬구름 잡으려면 일흔아홉 고갯길 오두메기를 넘어보시라

가파르게 살고 싶은가
공룡능선에 올라 축지법을 써보시라
시시때때로 비뚤어지는 입을 날 세운 칼바위가 벨 것이다

달짝지근한 배내구곡에는 내 몸이 봄날이 되면 오고
고사리분교에는 평생 나물만 캔 화전민의 자식으로만 오시라

파래소폭포에는 속까지 말간 투명인간으로 오고
걷기만 해도 수행이 되는 영축산 도통능선度通稜線은 묵언으로 걸으시라

세상 모든 것과 만나고 싶은가
발목이 덜렁거려도 걸어야 하는 인생이라면 홀로 걷는 신불평원 달이
되시라
그러나 걷다가 죽어도 좋다면 영남알프스 어디든지 끌리는 데로 오시라

그래도 바람신 못 만나는 불청객이라면 숲이 되어 버려라

작가의 말

영남알프스는 대문 없는 정원이다. 이 정원을 열고 들어서면 나도 모르게 자연 철학자가 된다. 수 만권의 책을 겹겹히 쌓아둔 마금루, 순백의 억새춤사위는 산행객 가슴을 들뜨게 한다.

영남알프스의 매력은 미美와 결結이다. 어느 산이든 정상 조망권이 탁월하고, 계곡마다 크든 작든 폭포가 있다. 그 미는 억새 춤사위처럼 아름답고, 결은 단단하면서 부드럽다. 미와 결의 완성은 영남알프스가 국립공원으로 지정되어 온전히 야생으로 남는 데에 있다. 그 야생이 유지 될 때 우리는 산이 주는 영감과 위로를 받을 수 있다.

영남알프스를 안내할 길잡이 책을 줄곧 떠올리며 그동안에 걸어온 길들을 돌아보았다. 영남산무리 떠돌길 30년, 산 넘고 물 건너며 자박자박 걸어온 내 두 발이 기억하는 것은 산을 드나들었던 이들의 뒤안길이었다. 집 나설 때 신은 짚신이 태산 같은 저 잿마루를 넘고 나면 '피 짚신'이 되더라는 어느 산골 아낙네의 탄식, 청도 동곡에서 몰기 시작한 소떼를 언양우시장에 넘기고 나면 안도감에 된통 앓았다는 늙은 태가꾼馱價夫의 쉰 소리는 지금도 귀에 선하다.

이 책이 나오기까지 여러 사람들의 도움을 받았다. 산을 이고 사는 원주민들, 구슬땀 흘리며 발품팔이를 함께해온 길동무들에게 감사의 말씀을 드린다. 특히 원지도를 그려주신 오세철 씨, 원지도를 해독하기 쉽도록 재구성해준 일러스트들의 노고를 잊을 수 없다.

돌이켜 보면 무엇보다 발목을 잡는 것은 지도였다. 옛 속담에 '멀커디로 구덕 판다'는 말이 있다. 돌뿌리 하나 놓치지 않으려는 의욕이 앞서다 보니 지도 제작에만 꼬박 1년을 매달려야 했다. 민속원 출판사 역시 그에 못지 않는 노고가 있었다. 대동여지도를 제작한 고산자 김정호를 떠올리며 부르튼 발을 매만지곤 했다.

배내구곡, 팔풍팔재로 사라진 억새꾼들의 뒤안길을 좇던 발품팔이를 마쳤다.

2022년 한여름 언양에서

배성동

차례

영남알프스 테마 산행

영남알프스 9봉 완전공략

영남알프스 18경

바람신 만나는 코스

죽기 전에 가봐야 할 천상의 코스

걷기만 해도 도가 트는 코스

영남알프스가 숨긴 유토피아

영남알프스 산중미인

멍 때리기 좋은 코스

영남알프스 테마 산행

대문 없는 정원 '영남알프스 빅 둘레길'

산태극수태극 '영남알프스 태극종주'

영남알프스 나인 피크 트레일러

천하명산 탐방로 '하늘억새길'

만병통치약 '영남알프스 둘레길'

평산 자연인 대통령 순례길

영남알프스의 길은 언양장으로 통한다

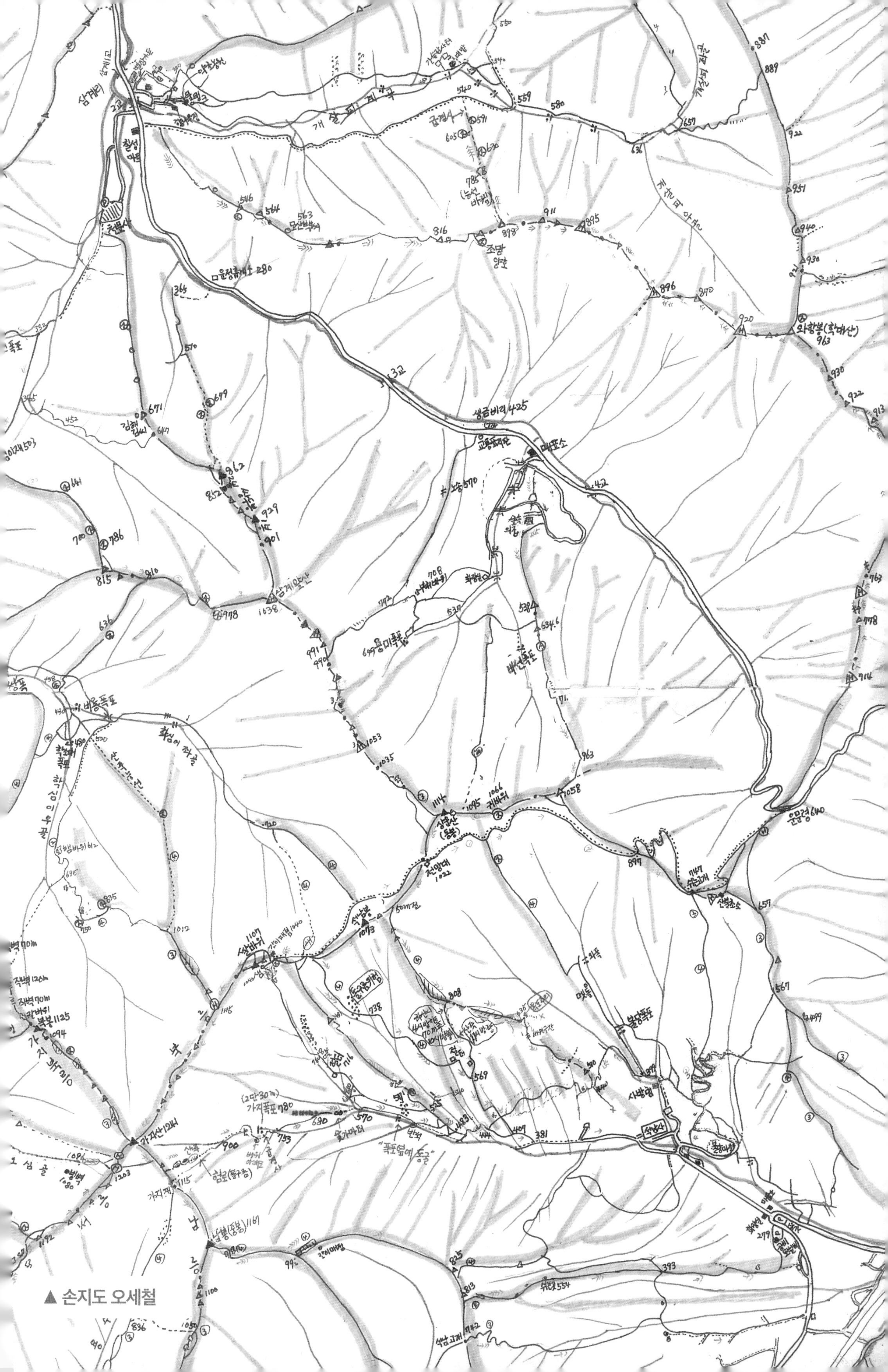

삼계리
삼계교
칠성마을
천문사
3교
생금비리 425
매표소
4교
와항봉(학대산) 963
귀바위
쌀바위
가지산 1241
석남사
사방댐
운문령 640

▲ 손지도 오세철

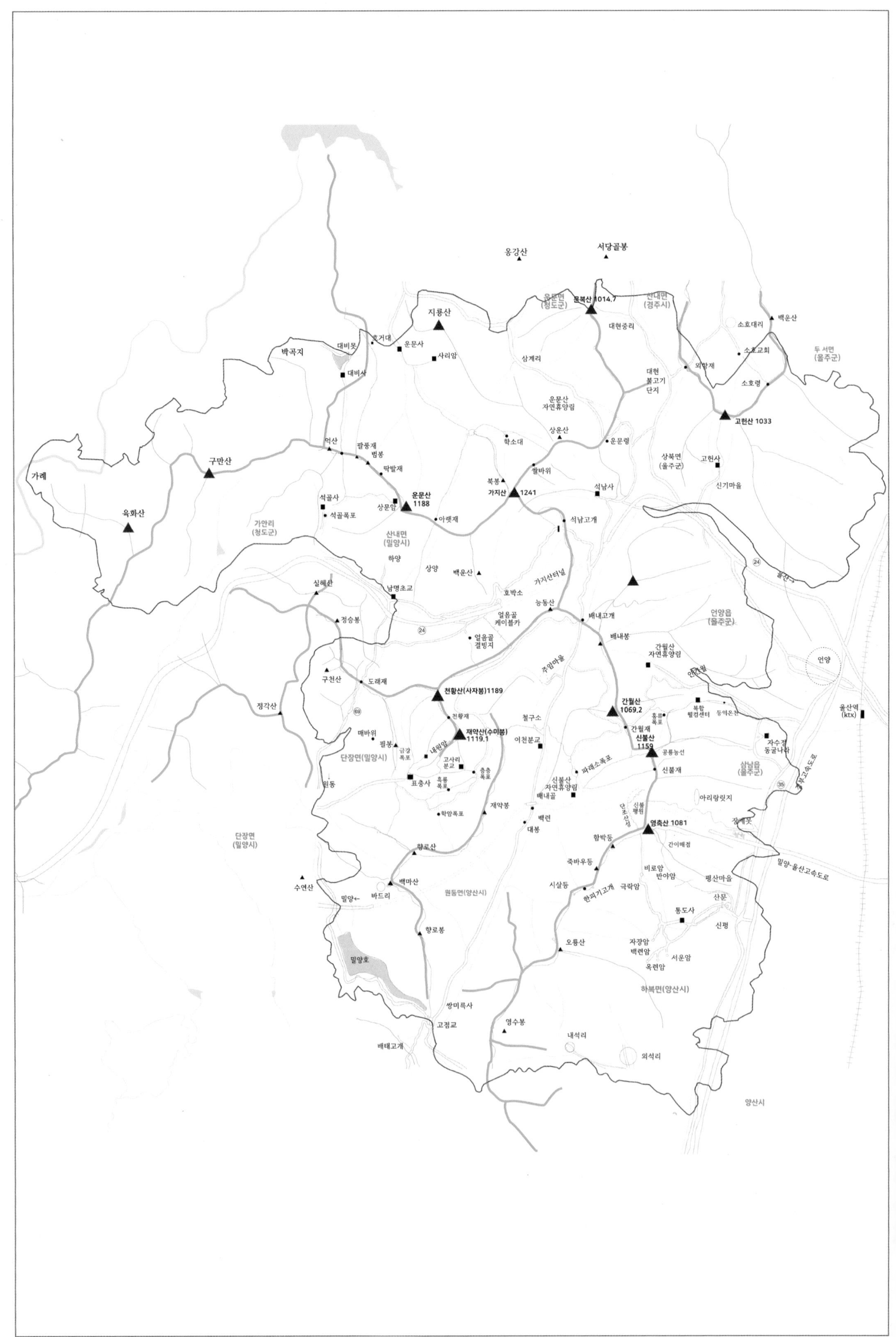

옹강산
서당골봉
문복산 1014.7
운문면 (청도군)
산내면 (경주시)
지룡산
백운산
소호대리
두서면 (울주군)
소호교회
대현중리
호거대
대비못
운문사
사리암
박곡지
대비사
삼계리
외항재
대현 불고기 단지
소호령
운문산 자연휴양림
고헌산 1033
상운산
학소대
운문령
억산
팔풍재
범봉
딱발재
상북면 (울주군)
고헌사
구만산
가례
쌀바위
북봉
가지산 1241
석남사
신기마을
운문산 1188
석골사
상운암
석골폭포
육화산
아랫재
석남고개
가인리 (청도군)
산내면 (밀양시)
하양
상양
백운산
가지산터널
호박소
남명초교
실혜산
능동산
배내고개
얼음골 케이블카
정승봉
언양읍 (울주군)
얼음골 결빙지
배내봉
간월산 자연휴양림
주암마을
언양
구천산
도래재
천황산(사자봉)1189
간월산 1069.2
울산역 (ktx)
정각산
천황재
철구소
홍류폭포
복합 웰컴센터
간월재
매바위
재약산(수미봉) 1119.1
신불산 1159
필봉
이천분교
금강폭포
내원암
자수정 동굴나라
단장면(밀양시)
고사리 분교
파래소폭포
공룡능선
층층폭포
표충사
흑룡폭포
신불재
삼남읍 (울주군)
신불산 자연휴양림
원동
배내골
아리랑릿지
학암폭포
재약봉
단조산성
신불평원
백련
대봉
영축산 1081
단장면 (밀양시)
향로산
함박등
간이매점
죽바우등
밀양-울산고속도로
비로암
반야암
백마산
평산마을
수연산
원동면(양산시)
시살등
한피기고개
극락암
밀양←
바드리
산문
통도사
향로봉
신평
오룡산
자장암
백련암
서운암
밀양호
옥련암
하북면(양산시)
쌍미륵사
영수봉
고점교
내석리
외석리
배태고개
양산시

1. 대문 없는 정원 '영남알프스 빅 둘레길'(350km)

산천을 유람하는 것은 좋은 책을 읽는 것과 같다. 영남알프스는 수 백 만권의 책을 겹겹이 쌓아둔 거대한 서고書庫나 다름없다. 가을이면 곳곳의 억새평원에 나부끼는 순백의 억새을 찾아 전국 등산객들의 발길이 끊이지 않는다.

영남알프스 빅 둘레길은 울산 울주, 경남 양산, 밀양, 경북 청도, 경주 등의 5개 시 · 군에 걸쳐 있는 약 350km 언저리를 말한다. 장님들이 코끼리를 더듬고는 나름대로 판단하듯이 영남알프스의 품안에 멀찍이 서라도 안겨볼 수 있는 코스가 영남알프스 빅 둘레길이다.

영남알프스는 산이 주는 마법 같은 영감을 지녔다. 그 야생이 유지 될 때 마법같은 영감과 위로를 받을 수 있다(제1회 울주세계산악문화상 수상자 릭 리지웨이의 수상 소감).

◑산행 길잡이

350km의 영남알프스 둘레길 전구간은 휴전선보다 길다.

▲전문 산악인들이 개척한 빅 둘레길 구간은 15km 전후 총 25~28개 코스다. 그중에서 통도사, 표충사, 운문사를 연결한 석남사 4대사찰 코스는 백미다.

▲높은 산을 오르는 등산이 아니라 영남알프스 산군들을 멀찍이서 바라보며 걸을 수 있다. 따라서 난이도는 상중하가 고루 분포되어 있다. 대부분 유유자적 걸을 수 있는 숲길과 마을길이며, 때로는 비탈진 산길도 나온다.

◑스토리

십리 간에 풍속이 다르고 백리 간에 언어가 다르다. 영남알프스의 고을마다 역사 · 문화 · 전설 · 생태 · 특산물 등의 지역 고유의 전통과 인정이 고스란히 배여 있어 넉넉한 삶을 느낄 수 있다. 산과 계곡이 품은 스토리, 수천 년 동안 넘나들었던 고개 이야기, 그 언저리에서 살아온 수많은 사람들의 이야기가 탑재되었다.

◑교통편

울주군 등억리 영남알프스 복합웰컴센터가 베이스캠프라 할 수 있다.

▲KTX 기차편으로 서울↔언양(KTX 울산역) 2시간 20분, 부산↔언양 20분, 대구↔언양 25분이며, 5개시군마다 수시로 드나드는 시외버스들이 있다.

▲승용차편은 '영남알프스 복합웰컴센터', 혹은 '복합웰컴센터'를 입력하면 된다. 서울산IC에서 약 10분 거리다.

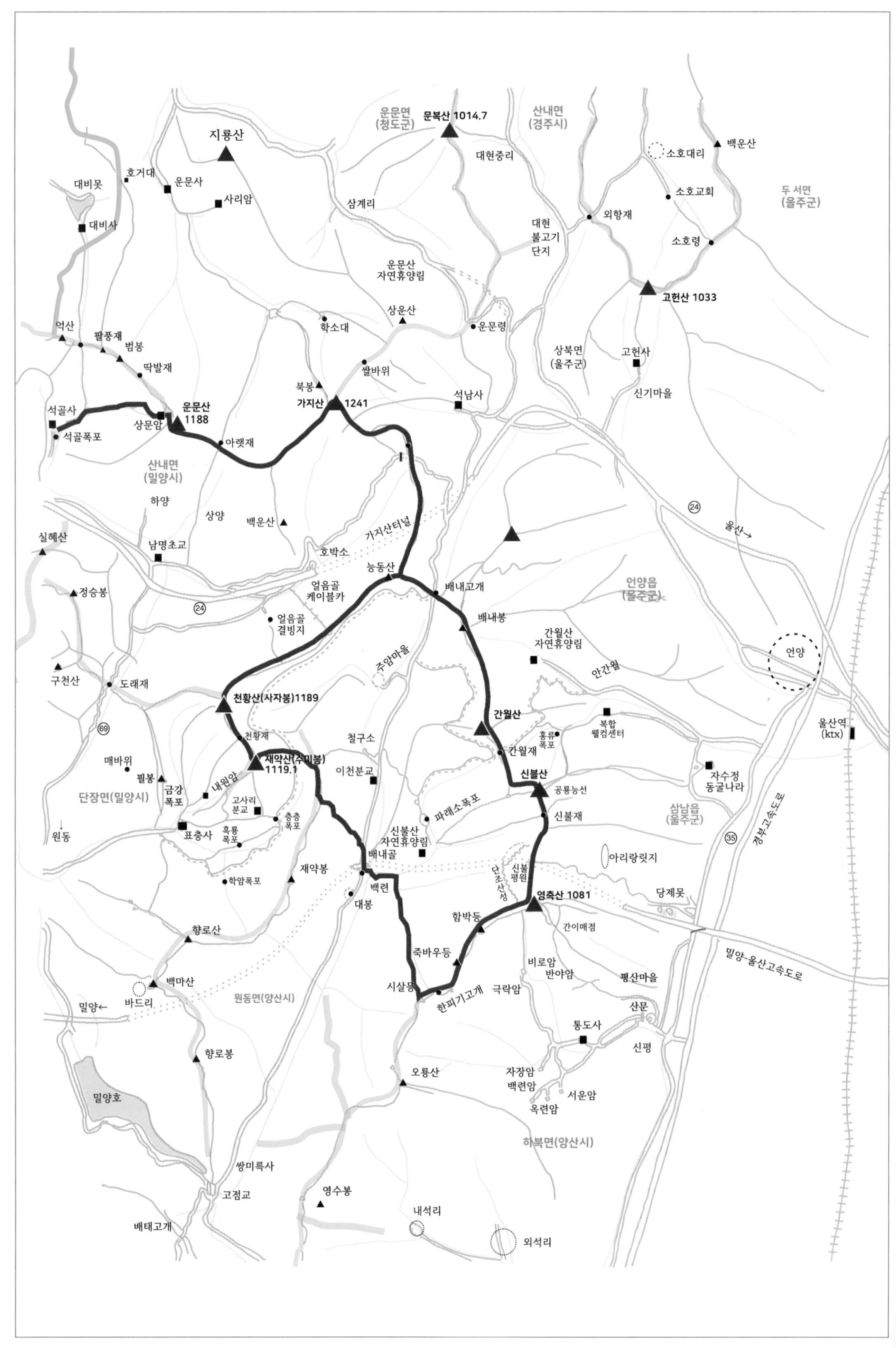

운문면
(청도군)
문복산 1014.7
산내면
(경주시)
지룡산
대현중리
소호대리
백운산
호거대
운문사
대비못
사리암
삼계리
소호교회
두 서면
(울주군)
대비사
외항재
대현
불고기
단지
소호령
운문산
자연휴양림
고헌산 1033
상운산
억산
학소대
운문령
팔풍재
범봉
상북면
(울주군)
고헌사
딱발재
쌀바위
북봉
석남사
신기마을
석골사
운문산
1188
가지산
1241
상문암
석골폭포
아랫재
산내면
(밀양시)
하양
상양
백운산
실혜산
가지산터널
울산→
호박소
남명초교
능동산
얼음골
케이블카
배내고개
정승봉
언양읍
(울주군)
얼음골
결빙지
배내봉
간월산
자연휴양림
주암마을
언양
안간월
구천산
도래재
천황산(사자봉)1189
간월산
복합
웰컴센터
천황재
홍류
폭포
울산역
(ktx)
철구소
간월재
매바위
재약산(수미봉)
1119.1
내원암
이천분교
신불산
필봉
금강
폭포
고사리
분교
공룡능선
자수정
동굴나라
단장면(밀양시)
파래소폭포
신불재
삼남읍
(울주군)
표충사
층층
폭포
원동
흑룡
폭포
신불산
자연휴양림
배내골
경부고속도로
아리랑릿지
재약봉
신불
평원
단조산성
학암폭포
백련
영축산 1081
당제못
대봉
함박등
간이매점
향로산
밀양-울산고속도로
죽바우등
비로암
반야암
평산마을
백마산
시살등
극락암
밀양←
바드리
한피기고개
원동면(양산시)
산문
통도사
향로봉
신평
오룡산
자장암
백련암
서운암
밀양호
옥련암
하북면(양산시)
쌍미륵사
고점교
영수봉
내석리
배태고개
외석리

2. 산태극수태극 '영남알프스 태극종주'

바쁘게 살아온 자신의 일상을 되돌아 볼 수 있는 종주 코스다. 오르막 내리막은 굴곡진 인생길과 같다. 아득하기만 하던 길은 어느새 닿게 되고, 지나온 능선이 아스라하게 이어질 무렵엔 가슴 차오는 형언을 느낀다.

밀양 석골사를 시작으로 억산(944m), 운문산(1,188m), 가지산(1,241m), 능동산(981m), 천황산(1,189m), 재약산(1,108m), 영축산(1,081m), 신불산(1,159m), 간월산(1,069m), 배내봉(966m), 배내고개를 연결하여 S자형 태극 모양의 등산로가 이어진다하여 이를 영남알프스 태극종주 코스라 부른다. 종주산행의 매력은 조망에 있다. 조망권이 탁월한 종주능선의 산행 매력을 느끼고 싶은 마니아들이 찾는다.

◑산행 길잡이

밀양 산내면 석골사에서 울주군 상북면 배내고개까지의 총 연장은 약 52km, 산행시간은 24시간을 기준으로 한다. 무박산행을 하는 경우도 있지만 1, 2차로 나누면 무리가 없다.

▲1차 코스는 밀양 석골사에서 배내골 죽전마을까지 29.5km. 15시간 소요.

▲2차 코스는 죽전마을에서 배내고개까지 22.5km(9시간 예상)이다. 1차 코스는 스카이라인을 따라 웅장한 산군을 감상할 수 있고, 2차 코스는 탁월한 조망권과 함께 억새산행을 즐길 수 있다. 1, 2차 코스 모두 능선 이동을 한다.

▲고도의 체력이 요구된다. 석골사→억산→운문산→가지산 난이도가 높다. 가지산→배내골 죽전마을까지는 비교적 원만하다.

◑교통편

▲출발지의 버스 편은 언양에서 석남사로 가서 다시 갈아타야 하는 불편함이 있다. 언양터미널에서 석남사행 328번, 1713번, 807번 시내버스를 타고 석남사 정류장에서 내린다. 석남사에서 밀성여객버스(055-354-2320)를 타고 석골사 입구인 원서마을에서 내린다. 원서마을에서 석골사 입구까지 도보 20분이다.

▲밀양터미널에서는 석남사행 밀성여객버스를 타면 된다. 부산에서는 노포동 동부버스터미널에서 언양으로 간 다음 시내버스를 갈아타고 석남사 정류장으로 간다.

▲태극종주 산행이 끝나는 배내고개에서는 328번 버스가 언양터미널이나 울산KTX으로 간다.

▲승용차는 서울산IC→국도 24호선 가지산터널→밀양 원서마을→석골사. 내비게이션에 '석골사'를 목적지로 둔다.

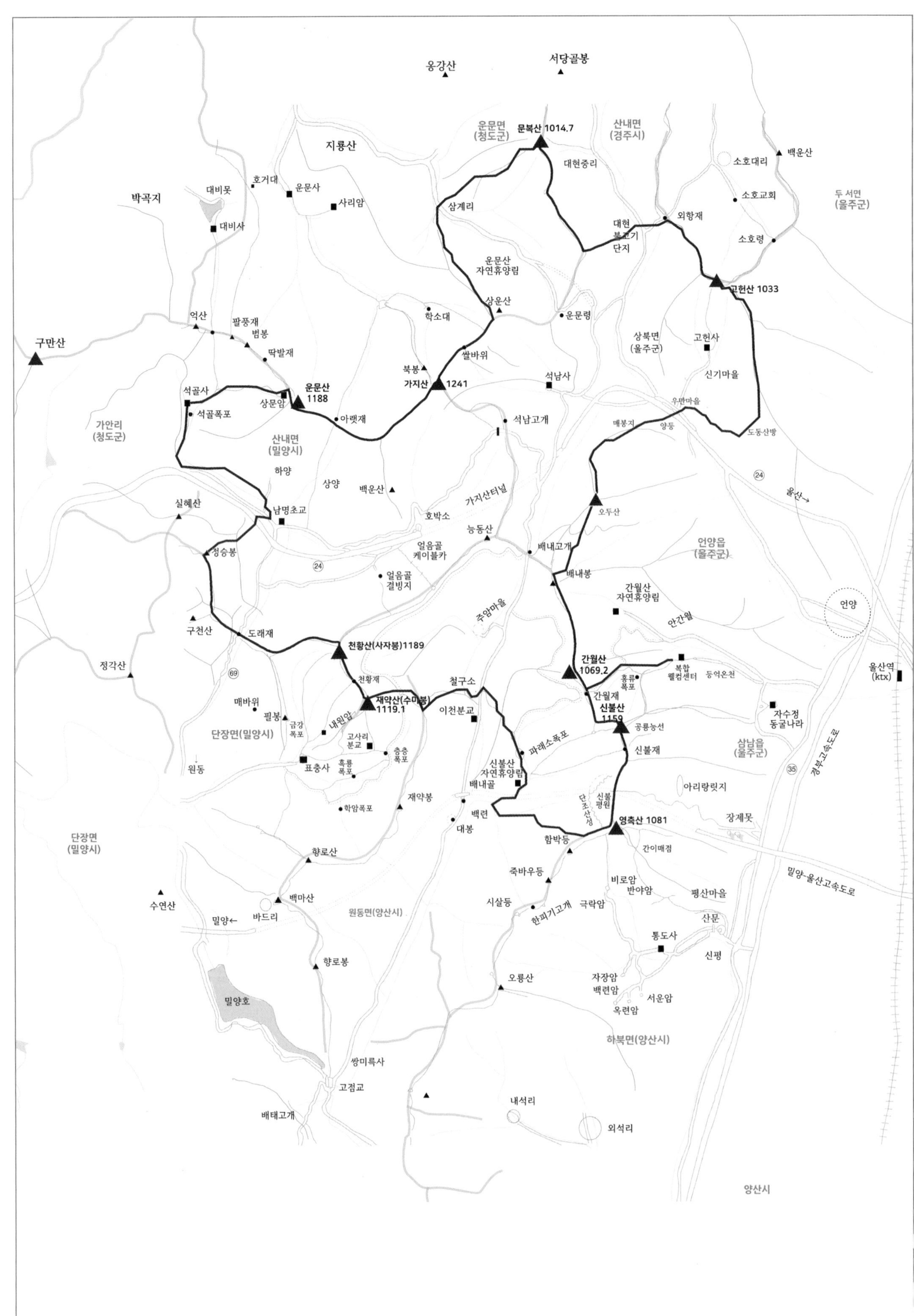

옹강산
서당골봉
문복산 1014.7
운문면 (청도군)
산내면 (경주시)
지룡산
대현중리
소호대리
백운산
두 서면 (울주군)
호거대
운문사
사리암
박곡지
대비못
대비사
삼계리
대현 블루기 단지
외항재
소호교회
소호령
운문산 자연휴양림
고헌산 1033
상운산
운문령
억산
팔풍재
범봉
딱발재
학소대
구만산
상북면 (울주군)
고헌사
쌀바위
북봉
가지산 1241
석남사
신기마을
석골사
운문산 1188
상문암
석골폭포
아랫재
석남고개
우만마을
매봉지
양등
도동산방
가안리 (청도군)
산내면 (밀양시)
하양
상양
백운산
가지산터널
울산→
실혜산
남명초교
호박소
오두산
능동산
배내고개
청승봉
얼음골 케이블카
언양읍 (울주군)
얼음골 결빙지
배내봉
간월산 자연휴양림
주암마을
안간월
언양
구천산
도래재
천황산(사자봉)1189
정각산
천황재
간월산 1069.2
복합 웰컴센터
등억온천
울산역 (ktx)
홍류폭포
철구소
간월재
매바위
재약산(수미봉) 1119.1
신불산 1159
자수정 동굴나라
필봉
금강폭포
내원암
이천분교
단장면(밀양시)
고사리 분교
층층폭포
공룡능선
파래소폭포
삼남읍 (울주군)
원동
표충사
흑룡폭포
신불재
신불산 자연휴양림
경부고속도로
배내골
아리랑릿지
재약봉
단조산성
신불평원
학암폭포
백련
영축산 1081
장제못
대봉
단장면 (밀양시)
함박등
간이매점
향로산
죽바우등
밀양-울산고속도로
비로암
반야암
평산마을
수연산
백마산
시살등
밀양←
바드리
원동면(양산시)
한피기고개
극락암
산문
통도사
신평
향로봉
오룡산
자장암
백련암
서운암
밀양호
옥련암
하북면(양산시)
쌍미륵사
고점교
내석리
배태고개
외석리
양산시
24
69
35

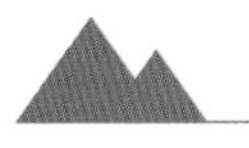

3. 영남알프스 나인 피크 트레일러
Yeongnam Alps Nine Peaks High Trail

영남알프스 9봉의 105.6km를 트레킹 하는 코스로 국내 최고의 난이도다. '이번 생은 글렀다'고 생각하는 사람이라면 이 최강의 극기 코스에 도전해볼 만 하다. 오르막과 내리막이 반복되는 능선을 계속 이어가다 보면 인생 역전 드라마를 느낄 수 있을 것이다. 오르막을 오를 때엔 곧 내림 길이 나타날 것을 알기에 힘든 마음을 추스르게 되고, 내리막이 이어져도 이후 나올 오름길을 생각하면서 자중자애하게 된다.

◑산행 길잡이

모든 코스는 영남알프스 복합웰컴센터를 출발해 다시 출발지로 복귀한다. 상승고도 8805m이고, 코스는 총 8개의 CP 구간으로 이루어진다. CP 구간에서 기록 측정이 이루어지며, 히든 시피(타이밍체크)도 운영한다. 고의든 실수든 정규 코스를 이탈하게 되면 실격처리 된다. 거리 105.6km, 제한시간 36시간이다. 코스는 네 코스로 나눠진다.

▲영남알프스 9개 산의 정상을 지나가는 9PEAK 코스(105.6km). 복합웰컴센터를 출발하여 간월산(1,069m), 고헌산(1,034m), 문복산(1,013m), 가지산(1,241m), 운문산(1,188m), 천황산(1,189m), 재약산(1,108m), 영축산, 신불산(1,159m), 간월재를 거쳐 복합웰컴센터로 돌아온다. 고도의 체력이 요구된다.

▲영남알프스 5개 산의 정상을 지나가는 5PEAK 코스(44.4km). 복합웰컴센터를 출발하여 간월산, 천황산, 재약산, 영축산, 신불산, 간월재를 거쳐 복합웰컴센터로 돌아온다.

▲영남알프스 2개 산의 정상을 지나가는 2PEAK 코스(26km). 복합웰컴센터를 출발하여 영축산, 신불산, 간월재를 거쳐 복합웰컴센터로 돌아온다.

▲간월산 정상을 갔다 오는 1PEAK 부문(9.4km). 복합웰컴센터를 출발하여 간월산 정상을 등정하고 복합웰컴센터로 돌아온다.

◑교통편

영남알프스의 베이스캠프라 할 수 있는 울주군 상북면 등억리 복합웰컴센터에서 출발한다.

▲버스 편은 304번, 323번(상북면사무소 경유)이 운행한다.

▲KTX 울산역 기차편으로는 서울↔언양 2시간 20분, 부산↔언양 20분, 대구↔언양 25분이며, 5개시군 마다 수시로 다니는 시외버스 편이 있다.

▲승용차편은 '영남알프스 복합웰컴센터'를 입력하면 된다. 서울산IC에서 약 10분 거리다.

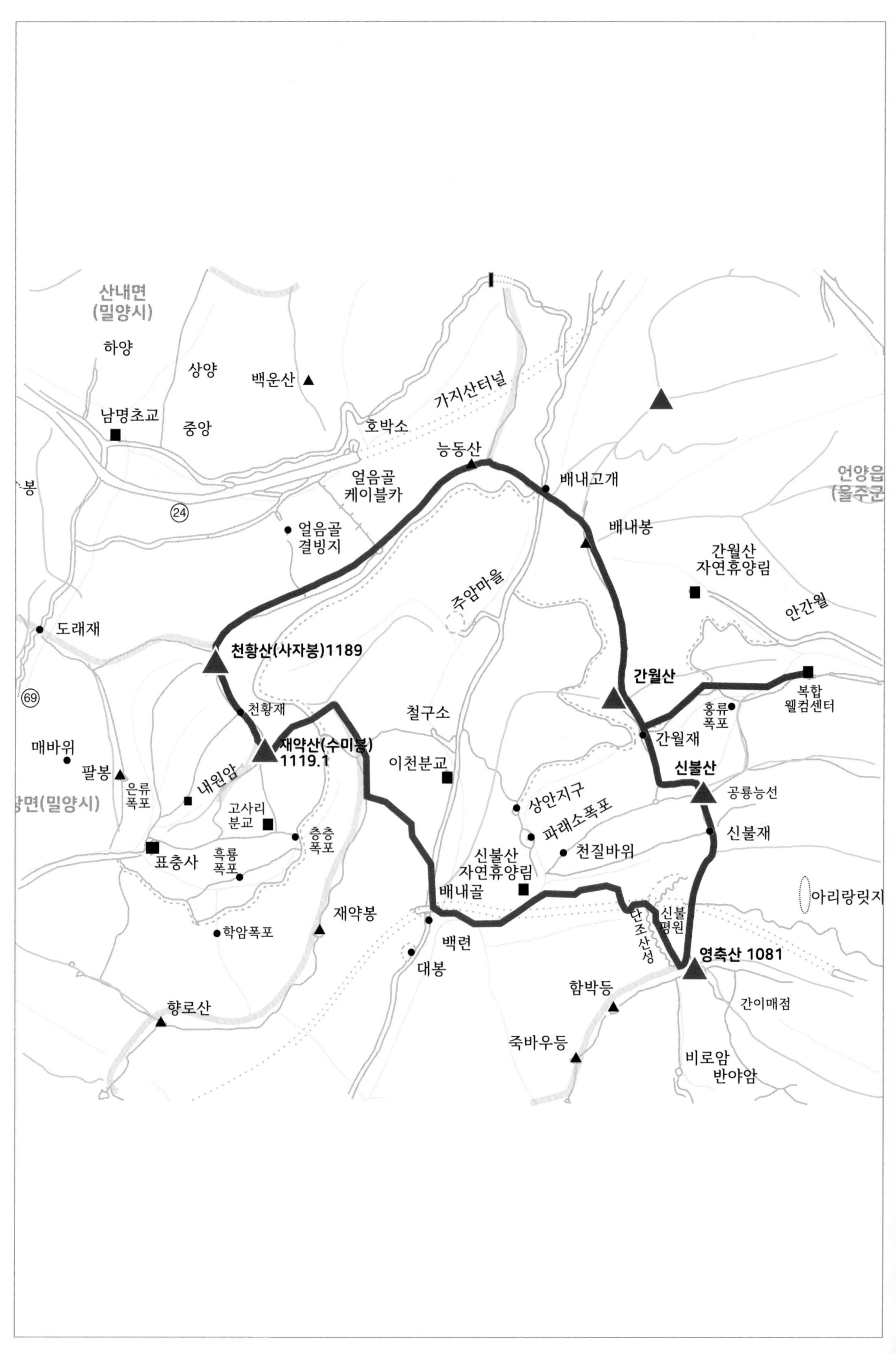

산내면
(밀양시)
하양
상양
백운산
가지산터널
남명초교
중앙
호박소
능동산
얼음골
케이블카
배내고개
언양읍
(울주군
24
얼음골
결빙지
배내봉
간월산
자연휴양림
주암마을
안간월
도래재
천황산(사자봉)1189
간월산
69
천황재
철구소
홍류
폭포
복합
웰컴센터
매바위
재약산(수미봉)
1119.1
이천분교
간월재
팔봉
은류
폭포
내원암
신불산
상안지구
공룡능선
고사리
분교
파래소폭포
층층
폭포
신불재
표충사
흑룡
폭포
천질바위
신불산
자연휴양림
아리랑릿지
배내골
재약봉
신불
평원
단조산성
학암폭포
백련
영축산 1081
대봉
함박등
간이매점
향로산
죽바우등
비로암
반야암

4. 천하명산 탐방로 '하늘억새길'

못 걸어보고 죽으면 땅을 치고 원통해 할 천하명 코스다. 막상 올라서 보면 신불산, 간월산, 영축산, 재약산, 천황산은 하늘이 깡충 가깝다. 구슬이 서 말이라도 꿰어야 보배라 했다. 영남알프스에는 5개의 산을 보석처럼 이은 '하늘억새길'은 하늘과 억새, 경관, 운무雲霧, 전망권을 모티프로 해서 총연장 29.7km 5개 구간으로 나눠진다. 신불산과 영축산 사이 1,980km²(60만여 평), 간월재 330km²(10만여 평), 재약산 사자평 4,125km²(125만여 평), 고헌산 정상 부근 660km²(20만여 평)이 억새서식지다. 봄이면 억새밭의 파릇파릇한 새순이, 가을이면 밥물 끓어 넘치듯 피어나는 억새꽃은 보는 이의 가슴을 설레게 한다.

◑산행 길잡이

하늘억새길 5구간은 총연장 29.7km, 16시간 소요된다. 하늘억새길은 호락호락한 산이 아니므로 산을 오르려면 철저한 준비가 필요하다.

▲1구간 '억새바람길'은 간월재→신불산→신불재→영축산으로 이어지며 4.5km이다.
▲2구간 '단조성터길'은 영축산→단조성터→신불산휴양림→죽전마을로 이어지며 6.6km이다.
▲3구간 '사자평억새길'은 죽전마을→주암삼거리→재약산→천황산로 이어지며 6.8km이다.
▲4구간 '단풍사색길'은 천황산→샘물상회→능동산→배내고개로 이어지며 7.0km이다.
▲5구간 '달오름길'은 배내고개→배내봉→간월산→간월재로 이어지며 4.8km이다.
▲난이도는 상급이다.

◑교통편

▲1, 2구간의 들머리는 등억리 복합웰컴센터. 언양터미널과 KTX울산역에서 택시로 10~20분 거리에 있다. 버스 편은 304번, 323번이다. 내비게이션 목적지는 울산 울주군 상북면 등억리 '복합웰컴센터' 입력.
▲3, 4구간의 들머리는 배내골 죽전마을이다. 언양터미널에서 석남사행 328번 버스를 타고 죽전마을에 하차.
▲5구간은 배내고개에 하차하면 된다.
▲승용차 내비게이션 목적지는 1, 2구간은 '복합웰컴센터', 3, 4구간은 '배내골 죽전마을', 마지막 5구간은 '배내고개 주차장'이다.

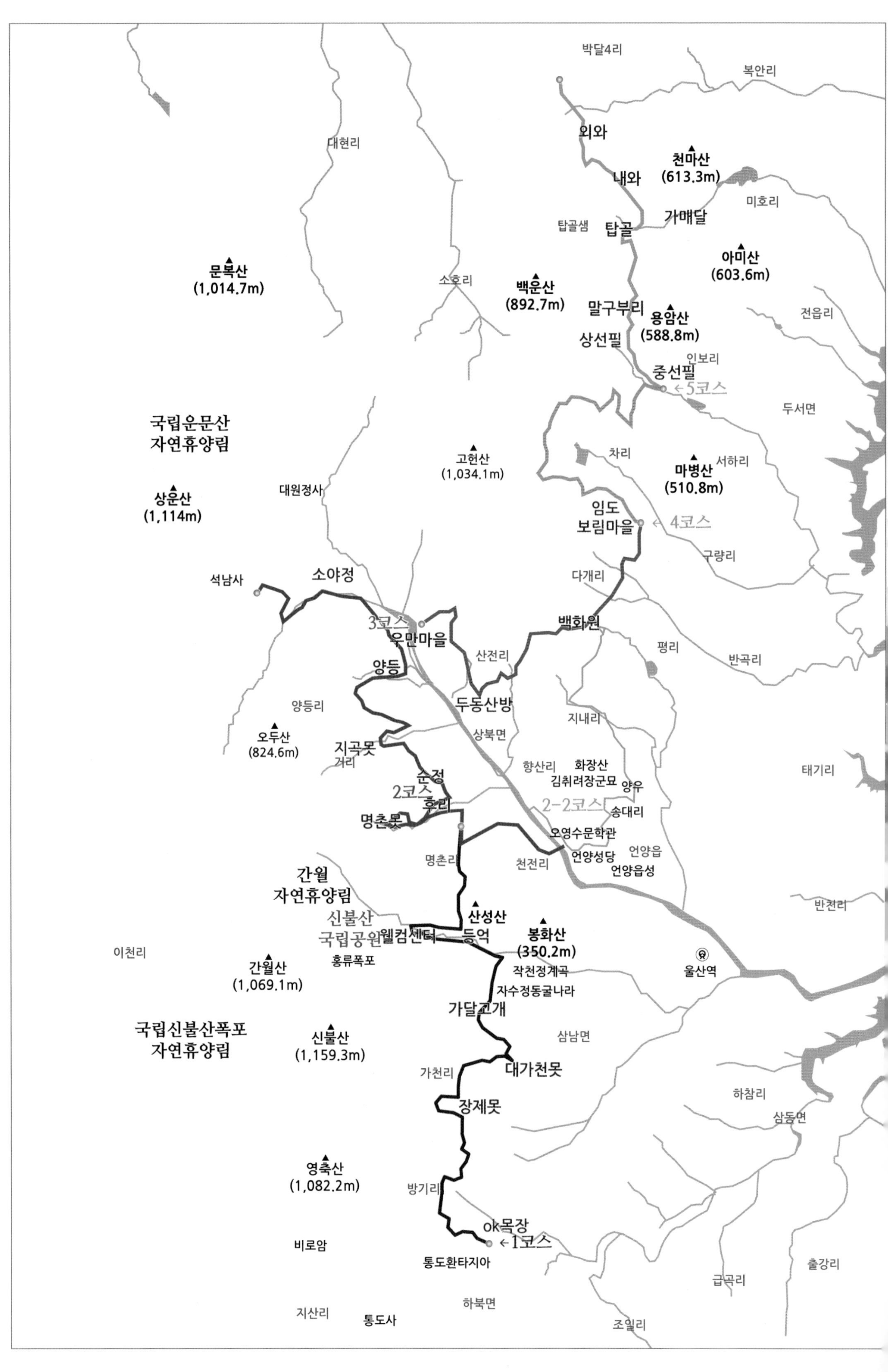

박달4리
복안리
외와
대현리
천마산
(613.3m)
내와
미호리
가매달
탑골샘
탑골
아미산
(603.6m)
문복산
(1,014.7m)
소호리
백운산
(892.7m)
말구부리
용암산
(588.8m)
전읍리
상선필
인보리
중선필
←5코스
두서면
국립운문산
자연휴양림
고헌산
(1,034.1m)
차리
마병산
(510.8m)
서하리
대원정사
상운산
(1,114m)
임도
보림마을
← 4코스
구량리
다개리
석남사
소야정
3코스
우만마을
백화원
평리
산전리
반곡리
양등
두동산방
양등리
오두산
(824.6m)
지내리
상북면
지곡못
거리
향산리
화장산
김취려장군묘
양우
태기리
순정
2코스
후리
2-2코스
송대리
명촌못
오영수문학관
명촌리
천전리
언양성당
언양읍
언양읍성
간월
자연휴양림
신불산
국립공원
웰컴센터
산성산
등억
봉화산
(350.2m)
반천리
이천리
간월산
(1,069.1m)
홍류폭포
작천정계곡
울산역
자수정동굴나라
가달고개
국립신불산폭포
자연휴양림
신불산
(1,159.3m)
삼남면
가천리
대가천못
장제못
하참리
삼동면
영축산
(1,082.2m)
방기리
ok목장
←1코스
비로암
통도환타지아
출강리
급곡리
하북면
지산리
통도사
조일리

5. 만병통치약 '영남알프스 둘레길' (울주 구간 77.3km)

울주군 상북면・삼남면・언양읍・두서면 산언저리에 조성된 둘레길이다. 영남알프스 둘레길 울산구간은 총 길이 77.3km에 달한다. 신불산과 가지산 영남알프스 일대의 문화 유적, 자연환경 자원, 생활 공간을 연결하는 옛길과 숲길을 연계했다. 자신의 삶을 뒤돌아보는 소통의 길이며, 사람에게 상처받은 마음을 자연에게 위로받는 치유의 길이기도 하다. 피톤치드 내뿜는 울창한 숲을 걷기만 해도 육신이 맑아질 것이고, 생태와 수목, 야생화를 관찰하는데 도움이 될 것이다.

◑산행 길잡이

영남알프스 둘레길 울산 구간은 영축산, 신불산, 간월산, 가지산, 고헌산 아래로 연결된 총 5개 구간으로 이루어져 있다. 총 길이 77.3km.

▲1구간 : OK목장식당→후리마을삼거리 6.8km. 2구간은 후리마을삼거리→농공교 10.5km.

▲2구간 : 다시 3개 구간으로 나누어지는데 2-1구간은 양등마을→석남사 입구로 4.8km, 2-2구간은 상북농공단지 북단→백화원으로 13km, 2-3구간은 명촌리회관→상북교 2.6km.

▲3구간 : 농공교→보림마을 10.3km.

▲4구간 : 보림마을→중선필회관 10km.

▲5구간 : 중선필마을→외와마을 9.3km.

▲높은 산을 오르는 등산이 아니라 영남알프스 산군들을 멀찍이서 바라보며 걷는다. 대부분 유유자적 걸을 수 있는 숲길 마을길이며, 때로는 비탈진 산길도 있다.

◑교통편

▲1구간은 통도사 인근의 OK목장식당에서 시작된다. 양산 신평터미널 혹은 언양터미널에서 1723번, 313번, 13번 그리고 60번 버스를 타고 오케이목장에 하차한다.

▲2구간은 상북 후리마을 삼거리에서 시작된다. 323번 시내버스와 943번 마을버스가 다닌다. 2-2구간에 있는 언양 화장산은 역사문화와 산림휴양, 힐링체험을 할수 있는 명품 공간이다. 화장산花藏山은 꽃을 숨긴 산이다. 해발 271미터의 낮은 산이지만 산정에 오르면 언양시가지와 영남알프스 산군이 한눈에 들어온다.

▲3구간은 상북 농공교 우만마을이며 1713번, 807번 석남사행 버스가 수시로 다닌다.

▲4구간은 두서 차리 보림마을 구간으로, 언양터미널에서 08번 마실버스가 있다.

▲5구간은 두서 중선필마을 마실버스 05번이 있다. 종점 내와외와마을에서는 308번 지원버스가 있다.

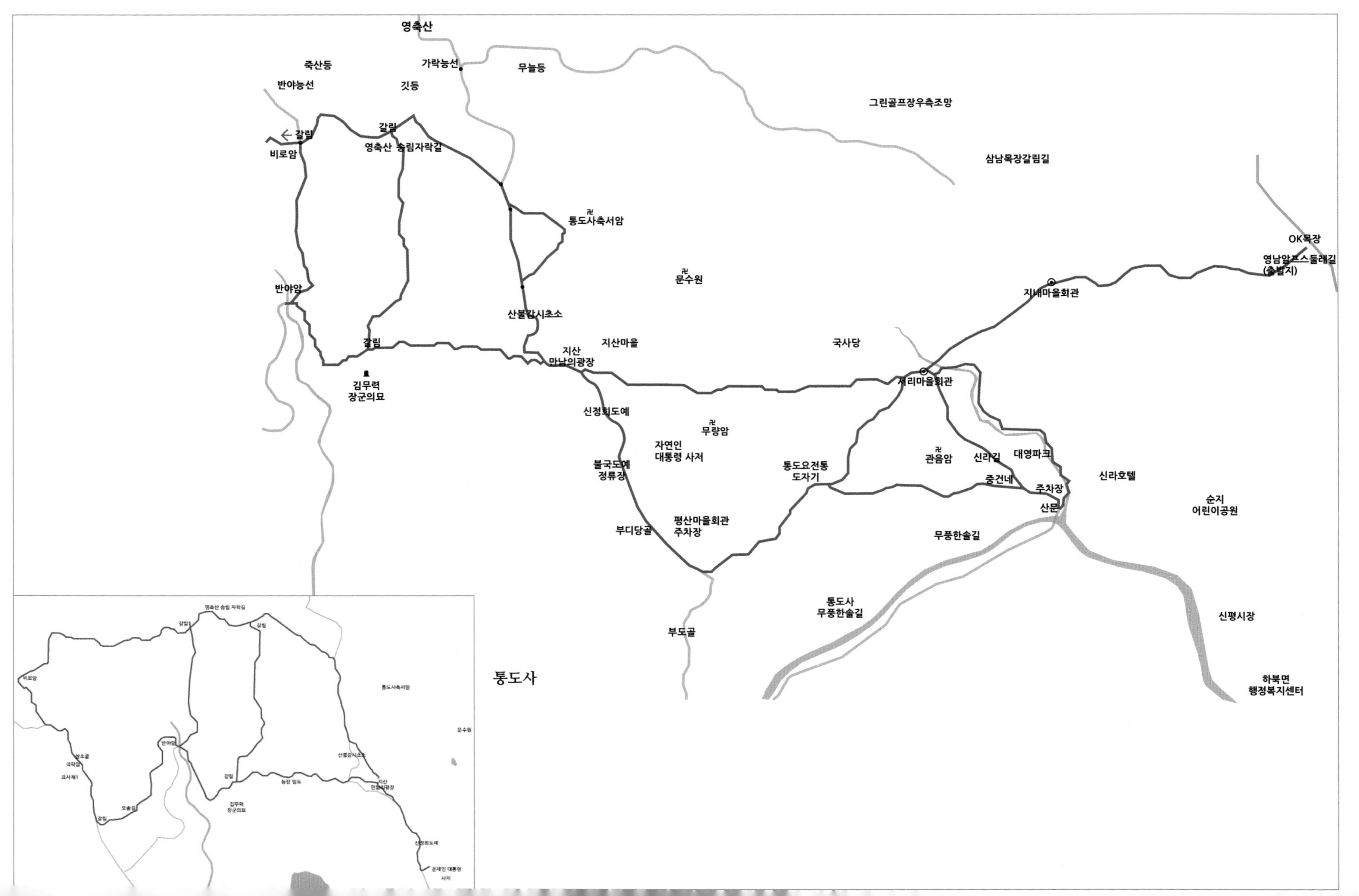
영축산
죽산등
반야능선
가락능선
깃등
무늘등
그린골프장우측조망
삼남목장갈림길
갈림
비로암
갈림
영축산 송림자락길
통도사축서암
문수원
OK목장
영남알프스둘레길
(출발지)
지내마을회관
반야암
산불감시초소
지산
만남의광장
지산마을
국사당
갈림
김무력
장군의묘
서리마을회관
신정회도예
무량암
자연인
대통령 사저
불국도예
정류장
통도요전통
도자기
관음암
신라길
대영파크
신라호텔
중건네
주차장
산문
순지
어린이공원
부디당골
평산마을회관
주차장
무풍한솔길
통도사
무풍한솔길
부도골
신평시장
통도사
하북면
행정복지센터

6. 평산 자연인 대통령 순례길

영축산 남녘 아래에 자리 잡은 평산마을은 부처님 품안처럼 아늑하다. 자연인 문재인 전 대통령의 사저가 있는 곳이다. 사저는 범이 엎드린 형상을 한 부디당골 언덕에 자리 잡았다. 마을 연못을 낀 오솔길과 골목 어귀를 지키는 150년 팽나무가 마을의 운치를 더한다.

양산 평산마을 사저에서 본 영축산 노을이 지는 능선이 영축산 도통능선이다(문재인 전 대통령 인스타그램).

◑순례길 길잡이

평산 자연인 대통령 순례길

▲1구간 : 통도사 산문→평산마을 대통령 사저 2.5km.

▲2구간 : 통도사 산문→평산마을→지산마을 3km→서리마을 4km.

▲3구간 : 통도사 산문→평산마을→지산마을→서리마을→지내마을 4.5km→영남알프스 둘레길이 시작되는 ok목장 5.5km→방기리 알바위 6.5km.

▲영축산 송림자락길 : 평산마을→지산마을→축서암→비로암→극락암→반야암→평산마을 순례하는 황토송림길이다. 비로암 왕복 코스는 6km, 중간 지점인 반야암 코스는 왕복 4km.

▲영축산 산행 코스 : 영축산으로 이어지는 등산로는 인근 지산마을에서 시작된다. 영축산 정상 4.5km.

▲통도사 산문을 들어서면 경내로 들어가는 무풍한솔길이 이어진다.

◑교통편

▲대중교통편은 신평터미널에서 313번, 60번 버스를 타고 2.5km 떨어진 평산마을 불국도예 하차한다. 내비게이션은 양산시 하북면 평산마을길(Pyeongsanmaeul-gil).

▲주차장 : 통도사 산문 주차장, 통도환타지아 주차장이 있다. 지산마을(만남의광장)이나 평산마을 주차장이 있기는 하나 주차공간이 협소하므로 피하는 것이 좋다.

영축산에서 본 양산 하북면 전경
통도사 뒷산 넘어로 평산마을이 보인다.

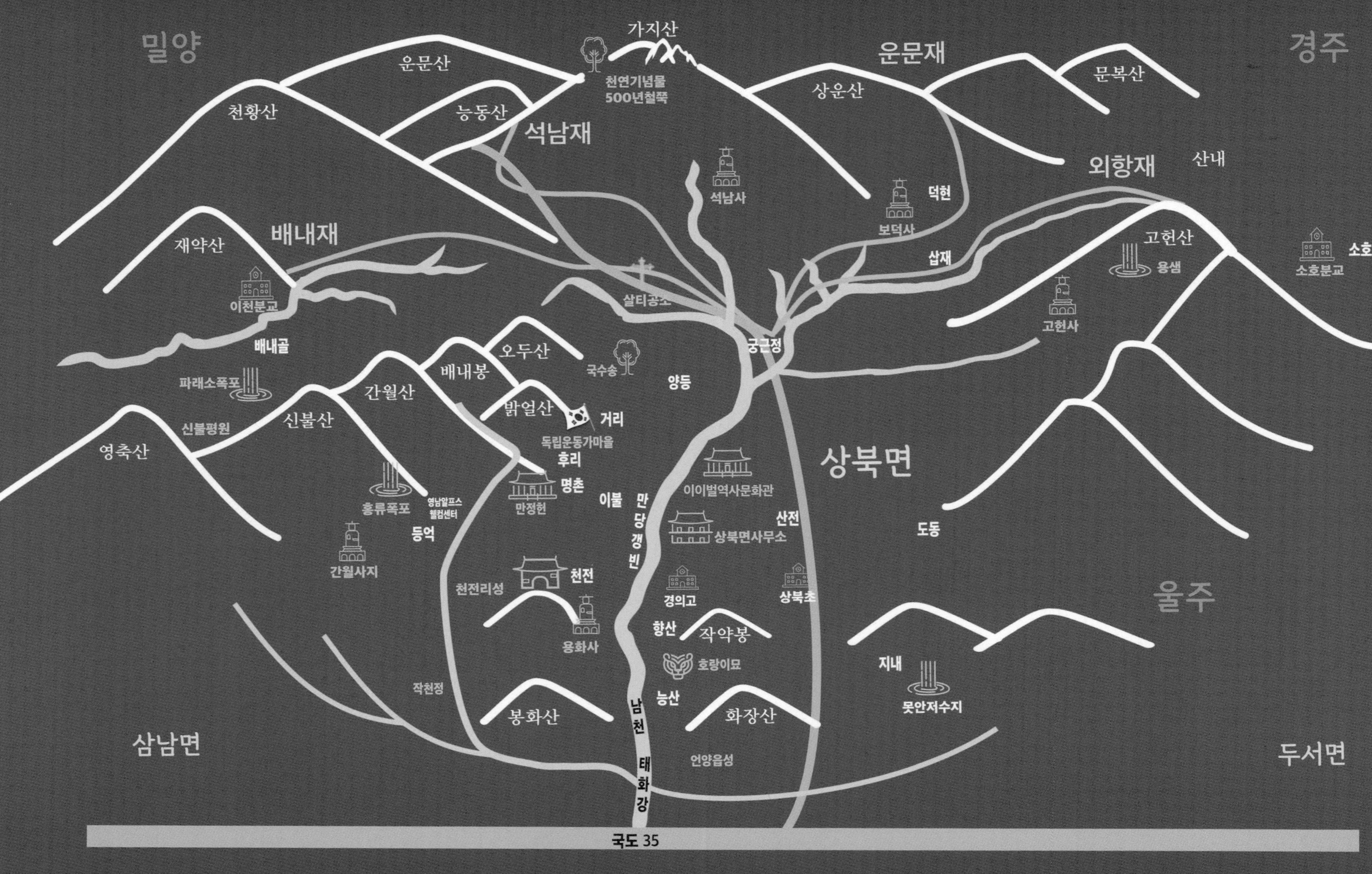

밀양
경주
가지산
천연기념물
500년철쭉
운문산
운문재
문복산
천황산
능동산
석남재
상운산
외향재
산내
석남사
덕현
보덕사
배내재
재약산
삽재
고헌산
용샘
소호
소호분교
이천분교
살티공소
고헌사
배내골
궁근정
오두산
국수송
파래소폭포
배내봉
양등
간월산
밝얼산
거리
신불평원
신불산
독립운동가마을
영축산
후리
상북면
명촌
이불
만
당
갱
빈
이이벌역사문화관
홍류폭포
영남알프스
웰컴센터
만정헌
산전
도동
등억
상북면사무소
간월사지
천전
천전리성
경의고
상북초
울주
향산
작약봉
용화사
호랑이묘
지내
작천정
능산
봉화산
화장산
못안저수지
남
천
태
화
강
삼남면
언양읍성
두서면
국도 35

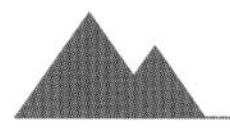

7. 영남알프스의 길은 언양장으로 통한다

세상의 모든 길이 로마로 통한다면, 영남알프스의 길은 언양장으로 통한다고 할 수 있다. 마늘 쪽 모양의 산을 기둥이 오르는 험로도, 산허리를 휘감고 도는 호젓한 둘레길도, 마을과 마을을 잇는 게으른 길도, 코스모스 한들거리는 들길도, 고즈넉한 토담 길까지 자연과 사람이 소통할 수 있는 영남알프스의 모든 길이라면 언양장으로 통하고 있다.

언양장길은 산과 산 그리고 마을과 마을을 이어준다. 길이란 사람이 내는 것이어서 십리 간에 풍속이 다르며, 길 따라 인심이 난다는 사실도 보고 느끼게 된다. 무심히 발길에 툭툭 차이는 솔방울이, 이름 없는 오솔길도 언젠가는 지나갔을 법한 끌림이 있다. 그래서 산을 사랑하는 마니아부터 남녀노소 누구나 대문 없는 정원으로 다가갈 수 있다. 영남알프스의 장길을 자박자박 걷다보면 노스탤지어의 발걸음이 된다.

◑산행 길잡이

예로부터 언양은 사통팔달 교통 요충지였다. 울산 80리, 경주 80리, 양산 80리, 밀양 100리, 부산 150리, 진주관찰부 330리, 한양 1천리로, 서울과 부산을 잇는 울산KTX 역사가 언양에 들어서면서 역세권으로 급부상하였다.

▲배내골에서 언양으로 나오는 옛길은 배내오재梨川五嶺다. 배내재, 긴등재, 간월재, 신불재, 금강골재를 배내오재라 한다. 배내오재 안에는 가파른 실타래 산길이 여럿 있다.

▲하늘억새길은 영남알프스의 고지를 보듬은 산악 탐방로다. 영남알프스 둘레길은 울산광역시 울주군 상북면 · 삼남면 · 언양읍 · 두서면 일대에 조성된 총 길이 77.3km에 달하는 언저리를 통틀어 일컫는다.

▲언양장길은 유유자적 걸을 수 있는 숲길이며, 때로는 된비알도 있다.

◑교통편

▲KTX 울산역, 언양터미널은 교통의 구심점 역할을 한다. 부산, 경주, 양산, 밀양, 청도 등지에서 수시로 대중교통이 드나든다.

영남알프스 9봉 완전공략

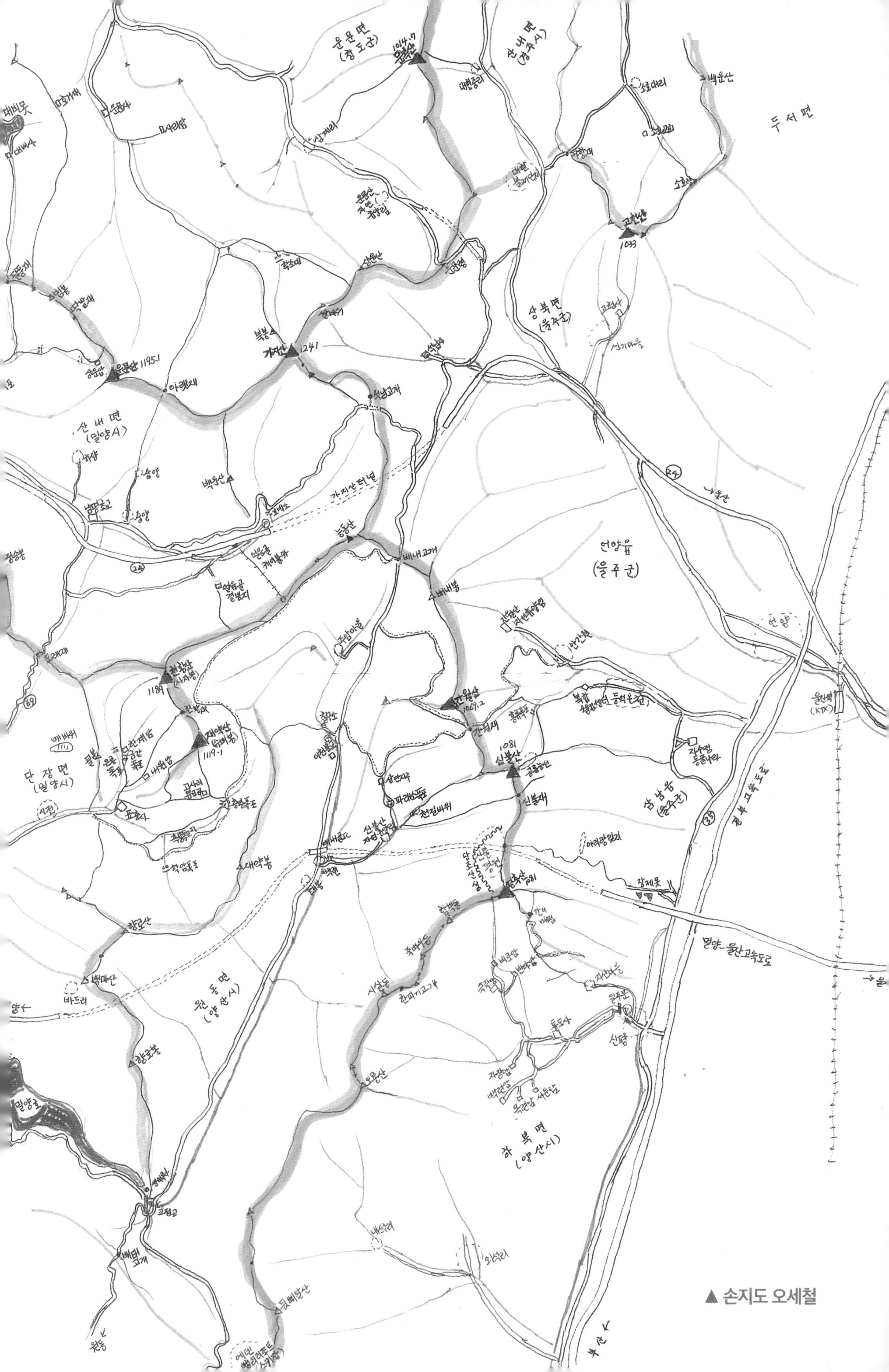
▲ 손지도 오세철

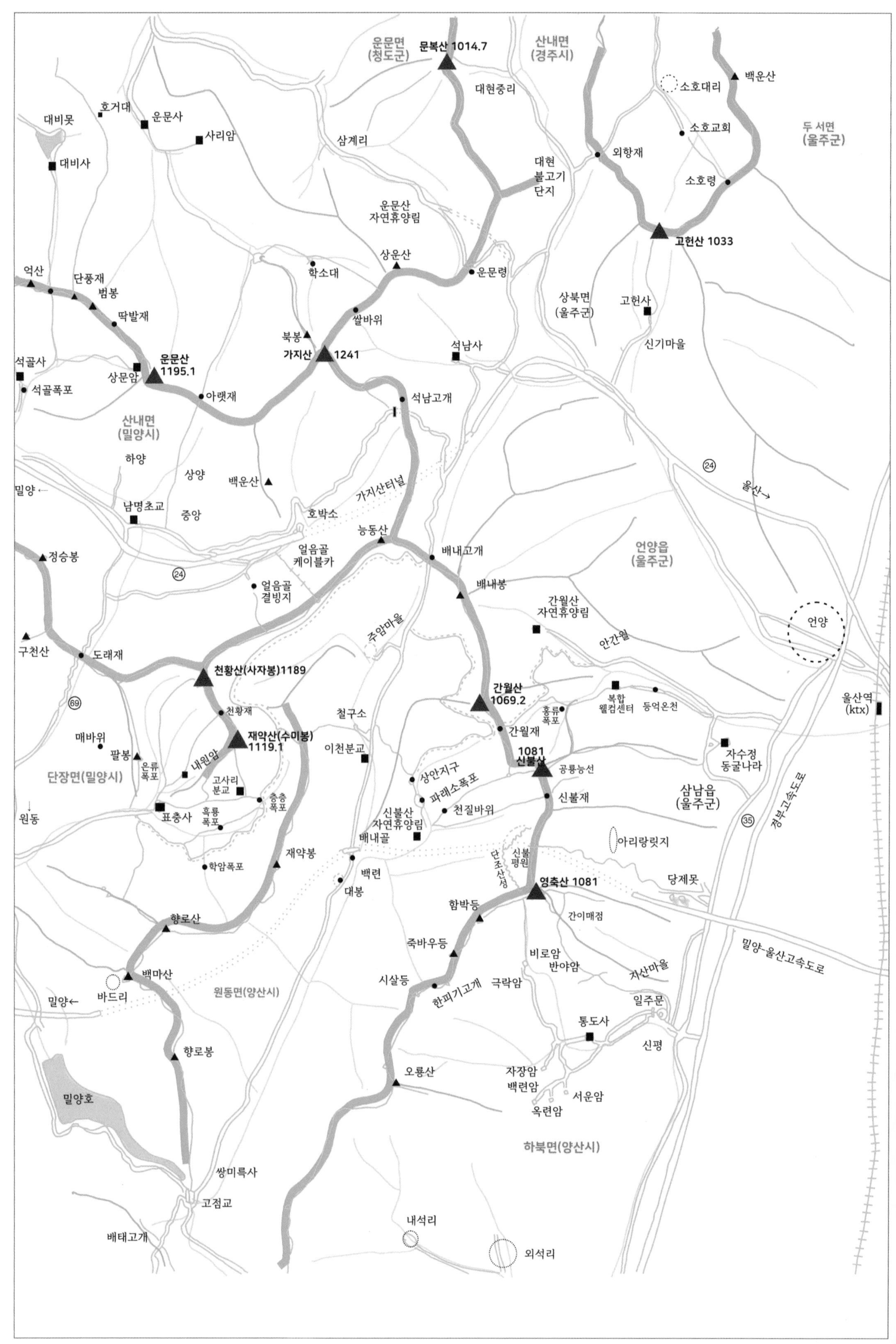

운문면
(청도군)
문복산 1014.7
산내면
(경주시)
대현중리
소호대리
백운산
호거대
운문사
대비못
사리암
대비사
삼계리
소호교회
두 서면
(울주군)
외항재
대현
불고기
단지
소호령
운문산
자연휴양림
고헌산 1033
상운산
억산
단풍재
학소대
운문령
범봉
딱발재
쌀바위
상북면
(울주군)
고헌사
북봉
가지산
1241
석남사
신기마을
석골사
운문산
1195.1
상문암
석골폭포
아랫재
석남고개
산내면
(밀양시)
하양
상양
백운산
가지산터널
울산→
밀양←
남명초교
중앙
호박소
능동산
얼음골
케이블카
배내고개
언양읍
(울주군)
정승봉
얼음골
결빙지
배내봉
간월산
자연휴양림
주암마을
언양
안간월
구천산
도래재
천황산(사자봉)1189
간월산
1069.2
복합
웰컴센터
등억온천
천황재
철구소
홍류
폭포
울산역
(ktx)
매바위
재약산(수미봉)
1119.1
간월재
팔봉
은류
폭포
내원암
이천분교
1081
신불산
자수정
동굴나라
단장면(밀양시)
고사리
분교
층층
폭포
상안지구
공룡능선
원동
표충사
흑룡
폭포
파래소폭포
신불재
삼남읍
(울주군)
천질바위
신불산
자연휴양림
배내골
아리랑릿지
재약봉
단조산성
신불
평원
학암폭포
백련
대봉
영축산 1081
당제못
함박등
간이매점
향로산
경부고속도로
죽바우등
비로암
반야암
밀양-울산고속도로
백마산
지산마을
시살등
한피기고개
극락암
바드리
밀양←
원동면(양산시)
일주문
통도사
향로봉
신평
오룡산
자장암
백련암
서운암
밀양호
옥련암
하북면(양산시)
쌍미륵사
고점교
배태고개
내석리
외석리

영남알프스 9봉 완전공략

영남알프스는 울산광역시 울주군, 경상남도 밀양시, 양산시, 경상북도 청도군, 경주시의 접경지에 있는 가지산을 중심으로 형성된 수려한 산세와 풍광이 유럽의 알프스와 견줄 만하다 하여 붙은 이름이다. 그중에서 1천 미터가 넘는 아홉 봉우리를 '영남알프스 9봉'이라 한다. 9봉은 저마다 특징과 맛을 가지면서도 서로 능선을 통해 연결돼 하나의 거대한 산군을 이룬다.

운문산雲門山(1,188m), 가지산加智山(1,241m), 천황산天皇山(1,189m), 재약산載藥山(1,108m), 신불산神佛山(1,159m), 영축산靈鷲山(1,081m), 간월산肝月山(1,069m), 고헌산高巘山(1034m), 문복산文福山(1,014m)이다. 9봉은 저마다 특징과 묘미를 가지면서도 서로 능선을 통해 연결돼 하나의 거대한 산군을 이룬다.

◑산행 길잡이

영남알프스 9봉 등정은 3회 내지(2박3일 소요) 4회(3박4일 소요)로 나누어 오른다. 가장 무리 없이 완등할 수 있는 방법은 4회를 나누는 공략이다.

영남알프스 9봉 3회 등정 코스

▲1차 코스 : 운문산→가지산→상운산→고헌산.

▲2차 코스 : 영축산→신불산→간월산→배내골 신불산 자연휴양리 하단지구로 하산.

▲3차 코스 : 천황산→재약산(케이블카 이용 및 차량 이동)→문복산 코스를 등정한다. 천황산→재약산→문복산 3봉 등정 거리는 16km. 빡센 3차 코스는 강한 체력과 스피드를 요구한다.

영남알프스 9봉 4회 등정 코스

▲1차 코스 : 운문산, 가지산, 상운산.

▲2차 코스 : 천황산, 재약산.

▲3차 코스 : 영축산, 신불산, 간월산.

▲4차 코스 : 고헌산, 문복산.

9봉을 등정할 때마다 웅장한 산군을 감상할 수 있다. 난이도는 1차 운문산 가지산 코스는 최상급, 2차 영축산 신불산 간월산 코스는 상급, 고헌산 문복산은 그보다 덜한 중급이다.

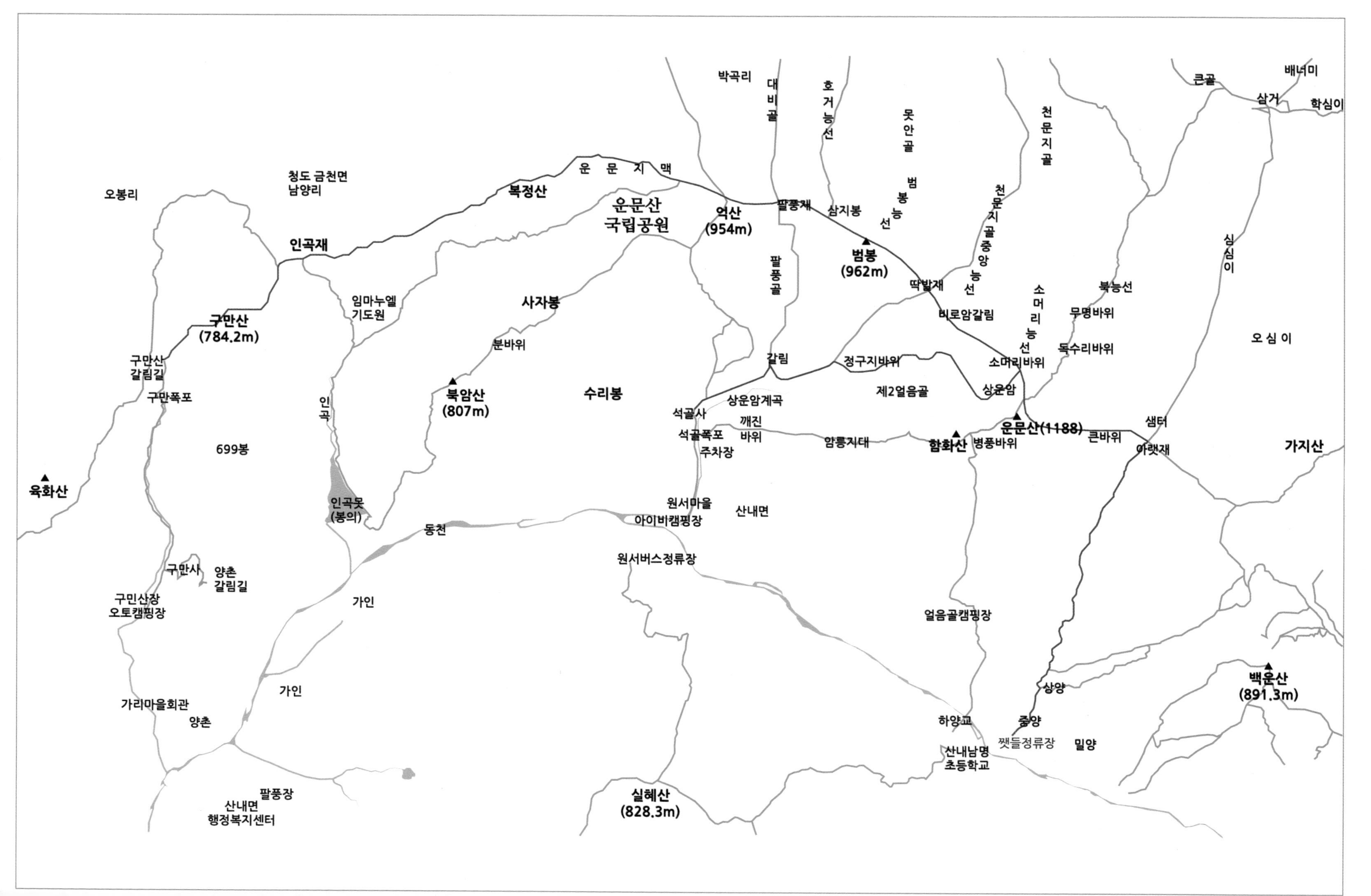

박곡리
대비골
호거능선
못안골
천문지골
큰골
배너미
삼거
학심이
청도 금천면
남양리
오봉리
운문지맥
복정산
운문산
국립공원
역산
(954m)
팔풍재
삼지봉
범봉능선
천문지골중앙능선
심심이
인곡재
범봉
(962m)
팔풍골
딱밭재
소머리능선
북능선
구만산
(784.2m)
임마누엘
기도원
사자봉
비로암갈림
무명바위
오심이
분바위
독수리바위
구만산
갈림길
갈림
정구지바위
소머리바위
북암산
(807m)
수리봉
제2얼음골
상운암
구만폭포
인곡
상운암계곡
석골사
깨진
바위
운문산(1188)
샘터
석골폭포
암릉지대
함화산
병풍바위
큰바위
아랫재
가지산
699봉
주차장
육화산
원서마을
인곡못
(봉의)
산내면
아이비캠핑장
동천
원서버스정류장
구만사
양촌
갈림길
구민산장
오토캠핑장
가인
얼음골캠핑장
백운산
(891.3m)
상양
가인
가리마을회관
양촌
하양교
중양
짯들정류장
밀양
산내남명
초등학교
팔풍장
산내면
행정복지센터
실혜산
(828.3m)

1. 운문산 최단 코스

운문산雲門山(1,195m)은 산 이름 그대로 구름이 모이는 산으로, 밀양과 청도의 빼어난 산세를 감상할 수 있는 환상적인 스카이라인 코스다. 그중에서 팔풍팔재와 가지삼재(석남재, 운문재, 배내재)는 구름문이라 할 수 있다. 운문산은 가지산에서 밀양 산외면 비학산까지 연결된 약 34.5km의 산줄기를 지닌 운문산군雲門山群을 거느렸다. 가지산, 운문산, 범봉, 억산, 흰덤봉, 육화산, 용암봉, 백암봉, 중산, 낙화산, 보담산, 비학산으로 이어진다.

◑산행 길잡이

운문산 최단 코스

▲운문산 들머리는 석골사다. 석골사→상운암→운문산 왕복 거리 9km, 왕복 5시간 소요된다.

▲운문산 최단 코스는 아랫재 코스다. 밀양 남명리 하양버스정류장에서 산행을 시작할 경우에는 아랫재→운문산 5.5km. 석골사 코스에 비해 난이도가 낮다. 아랫재→운문산 코스는 1.5km, 아랫재→가지산 3.9km.

▲운문산, 가지산 2봉 산행 코스는 석골사→상운암→운문산 정상→아랫재→가지산→석남터널 13km. 승용차는 밀양 상양마을에 주차한다. 운문산과 가지산 두 코스를 동시에 완주 할 경우에는 밀양 남명리 상양마을→아랫재→운문산 정상→아랫재→가지산→아랫재 코스를 잡는다. 약 16km 7시간~8시간 소요.

◑교통편

▲언양터미널에서는 1713번, 807번, 328번 버스가 석남사 주차장을 다닌다.

▲부산에서는 노포동 부산동부버스터미널에서 언양으로 간 다음 시내버스를 갈아타고 석남사 정류장에 내린다. 부산동부터미널에서 언양행 버스는 오전 6시 20분부터 밤 10시까지 30분 간격으로 운행한다.

▲밀양 방면에서는 밀양터미널→석남사행 밀성여객버스(055-354-2320)를 타고 석남사 종점에서 내린다. 밀양터미널에서 얼음골을 경유해 석남사로 가는 직행버스의 얼음골 정류장에는 오후 3시 50분, 5시 20분, 7시께 도착한다. 얼음골 정류장에서 밀양행은 오후 2시 50분, 4시 30분, 6시 30분(막차)에 있다. 밀양터미널에서는 오후 8시 10분(막차)까지 매시 정각에 출발하는 부산 서부버스터미널행 시외버스를 타거나 밀양역에서 기차를 탄다.

▲승용차 이용을 할 경우의 목적지는 '밀양 상양복지회관'. 포장길이 끝나는 상명리 산76까지 운행이 가능하나 주차할 공간이 부족하다. 언양터미널이나 KTX울산역에서 택시로 30분 거리다.

문바위에서 본 운문산군 좌측이 운문산, 우측 멀리 보이는 산이 천황산이다.

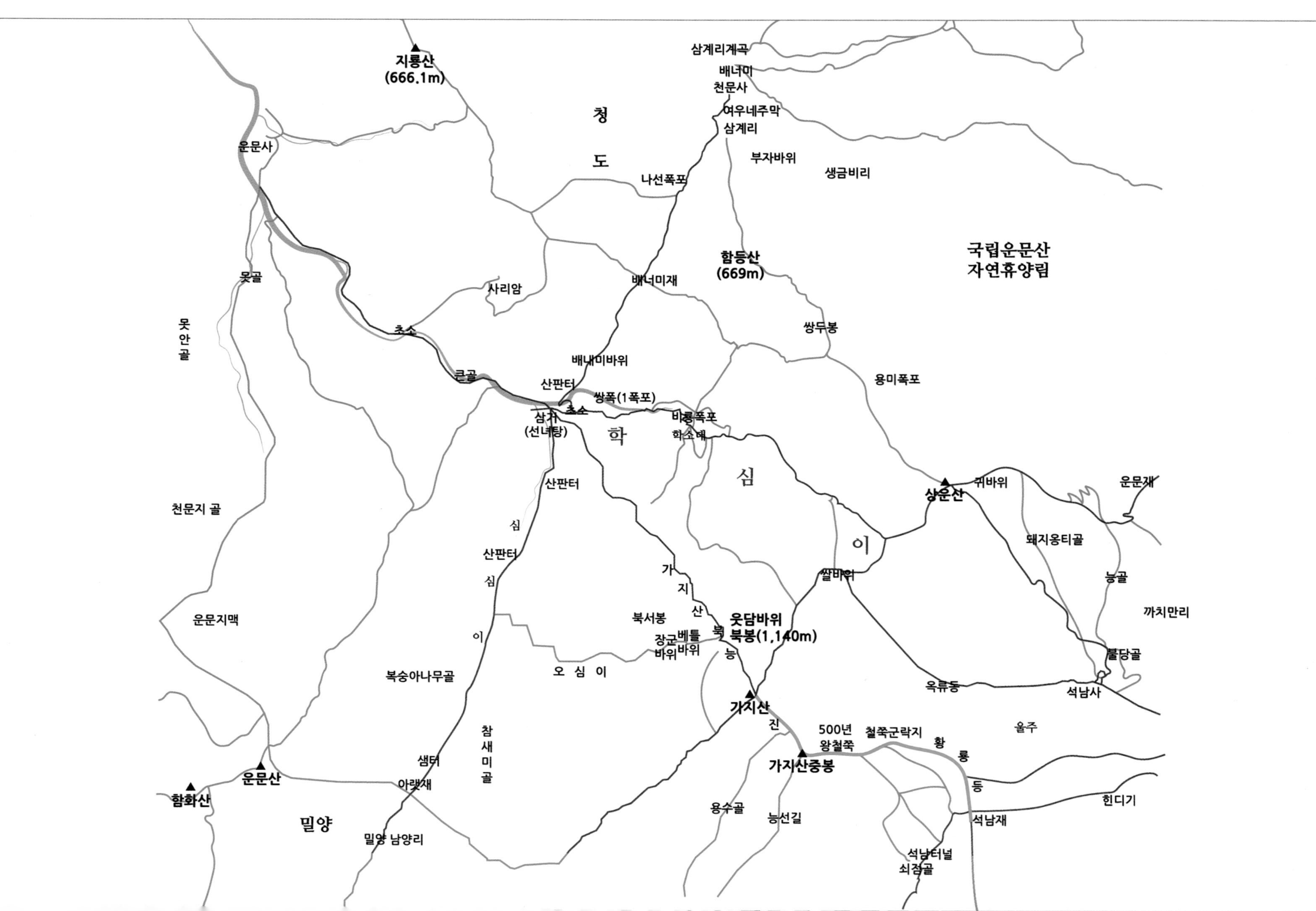

지룡산
(666.1m)
삼계리계곡
배너미
천문사
여우네주막
삼계리
청
도
운문사
부자바위
생금비리
나선폭포
함등산
(669m)
국립운문산
자연휴양림
배너미재
못골
사리암
못 안 골
쌍두봉
초소
배내미바위
용미폭포
큰골
산판터
쌍폭(1폭포)
초소
삼거
(선녀탕)
비룡폭포
학소대
학
심
상운산
귀바위
운문재
산판터
천문지 골
심
돼지옹티골
산판터
이
쌀바위
능골
가
지
심
산
북서봉
웃담바위
북봉(1,140m)
까치만리
운문지맥
장군바위
베틀바위
이
불당골
오 심 이
복숭아나무골
옥류동
석남사
가지산
진
울주
500년
왕철쭉
철쭉군락지
참
새
미
골
황
샘터
가지산중봉
룡
운문산
아랫재
등
함화산
용수골
능선길
힌디기
밀양
석남재
밀양 남양리
석남터널
쇠점골

2. 가지산 최단 코스

영남알프스의 맏형인 가지산迦智山(1241m)은 홍범도 장군처럼 늠름한 산이다. 백두대간에서 분리된 낙동정맥은 가지산에서 요동치며 부산 몰운대로 남하한다. 가지산은 까치산으로도 불리는데, 마치 까치 날개마냥 산줄기를 펼치며 거대 산군들을 거느린다. 우익날개는 운문산군, 좌익날개는 고헌산으로 볼 수 있다. 가지산 정상에서 석남재로 뻗어 내린 황룡등은 우리나라 최대 규모의 철쭉 진달래다. 산을 이고 사는 상북 주민들은 가지산을 까치산, 중봉을 흰바위, 상운산을 가지산 동봉이라 부른다.

◑산행 길잡이

▲가지산(1,241m) 최단 코스 들머리는 석남터널(밀양 방면)다. 석남터널에서 석남재→마당바위→황룡등 철쭉군락지→중봉→가지산 정상. 왕복 6km에 4시간이 소요된다. 최단 코스이기 때문에 가파른 오르막이 여럿이다. 가지산 정상 등정 후 석남사주차장 하산은 왕복 15.4km. 8시간 남짓 소요된다.

▲석남사 주차장→석남재→중봉을 거쳐 정상 코스는 총 왕복 9.4km에 5시간 소요된다.

▲운문재→귀바위→쌀바위→정상 코스는 왕복 9.6km에 4시간 30분가량 소요된다.

▲밀양 얼음골 구연폭포 호박소→석남재→가지산 중봉→정상 코스는 총 7.4km에 3시간 30분가량 소요된다.

▲청도 운문사 사리암→심심계곡→아랫재→정상 코스.

▲청도 운문사 사리암→학심이 학소대폭포→정상 코스는 총 10.5km에 6시간 이상 소요. 청도에서 코스는 운문산 생태 · 경관보호구역과 계곡을 지나야 하는 관계로 통제구간이 많거나 등산로가 길고 험하다. 특히 가지산 북능의 주 코스인 운문사 큰골 사리암 구간은 통제되어 있다. 그럴 경우에는 배너미재를 넘어 청도 삼계리 천문사 코스나 밀양 남명리 아랫재로 하산해야 한다.

◑교통편

▲언양터미널에서 1713번, 807번, 328번 버스가 석남사 주차장을 다닌다. 석남터널 가는 버스 편이 없으므로 웬만하면 택시를 이용하는 편이 시간을 아낄 수 있다. 석남터널은 언양터미널에서 택시로 25분 소요된다.

▲밀양 방면에서는 밀양터미널-석남사행 밀성여객버스(055-354-2320)를 타고 석남사 종점에서 내린다. 가지산 정상에서 아랫재로 하산할 경우에는 밀양시외버스터미널 가는 버스가 있다. 얼음골 정류장에서 밀양행은 오후 2시 50분, 4시 30분, 6시 30분(막차)에 있다. 밀양터미널에서는 오후 8시 10분(막차)까지 매시 정각에 출발하는 부산 서부버스터미널행 시외버스를 타거나 밀양역에서 기차를 탄다.

▲승용차 이용을 할 경우에는 최단 코스 내비게이션 목적지는 '석남터널'. 울산 방면에서 차를 운행한다면 터널을 넘어야 석남재 접근이 가깝다.

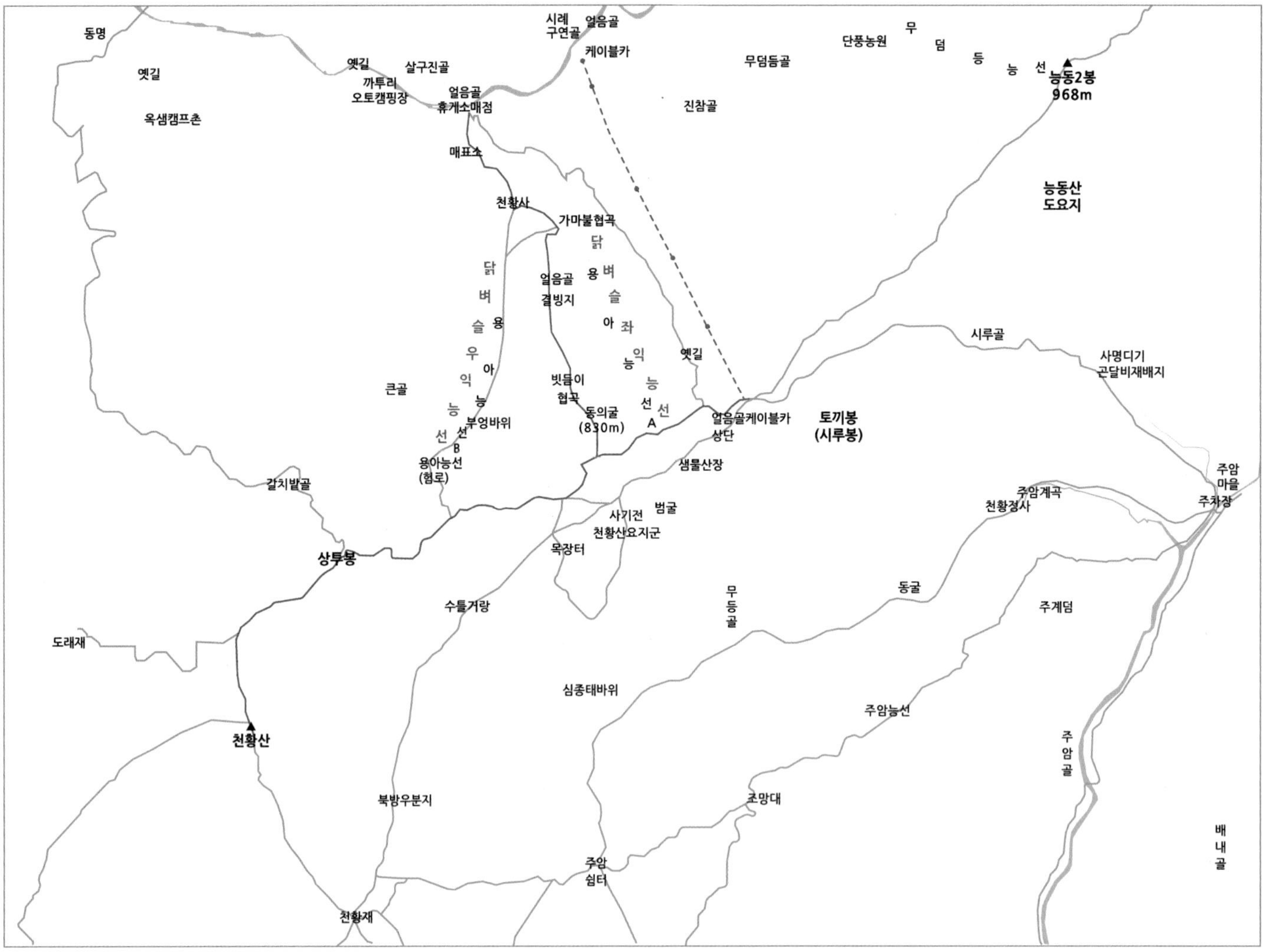
동명
옛길
옥샘캠프촌
옛길
까투리
오토캠핑장
살구진골
얼음골
휴게소매점
시례
구연골
얼음골
케이블카
무덤듬골
단풍농원
무
덤
등
능
선
능동2봉
968m
진참골
능동산
도요지
매표소
천황사
가마불협곡
닭
벼
슬
용
아
능
선
B
닭
용
벼
슬
아
좌
익
능
선
A
얼음골
결빙지
빗들이
협곡
동의굴
(830m)
옛길
큰골
부엉바위
용아능선
(험로)
얼음골케이블카
상단
토끼봉
(시루봉)
시루골
사명디기
곤달비재배지
갈치밭골
샘물산장
사기전
천황산요지군
범굴
주암계곡
천황정사
주암
마을
주차장
상투봉
목장터
수틀거랑
무
등
골
동굴
주계덤
도래재
심종태바위
주암능선
주
암
골
천황산
북방우분지
조망대
배
내
골
주암
쉼터
천황재

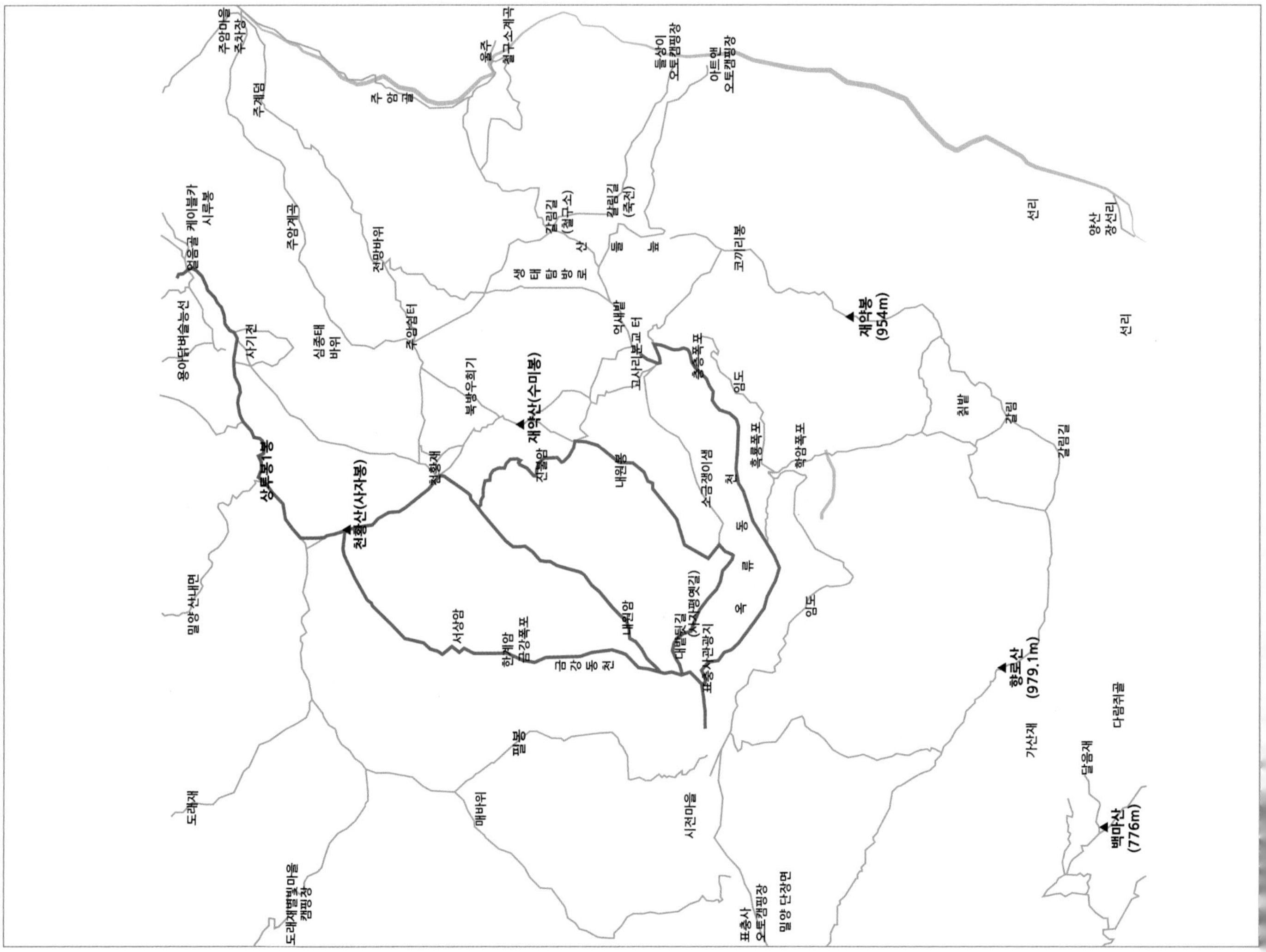
주암마을
주차장
주계덤
주암골
울주
철구소계곡
들상이
오토캠핑장
이든앤
오토캠핑장
주암계곡
천막바위
갈림길
(철구소)
갈림길
(죽전)
생태탐방로
선리
양산
장선리
얼음골 케이블카
시루봉
코끼리봉
재약봉
(954m)
용아닭벼슬능선
사기전
심종태
바위
주암삼거리
억새밭
고사리분교터
층층폭포
임도
선리
북방우회기
재약산(수미봉)
취밭
갈림길
진불암
내원봉
소금쟁이샘
흑룡폭포
칠암폭포
천황재
상투봉1봉
천황산(사자봉)
옥류동천
임도
밀양 산내면
서상암
한계암
금강폭포
금강동천
내원암
내원마을
(사자평옛길)
표충사관광지
향로산
(979.1m)
다람쥐골
가산재
달음재
필봉
도래재
매바위
사전마을
백마산
(776m)
도래재별빛마을
캠핑장
표충사
오토캠핑장
밀양 단장면

3. 천황산(사자봉) 최단 코스

영남알프스 최고의 전망대 코스다. 천황산天皇山(1,189m) 아래에는 그림 같은 표충사와 산중암자 서상암과 한계암, 내원암이 내려다보이고, 삼남의 금강'이라 불리는 '금강동천', '옥류동천'이 있다. 천황산, 재약산, 재약봉, 향로봉 다섯 봉우리를 연계 등정할 수 있다.

◑산행 길잡이

▲천황산 최단 코스는 얼음골케이블카를 이용하는 것이다. 상부하우스에서 천황산 3.3km, 재약산은 5.3km 왕복 8.6km다. 참고로 얼음골케이블카의 운행시간은 첫차는 08시 30분 막차는 17시 50분(동절기 12월~2월까지는 16시 50분)이다. 시즌에는 이용객이 많으니 계획을 잘 세워야 한다.

▲영남알프스 9봉을 빠르게 완등하려면 다시 차량으로 이동해서 문복산으로 간다. 천황산, 재약산, 문복산 3봉 총 거리는 16km.

오롯이 두 발로 등정하는 천황산 코스

▲표충사→금강폭포→천황산 사자봉→표충사 왕복 5시간.

▲표충사→내원사 갈림길→천황산 사자봉→표충사 왕복 5시간 30분.

▲표충사→내원사 갈림길→진불암→재약산 수미봉→천황산 사자봉→표충사 왕복 6시간 30분.

▲표충사→재약산 수미봉→천황산 사자봉→표충사 왕복 6시간 10분.

▲주암마을 출발 왕복 10km, 죽전마을 출발 왕복12km. 코스별 거리와 소요시간은 비슷하다.

◑교통편

▲교통이 불편하다. 언양 석남사 주차장에서 매 시각 출발하는 밀성여객버스를 타고 밀양 금곡에 내린다. 다시 밀양 표충사행 버스를 타고 종점에 하차한다.

▲배내골에서는 죽전마을 들머리, 철구소 들머리, 주암계곡 들머리가 있다. 언양터미널에서 328번 버스를 타고 주암계곡이나 죽전마을에 하차한다. 울산함안간고속도로 배내골IC에서 가깝다.

▲부산에서는 열차를 타고 밀양역에서 내려 밀양시외버스터미널로 이동해 표충사행 버스가 있다. 밀양시외버스터미널에서 표충사행 버스는 오전 8시 20분, 9시 10분, 10시, 11시에 출발한다.

▲원점회귀를 할 경우에는 승용차편이 편리하다. 승용차를 이용해서 표충사로 갈 경우에는 신대구 · 부산고속도로 밀양IC→울산 언양 방향 24번 국도 우회전→단장 표충사 1077번 지방도 우회전→금곡교 지나→아불교 지나→집단시설지구 공용주차장(또는 표충사 경내 주차장) 순. 경남 밀양시 단장면 구천리 2052 '표충사 정류장'을 내비게이션 목적지로 하면 된다. 주차비는 무료.

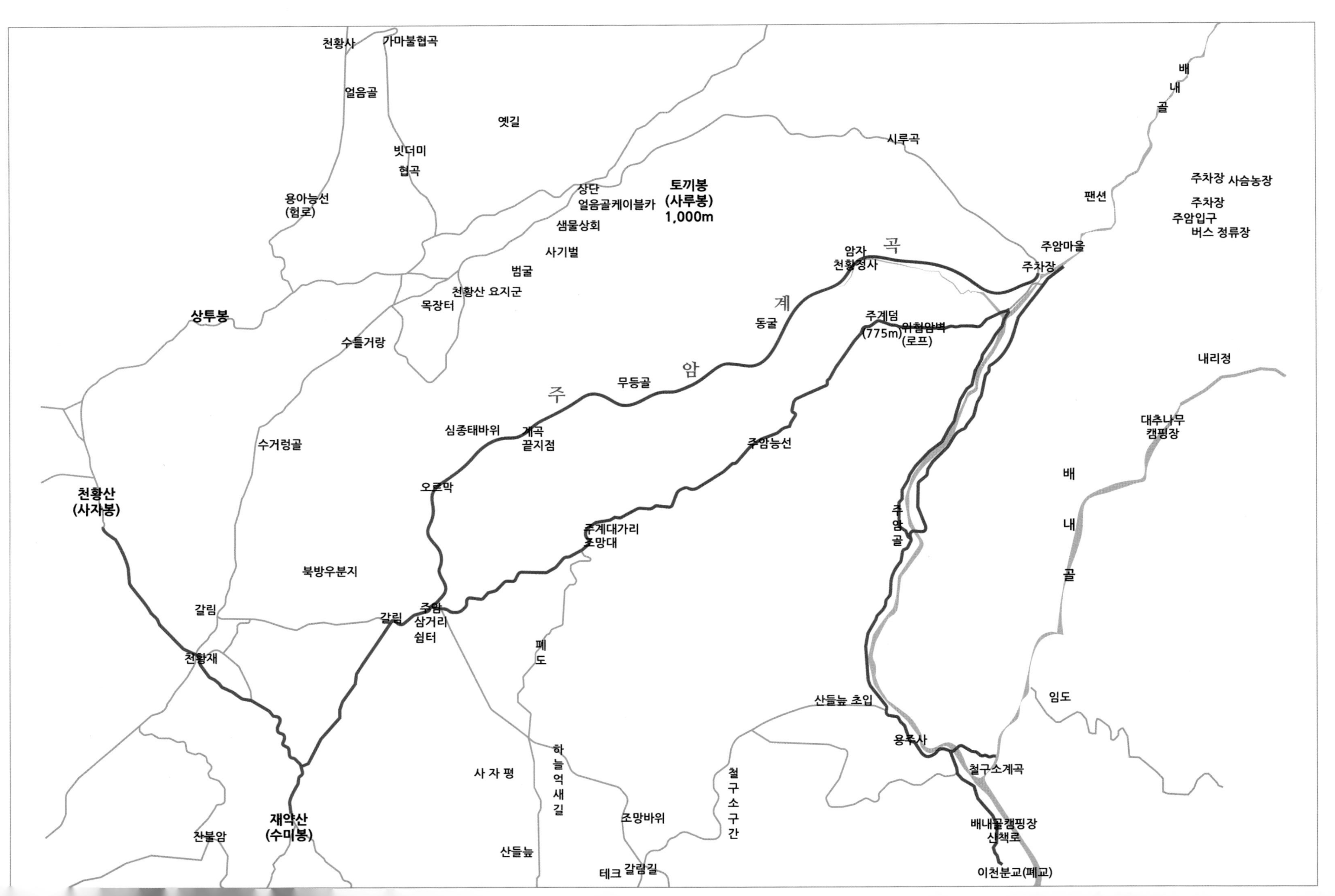
천황사
가마불협곡
얼음골
옛길
빗더미
협곡
시루곡
배
내
골
주차장 사슴농장
주차장
주암입구
버스 정류장
팬션
용아능선
(험로)
상단
얼음골케이블카
토끼봉
(사루봉)
1,000m
샘물상회
사기벌
범굴
천황산 요지군
목장터
암자
천황정사
곡
주암마을
주차장
상투봉
계
동굴
주계덤
(775m)
위험암벽
(로프)
수들거랑
암
무등골
주
내리정
대추나무
캠핑장
심종태바위
계곡
끝지점
주암능선
수거렁골
오르막
배
천황산
(사자봉)
주
암
골
내
주계대가리
조망대
북방우분지
골
갈림
갈림
주암
삼거리
쉼터
폐
도
천황재
임도
산들늪 초입
용주사
하
늘
억
새
길
철구소계곡
사 자 평
철
구
소
구
간
조망바위
배내골캠핑장
산책로
재약산
(수미봉)
잔불암
산들늪
테크 갈림길
이천분교(폐교)

4. 재약산(수미봉) 최단 코스

재약산載藥山(1,108m) 코스는 형제봉인 천황산과 동일하다. 재약5봉 다섯 봉우리를 하루 만에 다 돌아 볼 수 있다.

재약산 수미봉 · 사자봉

◑산행 길잡이

▲재약산 최단 코스는 얼음골케이블카 이용이다. 얼음골케이블카 상부하우스에서 재약산 5.3km 왕복 10.6km. 참고로 얼음골케이블카의 운행시간은 첫차는 08시 30분 막차는 17시 50분(동절기 12월~2월까지는 16시 50분)이다. 시즌에는 이용객이 많으니 계획을 잘 세워야 한다.

▲영남알프스 9봉을 빠르게 완등하려면 다시 차량으로 이동해서 문복산으로 간다. 천황산, 재약산, 문복산 3봉 총 거리는 16km.

오롯이 두 발로 등정하는 코스

▲표충사→금강폭포→천황재→재약산→표충사 왕복 5시간.

▲표충사→내원사 갈림길→진불암→재약산 수미봉→표충사 왕복 5시간 30분.

▲표충사→층층폭포→사자평→재약산 수미봉→표충사 왕복 5시간 40분.

▲주암마을 출발 왕복 10km, 죽전마을 출발 왕복 12km. 거리와 소요시간은 비슷하다.

◑교통편

▲언양 석남사 주차장에서 매 시각 출발하는 밀성여객 버스를 타고 밀양 금곡에 내린다. 다시 밀양 표충사행 버스를 타고 종점에 하차한다.

▲배내골에서는 죽전마을 들머리, 철구소 들머리, 주암계곡 들머리가 있다. 언양터미널에서 328번 버스를 타고 주암계곡이나 죽전마을에 하차한다. 울산함안간고속도로 배내골IC에서 가깝다.

▲부산에서는 열차를 타고 밀양역에서 내려 밀양시외버스터미널로 이동해 표충사행 버스가 있다. 밀양시외버스터미널에서 표충사행 버스는 오전 8시 20분, 9시 10분, 10시, 11시에 출발한다.

▲원점회귀를 할 경우에는 승용차편이 편리하다. 승용차를 이용해서 표충사로 갈 경우에는 신대구 · 부산고속도로 밀양IC→울산 언양 방향 24번 국도 우회전→단장 표충사 1077번 지방도 우회전-금곡교 지나→아불교 지나→집단시설지구 공용주차장(또는 표충사 경내 주차장) 순.

▲경남 밀양시 단장면 구천리 2052 '표충사 정류장'을 내비게이션 목적지로 하면 된다. 주차비는 무료.

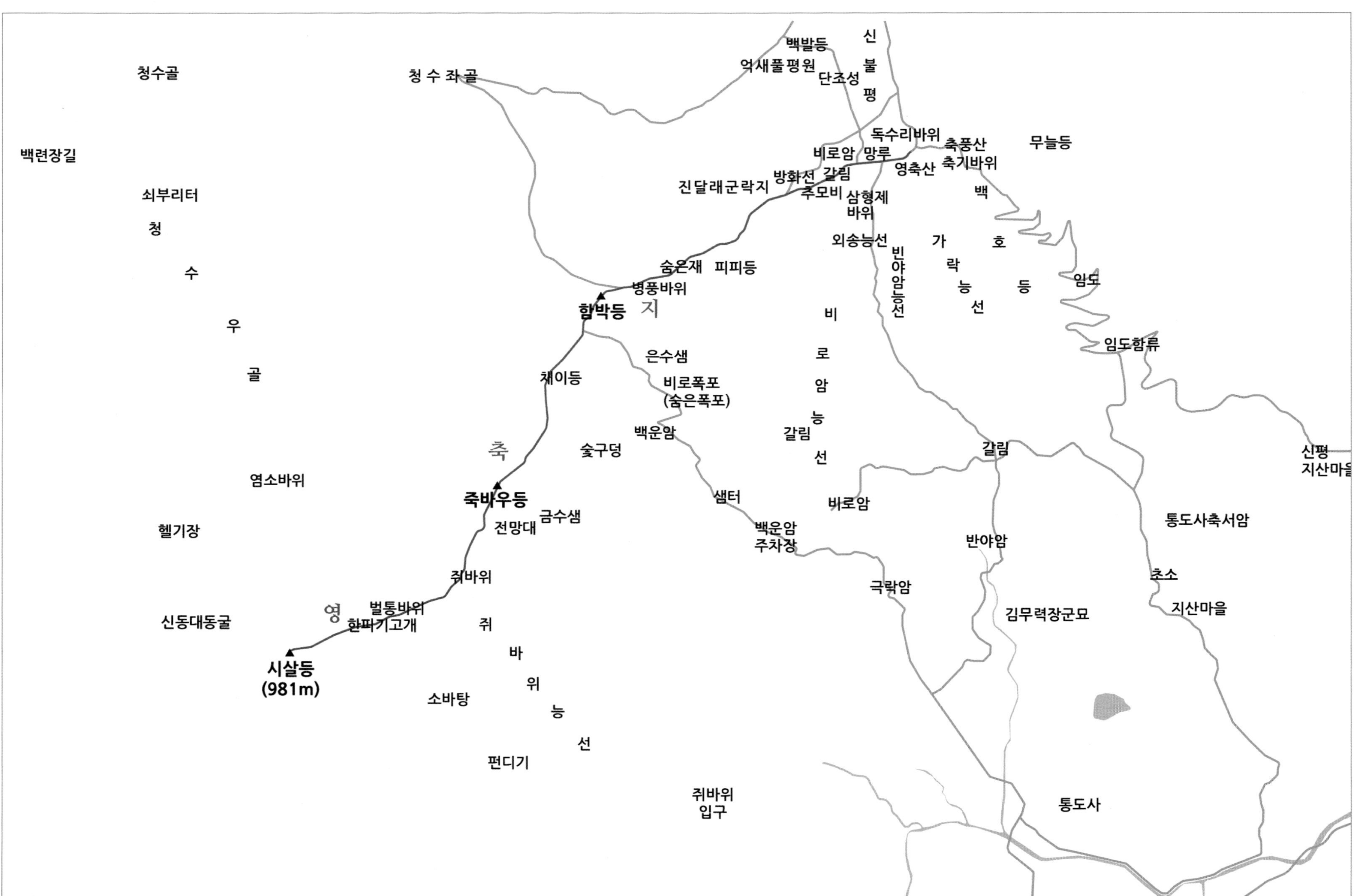

청수골
청 수 좌 골
백련장길
쇠부리터
청 수 우 골
백발등
억새풀평원
단조성
신불평
독수리바위
축풍산
축기바위
무늘등
비로암
망루
방화선
갈림
영축산
진달래군락지
주모비
삼형제바위
백호가락능선
외송능선
빈야암능선
숨은재
피피등
병풍바위
함박등
임도
임도합류
비로암능선
은수샘
채이등
비로폭포
(숨은폭포)
백운암
갈림
갈림
숯구덩
축
지
영
염소바위
죽바우등
금수샘
전망대
샘터
비로암
백운암
주차장
반야암
신평
지산마을
통도사축서암
헬기장
쥐바위
초소
극락암
벌통바위
한피기고개
신동대동굴
쥐바위능선
지산마을
김무력장군묘
시살등
(981m)
소바탕
편디기
쥐바위
입구
통도사

5. 영축산 최단 코스

멀찍이서 보면 낙타봉처럼 솟구친 산이 영축산靈鷲山(1,081m)이다. 산발치에는 석가모니 부처님의 진신사리를 모신 통도사가 있어 불교성지를 수행하듯 한결 마음 편안히 걸을 수 있다.

◑산행 길잡이

▲영축산 최단 코스는 통도사 비로암 코스와 반야암 코스다. 거리 1.7~2.5km로, 빠르기는 하나 공룡바위능선을 타야 한다. 특히 비로암 자갈더미는 한 발 가면 두 발 미끄러지는 난코스다.

▲극락암 백운암 코스 2.2km, 백운암에서 영축산 4.5km

▲서축암 코스 4.0km와 하북면 지산마을 코스는 약 4.5km.

▲배내골 방향에서 올라가는 코스는 청수골→영축산 코스 5.1km.

▲영축산, 신불산, 간월산 3봉을 하루 만에 돌아 볼 수 있는 최단 코스는 신불산자연휴양림 하단지구→선짐재 계곡→단조성→영축산→신불평원→신불재→신불산→간월재→간월산→서봉→신불산자연휴양림 상단지구→왕방골→파래소폭포→신불산자연휴양림 하단지구 약 18.5km.

◑교통편

▲언양터미널에서 1723번, 313번, 13번 버스가 다닌다. 부산에서 언양행 직행버스를 타고 신평터미널에 하차한다. 비로암, 서축암, 지산마을 들머리까지는 2~3km.

▲배내골 방향에서는 신불산자연휴양림 하단지구가 들머리다. 울산KTX나 언양터미널에서 328번 버스, 양산역 환승센터 1000번 버스, 원동역에서 수시로 운행하는 2번 버스가 있다.

▲승용차를 이용할 경우에는 통도사IC를 나와 목적지로 간다. 내비게이션 '통도사 비로암', '통도사 서축암', '지산마을 만남의 광장' 입력.

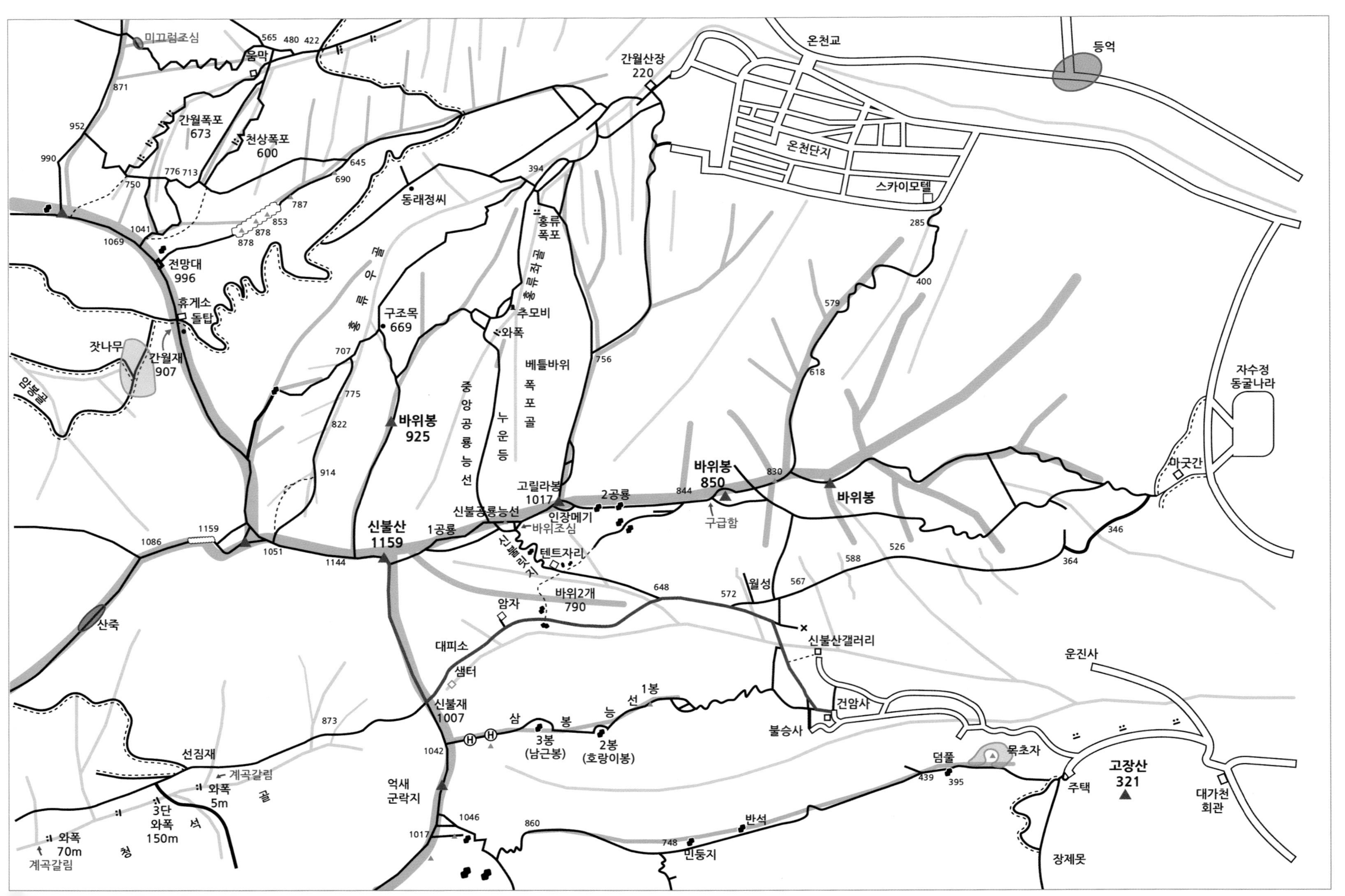

미끄럼조심
565
480
422
움막
871
간월폭포
673
천상폭포
600
952
990
776 713
750
645
690
787
853
878
878
동래정씨
1041
1069
전망대
996
휴게소
돌탑
잣나무
간월재
907
암봉골
홍류골
아리랑
구조목
669
707
775
822
바위봉
925
914
간월산장
220
394
홍류폭포
홍류저골
추모비
와폭
베틀바위
폭포골
756
중앙공룡능선
누운등
고릴라봉
1017
2공룡
844
바위봉
850
구급함
830
바위봉
신불공룡능선
인장메기
바위조심
신불산
1159
1공룡
1159
1086
1051
1144
신불릿지
텐트자리
바위2개
790
암자
648
572
월성
567
588
526
364
346
산죽
대피소
샘터
신불재
1007
삼봉능선
1봉
2봉
(호랑이봉)
3봉
(남근봉)
1042
873
선짐재
계곡갈림
와폭
5m
3단
와폭
150m
청석골
와폭
70m
계곡갈림
억새
군락지
1046
1017
860
748
민둥지
반석
온천교
온천단지
스카이모텔
285
400
579
618
등억
자수정
동굴나라
마굿간
신불산갤러리
운진사
건암사
불승사
덤풀
439
395
목초자
주택
고장산
321
대가천
회관
장제못

6. 신불산 최단 코스

신불산은 귀신 신神자와 부처 불佛자를 쓰는 독특한 지명을 가졌다. 곤란한 사람을 도와주는 성산이며 영험한 기운이 감도는 신비의 산이다. 산세가 험해 열두 자루의 칼을 심어둔 '십이도산검수十二刀山劍水' 코스라 불린다. 심하게 뒤틀린 암릉 능선과 주름진 골짜기, 거기다 아찔한 암릉은 산꾼들을 매료시킨다. 신의 모습, 부처의 모습, 산 할아버지의 모습으로 늘 거기에 있는 불가사의한 산이다.

◑산행 길잡이

▲신불산(1,159m) 최단 코스는 가천리 건암사가 들머리다. 영남알프스 9봉 완주를 목표로 할 경우에는 건암사에서 큰골을 따라 약 2.2km, 2시간30분 올라가면 신불재 대피소가 나온다. 샘터에서 물을 보충할 수 있다. 신불재 테크에서 북쪽은 신불산, 남쪽은 영축산, 서쪽은 배내골 파래소폭포다. 신불산 정상까지는 25분, 영축산까지는 약 1시간이 소요된다. 배내골 쪽으로 계곡을 타고 내려서면 2시간 30분이면 태봉 버스종점에 도착할 수 있다.

▲영축산, 신불산, 간월산 3봉을 하루 만에 돌아보는 빡센 코스로는 신불산자연휴양림 하단지구→선짐재 계곡→단조성→영축산→신불평원→신불재→신불산→간월재→간월산→서봉→신불산자연휴양림 상단지구→왕방골→파래소폭포→신불산자연휴양림 하단지구이다. 약 18.5km.

등억리 복합웰컴센터 코스

▲신불공룡능선(등억→홍류폭포→칼바위→신불산→간월재→임도→등억) 산행 거리 7.5km.

▲신불중앙공룡능선(등억→와우폭포→중앙공룡능선→신불산→간월재→임도→등억) 7km.

▲신불간월공룡능선 두 구간의 산행 거리는 약 8km.

▲등억→홍류폭포→절터꾸미→임도→간월재→간월산→등억. 왕복 거리 약 7.0km.

▲간월공룡능선 코스(등억→간월공룡능선→간월재→임도→등억)는 약 6.6km

◑교통편

경부고속도로 서울산IC에서 15분 거리에 있다. 내비게이션 '가천리 건암사'를 목적지로 둔다. 언양터미널에서 택시로 20분 거리이다. 대중교통 편은 1723, 313, 부산 12번 버스를 타고 공암마을에 내려서 가천마을까지 약 20분 걸어야 한다.

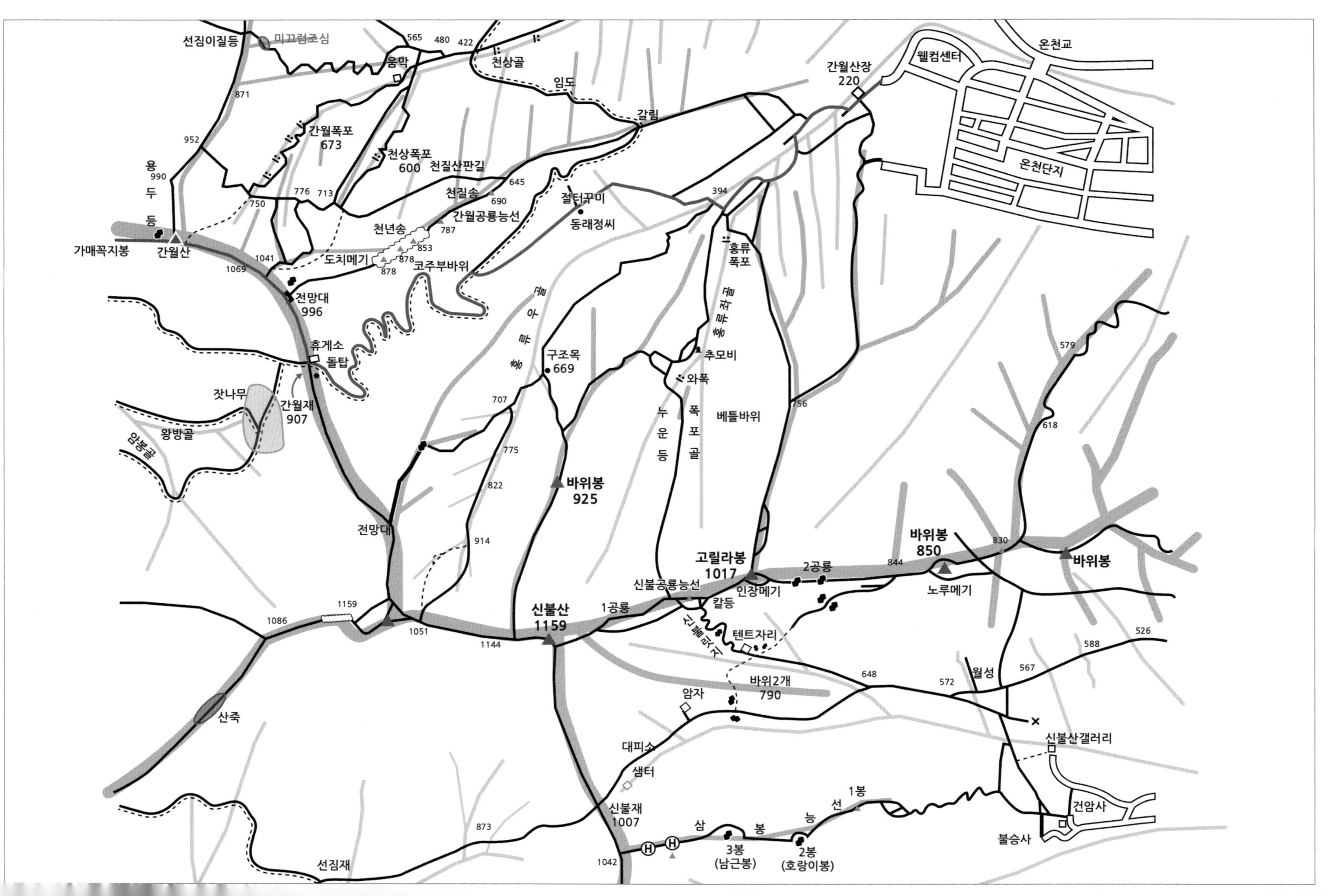

선짐이질등
미끄럼주의
565
480
422
움막
천상골
임도
갈림
온천교
웰컴센터
간월산장
220
온천단지
871
952
간월폭포
673
천상폭포
600
천질산판길
용
990
두
등
776
713
645
천질송
690
간월공룡능선
절터꾸미
동래정씨
394
750
천년송
787
853
878
878
도치메기
코주부바위
가매꼭지봉
간월산
1041
1069
전망대
996
홍류
폭포
휴게소
돌탑
구조목
669
추모비
와폭
잣나무
간월재
907
707
756
왕방골
암봉골
누운등
폭포골
베틀바위
775
618
579
822
바위봉
925
전망대
914
고릴라봉
1017
바위봉
850
830
바위봉
2공룡
844
노루메기
신불공룡능선
인장메기
1공룡
칼등
1159
1086
신불산
1159
1051
1144
텐트자리
588
526
567
648
572
월성
바위2개
790
암자
산죽
신불산갤러리
대피소
샘터
1봉
삼봉능선
건암사
신불재
1007
873
불승사
1042
3봉
(남근봉)
2봉
(호랑이봉)
선짐재

7. 간월산 최단 코스

천 개의 달이 뜬다는 간월산肝月山(1,069m)은 조망권과 난이도를 고루 갖춘 명품 코스다. 간월산에서 배내봉으로 용트림하는 천화비리는 간담이 서늘할 정도로 아찔한 절벽 마금루다.

◑산행 길잡이

간월산 최단 코스는 등억리 복합웰컴센터다. 해발 700미터부터 함박꽃 군락지를 이룬다.

▲등억→홍류폭포→절터꾸미→임도→간월재→간월산→등억 왕복 거리는 약 7.0km.

▲간월공룡능선 코스(등억→간월공룡능선→간월재→임도→등억)는 약 6.6km.

▲배내고개에서 등억리 복합웰컴센터까지는 약 7.7km. 간월재 휴게소 운영시간은 10:00~16:30.

▲신불공룡능선(등억→홍류폭포→칼바위→신불산→간월재→임도→등억) 산행 거리는 약 7.5km.

▲신불중앙공룡능선(등억→와우폭포→중앙공룡능선→신불산→간월재→임도-등억) 약 7km.

▲신불간월공룡능선 두 구간의 산행 거리는 약 8km.

◑교통편

▲언양터미널이나 KTX울산역에서 버스 편은 304번, 323번(상북면사무소 경유)이다. 기점인 삼남신화 출발시각은 오전 7시, 8시 10분, 9시 40분, 10시 50분, 오후 12시 50분, 2시 50분, 4시 50분, 6시 50분, 7시 50분 등 하루 9회 운행한다.

▲배내골 방향에서는 신불산자연휴양림 하단지구가 들머리다. 파래소폭포→왕방골→죽림굴→간월재로 간다. 간월재에서는 신불산이나, 간월산으로 이동할 수 있다. 배내골은 언양터미널에서 328번 버스, 양산역 환승센터 1000번 버스, 원동역에서 수시로 운행하는 버스가 있다.

▲부산동부터미널에서 언양행 버스는 오전 6시 20분부터 밤 10시까지 30분 간격으로 운행한다. 45분 소요. KTX 울산역 기차편으로는 서울↔언양 2시간 20분, 부산↔언양 20분, 대구↔언양 25분이며, 언양터미널에는 5개시군마다 수시로 다니는 버스 편이 있다.

▲원점회귀 가능한 구간이라 승용차 이용이 편리하다. 경부고속도로 서울산IC에서 작천정 방향으로 약 10분 거리에 있다. 경부고속도로 구서IC를 기준으로 들머리인 등억리 영남알프스 복합웰컴센터까지 40~50분 남짓 걸린다. 내비게이션 목적지는 '영남알프스 복합웰컴센터', 혹은 '복합웰컴센터'를 입력하면 된다.

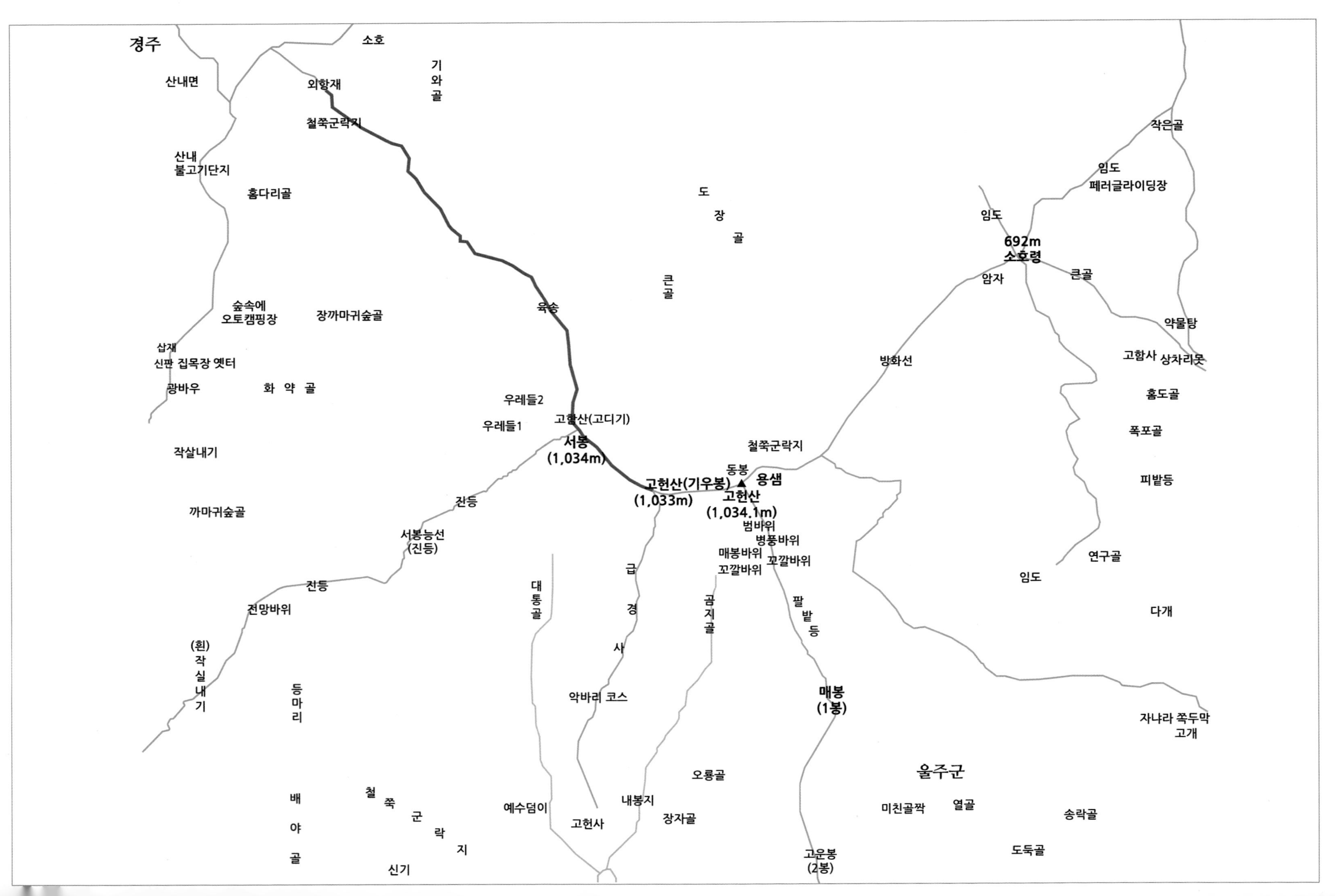
경주
소호
산내면
기
와
골
외항재
철쭉군락지
작은골
산내
불고기단지
임도
페러글라이딩장
홈다리골
도
장
골
임도
692m
소호령
큰골
암자
큰
골
숲속에
오토캠핑장
장까마귀숲골
육송
약물탕
삽재
신판 집목장 옛터
방화선
고함사 상차리못
광바우
화 약 골
홈도골
우레들2
고함산(고디기)
우레들1
폭포골
서봉
(1,034m)
철쭉군락지
작살내기
동봉
용샘
피밭등
고헌산(기우봉)
(1,033m)
고헌산
(1,034.1m)
진등
까마귀숲골
범바위
병풍바위
서봉능선
(진등)
매봉바위
꼬깔바위
꼬깔바위
연구골
임도
급
대
통
골
진등
곰
지
골
팔
밭
등
경
다개
전망바위
사
(흰)
작
실
내
기
등
마
리
악바리 코스
매봉
(1봉)
자나라 쪽두막
고개
오룡골
울주군
배
야
골
철
쭉
군
락
지
예수덤이
내봉지
고헌사
장자골
미친골짝
열골
송락골
고운봉
(2봉)
도둑골
신기

8. 고헌산 최단 코스

고헌산高巘山(1034m)은 예로부터 언양현彦陽縣의 진산鎭山으로 불렸다. 산이 밋밋하여 '밋밋봉', '알머리봉', '못생긴 봉'으로 부르는 산행객도 있다. 그러나 막상 올라보면 빼어난 조망권에 매료되어 내려오기 싫은 산이다. 남쪽 고헌사 코스는 얼굴 콧등을 타듯이 경사도가 급하고, 서쪽 우레들은 돌이 살아 있으며, 북쪽 도장골 코스는 뒷통수처럼 난해하다. 가장 무난한 하산 코스는 궁근정 신기마을로 연결된 서남능선(진등)이다.

◑산행 길잡이

▲고헌산 최단 코스는 외항재다. 고헌산 정상 거리는 편도 2.7km.

▲신기마을→고헌사→대통골→고헌사 코스는 편도 3km로 짧으나 급경사 된비알에 밋밋하다.

▲신기마을→고헌사→동봉 용샘→고헌산 정상→서봉→서봉능선(진등)→신기마을 코스 왕복 7.5km.

▲소호 대곡마을→도장골→동봉 용샘→고헌산 정상→소호 7km.

◑교통편

▲언양시장 버스정류장에서 외항재 가는 338번 버스를 타고 외항재 옥천당에 하차한다. 상북 신기리 고헌사 코스는 석남사행 1713, 807번, 328번 버스를 타고 신기마을 입구에 하차하여 도보 약 1.5km 걸어가면 고헌사가 나온다. 외항재까지는 언양 KTX울산역에서 택시로 약 30분, 고헌사는 약 20분 거리에 있다. 내비게이션 '고헌사' 검색.

▲외항재로 갈 경우에는 '울주군 상북면 소호리 산192-1'을 목적지로 한다. 경주 대현리와 울주 소호리 경계 지역이다.

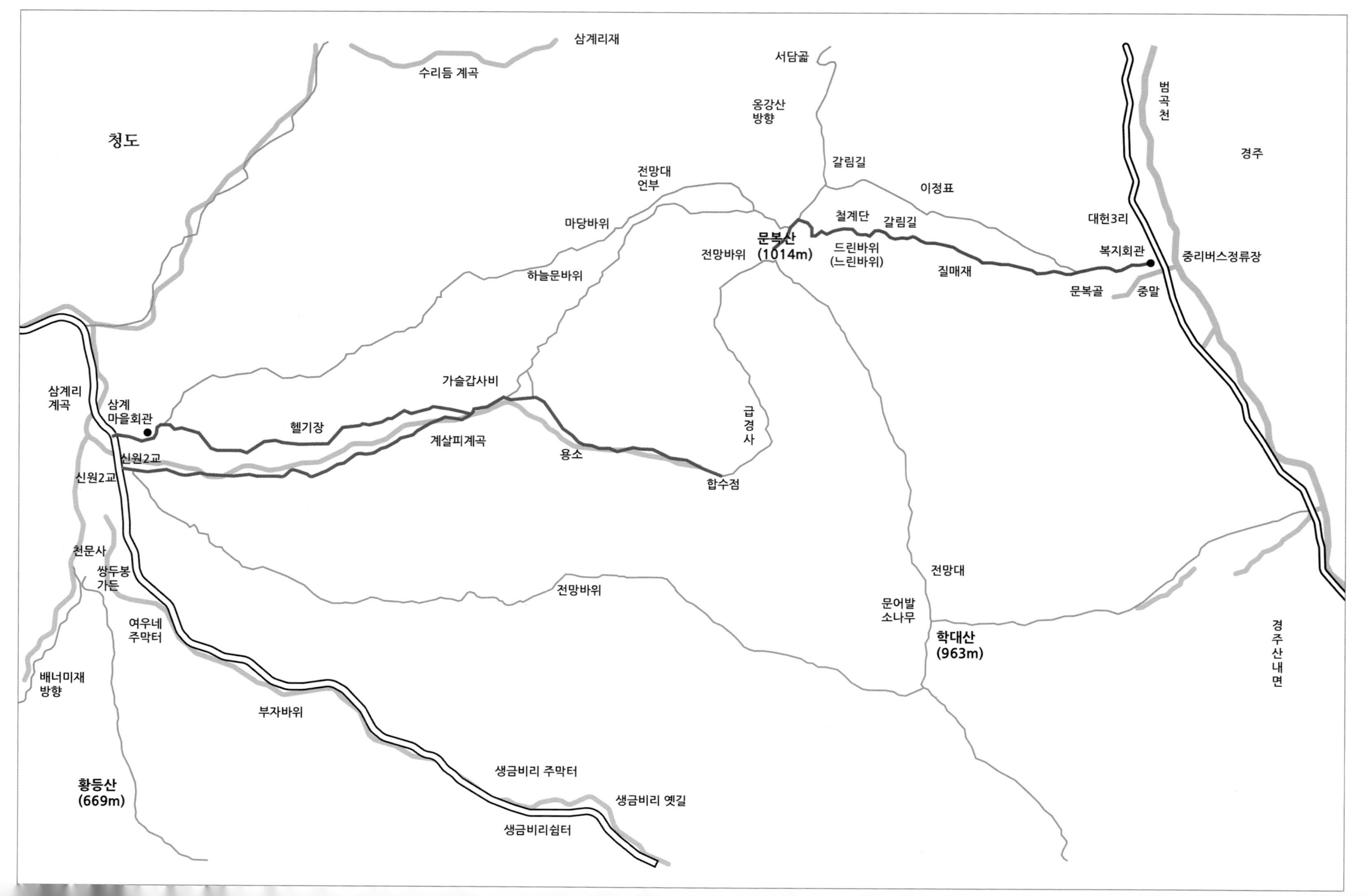

삼계리재
수리듬 계곡
서담골
옹강산
방향
청도
갈림길
경주
범
곡
천
전망대
언부
이정표
마당바위
철계단
갈림길
대헌3리
문복산
(1014m)
드린바위
(느린바위)
복지회관
중리버스정류장
전망바위
질매재
하늘문바위
문복골
중말
가슬갑사비
삼계리
계곡
삼계
마을회관
헬기장
급
경
사
계살피계곡
용소
신원2교
신원2교
합수점
천문사
쌍두봉
가든
전망대
전망바위
문어발
소나무
여우네
주막터
학대산
(963m)
경
주
산
내
면
배너미재
방향
부자바위
생금비리 주막터
황등산
(669m)
생금비리 옛길
생금비리쉼터

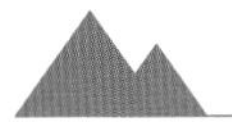

9. 문복산 최단 코스

문복산文福山(1,014m)은 영남알프스 9봉 중에서 막내 산이다. 경주와 청도의 경계를 가른다. 짧지만 난이도와 조망권을 고루 갖춘 명품 코스다. 정상 서쪽 아래에는 삼계리를 품고 있다. 삼계리에서 가지산 운문산으로 연결되는 배너미재가 있다.

◑산행 길잡이

▲문복산 최단 코스는 경주 산내면 중리 대현3리복지회관이다. 문복산의 상징인 드린바위(1.3km)를 경유하여 문복산 정상에 올라 다시 원점 회귀 산행 거리는 약 왕복 4.6km이며, 3시간 30분~4시간이 걸린다.

▲운문재에서 학대산 경유하는 문복산 능선 코스는 약 5.5km다. 능선을 걷는 조망권이 솔솔하다.

▲삼계리에서 계살피 계곡으로 진입하는 들머리는 두 군데이다. 버스정류장 인근의 칠성슈퍼 맞은편 산자락 길로 접어든다. 오른쪽 길은 계살피 계곡 우측 생금비리능선을 학대산(963봉)으로 이어지는 등산로가 있고, 다른 길은 계살피로 이어진다. 또 다른 들머리는 신원2교를 건너 오른쪽 마을로 가는 길이다. 삼계리 노인회관과 고향집 민박 입구에서 계곡을 가로질러 내려가면 계살피 계곡 길이고, 왼편으로 가면 하늘문능선길을 따라서 문복산 정상으로 갈 수 있다. 삼계리에서 계살피 계곡을 경유하여 문복산 정상 왕복거리는 약 7~8km이고, 5~6시간이 소요된다.

▲좌우 능선길 원점회귀 코스 : 삼계리→생금비리능선→문복산 정상→하늘문능선→삼계리는 약 15km.

◑교통편

▲문복산 최단 코스(중리 대현3리마을회관)를 선택하려면 언양터미널에서 355번 버스를 탄다. 경주 산내행 버스는 오전에는 10시40분 한 차례뿐이다. 산행 후 언양으로 돌아가는 버스는 오후 1시, 5시 10분(막차) 산내에서 출발해 10~15분 후 중리 정류장을 지나간다. 승객이 없으면 정차하지 않고 통과할 수 있으니 미리 가서 기다리는 게 좋다.

▲운문재나 청도 삼계리를 들머리로 잡을 경우에는 언양터미널에서 청도 삼계리행 9시, 13시, 15시 40분, 18시 50분 경산여객버스가 있다. 나오는 버스는 운문사에서 08시 25분, 11시 35분, 14시 35분, 17시 25분이다. 다만, 버스편 시간변경이 있을 수 있으니 미리 확인해야 한다. 참고로 운문터널 개통으로 운문재 버스운행을 하지 않는다.

▲부산 동부시외버스터미널에서 언양행 버스는 오전 6시20분부터 밤 10시까지 30분 간격으로 운행한다. 언양터미널에서 부산행 버스는 밤 10시까지 30분 간격으로 다닌다.

▲문복산 코스는 버스 환승과 시간 맞추기가 쉽지 않아 승용차를 이용하는 것이 편하다. 내비게이션 이용 시 '대현3리복지회관', 운문재 코스는 '운문재', 계살피 계곡은 '청도 삼계리'를 목적지로 한 뒤 마을 앞 쉼터에 주차하면 된다.

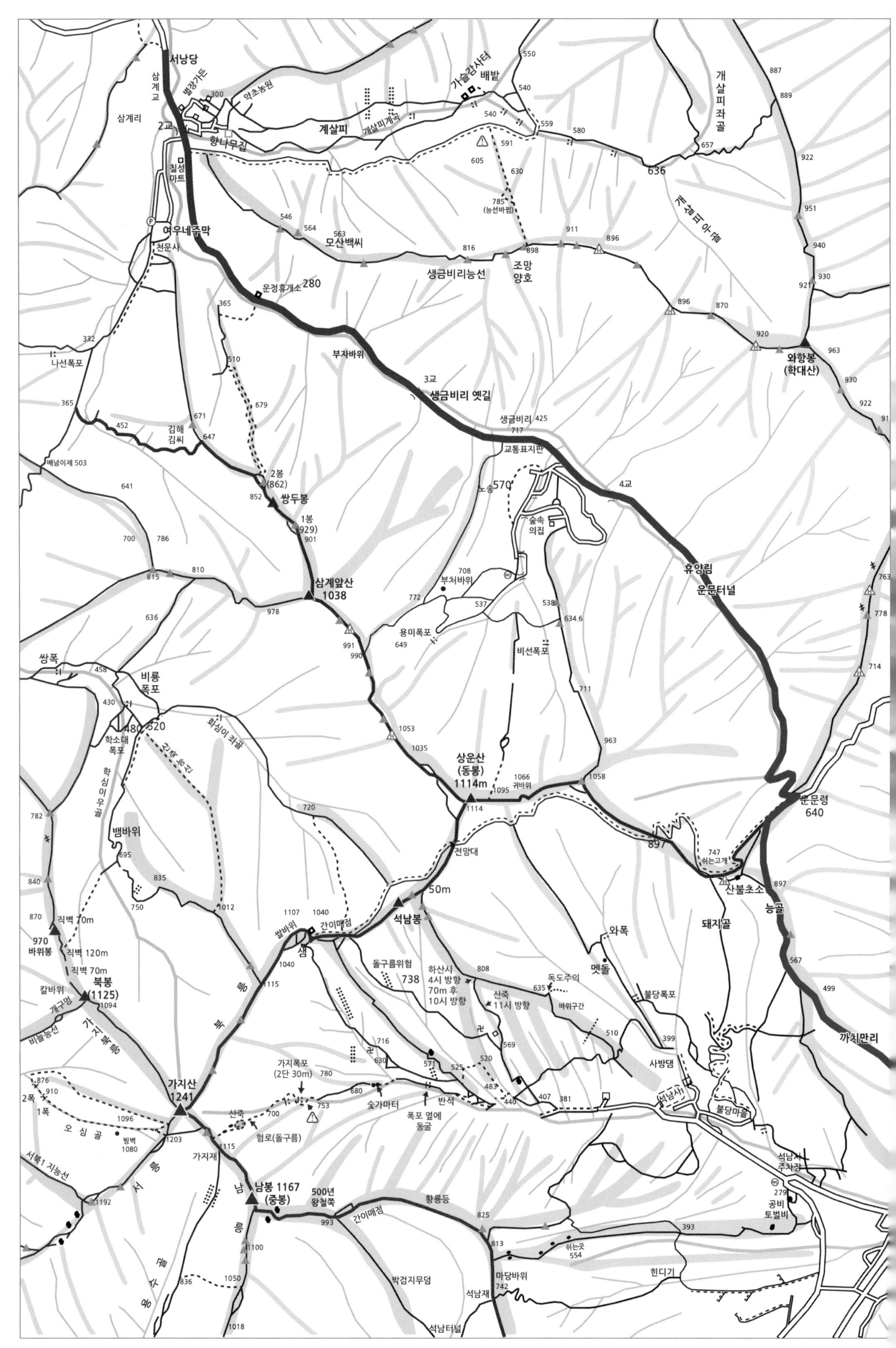

서낭당
삼계교
별장가든
약초농원
300
삼계리
2교
향나무집
칠성마트
계살피
개살피계곡
가슬갑사터
배밭
550
540
559
580
591
605
630
785
(능선바위)
개살피좌골
887
889
657
636
922
게살피아재
951
940
930
921
546
564
563
모산백씨
816
898
911
896
조망양호
생금비리능선
여우네주막
천문사
운정휴게소 280
365
896
870
920
와항봉
(학대산)
963
930
922
332
나선폭포
510
부자바위
3교
생금비리 옛길
679
365
452
671
김해김씨
647
생금비리 425
717
교통표지판
배넘이재 503
2봉
(862)
852
쌍두봉
1봉
(929)
901
노송 570
4교
숲속의집
641
700
786
815
810
삼계앞산
1038
708
부처바위
772
537
538
634.6
휴양림
운문터널
763
778
636
978
용미폭포
649
991
990
비선폭포
쌍폭
458
비룡폭포
430
480
520
학소대폭포
학심이우골
화심이좌골
진대능선
711
714
1053
1035
963
상운산
(동봉)
1114m
1066
귀바위
1095
1058
1114
782
720
운문령
640
뱀바위
695
835
750
1012
전망대
897
747
쉬는고개
산불초소
897
능골
840
870
직벽 70m
970
바위봉
직벽 120m
직벽 70m
1107
1040
쌀바위
간이매점
샘
석남봉
50m
돼지골
와폭
1040
돌구름위험
738
하산시
4시 방향
70m 후
10시 방향
808
산죽
11시 방향
독도주의
635
바위구간
멧돌
567
499
칼바위
북봉
(1125)
1094
개구멍
1115
불당폭포
비늘능선
가지북릉
510
399
사방댐
까치만리
876
910
2폭
1폭
가지산
1241
716
630
571
569
520
525
483
가지폭포
(2단 30m)
780
680
753
숯가마터
반석
폭포 옆에
동굴
440
407
381
석남사
불당마을
1096
오심골
빙벽
1080
1203
산죽
700
험로(돌구름)
1115
가지재
서북1 지능선
서릉
1192
남봉 1167
(중봉)
500년
왕철쭉
993
간이매점
황룡등
825
석남사
주차장
279
공비
토벌비
393
813
쉬는곳
554
1100
1050
836
박검지무덤
마당바위
742
헌디기
석남재
1018
석남터널

10. 상운산 최단 코스

상운산(해발 1,114m) 산행은 깔끔하고 개운한 산행 뒷맛을 남긴다. 영남알프스 9봉 중에서 전망 으뜸, 생태 으뜸이다. 의외로 코스가 다양하고 신비롭다. 다른 산에서 보기 드문 잣나무와 전나무, 진달래, 철쭉 등 자연 생태가 비교적 잘 보존되어 있다.

◑산행 길잡이

▲운문재→상운산 3km.

▲운문산→상운산→쌍두봉→나선폭포→천문사 삼계리 9km.

▲운문재→상운산→쌀바위→가지산 4.5km.

▲영남알프스 3봉 연결 코스 : 가지산→상운산 1.5km / 상운산→운문재→신원봉→산내 불고기단지→외황재 →고헌산 약 9km.

상운산 최단 코스는 운문재에서 시작된다. 운문재 초소를 지나면 바람재(돼지옹티재)가 나온다. 이곳에서 까치만리 능골을 타고 내려가면 석남사(4.2km), 석리마을(가지산온천)과 연결된다. 바람재에서 가파른 깔딱고개를 오르면 임도, 능선길 두 갈래가 나눠진다. 둘 다 전망권이 좋고 걷기에 무난하다. 임도는 쌀바위 헬기장을 우회하여→상운산, 능선길은 귀바위→상운산과 곧장 연결된다. 상운산 정상에서는→쌀바위 가지산 방향과 천문봉(1,038m) 쌍두봉(929m)이 나눠진다. 천문봉 좌측은 배내미재, 우측은 쌍두봉 삼계리 방향이다.

◑스토리

상운산 주민들은 쌀바위 귀바위에 자생하는 뽕잎을 따러 다녔다. 한국전쟁 무렵에는 동원된 지게부대들이 미군 포탄을 지고 다르기도 했다. 귀바위는

상운산 쌍두봉

멀리서보면 귀처럼 생긴 벼랑바위로, 꼭대기에 올라서면 좋은 기운을 받는다고 한다.

◑교통편

▲운문재나 삼계리를 들머리로 잡을 경우에는 언양터미널에서 청도 삼계리행 9시, 13시, 15시 40분, 18시 50분 버스가 있다. 나오는 버스는 운문사 주차장에서 08시 25분, 11시 35분, 14시 35분, 17시 25분이다. 참고로 운문터널 개통으로 운문재에는 버스운행을 하지 않는다.

▲상운산 코스는 버스 환승과 시간 맞추기가 쉽지 않아 승용차를 이용하는 것이 편리하다. 내비게이션 이용 시 '운문재', 가지산을 경유할 경우에는 '석남터널', 청도 삼계리에서는 '천문사'를 목적지로 한다.

영남알프스 18경

막힌 하늘을 불로 뚫는 마루금 ‘천화비리穿火峴’

용호상박 ‘신불공룡능선, 신불중앙공룡능선, 간월공룡능선’

신불산 ‘십이도산검수十二刀山劍水’

가을의 전설 ‘신불산상벌神佛山上伐’

영남알프스 최고 암벽 ‘금강골’

하늘이 숨긴 성 ‘단조산성丹鳥山城’

영축산 도통능선度通稜線

무인지경의 협곡 ‘왕방골’

하늘 오르는 사다리 ‘가지산 북능’

짙은 녹음과 계곡이 어우러진 ‘주암계곡’

큰 이야기꾼 ‘고헌산 용샘 우레들’

영남알프스 최고의 전망대 ‘재약5봉’

가지산 철쭉백리

억새 나라 ‘사자평’

구만구천 돌계단 ‘얼음골 빛더미’

영남알프스의 우마고도 ‘오두메기’

운문산 스카이라인 코스

영남알프스 숲길 베스트 원 ‘석남재 쇠점골, 힌디기’

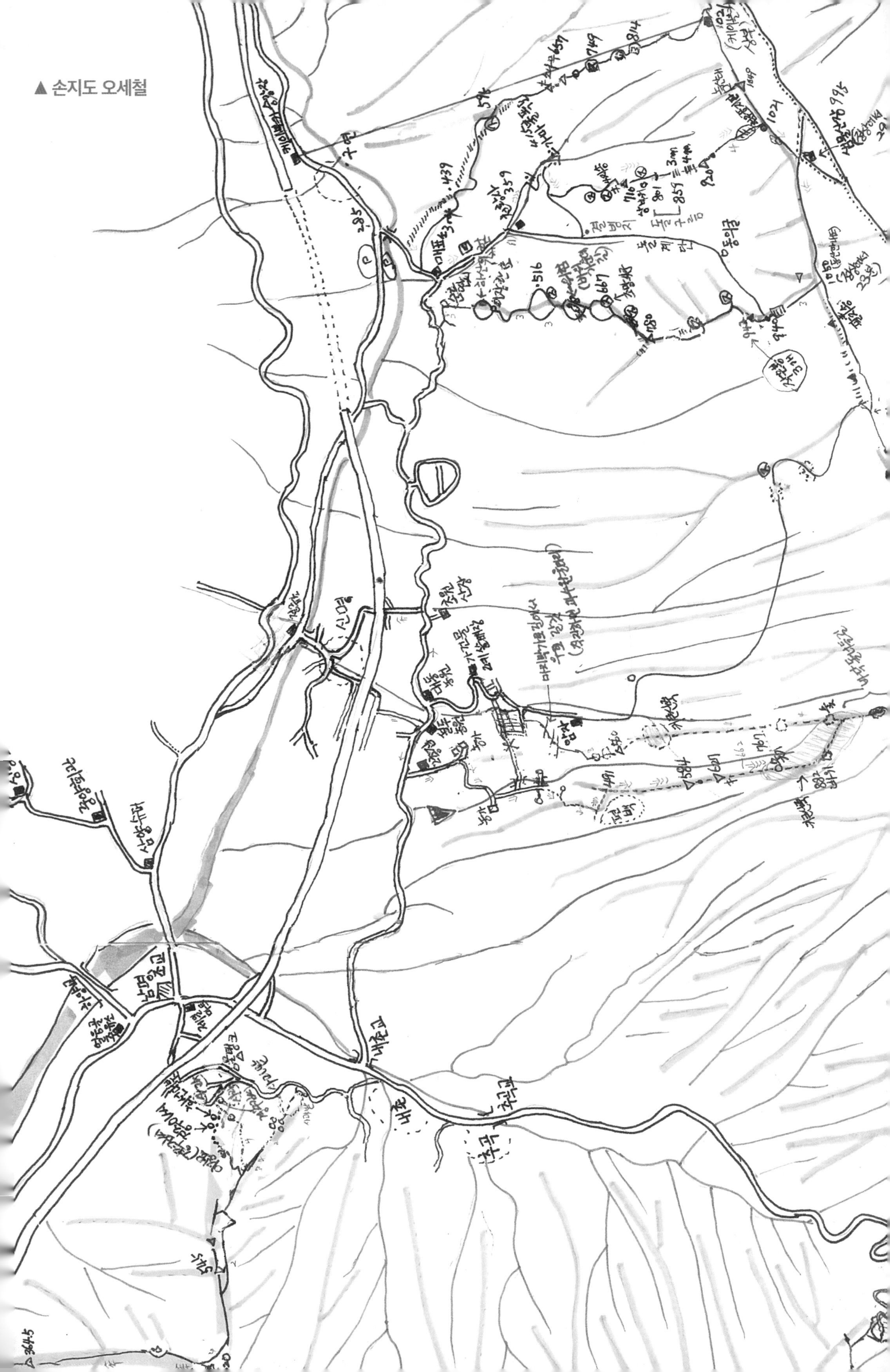

▲ 손지도 오세철

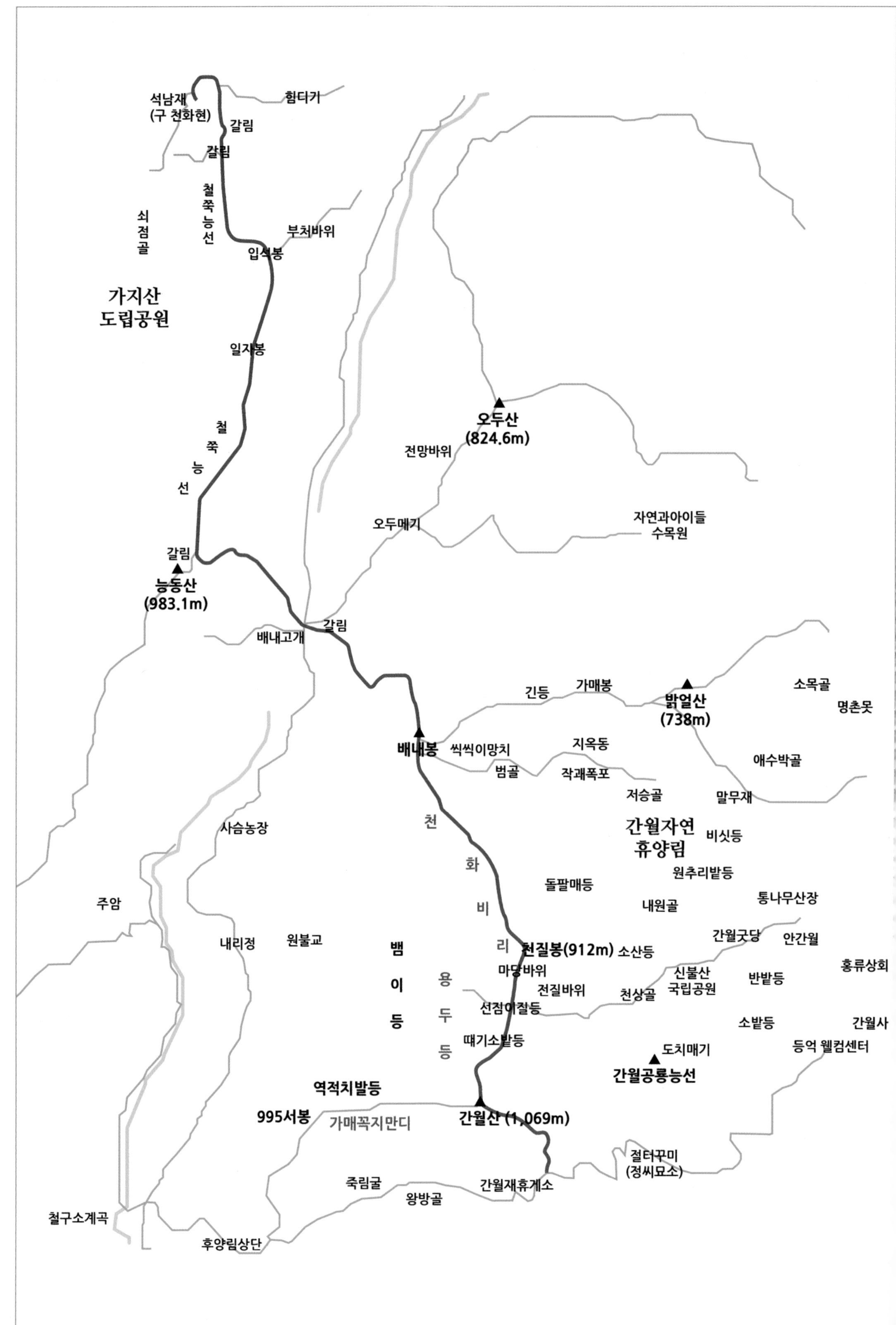
석남재
(구 천화현)
힘티기
갈림
갈림
철
쭉
능
선
쇠
점
골
부처바위
입석봉
가지산
도립공원
일지봉
오두산
(824.6m)
철
쭉
능
선
전망바위
오두메기
자연과아이들
수목원
갈림
능동산
(983.1m)
갈림
배내고개
긴등
가매봉
밝얼산
(738m)
소목골
명촌못
배내봉
씩씩이망치
지옥동
범골
작괘폭포
애수박골
저승골
말무재
사슴농장
천
간월자연
휴양림
비싯등
화
원추리밭등
돌팔매등
주암
비
내원골
통나무산장
내리정
원불교
뱀
리
천질봉(912m)
소산등
간월굿당
안간월
마당바위
신불산
국립공원
홍류상회
이
용
전질바위
천상골
반밭등
선점이절등
등
두
소밭등
간월사
때기소발등
도치매기
등억 웰컴센터
등
간월공룡능선
역적치발등
995서봉
가매꼭지만디
간월산 (1,069m)
절터꾸미
(정씨묘소)
죽림굴
간월재휴게소
왕방골
철구소계곡
후양림상단

1. 막힌 하늘을 불로 뚫는 마루금 '천화비리穿火峴'

바람 따라 구름 따라 아찔한 절벽 마루금을 걷고 싶은 사람들이 선호하는 코스다. 조망권과 난이도를 고루 갖춘 명품 코스로 꼽는다. 영남알프스 일대를 속속들이 밟아 본 어느 산악 마니아는 '이런 산중미인 코스는 없다. 수많은 영남알프스 마루금 중에서 베스트 구간을 꼽으라면 간월산-배내봉 구간을 빼놓을 수 없다. 용트림하는 날등을 타는 재미와 깎아지른 비리 조망은 워낙 빼어나다' 고 일갈했다.

▲석남재에서 능동산으로 이어진 일자봉 철쭉터널 구간은 1960년대까지 표범이 다녔던 '표범길'이기도 하다. 바닥이 푹신푹신한 구간이라 고무바닥 같이 부드러운 표범 걸음이 가능하다. 이 일자봉 아찔한 비경은 배내봉으로 이어진다. 배내봉에서 선짐이질등 사이에는 저승골과 천질바위가 위치한다.

고산자 김정호의 대동여지도에는 가지산에서 석남재→능동산→배내봉→간월산 북능으로 이어지는 이 마루금을 '천화현穿火峴'으로 표지했다. 천화穿火란 '막힌 하늘을 불로 뚫었다'는 의미이고, 비리는 '벼랑길'을 말한다. 지금의 석남재의 옛 지명이 천화현이며, 밀양 산내면의 예전 지명이 천화면이었다. 특히 배내봉에서 간월재로 이어진 S자 용트림 벼랑 구간은 산행객의 간담을 서늘하게 한다.

▲ 배내고개에서는 약 7.7km다. 비교적 원만한 편이나 간월산 북능에서 오름길이 있다. 난이도는 중등도다. 단거리 코스를 원한다면 배내고개에서 시작하면 된다.

◑산행 길잡이

천화비리는 사계절 코스다. 봄이면 철쭉터널을 이루고, 여름엔 그늘터널, 가을이면 단풍터널, 겨울에는 상고대 설경터널을 이룬다.

▲배내봉에서 선짐이질등으로 이어지는 하늘억새길 '달오름' 구간은 환상적인 비경이 연출된다. 이 구간 우측 산행로는 안전하고 좌측 산행로는 벼랑길이다. 동고서저의 지형상 서쪽은 완만하나 깎아지른 동쪽 직벽 낭떠러지 사면은 아찔한 스릴감이 넘친다.

◑교통편

▲울산KTX역 혹은 언양터미널에서 석남사행 328번 시내버스를 탄다. 평일 오전 6시 20분, 7시 50분, 9시50분, 주말 시간대는 오전 7시, 8시 20분, 9시 30분, 10시 55분에 있다. 산행 후 배내골 버스 종점에서 언양터미널행 버스는 평일 오후 3시 50분, 5시 10분, 주말 오후 3시 10분, 5시 30분, 6시 40분에 있다. 언양터미널에서 택시로 약 30분 거리다.

▲내비게이션 '배내고개 주차장'을 목적지로 둔다.

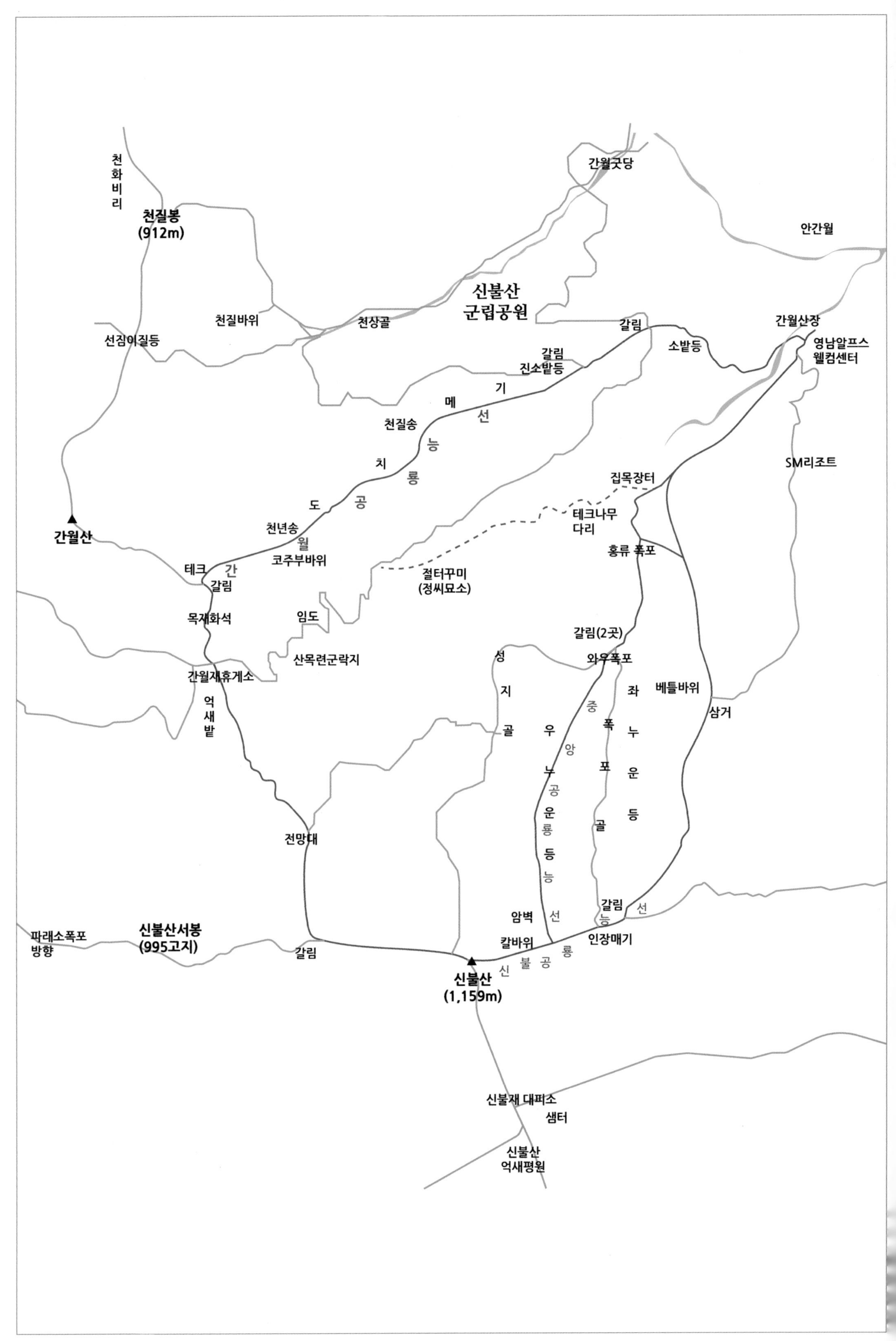
천화비리
천질봉
(912m)
간월굿당
안간월
신불산
군립공원
천질바위
천상골
선짐이질등
갈림
간월산장
소밭등
영남알프스
웰컴센터
갈림
진소밭등
도치메기
천질송
간월공룡능선
집목장터
SM리조트
테크나무
다리
간월산
천년송
코주부바위
홍류 폭포
테크
갈림
절터꾸미
(정씨묘소)
목재화석
임도
갈림(2곳)
산목련군락지
와우폭포
간월재휴게소
성지골
베틀바위
억새밭
우누운등
중앙공룡능선
중폭포골
좌누운등
삼거
전망대
갈림
암벽
칼바위
인장매기
파래소폭포
방향
신불산서봉
(995고지)
갈림
신불산
(1,159m)
신불공룡능선
신불재 대피소
샘터
신불산
억새평원

2. 용호상박
'신불공룡능선, 신불중앙공룡능선, 간월공룡능선'

형제봉인 신불산과 간월산에는 세 개의 공룡능선이 꿈틀댄다. 신불공룡능선, 신불중앙공룡능선 그리고 간월공룡능선이다. 이 세 공룡능선은 서로 용호상박을 이루며 뒤틀어져 있다. 상북 주민들은 신불공룡능선을 '칼등'이라 부르고, 신불중앙능선을 '누운등', 간월공룡능선을 '도치메기'라 불렀다. 도치는 도끼의 방언이고, 메기는 산길을 말한다. 스릴 넘치기론 신불공룡능선이 제일이요, 신불중앙공룡능선은 신비의 구간이며, 간월공룡능선은 네 발로 기는 도끼 날 구간이다. 스물아홉 톱날 암봉, 요동치는 공룡능선에 올라서면 칼날에 선 듯 간이 졸인다.

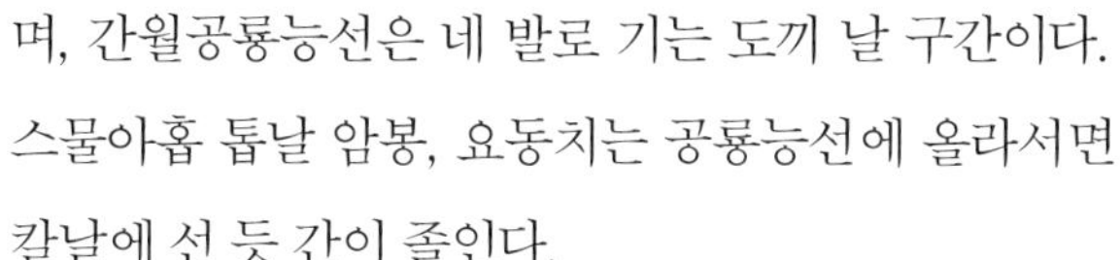

◑산행 길잡이

울주군 상북면 등억리에 있는 복합웰컴센터에서 시작된다. 해발 700미터부터는 함박꽃 군락지를 이룬다.

- ▲산행객들이 가장 즐겨 찾는 신불공룡능선(등억→홍류폭포→칼바위→신불산→간월재→임도→등억) 산행거리는 왕복 약 7.5km.
- ▲신불중앙공룡능선(등억→와우폭포→중앙공룡능선→신불산→간월재→임도→등억) 약 7km.
- ▲간월공룡능선(등억→간월공룡능선→간월재→임도→등억)은 약 6.6km.
- ▲신불간월공룡능선 두 구간의 산행 거리는 약 8km. 신불공룡능선, 신불산중앙공룡능선, 간월공룡능선 모두 난이도는 최상급이다. 하산은 꼬불꼬불한 간월재 임도를 이용하면 안전하다.

◑스토리

영남알프스 공룡능선 코스는 스토리의 보고이다. 맹수의 정글이었던 호식바위, 간월재 억새를 베로 다녔던 등억 주민들, 피난민들이 숯을 굽던 숯가마터, 미인송을 끌어내렸던 산판길, 백악기 목재화석, 배내오재를 드나들었던 장꾼 소장수 등 숫한 스토리가 깃들어 있다. 박해받던 천주교도들이 은신처였던 죽림굴과 한국전쟁 당시에 빨치산의 아지트가 된 왕방골 파래소폭포가 있다.

◑교통편

- ▲들머리는 울주군 상북면 등억리 복합웰컴센터다. 버스 편은 304번, 323번(상북면사무소 경유).
- ▲원점회귀 가능한 구간이라 승용차 이용이 편리하다. 경부고속도로 서울산IC에서 작천정 방향으로 약 10분 거리에 있다. 경부고속도로 구서IC를 기준으로 들머리인 등억리 영남알프스 복합웰컴센터까지 40~50분 남짓 걸린다. 내비게이션 '영남알프스 복합웰컴센터' 입력.

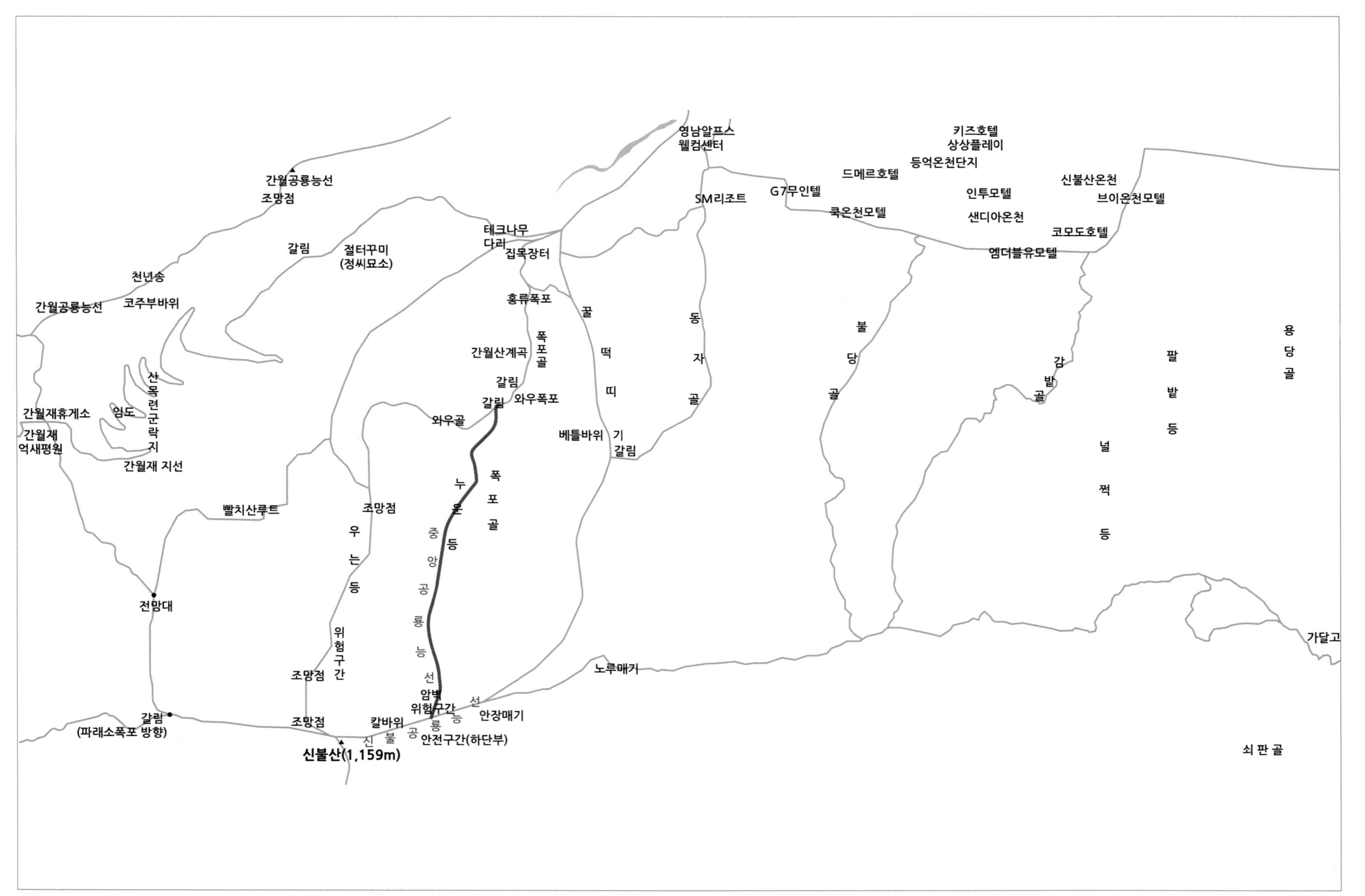

영남알프스
웰컴센터
키즈호텔
상상플레이
등억온천단지
드메르호텔
신불산온천
브이온천모텔
간월공룡능선
조망점
SM리조트
G7무인텔
인투모텔
쿡온천모텔
샌디아온천
코모도호텔
엠더블유모텔
테크나무
다리
집목장터
갈림
절터꾸미
(정씨묘소)
천년송
간월공룡능선
코주부바위
홍류폭포
꿀떡띠기
동자골
불당골
용당골
간월산계곡
폭포골
갈림
갈림
와우폭포
감밭골
팔밭등
산목련군락지
간월재휴게소
임도
간월재
억새평원
간월재 지선
와우골
베틀바위
갈림
널쩍등
누운등
폭포골
빨치산루트
조망점
우는등
중앙공룡능선
전망대
위험구간
조망점
암벽
위험구간
신불공룡능선
안장매기
노루매기
가달고
갈림
(파래소폭포 방향)
조망점
칼바위
안전구간(하단부)
신불산(1,159m)
쇠판골

3. 신불산 '십이도산검수十二刀山劍水'

동고서저 형태를 이룬 신불산神佛山 동쪽 된비알에 있는 열두 산행 코스이다. 부채살 꼴로 펼쳐진 십이 주름능선 산세가 어찌나 험한지 열두 자루의 칼을 심어둔 '십이도산검수十二刀山劍水라 불린다. 심하게 뒤틀린 암릉 능선과 주름진 골짜기, 아찔한 암릉은 산꾼들을 매료시키기에 부족함이 없다. 신의 모습, 부처의 모습, 산 할아버지의 모습으로 늘 거기에 있는 불가사의한 산이다. 십이도산검수는 간월재 지선, 빨치산 지선, 성지골 지선, 우는등 지선(신불중앙공룡능선), 좌 누운등 지선, 칼등 지선(신불공룡능선), 폭포골 지선, 동자골 지선, 불당골 지선, 갈밭골 지선, 용당골 지선, 가달고개 지선이다. 신불산 열두 도산검수는 누운 듯, 저항하듯, 감춘 듯, 요동치듯, 폭발할 듯한 산세는 가혹하리만큼 험악하다.

◑산행 길잡이

▲간월재 지선은 홍류폭포에서 간월재로 가는 지선이다. 중간쯤에 절터꾸미(정씨묘소)가 있다. 해발 700m부터 함박꽃 군락지가 있다. 2시간 소요.

▲빨치산 지선, 성지골 지선, 누운등 지선(신불중앙공룡능선), 우는등 지선, 칼등 지선(신불공룡능선), 폭포골 지선은 홍류폭 뒤에 있는 험로 코스다. 특히 빨치산 지선은 신불산 빨치산들이 보급투쟁을 다니던 비밀루트다.

▲동자골 지선, 불당골 지선, 갈밭골 지선, 용당골 지선, 가달고개 지선은 홍류폭포 동쪽에서 작천정 사이에 있는 코스다.

▲그 외에 산행객들이 가장 즐겨 찾는 코스로는 신불공룡능선(8km), 신불중앙공룡능선(7.7km), 간월공룡능선(6.6km)이다. 신불간월공룡능선 두 구간 산행거리는 7km.

▲신불공룡능선, 신불중앙공룡능선, 간월공룡능선의 난이도 상급이다. 하산은 간월재 임도를 이용하면 안전하다.

◑스토리

이 코스는 스토리의 보고다. 민초들이 드나들었던 숯쟁이길, 맹수의 정글이었던 신불산 맹수, 신불산 억새를 베로 다녔던 등억 주민들, 간월재 미인송을 끌어내렸던 산판길, 백악기 목재화석, 배내오재, 옛길, 소금장수길 등 숫한 사연들이 묻혀있다.

◑교통편

▲원점회귀 가능한 구간이라 승용차편이 편리하다. 내비게이션 '영남알프스 복합웰컴센터'를 입력하면 된다. 경부고속도로 서울산IC에서 작천정 방향으로 약 10분 거리에 있다. 부산에서는 경부고속도로 구서IC를 기준으로 복합웰컴센터까지 50분 남짓 걸린다. 언양터미널이나 KTX울산역에서 택시를 이용하면 1만원 안팎 나온다.

▲버스 편은 304번, 323번(상북면사무소 경유)이다.

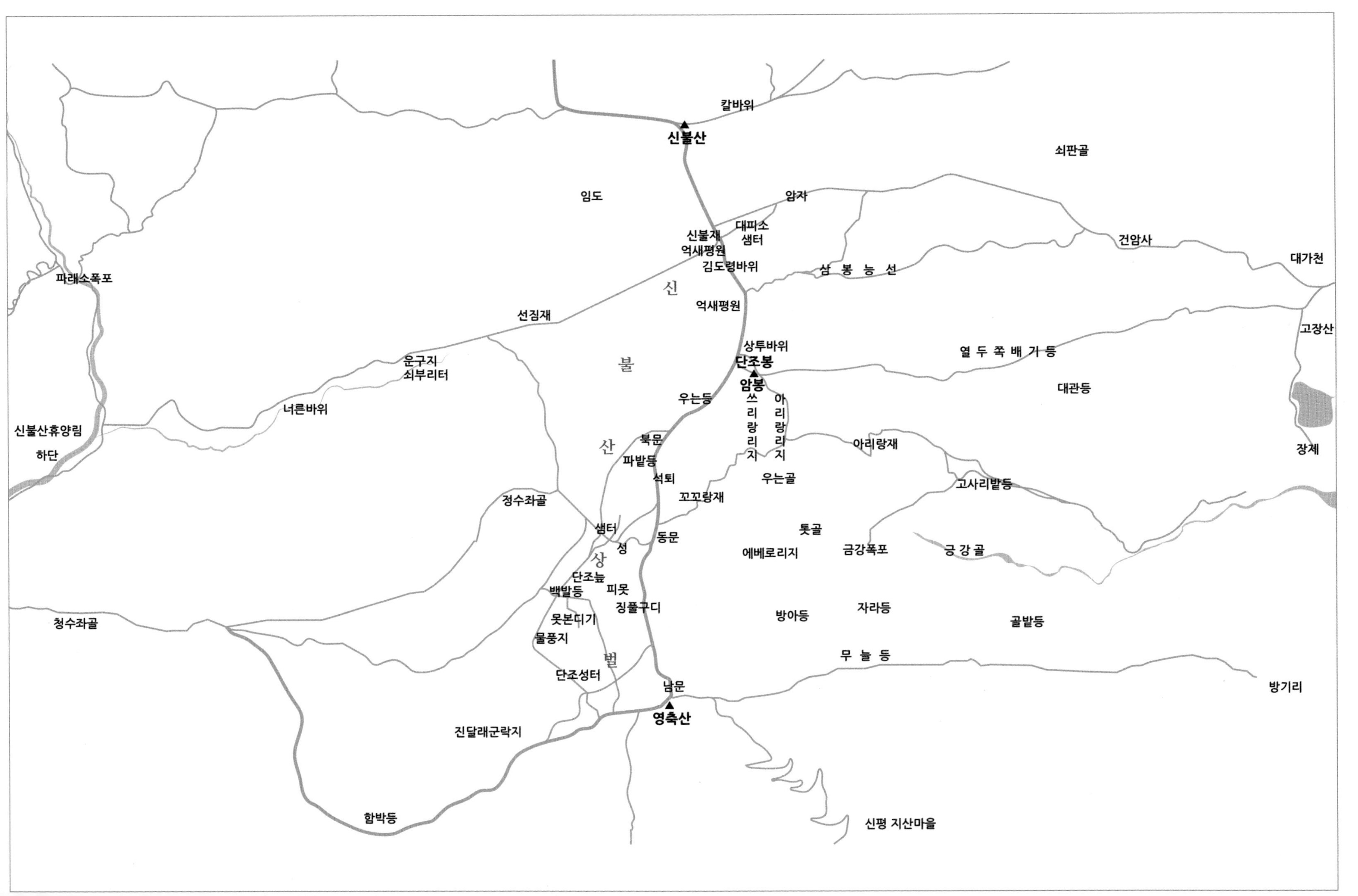
칼바위
신불산
쇠판골
임도
암자
대파소
샘터
신불재
억새평원
김도령바위
건암사
대가천
삼 봉 능 선
파래소폭포
신
억새평원
선짐재
고장산
상투바위
단조봉
열 두 쪽 배 가 등
운구지
쇠부리터
불
암봉
대관등
너른바위
우는등
쓰리랑리지
아리랑리지
신불산휴양림
북문
아리랑재
장제
하단
산
파밭등
석퇴
우는골
고사리밭등
꼬꼬랑재
정수좌골
샘터
톳골
동문
성
에베로리지
금강폭포
금 강 골
상
단조늪
백발등
피못
징풀구디
청수좌골
못본디기
방아등
자라등
골밭등
물퐁지
무 늘 등
벌
단조성터
남문
방기리
영축산
진달래군락지
함박등
신평 지산마을

4. 가을의 전설 '신불산상벌神佛山上伐'

신불산과 영축산 사이에 있는 고산 평원으로, 일명 가을십리로 불린다. 평원의 면적은 1,980km^2(60만여 평)에 이른다. 이 외에 간월재에 330,578m^2(약 10만여 평), 고헌산 정상 661,157m^2(약 20여만 평), 재약산과 천황산 동쪽의 사자평은 4,132,231m^2(약 1백25만여 평)이다. 신불산상벌은 놀라운 세계이다. 만경창파의 억새평원은 가을의 전설이다. 깎아지른 동쪽 벼랑길을 따라 난 하늘억새길은 환상적이다.

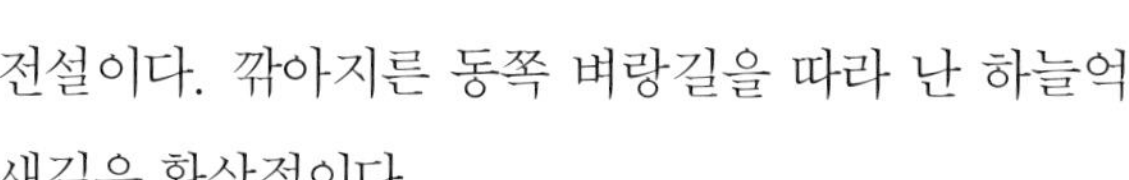

나라를 지키기 위해 죽음으로 결사항쟁 했던 단조성, 첩첩산중의 통로였던 신불재, 호랑이 아가리와 진배없는 금강골은 자연 철옹성이다. 산나물이 많은 신불산상벌은 푸짐한 밥상이기도 했다. 신불산상벌 안에는 화전민들이 모를 심었다는 '못본디기'와 우물이 있었다는 '물풍지', 임진왜란 당시 몰살한 의병들의 피를 물든 '피못' 등이 있다. 신불산상벌 안에 있는 산으로는 백발등, 피밭등, 수리등, 우는등이다. 성 바닥에는 억새와 진풀이 함께 우거진 열 군데의 질펀한 늪지 우물이 있다.

◑산행 길잡이

▲최단 코스는 가천리 건암사에서 출발하는 코스이다. 건암사에서 신불재 약 2.2km, 이어서 2.5km의 신불평원이 이어진다.

▲양산 신평 지산마을에서 신불평원까지는 약 4.5km.

▲난이도는 상급이다. 특히 금강골 코스는 경사가 급한 험로이며, 평일에는 가천 군부대 사격장에서 사격 훈련을 하므로 출입을 금지하는 것이 좋다.

◑교통편

▲신불재 들머리는 울주 삼남면 가천리 건암사. 언양터미널에서 택시로 20분 거리이다. 1723, 313, 부산 12번 버스를 타면 공암마을에 내려서 가천마을까지 약 20분 걸어야 한다. 마실버스를 타면 가천마을에 내린다.

▲영축산 코스는 신평터미널에서 이동하여 지산마을이 들머리를 삼는다.

▲승용차를 이용할 경우에는 경부고속도로 서울산IC에서 작천정 방향으로 약 15분 거리에 있다. 부산에서 오면 통도사IC가 빠르다. 내비게이션은 '가천리 건암사'를 입력하면 된다.

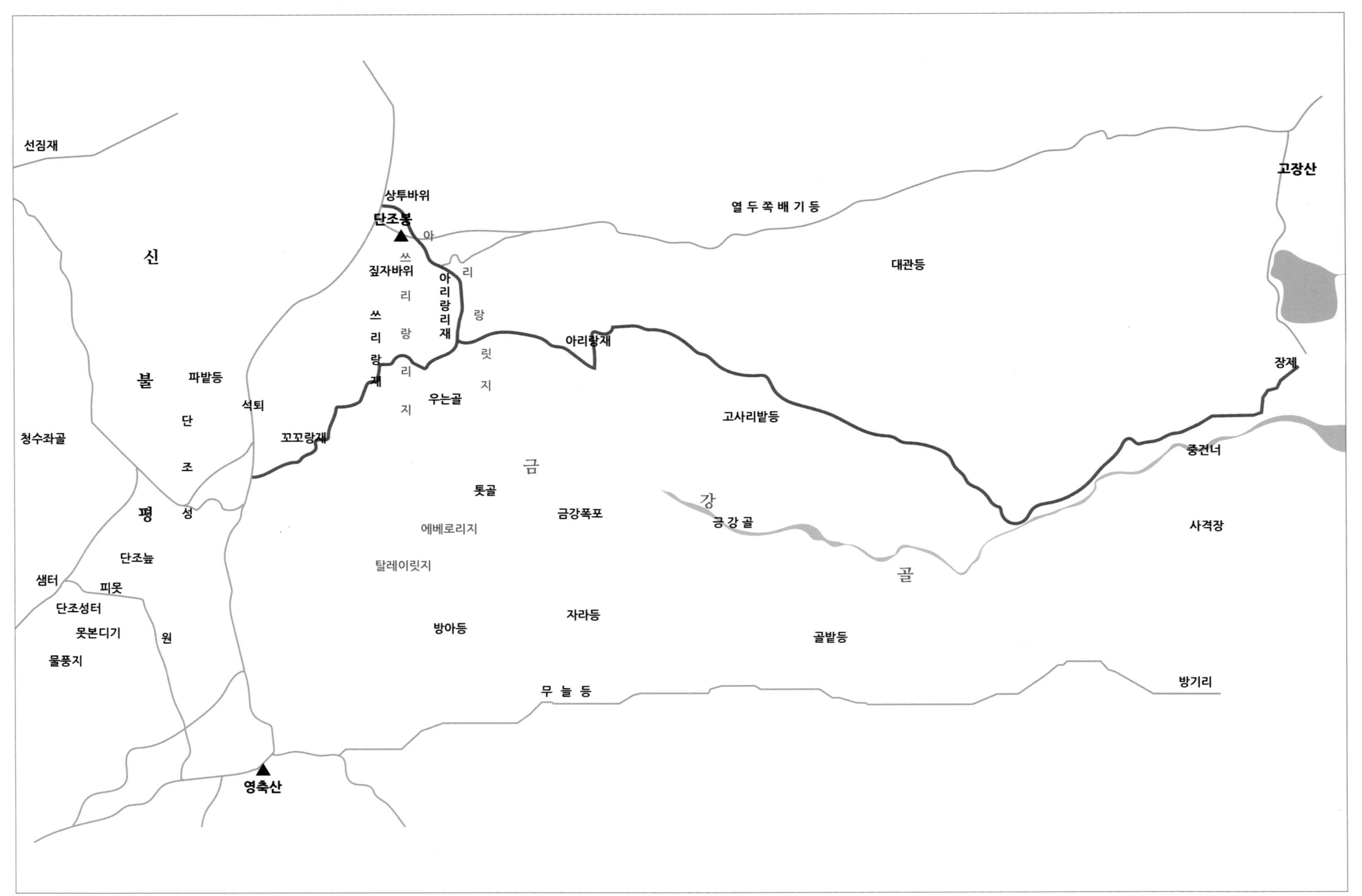
선짐재
상투바위
단조봉
열 두 쪽 배 기 등
고장산
대관등
신
짚자바위
아리랑리재
쓰리랑재
아리랑재
아리랑릿지
쓰리랑리지
파발등
불
석퇴
단
꼬꼬랑재
우는골
장제
고사리밭등
청수좌골
조
금
톳골
강
평
성
금강폭포
금강골
사격장
중건너
에베로리지
탈레이릿지
단조늪
샘터
피못
단조성터
못본디기
원
물풍지
방아등
자라등
골밭등
골
방기리
무 늘 등
영축산

5. 영남알프스 최고 암벽 '금강골'

영남알프스의 소금강산이라 불리는 금강골에는 네 개의 직벽 릿지가 있다. 아리랑릿지, 쓰리랑릿지, 에베로릿지, 최근에는 금강폭포 우능으로 탈레이릿지가 신규로 개척되었다. 이들을 통틀어 '금강골 릿지'라 한다. 접근도 어렵지만 릿지 산행은 목숨을 걸어야 하므로 철저한 준비가 필요하다. 아리랑릿지는 영남알프스의 대표적인 릿지이다. 총 4피치 난이도 5.6~5.10 등반 루트이다. 쓰리랑릿지는 총 7피치 난이도 5.8~5.11 등반 루트로, 비교적 험하고 까다로우며 험봉이 칼날처럼 날카롭다. 에베로릿지는 총 4피치 난이도 모든 페이스 5.9 등반 루트, 금강폭포에서 우측 너들지대 감아 돈다. 탈레이릿지는 금강폭포 우측에 큼 삼각봉으로 솟아오른 구간이며, 크게 위험한 구간은 없으나 담력이 필요한 중급자 코스이다.

◑산행 길잡이

▲금강골 릿지 들머리는 장제마을이다. 금강골을 관통한 울산함양고속도로 입구 곁을 지나면 금강골 초입이 나온다. 금강골에는 두 개의 협곡이 있다. 가만히 있어도 귀가 울리는 V자 협곡을 '우는골'이라 부르고, 호랑이 아가리 같은 W자 협곡을 '툇골'이라 한다. 그리고 우는골에서 신불산상벌로 연결된 가파른 험로를 '아리랑재(아리랑릿지)', 툇골에서 영축산으로 이어진 꼬불꼬불한 험로를 '꼬꼬랑재'라 불렀다. 두 협곡 모두 피를 부르는 계곡으로 알려진데, 골짜기 안에는 산발치 포 사격장에서 쏜 불발탄이 도처에 깔린 지뢰밭 같은 곳이다. 금강골에 있는 툇골과 우는골 두 협곡 모두 피를 부르는 계곡으로 알려졌다.

▲장제마을에서 우는골(아리랑재) 코스는 왕복 6.5km.

▲툇골(쓰리랑재) 코스는 왕복 6.0km, 이어서 2km의 신불평원은 이어진다.

▲아리랑릿지는 신불평원으로 연결되고 꼬불꼬불한 꼬꼬랑재는 단조성으로 연결된다.

▲에베로릿지는 금강폭포에서 시작된다. 에베로릿지 코스는 왕복 9~10km, 5~6시간 소요.

▲난이도 최등급이다. 특히 금강골 코스는 경사가 급한 험로이며, 평일에는 가천 군부대 사격장에서 실제 사격 훈련을 한다. 불발탄과 발목지뢰가 도처에 깔려 있어 출입을 금지하는 것이 좋다.

◑교통편

▲울주군 삼남면 가천리 장제마을 장제교가 들머리다. 금강골 아래에 울산함안고속도로의 신불산터널이 들어섰다. 1723번, 313번, 부산 12번 버스를 타면 공암마을 입구에 내려서 금강골 방향으로 약 2km, 20분을 걸어야 한다. 언양 KTX울산역에서 택시로 20분 거리이다.

▲승용차를 이용할 경우에는 경부고속도로 서울산IC에서 작천정 방향으로 약 15분 거리에 있다. 부산에서 오면 통도사IC가 빠르다. 내비게이션은 '가천리 장제교'를 입력하면 된다.

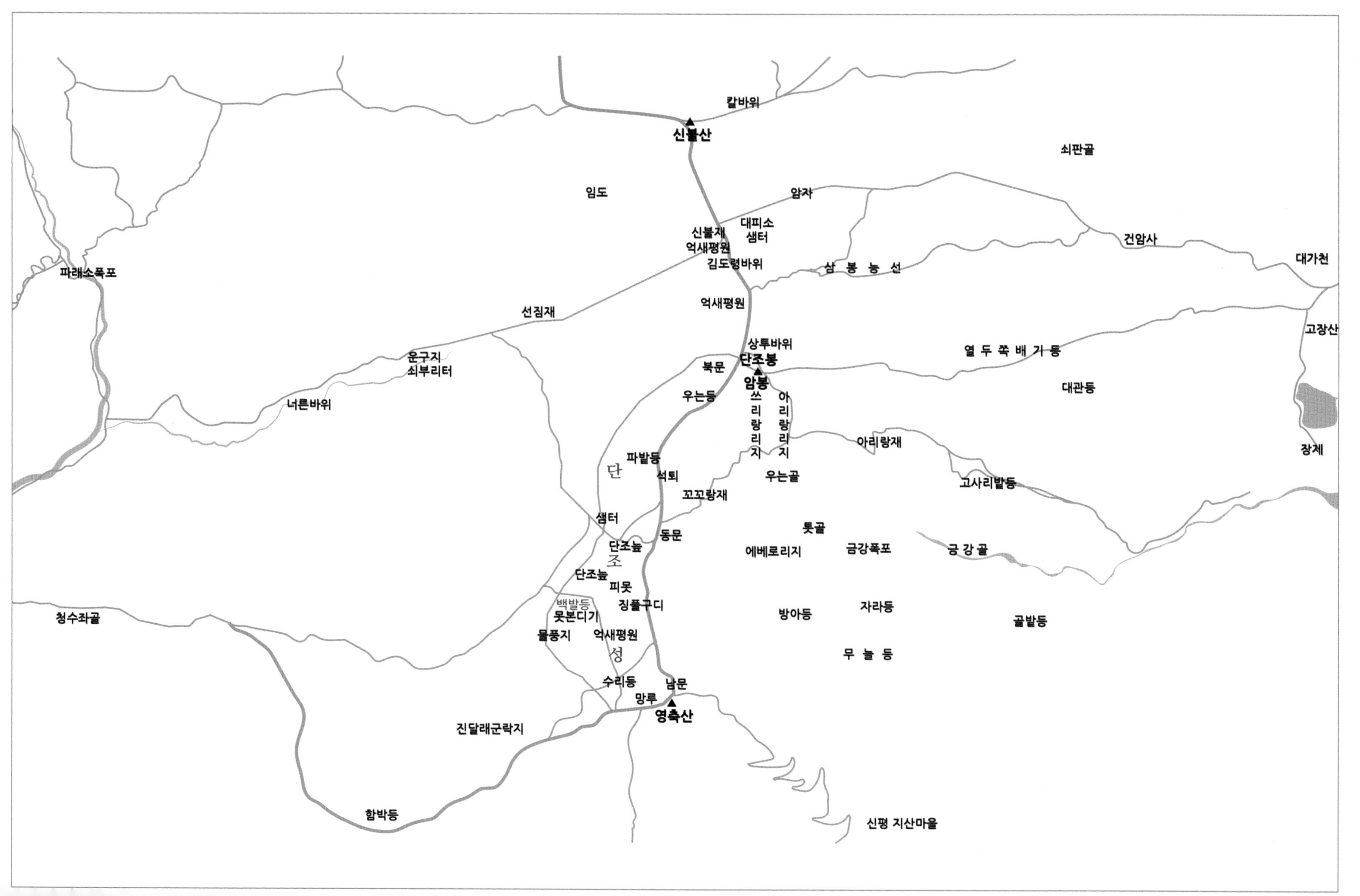
칼바위
신불산
쇠판골
임도
암자
신불재
억새평원
대피소
샘터
건암사
대가천
파래소폭포
김도령바위
삼 봉 능 선
선짐재
억새평원
고장산
상투바위
단조봉
열 두 쪽 배 기 등
운구지
쇠부리터
북문
암봉
대관등
너른바위
우는등
쓰리랑리지
아리랑리지
아리랑재
장제
파발등
단
석퇴
우는골
고사리밭등
꼬꼬랑재
샘터
톳골
동문
단조늪
에베로리지
금강폭포
긍 강 골
조
단조늪
피못
징풀구디
백발등
못본디기
청수좌골
방아등
자라등
골발등
물퐁지
억새평원
성
무 늘 등
수리등
남문
망루
영축산
진달래군락지
함박등
신평 지산마을

6. 하늘이 숨긴 성 '단조산성丹鳥山城'

일명 '하늘이 숨긴 하늘성'으로 불린다. 해발 930~970m의 광활한 고산분지에 있는 단조성은 남은 높고 북이 낮았으며 동은 험준한 암벽이지만 서는 평탄한 단지 모양의 항성이다南高北低 東壁西伐 缸城. 축조 년도는 미상이나, 전문가들은 약 5~6세기로 추정하고 있다. 영축산 남문南門에서 단조봉 북문北門까지 약 4050자尺의 긴 벨트를 이룬다. 단조성의 성벽은 자연석을 이용해서 담장처럼 쌓았는데, 성벽의 잔존 높이는 50~70cm, 너비는 70~250cm 가량이다. 성 중간의 야트막한 민둥산은 백발등, 피밭등, 수리등, 우는등이다. 성 바닥에는 억새와 진풀이 함께 우거진 열 군데의 우물이 있다. 영조 3년(1727) 이곳을 올랐던 암행어사 박문수는 천혜의 철옹성 산성을 둘러보고는 '산성의 험준함이 한 명의 장부가 만 명을 당할 수 있는 곳'이라며 감탄했다.

◑산행 길잡이

▲신불평원에 있지만 실제적으로는 영축산과 가깝다. 가천리 건암사에서 신불재 코스는 4.5km.

▲가천리 장제마을에서 금강골 코스는 약 3.5km.

▲양산 신평 지산마을 코스 5.7km.

▲통도사 극락암 백운암 코스는 4.7km.

◑스토리

단조성은 임진왜란 당시 의병들이 죽기를 각오하고 조국을 지켰던 영남의 보루였다. 신광윤 장군과 뜻을 같이한 구국결사대가 지키는 단조성은 난공불락의 철옹성이었다. 신장군은 단조봉에 결사항쟁의 기도를 올리고 청솔가지에 연기를 피우게 했다. 밤이면 횃불을 든 허수아비를 신불산상벌 비랑 끝에 세웠고, 낮에는 북을 치며 군사를 훈련했다. 지금도 신불산상벌 동남쪽 벼랑 끝에는 머리통만 한 석퇴가 줄지어 쌓여 있는데, 임진왜란 당시 금강골을 타고 올라오는 왜적을 무찌르던 의병들의 방어용 무기였다.

- 배성동의 '영남알프스 오디세이' 중에서

◑교통편

▲최단 코스는 금강골재다. 그 다음은 방기 무늘등 코스, 신불재 순이다. 1723, 313, 부산 12번 버스를 타면 공암마을에 내려서 장제마을이나 가천마을까지 도보 약 20분소요.

▲승용차를 이용할 경우에는 경부고속도로 서울산IC에서 작천정 방향으로 약 15~20분 거리에 있다. 부산에서 오면 통도사IC 진입이 빠르다. 내비게이션은 금강골 초입 '가천리 장제교', 신불재 건암사 초입은 '가천리 건암사'를 입력하면 된다.

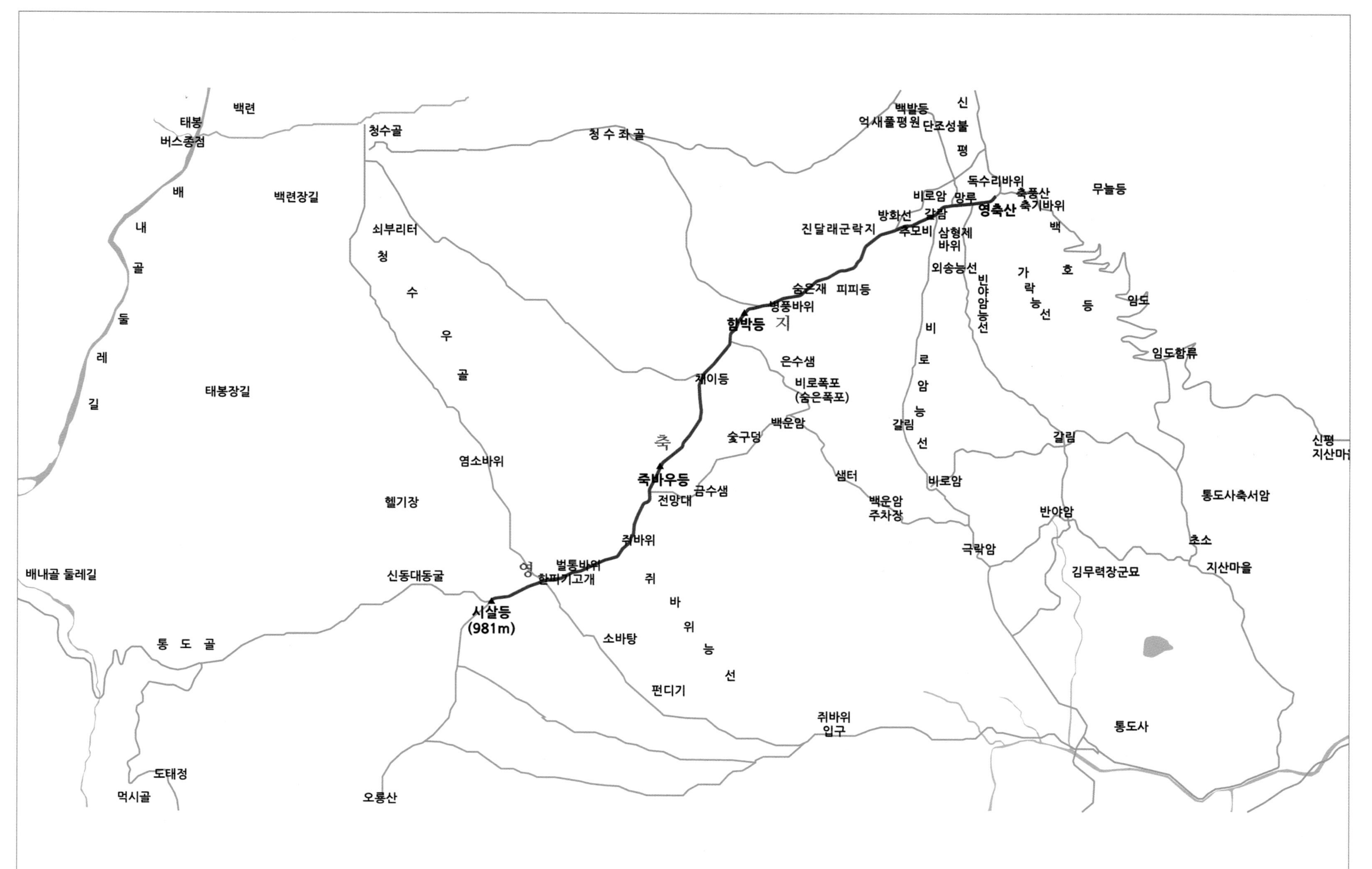

백련
태봉
버스종점
배내골둘레길
백련장길
태봉장길
청수골
쇠부리터
청수우골
청수좌골
염소바위
헬기장
신동대동굴
배내골 둘레길
통도골
도태정
먹시골
오룡산
시살등
(981m)
한피기고개
벌통바위
영 축 지
취바위
죽바우등
전망대
금수샘
숯구덩
채이등
함박등
병풍바위
숨은재
피피등
진달래군락지
방화선
주모비
갈림
비로암
망루
독수리바위
삼형제
바위
영축산
축풍산
축기바위
억새풀평원
백발등
단조성불
신불평
외송능선
빈야암능선
비로암능선
가락능선
백호등
무늬등
임도
임도합류
은수샘
비로폭포
(숨은폭포)
백운암
샘터
백운암
주차장
비로암
갈림
갈림
반야암
극락암
김무력장군묘
통도사축서암
초소
지산마을
신평
지산마을
통도사
취바위능선
소바탕
펀디기
취바위
입구

7. 영축산 도통능선度通稜線

통도사 뒤산에 있는 낙타봉 능선이다. 영축산 정상에서 숨은재, 함박등(1,052m), 체이등(1,029m), 죽바우(1,064 투구등), 한피기고개(980m), 시살등(981m), 오룡산(951m)으로 이어지는 구간은 땀 흘려 오르는 산행객은 수려한 산세와 웅장한 비경들을 감상할 수 있다. 득도의 구간이라 하여 일명 '도통능선度通稜線'으로 불린다. 영축산에서 오룡산으로 이어진 능선은 마치 독수리가 날개를 편 모양새를 지녔고, 실제 매와 독수리가 많이 살기도 한다. 그래서 우리나라 최고 산족보인 산경표는 독수리 취鷲를 사용하여 취서산鷲栖山으로 표기해 놓았다. 특히 기암괴석으로 이우어진 비로암 외송능선은 공룡능선에 견줄 만하다. 반야능선 반야암으로 이어진 능선이고, 가락능선은 산발치에 가락왕손의 묘가 있어 붙여진 이름이다.

◑산행 길잡이

통도사 백운암 코스, 양산 하북면 지산마을 코스, 배내골 들머리가 있다.

▲통도사 극락암 주차장에서 백운암→영축산 정상까지 약 3.5km. 탁월한 조망권을 갖춘 도통능선을 감상하며 산행할 수 있는 코스다.

▲비로암 코스는 1.7km 빠르기는 하나 공룡바위능선을 타야 한다.

▲서축암 코스 4.0km.

▲양산 하북면 지산마을 코스는 약 4.5km.

▲배내골 백련마을 우청수골에서 한피기고개까지는 3.2km.

▲금수샘, 은수샘 코스. 함박등 죽바위등이 숨긴 은수샘 금수샘을 찾는 코스는 산행 묘미를 더하게 한다. 금수샘은 죽바우등 아래에 있고, 은수샘은 함박등→백운암 사이에 있다.

▲난이도는 상등도이다. 동고저서의 영남알프스 지형상 서쪽 배내골 접근이 원만하고, 남동쪽 통도사 방향은 된비알이다.

◑스토리

영축산은 여러 이름을 가졌다. 인근 가천 방기(들내방터) 주민들은 임진왜란 당시 추풍낙엽처럼 떨어져 추풍산이라 부른다. 그 외에 취서산, 영취산, 축봉산, 대석산, 화석산, 불뫼산으로 불리다가 근래에 들어 영축산으로 고착되었다.

◑교통편

▲울산 1723 버스, 313번, 부산 13번 버스를 타면 신평터미널에 내린다. 신평터미널에서 지산마을 초입까지는 약 2km, 통도사 극락암 주차장까지는 4km.

▲배내골 방향은 울산KTX에서 328번 버스, 양산역 환승센터 1000번 버스, 원동역에서 수시로 운행하는 버스가 있다. 태봉 종점상회에서 1km 걸어서 청수골로 가야 한피기고개 초입이 나온다.

▲승용차를 이용할 경우에는 경부고속도로 통도사 IC에서 10분 거리에 있다. 승용차편으로 통도사 비로암이나 지산마을에서 출발할 수 있다.

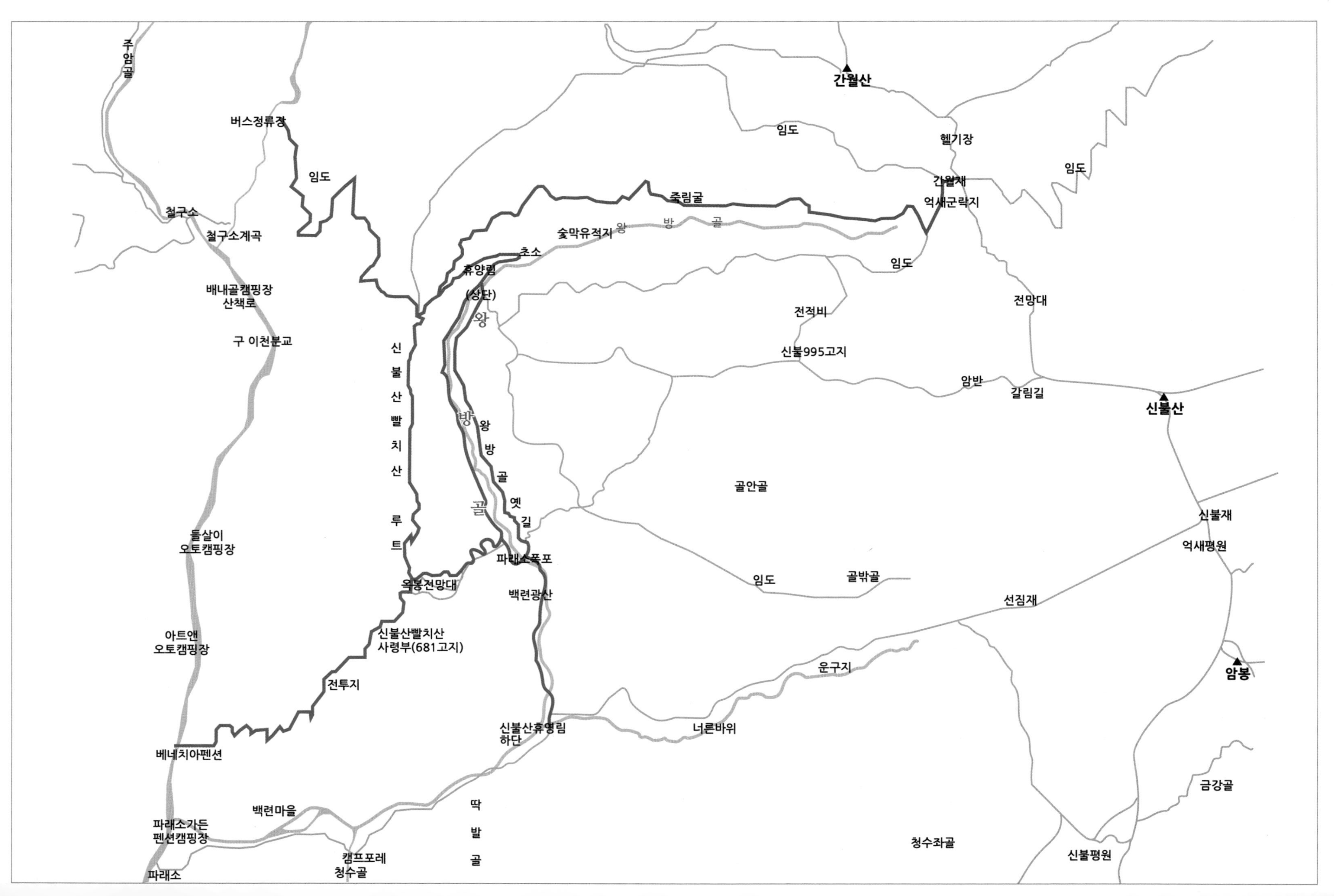
주암골
간월산
버스정류장
임도
헬기장
임도
간월재
억새군락지
죽림굴
철구소
철구소계곡
숯막유적지
왕방골
초소
임도
휴양림
(상단)
배내골캠핑장
산책로
전망대
전적비
구 이천분교
신불995고지
신불산빨치산루트
암반
갈림길
신불산
왕방골옛길
골안골
신불재
들살이
오토캠핑장
파래소폭포
억새평원
옥봉전망대
임도
골박골
백련광산
선짐재
아트앤
오토캠핑장
신불산빨치산
사령부(681고지)
운구지
암봉
전투지
신불산휴양림
하단
너른바위
베네치아펜션
금강골
딱발골
백련마을
파래소가든
펜션캠핑장
청수좌골
캠프포레
청수골
신불평원
파래소

8. 무인지경의 협곡 '왕방골'

신불산과 간월산 두 형제봉 사이에 뻗어 내린 무인지경의 협곡이다. 이 협곡은 걸을수록 힐링이 되는 청정 구간이다. 원시림 경관도 빼어나지만 우거진 수풀로 뒤덮인 협곡과 크고 작은 폭포, 웅덩이 암석에서 부딪치는 물소리를 들으며 걸을 수 있다. 왕방골은 물과 철의 골짜기이기도 하다. 왕방골 불매소리와 파래소폭포에서 떨어지는 물소리는 치유의 소리이다. 골이 깊고 사람 접근이 어려워 쫓기는 자들의 은둔처 역할을 톡톡히 하기도 했다. 박해받던 천주교 교인의 운신처와 혁명을 꿈꾸던 신불산 빨치산들이 숨어 지내기도 했다.

◑산행 길잡이

▲왕방골 계곡산행은 산림청에서 운영하는 신불산자연휴양림 하단지구에서 왕방골 계곡을 거슬러 올라 간월재 가는 코스가 있다. 휴식 시간을 포함해 5시간 30분 정도면 된다. 간월산 혹은 신불산 정상까지는 약 1시간~1시간30분을 더 잡아야 한다. 자연휴양림 하단지구와 상단지구 두 곳을 연결하는 산책로를 왕복하는 코스도 있다. 파래소폭포에서 떨어지는 물소리를 들으며 원시림 숲속을 멍 때리고 걸을 수 있는 코스다.

▲울주군 상북면 등억리 복합웰컴센터에서 간월재를 올라 왕방골 죽림굴, 자연휴양림 상단, 파래소폭포 자연휴양림 하단까지는 약 5.5km.

▲배내골 상단 임도를 출발하여 상단 삼거리를 거쳐서 옥봉 전망대 코스는 약 3km.

▲신불산 갈산고지 빨치산 코스(배내골 상단→옥봉 전망대 갈산고지→파래소폭포)는 약 4km다.

◑스토리

왕방골은 배내구곡 중에서 가장 깊은 골짜기다. 숯을 굽고 철을 녹이던 민초들, 혁명을 꿈꾸던 빨치산, 한때는 박해받던 천주교인들의 은신처가 되기도 했다. 천혜의 왕방골 계곡에 들어가면 외부에서 찾기란 어렵다.

◑교통편

▲배내골 백련마을 신불산자연휴양림 하단 지구를 출발하여 파래소폭포→왕방골 계곡→상단 지구→죽림굴→간월재 코스를 많이 찾는다. 배내골행 버스는 언양터미널이나 울산KTX에서 328번 버스, 양산역 환승센터 1000번 버스, 원동역에서 수시로 운행하는 버스가 있다. 328번 버스를 타고 휴양림 입구 종점상회 앞에 내린 후 1.7km를 걸어야 휴양림 하단이 나온다.

▲승용차편은 경부고속도로에서 신설된 신불산터널을 이용하면 배내골IC로 내려가면 곧장 갈 수 있다. 내비게이션 '신불산자연휴양림 하단' 입력.

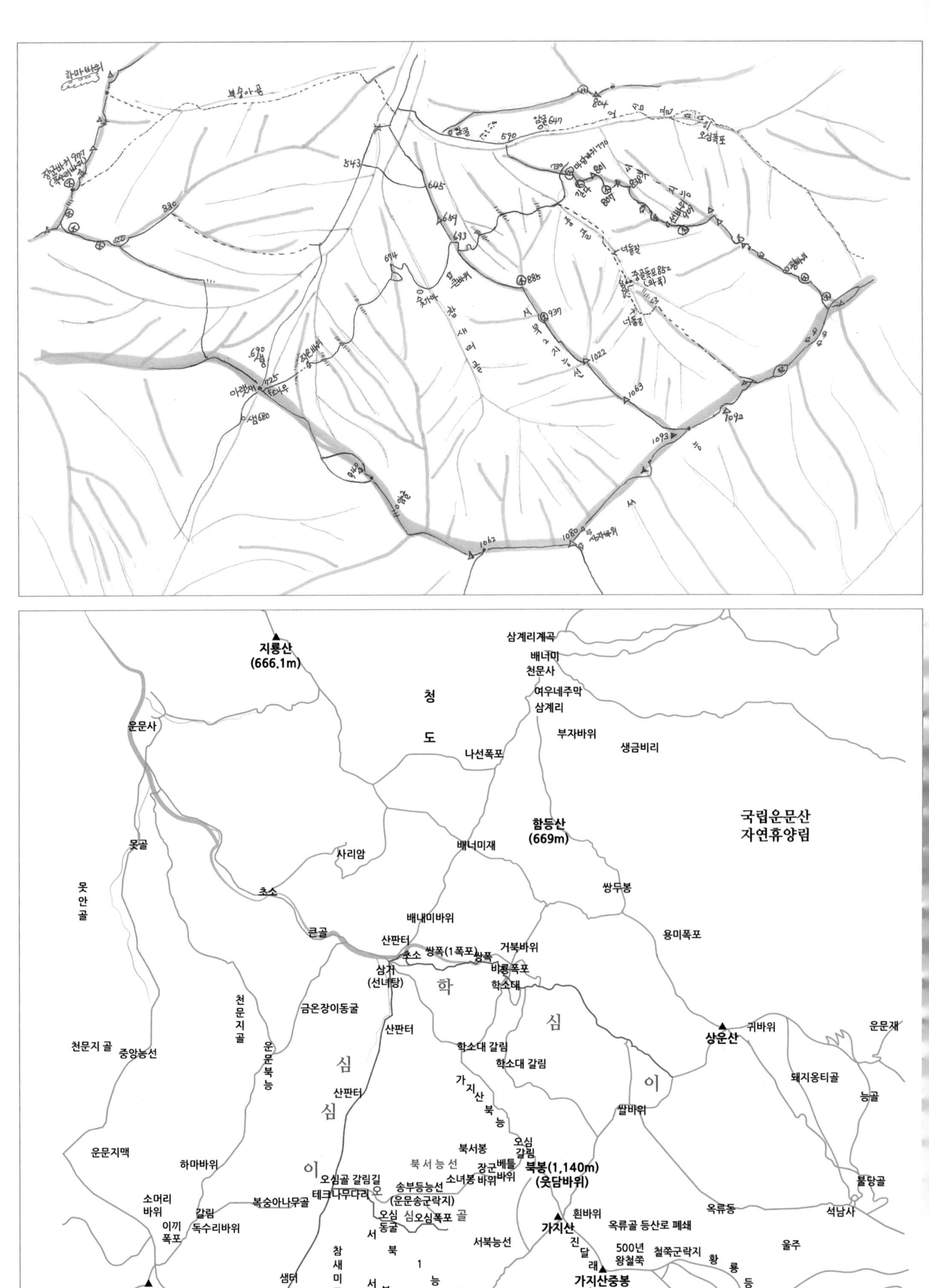

지룡산
(666.1m)
삼계리계곡
배너미
천문사
여우네주막
삼계리
청
도
운문사
부자바위
생금비리
나선폭포
국립운문산
자연휴양림
함등산
(669m)
못골
사리암
배너미재
못
안
골
쌍두봉
초소
배내미바위
큰골
용미폭포
산판터
초소
쌍폭(1폭포)
쌍폭
거북바위
삼거
(선녀탕)
비룡폭포
학소대
학
천
문
지
골
금은장이동굴
심
산판터
상운산
귀바위
운문재
천문지 골
중앙능선
운
문
북
능
학소대 갈림
학소대 갈림
심
가
지
산
북
능
이
돼지옹티골
산판터
능골
심
쌀바위
운문지맥
오심
갈림
북서봉
하마바위
북 서 능 선
장군
베틀
바위
북봉(1,140m)
(웃담바위)
이
오심골 갈림길
소녀봉 바위
불당골
소머리
바위
테크나무다리
송부등능선
(운문송군락지)
갈림
복숭아나무골
오
이끼
폭포
독수리바위
오심
동굴
심오심폭포
골
흰바위
옥류동
석남사
가지산
옥류골 등산로 폐쇄
서
참
새
미
골
북
서북능선
진
달
래
500년
왕철쭉
철쭉군락지
황
룡
울주
1
능
등
샘터
서
선
가지산중봉
함화산
운문산
아랫재
북
2
능
선
현티기
참
새
미
능
선
용수골
중봉능선길
석남재
밀양
남양리
돌머리 중앙마을
제일농원방향
석남터널
쇠점골

9. 하늘 오르는 사다리 '가지산 북능'

가지산은 울산광역시 울주군 상북면 덕현리와 경상북도 청도군 운문면 신원리, 경상남도 밀양시 산내면 삼양리 3개의 도계이다. 그중에서 가지산 북릉은 청도군에 해당 된다. 가지산 북능에 마늘쪽처럼 우뚝 치솟은 웃담바위는 '하늘을 가린 울타리'로 불린다. 웃담바위에서 운문계곡으로 이어진 코스는 짐승도 마다하는 구간이다. 특히 오심골 암릉 구간은 험하기 이를 데 없다. 한계를 극복해 보려는 사람이면 도전해볼만 하다.

◑산행 길잡이

울산 코스

▲석남사→가지산 정상→북능→운문계곡 삼거 7km, 이어서 운문계곡 삼거에서 청도 삼계리 천문사까지 추가 거리 3.5km를 합하면 총 10.5km. 운문계곡 삼거에서 밀양 남명리로 나가려면 6.8km를 더한 총 13.8km 장거리다.

▲천문사→배너미재→삼거→학심이골→쌀바위 헬기장→운문령 구간은 10km, 5~6시간 소요된다.

밀양 코스

▲얼음골 구연폭포 호박소→석남재→가지산 중봉→정상 코스는 총 7.4km에 3시간 30분가량 소요된다.

운문산에서 본 가지산 북능

청도 코스

▲운문사 사리암→심심계곡→아랫재→정상 코스는 총 10.5km에 6시간가량 소요.

▲운문사 사리암→학심이 학소대폭포→정상 코스는 총 10.5km에 6시간 이상 소요. 특히 가지산 북능의 주요 하산 코스인 운문사 큰골 사리암 구간은 통제 되었다. 이럴 경우에는 긴 잿마루(아랫재 남명리 6.8km, 배너미재 천문사 3.5km)를 넘어야 하는 장거리 코스임을 감안해야 한다.

◑스토리

가지산 북능 아래에 있는 삼심이(학심이골, 심심이골, 오심이골)에는 '단풍 학심이, 깊고 깊은 심심이, 못 나오는 오심이'라는 말이 전해온다. 과거 이곳은 범의 소굴이었다. 그리고 세 물줄기가 만나는 운문계곡 삼거에는 선녀탕이 있다. 또한 향이 좋기로 전국에서 알아주는 운문송을 벌목하던 산판이 성행했다.

◑교통편

▲언양터미널에서 1713, 807번, 328번 버스가 석남사 주차장을 다닌다. 석남터널 가는 버스 편이 없으므로 웬만하면 택시를 이용하는 편이 시간을 아낄 수 있다.

▲승용차 이용을 할 경우에는 울산 울주군 상북면 덕현리 1002-2 '석남터널', '석남사주차장', '밀양 남명리 상양마을', '청도 삼계리 천문사'를 목적지로 하면 된다. 석남터널은 언양 KTX울산역에서 택시로 30분 거리에 있다.

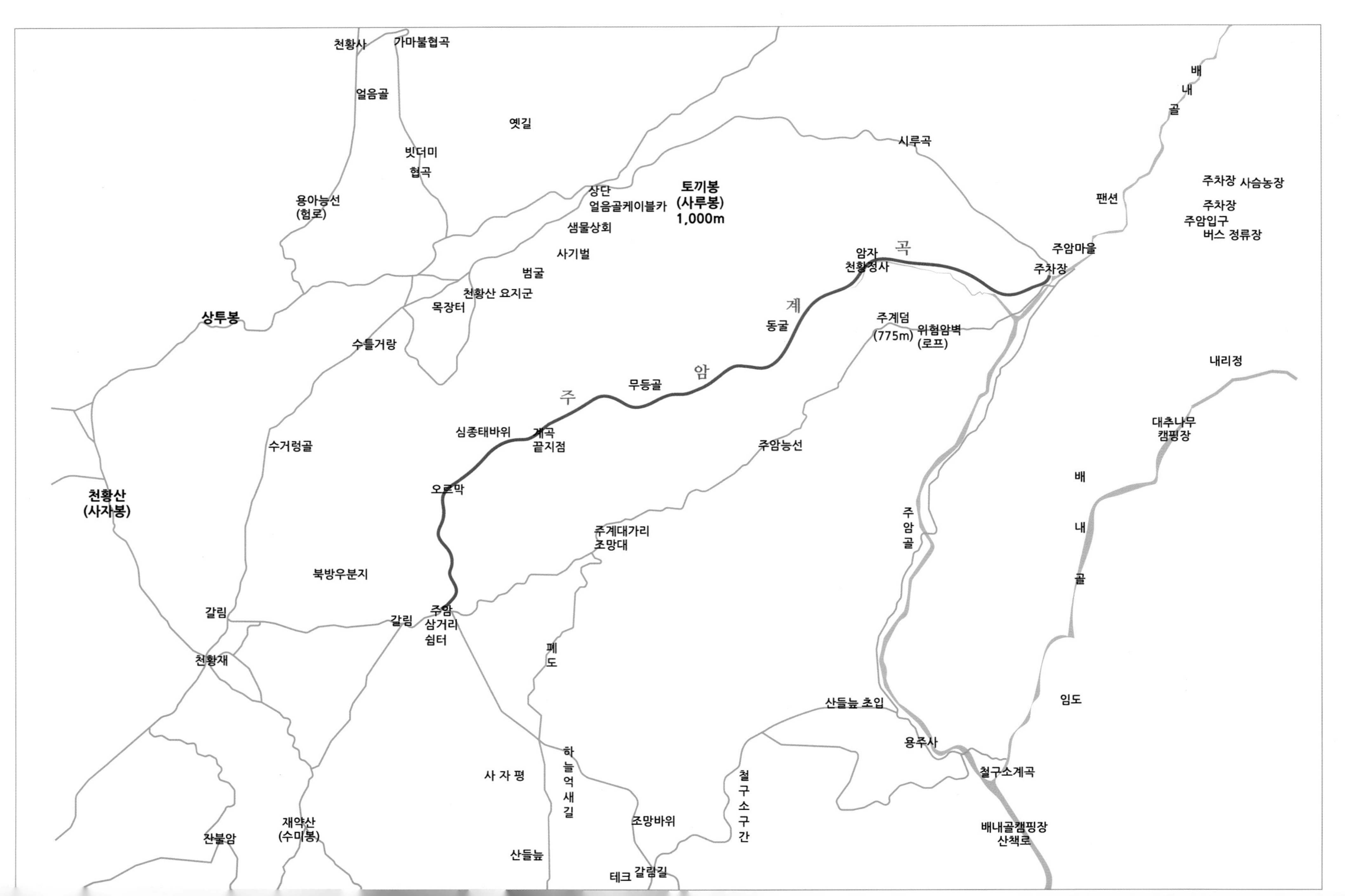

천황사
가마불협곡
얼음골
옛길
빗더미
협곡
시루곡
배
내
골
용아능선
(험로)
상단
얼음골케이블카
토끼봉
(사루봉)
1,000m
주차장 사슴농장
팬션
주차장
주암입구
버스 정류장
생물상회
사기벌
주암마을
암자
천황정사
곡
주차장
범굴
천황산 요지군
목장터
상투봉
계
동굴
주계덤
(775m)
위험암벽
(로프)
수틀거랑
내리정
암
무등골
주
대추나무
캠핑장
심종태바위
계곡
끝지점
수거렁골
주암능선
배
천황산
(사자봉)
오르막
주계대가리
조망대
주
암
골
내
북방우분지
골
갈림
갈림
주암
삼거리
쉼터
천황재
폐
도
산들늪 초입
임도
용주사
철구소계곡
하
늘
억
새
길
사 자 평
철
구
소
구
간
조망바위
배내골캠핑장
산책로
잔불암
재약산
(수미봉)
산들늪
테크 갈림길

10. 짙은 녹음과 계곡이 어우러진 '주암계곡'

배내골 주암마을에서 사자평을 거쳐 밀양 단장면 표충사로 이어지는 계곡이다. 배내구곡 중에서 최고 청정계곡으로 꼽힌다. 맑은 물과 쉴만한 바위가 있어 삼복더위를 식히기에 좋고, 가을이면 오색단풍이 아름답다. 예전에는 밀양 단장면을 오가던 길손들이 드나들던 길이었다. 주암마을에서 주암 쉼터 구간은 계곡 코스이고, 이후는 사자평 억새구간이다. 주계계곡을 감싸고 있는 주계덤 능선 구간은 웅장한 산세를 조망할 수 있다. 특히 아찔한 주계덤 정상에서 바라보는 서알프스의 파노라마는 압권이다.

◑산행 길잡이

▲배내골 주암마을 주차장이 들머리다. 주암마을에서 사자평 주암 쉼터로 이어진 주암계곡 코스(4km), 배내고개에서 철구소로 이어진 주암골 반딧불이 코스(5km)가 있다. 특히 주암계곡에서 사자평을 한 바퀴 돌아본 루에 주암능선(주계덤)으로 원점회귀하는 코스도 가볼만하다. 주암능선 코스는 웅장한 산군과 탁월한 조망권을 즐길 수 있다. 얼음골 케이블카를 이용하면 주암쉼터로 이동하여 동쪽의 주암계곡이나 주계덤으로 하산할 수 있다.

▲주암 계곡이 끝나는 사자평 주암쉼터까지는 약 4.6km.

▲계곡 물길을 따라가는 주암계곡 길은 쉬엄쉬엄 쉬어 갈 수 있는 옛길이다. 길손들이 넘던 우리 옛길은 난이도가 그다지 높지 않다.

◑스토리

산에 기대어 살았던 산골 사람들의 이야기가 흥미롭다. 밀양 단장면을 드나들었던 소장수와 보부상, 화전민, 벌목꾼, 숯쟁이, 사냥꾼이 이 계곡을 드나들었다. 특히 주암계곡 중간에는 화전터 돌담이 아직 남아있다. 하늘 높은 줄 모르고 치솟은 주계덤 바위산은 태고적 9년 대홍수로 낙동강에서 올라온 배를 묶었다는 스토리가 전해온다.

◑교통편

▲언양터미널에서 328번 버스를 타고 주암마을 정류장에서 내린다. 이곳에서 주암마을 주차장까지 내리막 1.3km를 걸어야 한다.

▲산행 후 배내골 버스 종점에서 언양터미널행 버스는 평일 오후 3시 50분, 5시 10분, 주말 오후 3시 10분, 5시 30분, 6시 40분에 있다.

▲승용차편은 내비게이션 배내골IC 경유하는 '주암계곡 주차장' 입력.

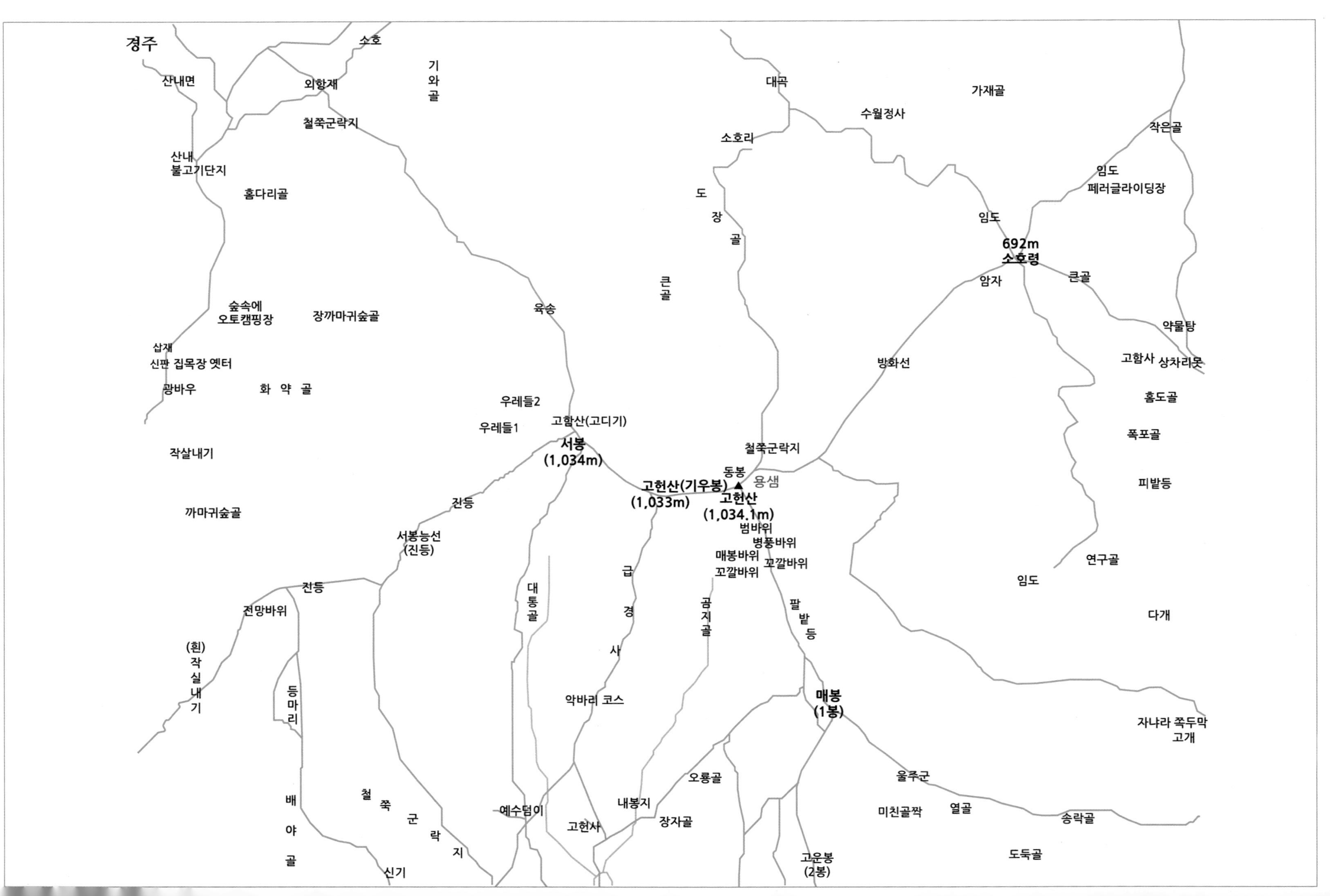
경주
산내면
소호
외항재
기와골
철쭉군락지
산내
불고기단지
홈다리골
숲속에
오토캠핑장
장까마귀숲골
삽재
신판 집목장 옛터
광바우
화 약 골
작살내기
까마귀숲골
육송
우레들2
우레들1
고함산(고디기)
서봉
(1,034m)
진등
서봉능선
(진등)
진등
전망바위
(흰)
작실내기
등마리
배야골
철쭉군락지
신기
대곡
수월정사
가재골
소호리
도장골
큰골
작은골
임도
페러글라이딩장
임도
692m
소호령
큰골
암자
약물탕
고함사 상차리못
방화선
홈도골
폭포골
피밭등
철쭉군락지
동봉
용샘
고헌산(기우봉)
(1,033m)
고헌산
(1,034.1m)
범바위
병풍바위
매봉바위
꼬깔바위
꼬깔바위
연구골
임도
다개
대통골
급경사
곰지골
팔밭등
악바리 코스
매봉
(1봉)
자나라 쪽두막
고개
오룡골
울주군
예수덤이
내봉지
고헌사
장자골
미친골짝
열골
송락골
고운봉
(2봉)
도둑골

11. 큰 이야기꾼 '고헌산 용샘 우레들'

산정평탄면山頂平坦面의 고헌산 정상에는 동봉(용봉), 고헌산 정상봉(기우봉), 서봉(고헌봉) 세 봉우리가 있는데, 억새군락지와 철쭉 군락지를 이룬다. 정상봉은 기우제를 지내는 기우단이 있고, 동봉 아래에는 용샘, 서봉 산기슭에는 운동장 두 개 크기의 우뢰들이 있다. 용샘은 용이 산정 물을 마시고 승천 했다는 설이 전해오며, 우레들은 보름은 바다에 살고 보름은 산에 산다는 산갈치 전설이 전해온다. 고헌산은 옛날 언양현彥陽縣의 진산鎭山이다. 언양, 상북 등 서북6개 고을과 웅장한 영남알프스 산군을 멀찍이 관찰할 수 있다.

◑산행 길잡이

▲최단거리 코스는 서북 방향의 외항재로 거리는 2.7km. 산행을 하면 알머리산을 오르는 것 같은 민민한 느낌이 든다. 남쪽 고헌사 코스는 얼굴 콧등을 타듯이 경사도가 급하고, 북쪽 도장골 코스는 뒷통수처럼 난해하다.

▲고헌사 : 정상 코스 3km, 장벽 암석 협곡으로 깊게 파인 대통골 코스는 전문산악인들의 히밀라야 원정 연습 구간이다.

▲서릉 진등 : 고헌사 코스 5km는 봄이면 화사한 철쭉이 터널을 이룬다. 서봉에서 삽재, 궁근정 신기마을로 내려가진다.

▲난이도는 중등급이다. 남쪽 고헌사 악바리 코스는 급경사를 이룬다.

◑스토리

고헌산은 많은 이야기를 품은 산이다. 고헌산의 옛 이름은 고언산, 고언뫼로 '높은 산'이라는 뜻이다. 일명 고함산, 고디기로도 불린다. 전해오는 고함산 전설이 있다. 문복산 드린바위에서 밧줄에 의지해 청년이 석이버섯을 따고 있었다. 그때 지네가 밧줄을 끊는 것을 고헌산에 있던 사람이 보고는 고함을 질러 청년의 목숨을 구했다 해서 고함산이 되었다는 설이다.

◑교통편

▲언양시장 버스정류장에서 외항재 가는 338번 버스가 있다.

▲고헌사 코스는 석남사행 1713번, 807번, 328번 버스를 타고 신기마을 입구에 하차하여 도보 약 1.5km 걸어가면 고헌사가 나온다.

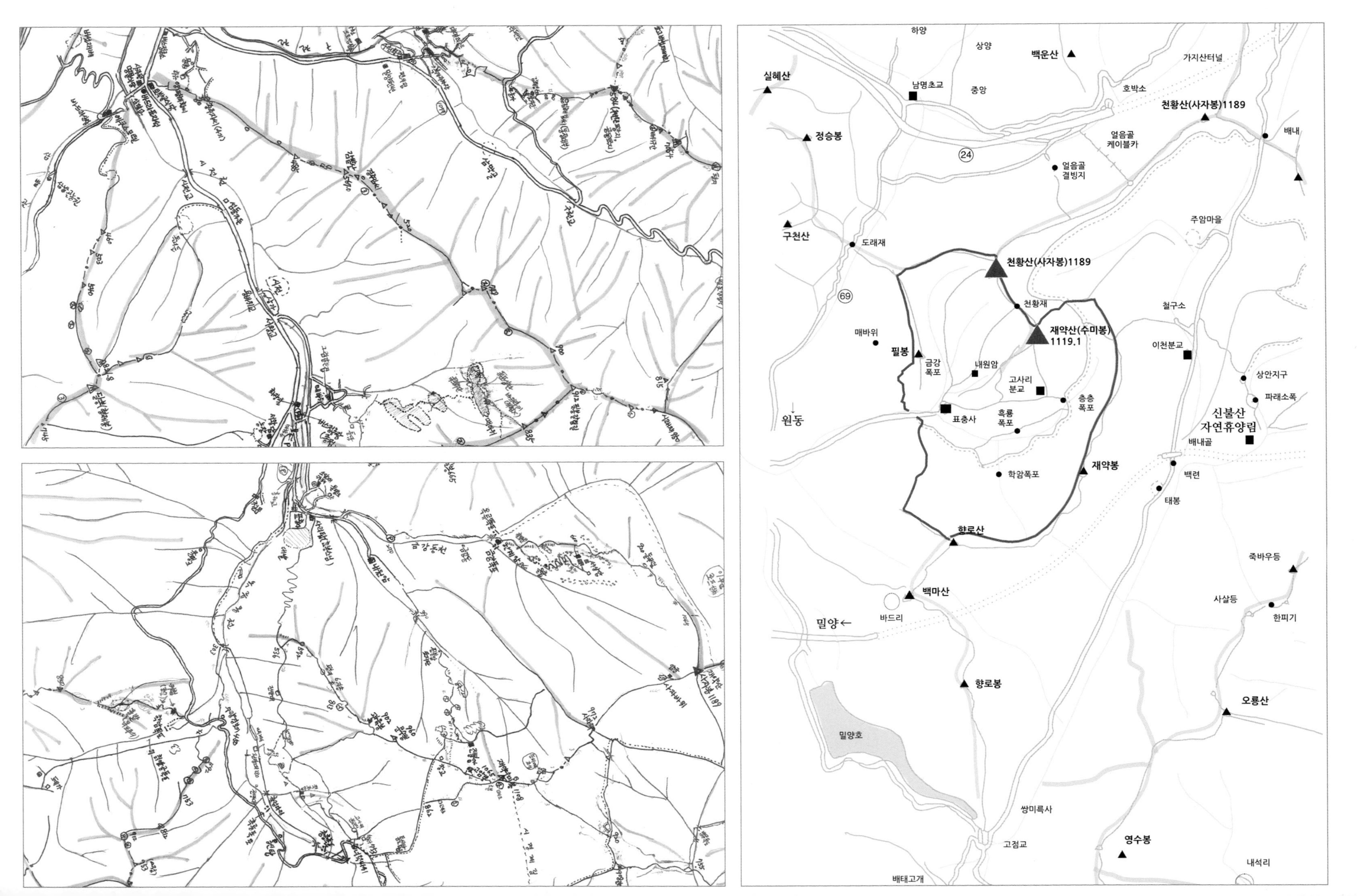

하양
상양
백운산
가지산터널
실혜산
남명초교
중앙
호박소
천황산(사자봉)1189
배내
정승봉
얼음골
케이블카
24
얼음골
결빙지
주암마을
구천산
도래재
천황산(사자봉)1189
69
천황재
철구소
매바위
재약산(수미봉)
1119.1
이천분교
필봉
금강
폭포
내원암
고사리
분교
상안지구
파래소폭
층층
폭포
원동
표충사
흑룡
폭포
신불산
자연휴양림
배내골
학암폭포
재약봉
백련
태봉
향로산
죽바우등
백마산
사살등
밀양←
바드리
한피기
향로봉
오룡산
밀양호
쌍미륵사
영수봉
고점교
내석리
배태고개

12. 영남알프스 최고의 전망대 '재약5봉'

재약5봉(필봉, 천황산, 재약산, 재약봉, 향로봉)의 다섯 봉우리를 등정하는 최고의 전망대 코스다. 특히 일필휘지로 휘두른 필봉筆鋒에서 내려다보는 표충사와 산중암자는 일대 장관이다. 이웃한 정승봉 실혜산, 정각산, 얼음골, 팔풍팔재, 영남알프스 9봉, 낙동정맥은 물론이고 날씨가 맑은 날에는 멀리 지리산 천왕봉을 볼 수 있다.

◑산행 길잡이

표충사 원점회귀

▲표충사→금강동천→금강폭포를 왕복하는 코스 4시간 소요.

▲표충사→내원암 갈림길→천황산 사자봉→표충사 왕복 5시간 30분.

▲표충사→내원암 갈림길→진불암→재약산 수미봉→천황산 사자봉→표충사 왕복 6시간 30분. 천황산 정상에서 얼음골 3.3km, 재약산 2.0km, 사자평 1.0km.

▲표충사→재약산 수미봉→천황산 사자봉→표충사 왕복 6시간 10분.

▲표충사→층층폭포→사자평→재약산 수미봉→표충사 왕복 5시간 40분.

▲표충사→문수봉→고암봉→재약산 수미봉→천황재→천황산 사자봉→세고개→필봉→매바위→표충사 13~15km, 6~7시간 소요.

▲표충사→필봉→천황산 6km.

주암계곡 코스 5km, 죽전마을 코스 6km

▲들머리에 따라 난이도 차이가 있다. 표충사에서 진입할 경우에는 고도의 난이도, 배내골 방향을 들머리로 잡을 경우에는 난이도는 덜 힘든 편이다.

◑스토리

사자평 억새는 밀양팔경 중의 하나이다. 지금은 흔적만 남았지만 사자평에는 화전민 마을이 있었다. 화전민들이 부쳐 먹던 논밭은 억새밭으로 변하였고, 고사리분교(산동초등학교 사자평분교) 터는 교적비만 남아 있다.

◑교통편

▲원점회귀를 할 경우에는 승용차편이 편리하다. 승용차를 이용할 경우 신대구 · 부산고속도로 밀양IC→울산 언양 방향 24번 국도 우회전→단장 표충사 1077번 지방도 우회전→금곡교 지나→아불교 지나→집단시설지구 공용주차장(또는 표충사 경내 주차장) 순. 경남 밀양시 단장면 구천리 2052 '표충사 정류장'을 내비게이션 목적지로 하면 된다. 주차비는 무료.

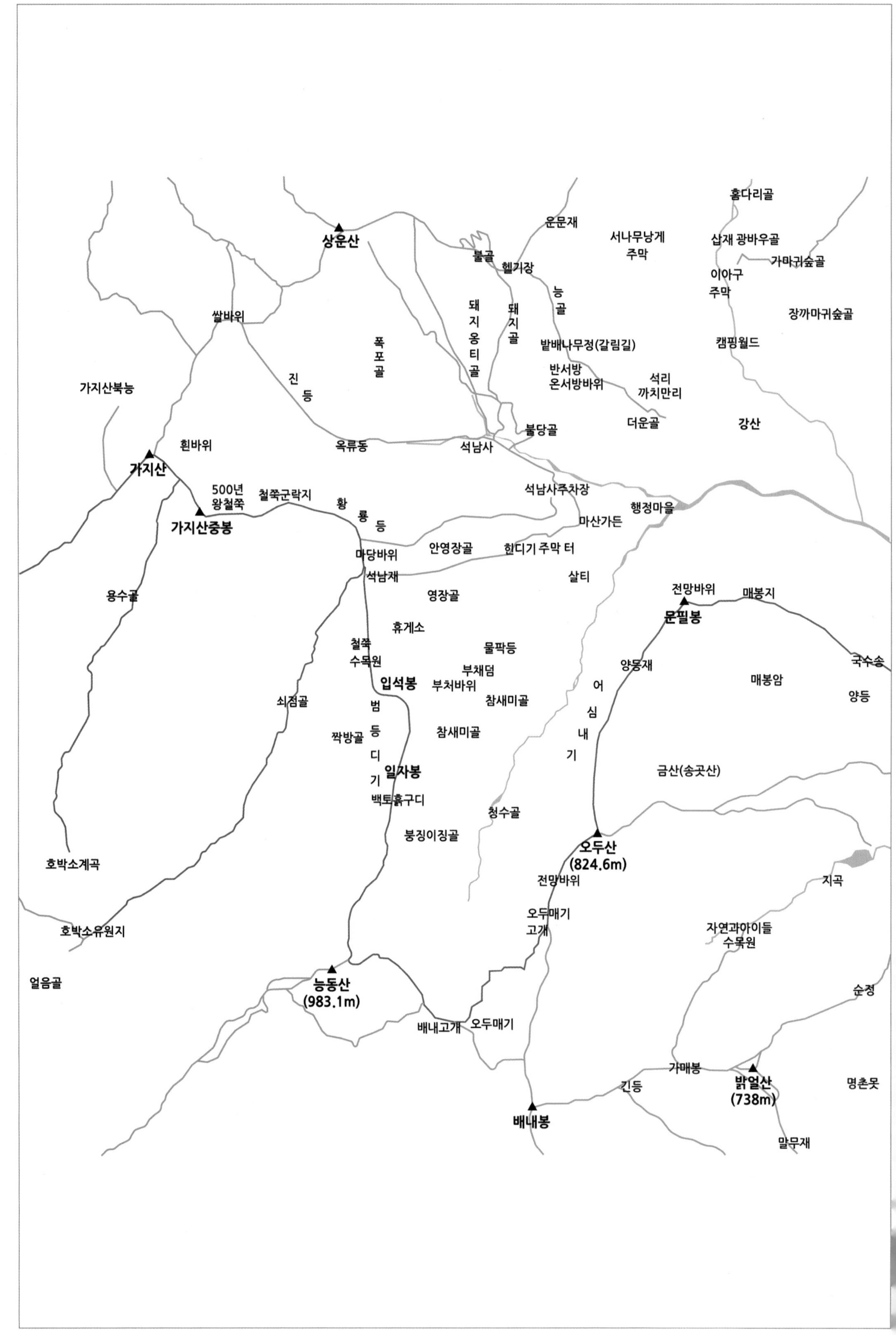
홈다리골
운문재
서나무낭게
주막
삽재 광바우골
가마귀숲골
상운산
불골
헬기장
이아구
주막
능
골
장까마귀숲골
쌀바위
돼
지
옹
티
골
돼
지
골
폭
포
골
밭배나무정(갈림길)
캠핑월드
반서방
온서방바위
석리
까치만리
진
등
가지산북능
더운골
강산
불당골
흰바위
옥류동
석남사
가지산
500년
왕철쭉
철쭉군락지
석남사주차장
황
룡
등
행정마을
가지산중봉
마산가든
안영장골
한디기 주막 터
마당바위
석남재
살티
용수골
전망바위
매봉지
영장골
문필봉
휴게소
철쭉
수목원
물팍등
부채덤
양동재
국수송
입석봉
부처바위
매봉암
쇠점골
참새미골
양등
범
등
디
기
짝방골
참새미골
어
심
내
기
일자봉
금산(송곳산)
백토흙구디
청수골
붕징이징골
오두산
(824.6m)
호박소계곡
전망바위
지곡
오두매기
고개
자연과아이들
수목원
호박소유원지
능동산
(983.1m)
얼음골
순정
배내고개
오두매기
가매봉
긴등
밝얼산
(738m)
명촌못
배내봉
말무재

13. 가지산 철쭉백리

가지산 500년 어른 철쭉나무

가지산 정상에서 황룡등 철쭉정원, 능동산 일자봉 철쭉터널, 오두산 양등재로 이어지는 코스를 MUC코스라 한다. 철쭉이 개화하기 시작하는 4월 중순부터 5월 중순 무렵에는 철쭉 꽃비가 쏟아진다. 가지산 중봉 일대에는 세계에서 가장 크고 오래된 500년 어른 철쭉나무와 진달래나무가 자생하고 있다. 그 위세가 얼마나 위풍당당하던지 황룡이 불을 내뿜듯, 산신령이 장풍을 쏘듯 했다. 상북 고을 사람들은 이 어른나무를 신목으로 받든다.

가지산 일대는 진달래와 철쭉이 약 20만 그루가 모여서 자라는데 우리나라에서 규모가 가장 큰 것으로 알려지고 있다. 가지산 철쭉나무군락은 희귀 품종인 백철쭉과 연분홍에서 진한 분홍색의 철쭉까지 여러 품종이 섞여 자라고 있어 보호해야 할 귀중한 자연 유산이다. 국제적으로 '코리안 아자리아korean azarea'로 알려져 있고 우리 민족이 가장 좋아하는 꽃 중 하나다.

◑산행 길잡이

가지산 철쭉정원 코스

▲석남터널→석남재→황룡등→중봉→가지산 정상 코스는 왕복 6km에 4시간 소요. 가장 짧은 코스이기 때문에 초반부터 가파른 오르막으로 시작하는 단점이 있다.

▲가지산 일자봉 철쭉터널 코스 : 석남터널→일자봉→능동산→배내고개 4.5km. 가지산 황룡등 철쭉정원, 일자봉 철쭉터널을 걷다보면 철쭉을 만끽할 수 있다.

▲석남사주차장→석남고개→가지산 정상 코스는 총 9.4km에 5시간 소요. 따라서 석남터널에서 올랐다가 석남사주차장, 즉 석남사로 원점회귀 하산하면 총 15.4km에 8시간 남짓 잡아야 한다.

▲밀양 출발 코스는 얼음골을 지나 구연폭포 호박소에서 출발해 석남고개와 가지산 중봉을 거쳐 정상까지 오르는 방법이다. 총 7.4km에 3시간 30분가량 소요.

▲가지산 MUC 철쭉 코스 : 가지산→석남재 M코스, 일자봉 철쭉터널 능동산→석남재 U코스, 배내재→오두산→양등 C코스. 총 길이 30.9km.

개화시기의 맞춤 철쭉기행 코스

▲4월 중순 : 철쭉 기행은 배내고개→오두산→양등마을 9km, 5시간 소요.

▲4월 말과 5월 초순 : 배내고개→능동산→일자봉→석남재→석남사 6.5km, 6시간 소요.

▲5월 초 · 중순에 진행되는 가지산 철쭉 기행은 석남재→황룡등→500년 왕철쭉나무→석남재→쇠점골 약 5km, 5시간 소요.

▲5월 초 · 중순 : 양등마을→전망대→오두산→배내봉→밝얼산→순정마을, 10~12km, 5~6시간 소요.

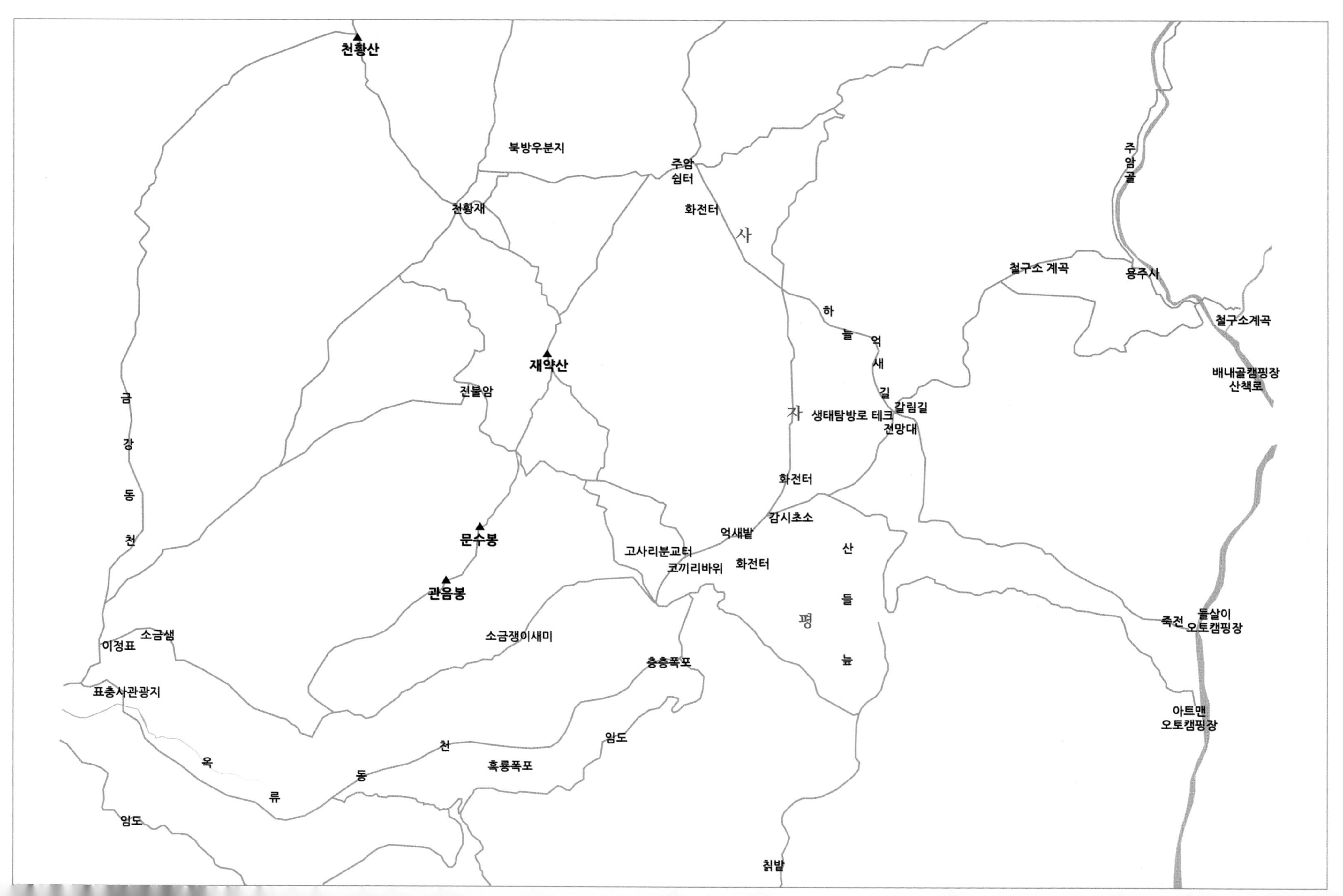

천황산
북방우분지
주암
쉼터
화전터
주암골
천황재
사
철구소 계곡
용주사
하
늘
억
새
길
철구소계곡
재약산
배내골캠핑장
산책로
진불암
금
강
동
천
자
생태탐방로 테크
갈림길
전망대
화전터
감시초소
억새밭
문수봉
고사리분교터
코끼리바위
화전터
산
들
늪
평
관음봉
소금샘
이정표
소금쟁이새미
층층폭포
죽전
돌살이
오토캠핑장
표충사관광지
옥
류
동
천
흑룡폭포
암도
아트맨
오토캠핑장
암도
취밭

14. 억새 나라 '사자평'

재약산 수미봉 동남쪽 아래에 있는 평원이다. 사자평의 '사'는 광활한 평원을 이르는 옛말이고, '자'는 산의 옛말에서 나왔다. 따라서 사자평은 순우리말로 산들늪이 된다. 사자평(해발 700~800m)에는 우리나라에서 보기 드문 약 4,132,231m² (약 1백25만여 평)의 스펀지(이탄층) 고산습지가 있다. 수미봉이 올려다 보이는 기슭에서 건너편까지 넓게 무리 지어 넘실거리는 가을 억새는 전국적으로 명성이 자자하다. 이 모든 것이 깊은 산중답지 않게 가운데 언제나 물을 머금고 있는 스펀지 늪지이기에 가능한 풍경이다.

◑산행 길잡이

사자평 상행 코스는 다양하다. 일반적인 등산로 코스는 표충사 대밭길로 난 옛길을 따라 사자평을 오른다. 사자평에서 돌아올 때는 옥류동천 코스로 하산하면 좋다. 흑룡폭포와 층층폭포의 색다른 절경은 보는 이의 탄성을 자아내고, 골짜기를 따라 이어지는 계곡 물 소리며 다채로운 풍경은 마음을 사로잡는다. 계곡 코스가 거칠다면 멀더라도 임도를 따라가면 된다.

▲표충사→재약산 수미봉→천황산 사자봉→표충사 왕복 6시간 10분.

▲표충사→층층폭포→사자평→재약산 수미봉→표충사 왕복 5시간 40분.

▲배내골에서는 죽전마을 들머리, 철구소 들머리, 주암계곡 들머리가 있다.

▲가장 편리한 방법은 얼음골케이블카를 타고 오르는 것이다. 상부하우스에서 고사리분교 터까지는 약 6km.

◑스토리

사자평 억새는 밀양팔경 중의 하나이다. 소장수, 보부상들이 지나다녔던 사자평 옛길, 소금쟁이샘이 있다. 지금은 흔적만 남았지만 화전민 마을도 있었다. 화전민들은 무주공산 사자평을 일구며 살았다. 1966년 개교한 고사리분교는 1990년대 까지 존속했었다.

◑교통편

▲배내골에서는 죽전마을 들머리, 철구소 들머리, 주암계곡 들머리가 있다. 언양터미널에서 328번 버스를 타고 주암계곡이나 죽전마을에 하차한다. 울산함안간고속도로 배내골IC에서 가깝다.

▲원점회귀를 할 경우에는 승용차편이 편리하다. 승용차를 이용할 경우 신대구 · 부산고속도로 밀양IC→울산 언양 방향 24번 국도 우회전-단장 표충사 1077번 지방도 우회전→금곡교 지나→아불교 지나→집단시설지구 공용주차장(또는 표충사 경내 주차장) 순. 경남 밀양시 단장면 구천리 2052 '표충사 정류장'을 내비게이션 목적지로 하면 된다. 주차비는 무료.

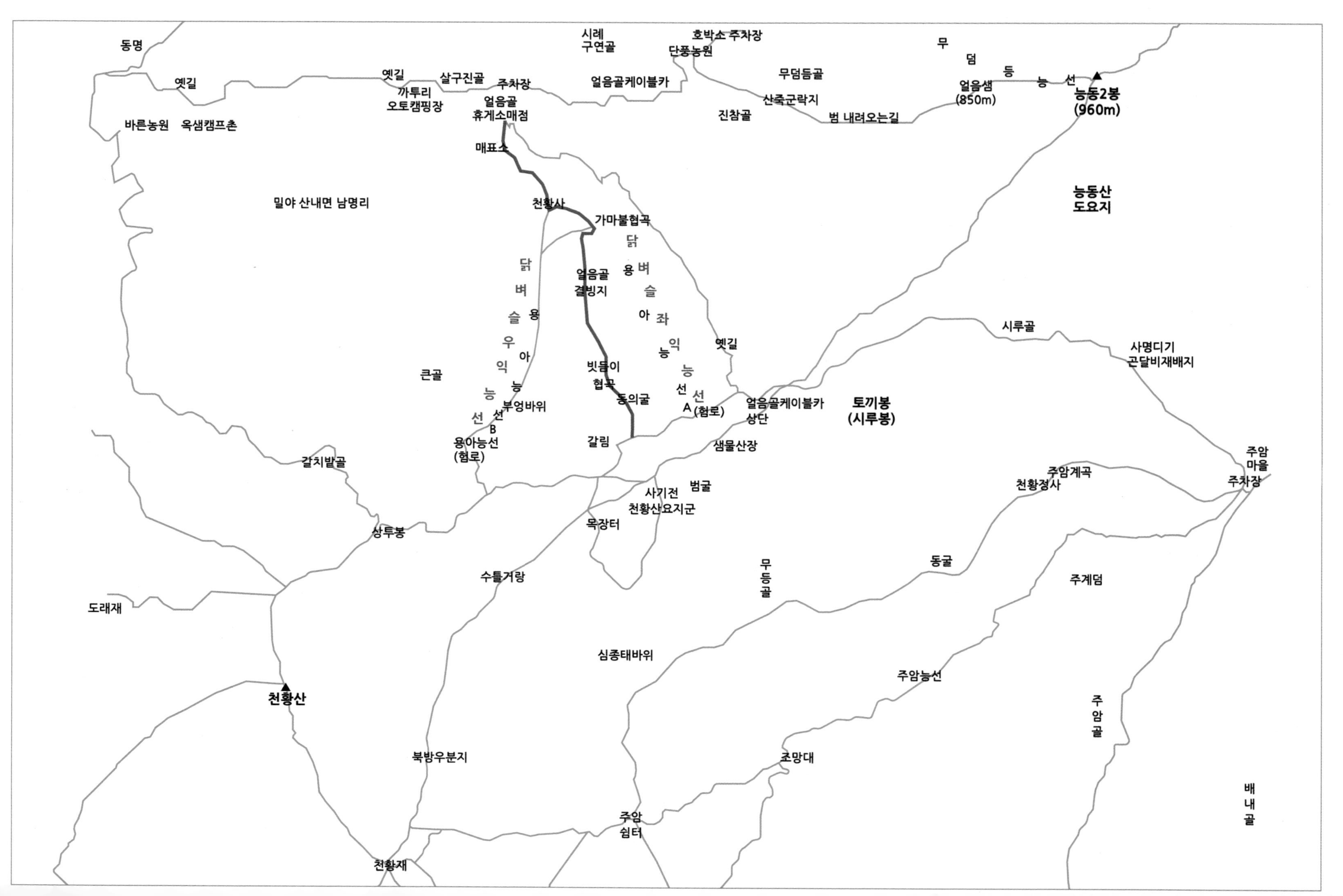

동명
옛길
바른농원
옥샘캠프촌
옛길
까투리
오토캠핑장
살구진골
주차장
얼음골
휴게소매점
매표소
시례
구연골
얼음골케이블카
호박소 주차장
단풍농원
무덤듬골
산죽군락지
진참골
범 내려오는길
무덤등능선
얼음샘
(850m)
능동2봉
(960m)
능동산
도요지
밀야 산내면 남명리
천황사
가마불협곡
닭벼슬용아좌익능선
얼음골
결빙지
닭벼슬용아우익능선
큰골
빗듬이
협곡
동의굴
부엉바위
B
용아능선
(험로)
A
(험로)
갈림
옛길
얼음골케이블카
상단
토끼봉
(시루봉)
샘물산장
시루골
사명디기
곤달비재배지
갈치밭골
상투봉
사기전
천황산요지군
범굴
목장터
수틀거랑
무등골
동굴
주암계곡
천황정사
주암
마을
주차장
주계덤
도래재
심종태바위
주암능선
주암골
천황산
북방우분지
조망대
주암
쉼터
천황재
배내골

15. 구만구천 돌계단 '얼음골 빛더미'

밀양 얼음골의 협곡 안에 있는 옛길이다. 빛더미는 무수한 돌로 쌓여진 돌계단으로, 하도 험해 짐승들조차 마다하는 길이다. 두 발로 오르는 산행객들마다 얼마나 힘들었으면 빛더미라는 이름이 붙었을까. 힘든 빛더미 등산로를 올라보면 피가 거꾸로 솟구쳐 갚고 갚아도 쌓이는 빚에 허리가 휘는 눈물고개처럼 느껴진다. 그러나 구슬땀 흘리며 오르다보면 몸은 가뿐해지고 빚은 청산된다. 빛덤이는 마을 장정들이 사자평 억새을 나르던 길이기도 했다.

빛더미에 올라서면 사자평이라는 무주공산을 만난다. 빛더미를 오르는 중간에 동의보감 허준이 스승을 해부를 했다는 '동의굴'이 있고, 빛더미를 넘으면 '사명대사'가 머물렀다는 사명디기가 있다.

◑산행 길잡이

▲빛더미 코스 : 얼음골 매표소→천황사→얼음골→동의굴→사자평.

▲닭벼슬우익능선(용아A능선), 닭벼슬좌익능선(용아B능선)

▲최근에 개발된 무덤등능선은 호박소 입구에서 작은 능동산으로 오르는 구간이다.

▲시루곡 사명디기 코스 : 얼음골→옛길→상부하우스(시루봉)→시루곡→사명디기→주암마을.

▲하늘억새길 3구간인 배내고개에서 능동산을 지나는 코스다.

▲밀양 남명리 도래재 고갯마루에서 도란도란 오르는 코스가 있다.

▲얼음골 케이블카가 생기면서 불과 십여 분이면 1000고지 케이블카 상부로 올라설 수 있다. 빛더미를 오르는 일은 이제 일도 아니다.

▲급경사 빛더미의 난이도는 상급이다. 용아능선, 닭벼슬능선은 출입이 폐쇄된 암릉 전문가 코스다.

얼음골 능선 7개

▲빛듬이 코스 : 동의굴 얼음골 계곡 옛길이다.

▲시루국 사명디기 코스는 얼음골에서 배내골 주암마을로 이어진다. 과거 사명대사가 주석했다는 설이 있다.

▲닭벼슬능선 : 케이블카 능선이다. 천황사에서 출발한다.

▲닭벼슬우익능선(용아A능선) : 천황산 방향에서 표시판이 있다. 얼음골 옛길로 내려온다.

▲닭벼슬좌익능선(용아B능선) : 케이블카 상부에서 능동산 방향. 옛길에서 만난다.

▲무덤등능선(능동산 2봉) : 능동산2봉→산죽능선 급경사→호박소 개인 사유지로 내려온다.

▲능동산 북서능선 : 능동산→능동산북서능선→오천평반석

◑교통편

▲언양터미널에서 1713번 328번, 807번 버스를 타고 석남사로 가서 밀성여객버스(055-354-2320)를 갈아타고 얼음골로 간다.

▲밀양터미널에서는 석남사행 밀성여객버스를 타면 얼음골 정류장에 내릴 수 있다.

▲승용차를 이용할 경우에는 '얼음골 주차장'을 내비게이션 목적지로 하면 된다.

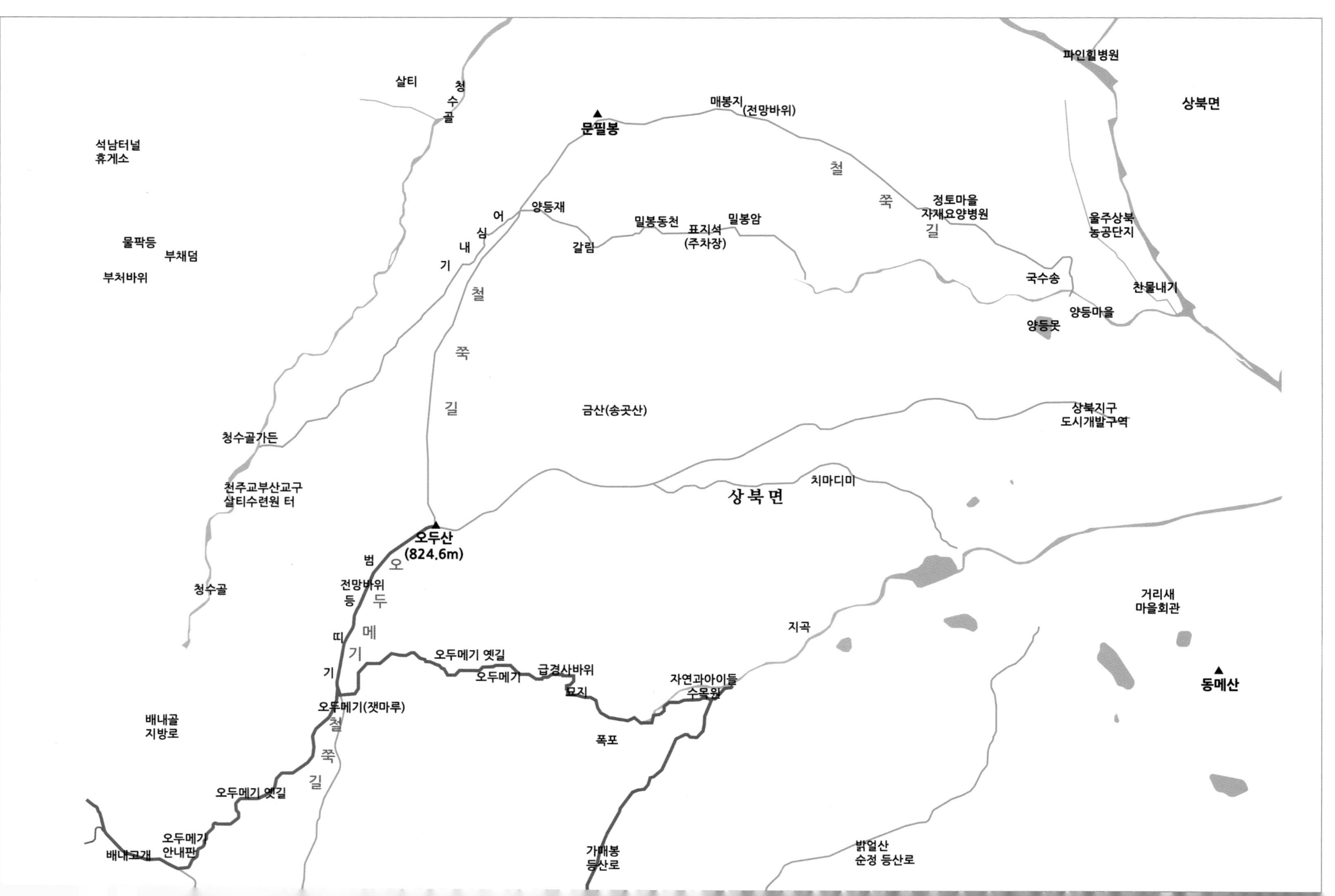

파인힐병원
상북면
살티
청수골
매봉지(전망바위)
문필봉
석남터널
휴게소
철쭉길
정토마을
자재요양병원
울주상북
농공단지
어심내기
양등재
밀봉동천
표지석
(주차장)
밀봉암
물팍등
부채덤
부처바위
갈림
국수송
찬물내기
양등마을
양등못
철쭉길
금산(송곳산)
상북지구
도시개발구역
청수골가든
천주교부산교구
살티수련원 터
치마디미
상북면
오두산
(824.6m)
범등 전망바위
오두메기 띠기
청수골
거리새
마을회관
지곡
오두메기 옛길
급경사바위
오두메기
묘지
자연과아이들
수목원
동메산
오두메기(잿마루)
철쭉길
배내골
지방로
폭포
오두메기 옛길
오두메기
안내판
배내고개
가매봉
등산로
밝얼산
순정 등산로

16. 영남알프스의 우마고도 '오두메기'

영남알프스의 우마고도로 불리는 오두메기는 연인과 걸을 수 있는 오붓한 싱글코스다. '오두메기'란 배내고개에서 거리오담(간창, 거리 하동, 지곡, 대문동, 방갓)으로 이어진 옛길로, 오두산鰲頭山(824m) 기슭을 감고 돈다. 상북 고을 사람들뿐만 아니라, 밀양과 원동에서 물목을 거두어들인 보부상이나 장꾼들이 큰 장이 서는 언양으로 가던 주요 통로였다. 최근에는 장구만디에서 배내봉으로 오르는 등산로에 팻말이 세워져 찾기가 한결 쉬워졌다.

◑산행 길잡이

오두메기 옛길

▲배내고개에서 오두메기→오두메기 고갯마루→지곡마을 약 5km. 오두메기 고갯마루에서 오두메기를 계속 내려가면 지곡마을이 나온다. 상북 지곡마을 주민들은 치마디미라 부른다.

오두메기 철쭉 코스

▲배내고개→오두메기→오두산→양등마을 철쭉코스 9km, 5시간이 소요된다. 이 구간은 1960년대까지 표범이 다녔던 길이다. 양등재에서 청수골 사이에 오심내기 철쭉길이 있다. 철쭉 코스를 걸으려면 오두산을 경유하여 양등재→문필봉→국수송→양등마을로 내려간다. 끝없이 이어지는 철쭉 터널로 오래토록 감흥이 남는다. 난이도는 중하등도. 오두산 정상을 내려오는 급경사 하산길을 조심해야 한다. 참고로 오두메기 고갯마루에서 오두산 0.9km, 배내봉 1.5km다.

▲석남재→간월산→등억 복합웰컴센터까지 약 12.5km다. 장거리 코스로는 낙동정맥 구간을 따라 문복산→가지산→간월재→신불산→영축산→오룡산→염수산으로 이어지는 약 40km 코스가 있다. 고헌산 진등 철쭉 코스는 궁근정 신기→진등→고헌산→고운산→우만마을로 하산할 수 있다.

◑교통편

▲언양터미널에서 328번 버스를 타고 배내고개에서 내린다. 328번 버스 평일 오전 6시 20분, 7시 50분, 9시 50분, 주말 시간대는 오전 7시, 8시 20분, 9시 30분, 10시 55분에 있다. 들머리 배내봉 방향으로 약 1백미터 올라오면 '우마고도 오두메기' 스토리텔링 안내판이 있다. 이곳 좌측 오솔길을 따라 가면 오두메기 잿마루가 나온다. 잿마루에서 동쪽으로 곧장 내려가면 지곡마을이고, 좌측 북쪽능선 길은 오두산(0.9km), 남쪽 능선 길은 배내봉(1.5km) 방향이다. 산행 후 거리회관 또는 양등마을 찬물내기에서 1713번, 807번, 302번 시내버스를 탈 수 있다.

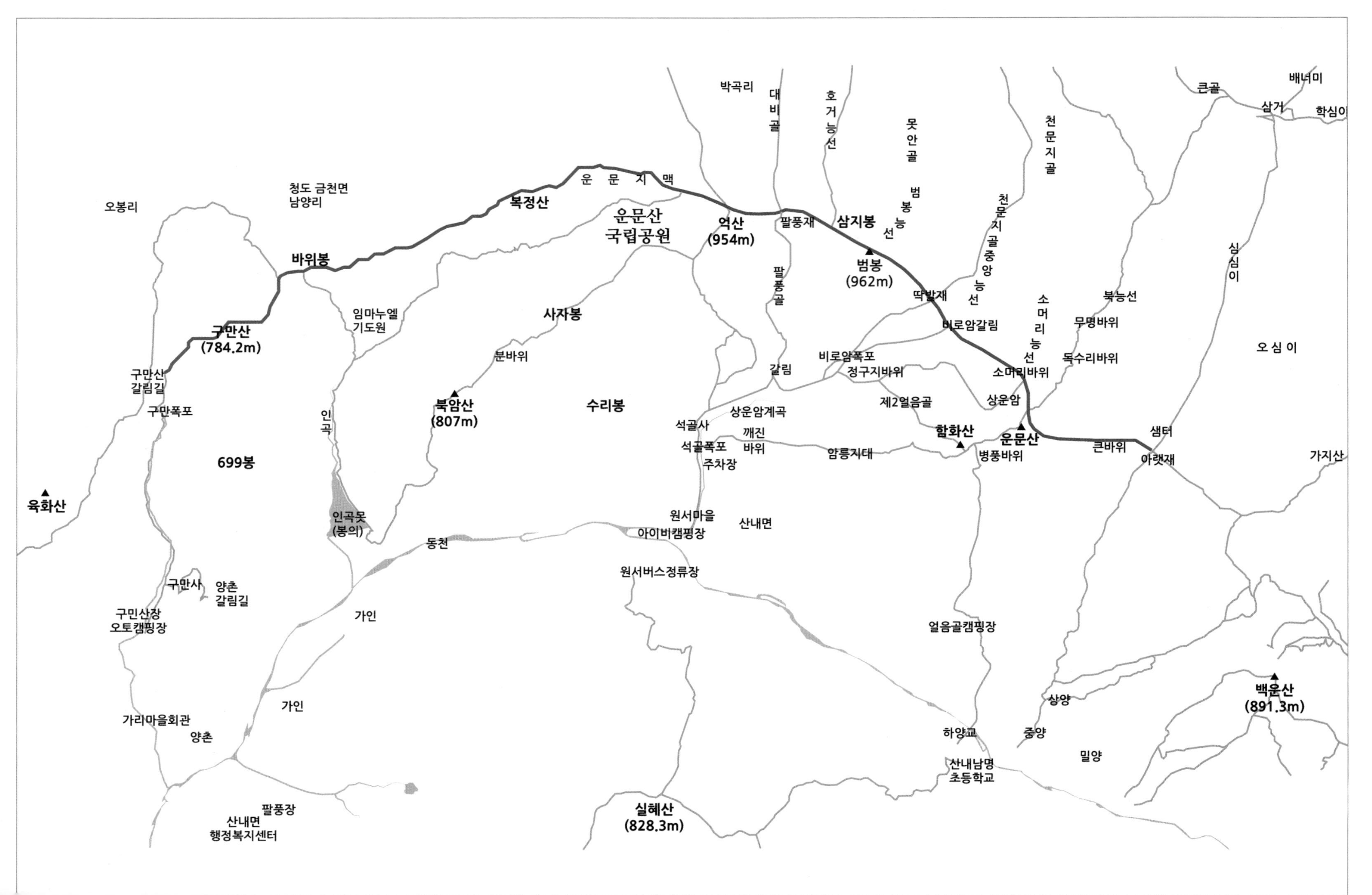

운문산
국립공원
운 문 지 맥
복정산
바위봉
구만산
(784.2m)
구만산
갈림길
구만폭포
699봉
육화산
오봉리
청도 금천면
남양리
임마누엘
기도원
인
곡
인곡못
(봉의)
사자봉
분바위
북암산
(807m)
수리봉
역산
(954m)
팔풍재
팔
풍
골
박곡리
대
비
골
호
거
능
선
삼지봉
못
안
골
범
봉
능
선
범봉
(962m)
딱발재
비로암갈림
천
문
지
골
중
앙
능
선
천
문
지
골
소
머
리
능
선
소머리바위
북능선
무명바위
독수리바위
오 심 이
심
심
이
큰골
삼거
배너미
학심이
가지산
샘터
아랫재
큰바위
운문산
병풍바위
상운암
함화산
제2얼음골
비로암폭포
정구지바위
갈림
상운암계곡
석골사
깨진
바위
석골폭포
주차장
암릉지대
원서마을
아이비캠핑장
산내면
동천
원서버스정류장
얼음골캠핑장
상양
중양
밀양
하양교
산내남명
초등학교
백운산
(891.3m)
실혜산
(828.3m)
구만사
양촌
갈림길
구민산장
오토캠핑장
가인
가인
가리마을회관
양촌
팔풍장
산내면
행정복지센터

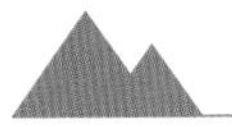

17. 운문산 스카이라인 코스

영남알프스 일원에서 빼어난 산세와 스카이라인을 바라볼 수 있는 코스다. 운문지맥은 낙동정맥인 가지산에서 시작하여 밀양 산외면 비학산까지 연결된 약 34.5km의 산줄기이다. 운문지맥은 웅장한 바위산들의 도상이다. 거기다 진귀한 바위와 수려한 계곡과 폭포가 많다. 들머리 날머리에는 가인계곡, 구만계곡, 석골사 상운계곡 같은 천혜의 계곡이 있다. 여름 산행 코스로 최적이다.

◑산행 길잡이

▲산행 코스 선택은 운문산을 한 바퀴 도는 단일 코스, 구만산, 억산, 운문산 코스, 운문산북능 코스, 범봉능선 코스, 천문지골능선 등 다양하게 할 수 있다.

▲스카이라인산행과 계곡산행을 함께 하려면 구만산→억산→운문산→함화산→석골사로 하산하는 운문3산 종주코스가 좋다.

▲원점회귀 코스로는 석골사→용바위→운문산 중앙능선→함화산→운문산 정상→쉼터→범봉→팔풍재→억산→사자봉→삼거리→수리봉→석골사로 하산한다. 운문3산, 운문억산종주코스는 5~17km, 7~8시간이 소요된다. 들머리인 석골사는 태극종주(52km)의 시작점이기도 하다.

운문지맥 코스

▲운문지맥 1구간(15.1km) : 정문마을→비학산(317.0m)→298.3m→301.9m→비암고개→(271.2m)→보담산(561.7m)→낙화산(625.7.m)→중산(649.1m)→백암봉(681.2m)→용암봉(684.7m)→오치령(오치고개)

▲운문지맥 2구간(19.5km) : 오치령(오치고개)→고추봉(655.4m)→육화산(674.1m) 왕복→흰덤봉(697.1m)→구만산(784.2m) 왕복→인곡재→복점산(842m)→억산(953.6m)→팔풍재→석골사 하산.

▲운문지맥 3구간(19.6km) : 배내고개→능동산(983.1m)→격산(813m)→입석봉(812.9m)→석남재→중봉(1167.4m)→가지산(1241m)→아랫재→운문산(1195.1m)→함화산(1107.8m) 왕복→딱밭재→범봉(962m)→삼지봉(904m)→팔풍재(765m)→석골사.

▲운문지맥 4구간(13.5km) : 괴곡교→디실재→중산→노산고개산→보두산→보담→비암고개→딱딱고개→비학산.

◑교통편

▲밀양 석골사를 들머리로 잡는다. 밀양터미널→석남사행 밀성여객버스를 탄다. 언양에서는 1713번, 807번, 328번 버스편으로 석남사 주차장으로 간다. 석남사에서 출발하는 밀성여객버스를 타고 석골사 입구인 원서마을에 내린다. 원서마을에서 석골사 입구까지 도보 20분이다.

▲승용차를 이용할 경우에는 운문산 코스는 '석골사', 가인계곡 코스는 '인곡산장', 구만산 코스는 '구만산장'을 내비게이션 목적지로 하면 된다.

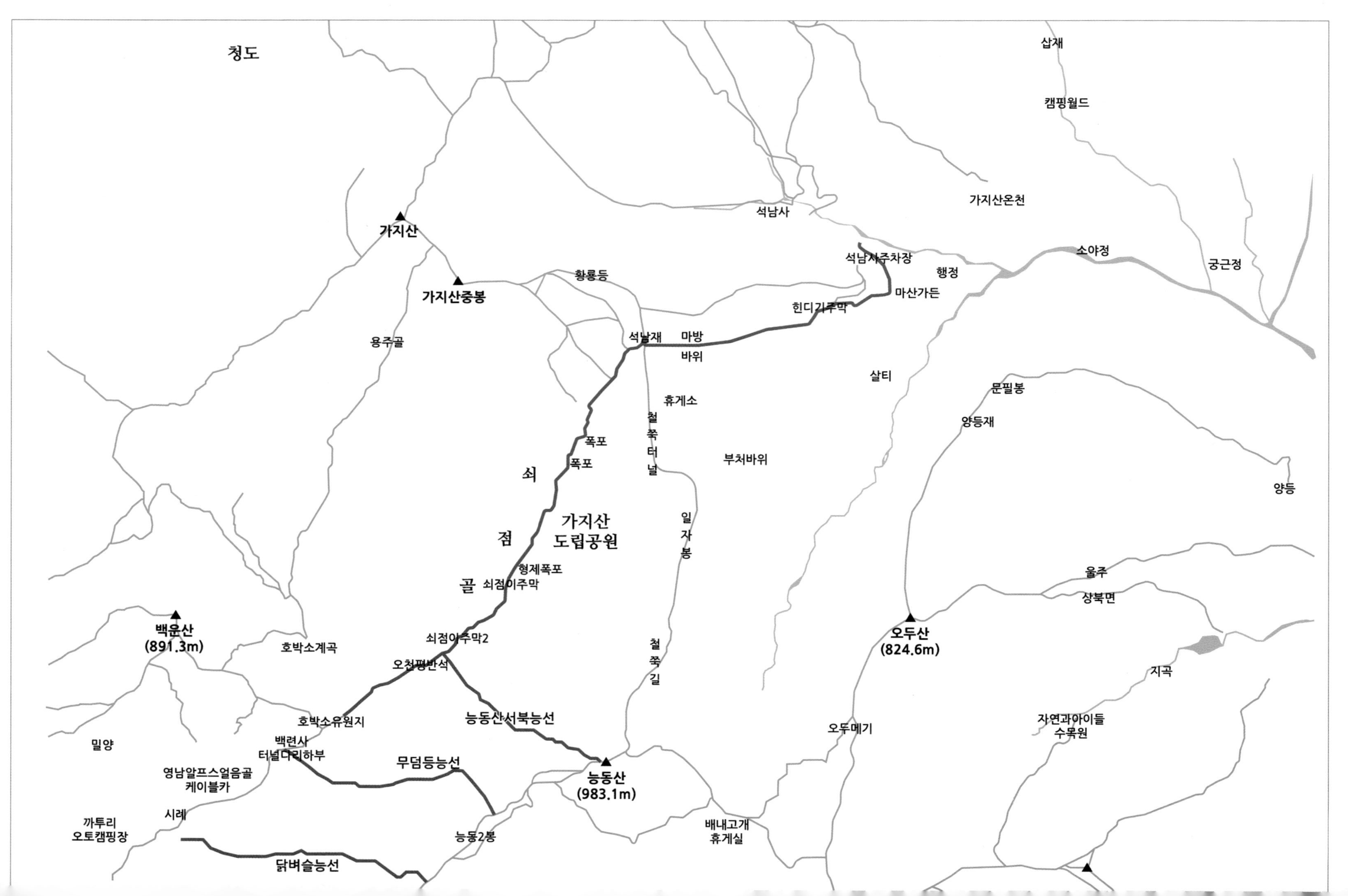

청도
삽재
캠핑월드
가지산온천
석남사
소야정
궁근정
가지산
석남사주차장
행정
마산가든
가지산중봉
황룡등
힌디기주막
석남재
마방
바위
용주골
살티
문필봉
양등재
휴게소
철
쭉
터
널
폭포
폭포
부처바위
양등
쇠
점
골
가지산
도립공원
일
자
봉
형제폭포
쇠점이주막
울주
상북면
백운산
(891.3m)
쇠점이주막2
오두산
(824.6m)
호박소계곡
오천평반석
철
쭉
길
지곡
호박소유원지
능동산서북능선
자연과아이들
수목원
밀양
백련사
터널다리하부
오두메기
무덤등능선
능동산
(983.1m)
영남알프스얼음골
케이블카
시례
까투리
오토캠핑장
배내고개
휴게실
능동2봉
닭벼슬능선

18. 영남알프스 숲길 베스트 원 '석남재 쇠점골, 힌디기'

영남알프스를 대표하는 아름다운 길로, 과거 울산 소금장수가 넘너들던 옛길이다. 물 천지, 소沼 천지, 폭포 천지 계곡으로, 단풍 그리고 옛길이 어우러진 명품 코스다. 얼음골 호박소에서 석남터널에 이르는 4km 구간을 얼음골 구간을 쇠점골이라 부르고, 울주 석남사 구간을 힌디기라 부른다. 호박소, 선녀탕, 십여 개의 크고 작은 소沼는 신선 길이나 다름없다. 단풍이 들 무렵이면 만추의 풍광은 일품이다. 일명 신선이 거닐던 '물티아고'로 불려진다.

◑산행 길잡이

▲힌디기는 석남사 위 마산가든 등산로 입구에서 시작된다. 등산로 표시판을 따라 오르면 힌디기 주막 터를 지나면 석남재 돌무더기에 도달한다. 집체만한 돌무더기는 이곳을 드나들던 길손들이 무사안녕을 염원하며 하나둘 쌓은 것이다.

▲쇠점골 코스는 얼음골 호박소 주차장에서 출발한다. 계곡에 걸린 구름다리를 건너면 호박소가 나온다. 호박소→오천평반석→쇠점이 아랫주막, 윗주막→형제폭포→석남재에 도달한다. 특히 쇠점골 4km 코스 대부분이 미끄럼틀 같은 반석을 이루며, 작은 소와 어우러진 비경에 눈길을 빼앗긴다. 쇠점이 힌디기의 총 산행 거리는 약 9km, 4~5시간이 소요 된다. 난이도는 중하등도이다. 쇠점골은 경사가 완만해 '누운골'로 불린다.

◑스토리

석남재는 밀양과 울산의 문화가 교류하던 곳이다. 예전에는 이 길을 따라 고을 원님을 비롯하여 색시가 탄 꽃가마, 울산 소금장수도 넘었다. 장꾼들이 쉬어가는 주막이 이쪽저쪽에 있었는데, 힌디기 주막과 쇠점이 주막이다. 지금은 돌담 흔적만 남아 있다. 쇠점골에는 크고 작은 소沼와 폭포 그리고 열두 징검다리가 있다. 가장 큰 소沼는 호박소다. 하얀 암반에 푹 파인 소의 모양이 방앗간에서 사용하는 절구의 호박을 닮았다 하여 호박소 또는 구연臼淵이라 부른다.

◑교통편

▲언양터미널에서 석남사행 328번, 1713번, 807번 시내버스를 타고 석남사 정류장에서 내려 마산가든 앞에 가면 '가지산 등산로' 표시판을 따라가면 힌디기가 시작된다. 약 1시간 30분이면 석남재, 3시간이면 호박소 주차장에 도착한다. 산행이 끝나는 밀양 얼음골에서는 석남사로 가는 직행버스를 탄다. 단거리 코스로는 석남재가 있다. 석남터널 가는 버스 편이 없으므로 웬만하면 택시를 이용하는 편이 시간을 아낄 수 있다.

▲승용차의 경우에는 울산 울주군 상북면 덕현리 1002-2 '석남주차장'을 내비게이션 목적지로 하면 된다. 가지산터널이 뚫리면서 밀양과 울산 얼음골을 손쉽게 오갈 수 있다.

바람신 만나는 코스

영남알프스 바람신 코스
신불재 도깨비바람, 간월재 깡아지바람
향로산 - 천황산 - 정각산 '조선만주 바람'
영남알프스 등줄기 바람길
칼춤 칼바람 코스
사자평마을
가지산 설상가상 코스
운문산군 구름바다
고헌산 사방팔방
여덟 군데에서 불어오는 바람 '팔풍팔재'

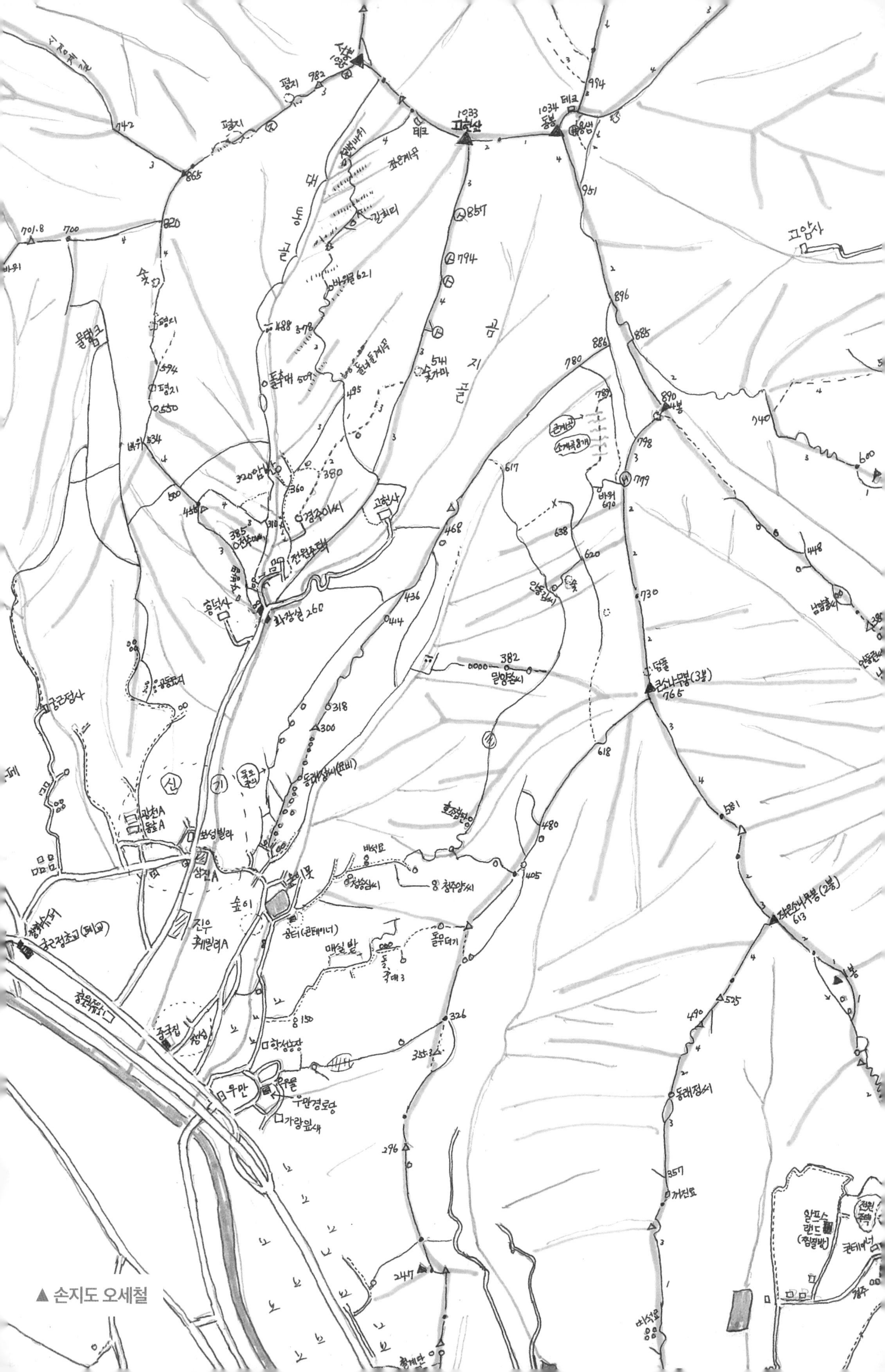
고헌산
1033
동봉
1034
서봉
고암사
큰소나무봉(3봉)
765
작은소나무봉(2봉)
613
화장걸 260
홍덕사
고헌사
궁근정사
궁근정초교(폐교)
삼진A
진우
우만
우만경로당
가람원새
알프스
랜드
(찜질방)
콘테이너
▲ 손지도 오세철

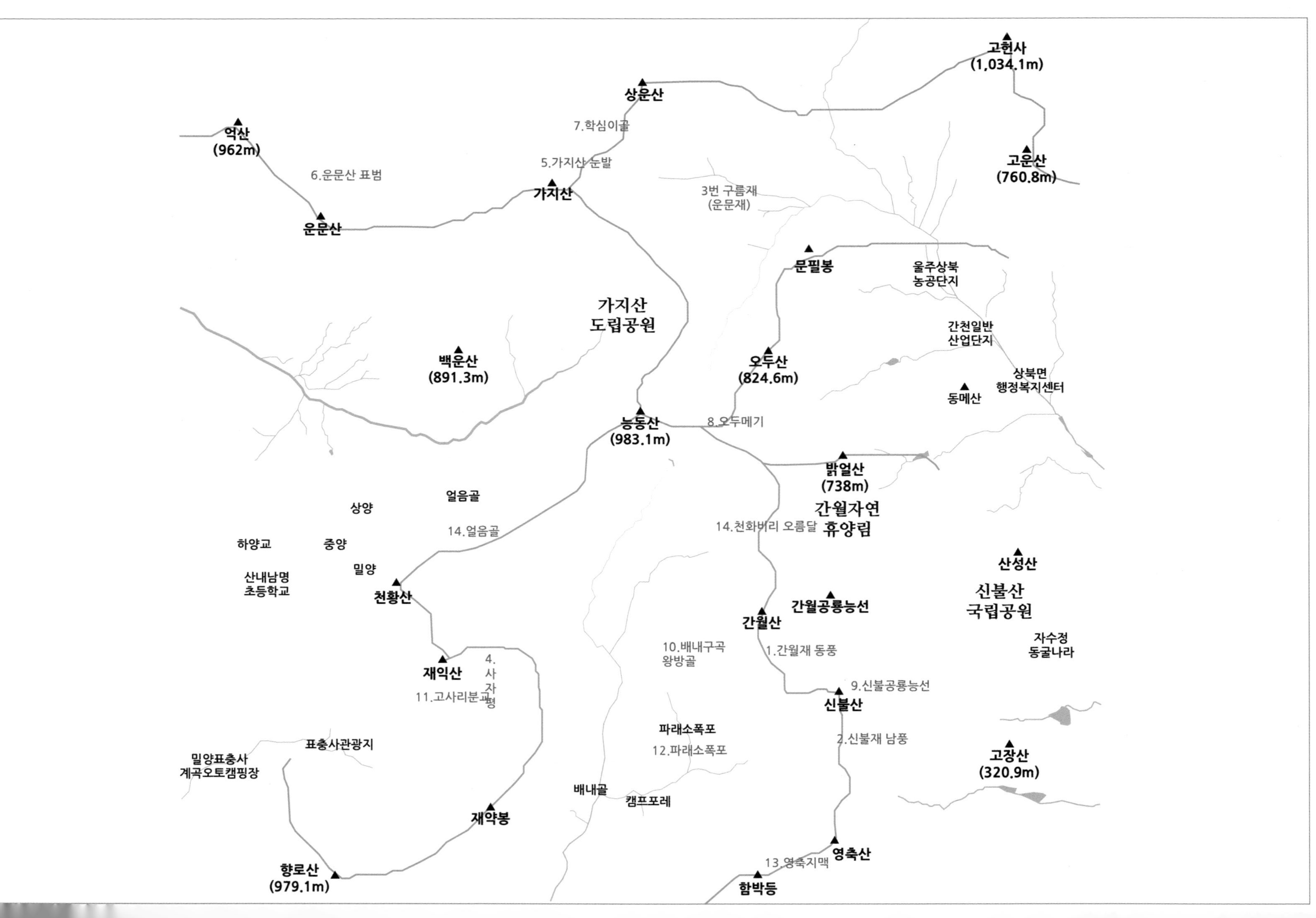

고헌사
(1,034.1m)
상운산
억산
(962m)
7.학심이골
5.가지산 눈발
6.운문산 표범
고운산
(760.8m)
가지산
3번 구름재
(운문재)
운문산
문필봉
울주상북
농공단지
가지산
도립공원
간천일반
산업단지
백운산
(891.3m)
오두산
(824.6m)
상북면
행정복지센터
동메산
능동산
(983.1m)
8.오두메기
밝얼산
(738m)
얼음골
상양
간월자연
휴양림
14.천화비리 오름달
14.얼음골
하양교
중양
산성산
밀양
산내남명
초등학교
신불산
국립공원
천황산
간월공룡능선
간월산
자수정
동굴나라
10.배내구곡
왕방골
1.간월재 동풍
4.
사
자
평
재익산
9.신불공룡능선
11.고사리분교
신불산
파래소폭포
표충사관광지
2.신불재 남풍
12.파래소폭포
고장산
(320.9m)
밀양표충사
계곡오토캠핑장
배내골
캠프포레
재약봉
영축산
13.영축지맥
향로산
(979.1m)
함박등

1. 영남알프스 바람신 코스

영남알프스에서 바람이 좋은 산행코스다. 1번 바람신 코스는 간월재, 2번 바람신 코스는 신불재, 3번 바람신 코스는 구름재(운문재), 4번 바람신 코스는 사자평, 5번 바람신 코스는 가지산 눈발, 6번 바람신 코스는 운문산 팔풍재, 7번 바람신 코스는 학심이골, 8번 바람신 코스는 오두메기, 9번 바람신 코스는 신불산공룡능선, 10번 바람신 코스는 배내골 왕방골, 11번 바람신 코스는 고사리분교, 12번 바람신 코스는 파래소폭포, 13번 바람신 코스는 영축지맥, 14번 바람신 코스는 얼음골이다.

◑산행 길잡이

▲1번 : 간월재는 하늘억새길의 관문이다.

▲2번 : 신불재는 시원한 바람과 샘물이 있다.

▲3번 : 운문재는 상북 고을을 한 눈에 내려다볼 수 있다.

▲4번 : 사자평은 억새바람이 분다.

▲5번 : 가지산 코스는 겨울 상고대 산행지이다.

▲6번 : 운문산 팔풍재는 에어컨 바람이 불고

▲7번 : 가지산 학심이골은 단풍이 좋다.

▲8번 : 오두메기는 민초들의 구슬땀을 식혀주는 구간이다.

▲9번 : 왕방골은 깊은 계곡 물소리가 시원한 청정지역이다.

▲10번 : 배내구곡은 배내골 60리에 있는 아홉 골짜기다.

▲11번 : 고사리분교는 동심으로 돌아가는 코스이다.

▲12번 : 파래소폭포는 협곡을 가르는 폭포수 바람이 분다.

▲13번 : 영축지맥은 득도의 바람을 만날 수 있다.

▲14번 : 얼음골에는 냉골바람이 분다.

◑스토리

억산 팔풍재에 올라서면 냉골 바람이 불어온다. 석남재 신불재 운문재는 밀양과 청도 그리고 울산의 문화가 교류하던 곳이다. 예전에는 이 길을 따라 소통하였고, 상북 궁근정 소야정에는 객원이 있었다.

◑교통편

▲냉골바람이 부는 밀양 얼음골 접근이 수월해졌다. 가지산 터널과 신불산 터널이 개통되면서 밀양 손쉽게 오갈 수 있다. 바위 위로 부서지는 물보라를 듣고 걷는 코스가 발걸음이 가벼워진다.

▲가지산, 배내골, 고헌산 방향은 언양터미널 정류장에서 328번, 1713번, 807번, 338번 시내버스가 있다.

▲간월산, 신불산은 304번, 영축산은 1723번, 부산 12번 버스를 탄다.

▲바람신 코스 대부분은 고갯마루이거나 탁 트인 능선이다. 원점회귀가 가능하므로 승용차편이 편리하다. 케이블카를 이용하려면 내비게이션 '얼음골 케이블카'을 친다.

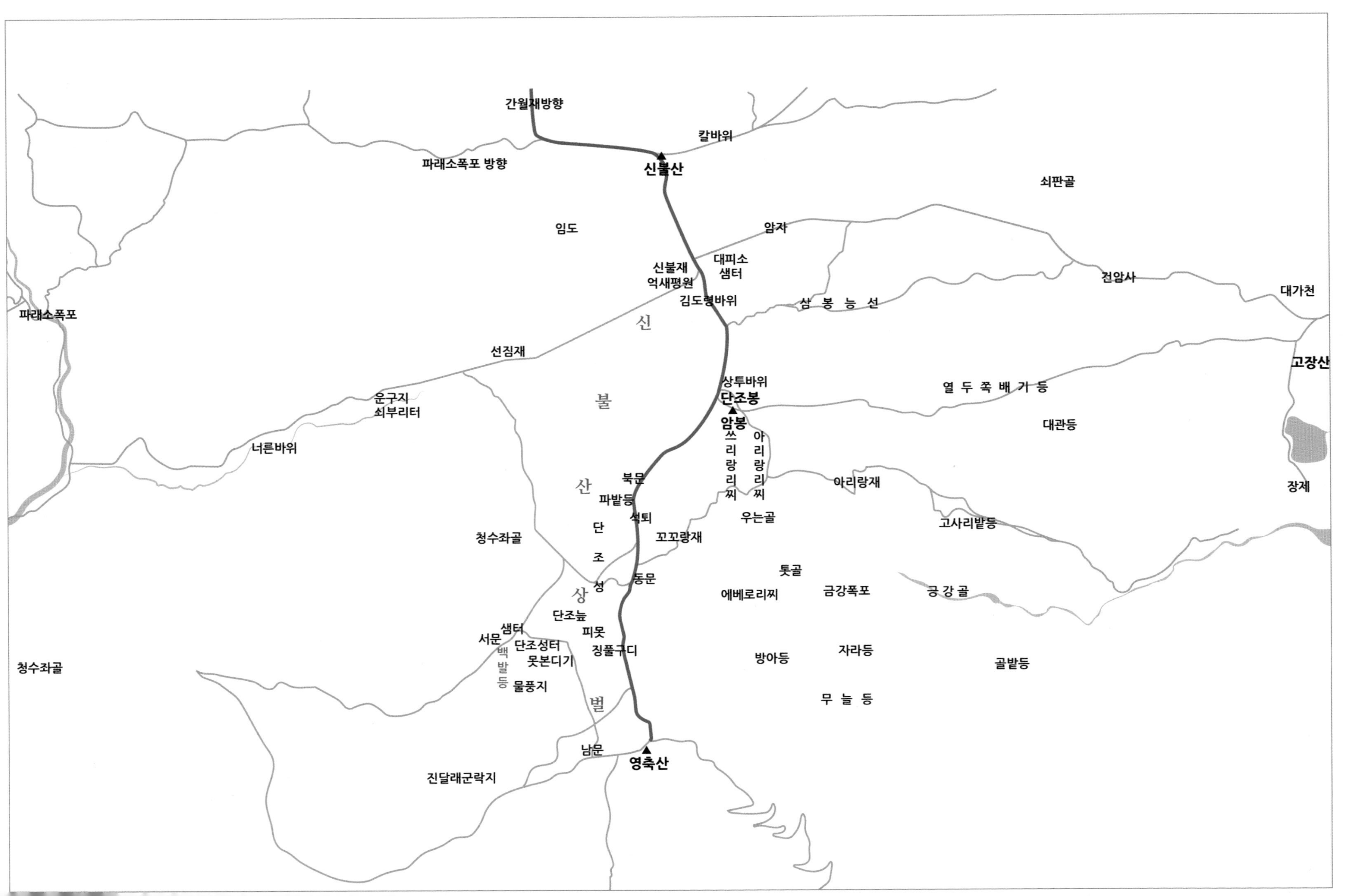
간월재방향
칼바위
파래소폭포 방향
신불산
쇠판골
임도
암자
신불재
억새평원
대피소
샘터
김도령바위
삼 봉 능 선
건암사
대가천
파래소폭포
선짐재
신불산단조상벌
상투바위
단조봉
암봉
열 두 쪽 배 기 등
고장산
대관등
운구지
쇠부리터
너른바위
쓰리랑리찌
아리랑리찌
아리랑재
장제
북문
파밭등
석퇴
우는골
고사리밭등
청수좌골
꼬꼬랑재
톳골
동문
에베로리찌
금강폭포
금 강 골
단조늪
피못
서문
샘터
단조성터
못본디기
징풀구디
방아등
자라등
골밭등
백발등
물풍지
청수좌골
무 늘 등
남문
영축산
진달래군락지

2. 신불재 도깨비바람, 간월재 깡아지바람

신불재 바람은 특별하다. 깡아지바람, 도깨비바람, 회오리바람, 돌개바람, 솔개바람, 신바람이 분다. 깎아지른 동쪽 벼랑길을 따라 난 하늘억새길은 환상적이다. 신불산 억새바람길은 걷기만 해도 천하를 다 얻은 기분이다. 앞이 탁 트인 평원에 올라서면 하늘은 깡충 가깝고 만물은 발아래에 있다.

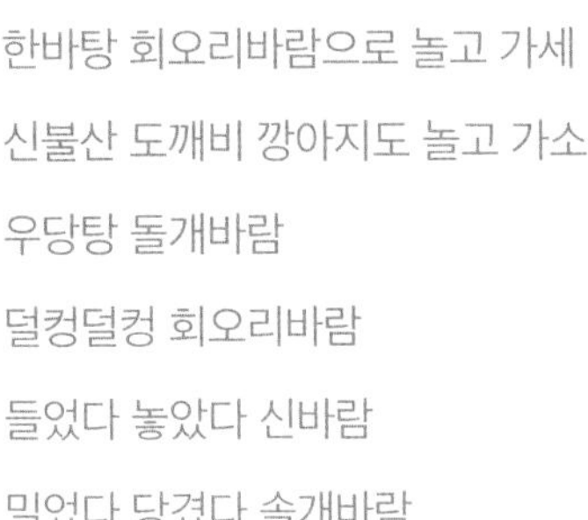

한바탕 회오리바람으로 놀고 가세
신불산 도깨비 깡아지도 놀고 가소
우당탕 돌개바람
덜컹덜컹 회오리바람
들었다 놓았다 신바람
밀었다 당겼다 솔개바람

- 신불산 바람 / 삼남면지

◑산행 길잡이

▲신불산 최단 코스는 가천리 방면의 신불재다. 건암사에서 신불재 약 2.2km, 약 2시간 30분 소요되며, 이어서 2km의 신불평원이 이어진다. 신불산 정상에서 신불평원을 거쳐 영축산 구간은 억새나라이다.

▲양산 하북면 지산마을에서 신불평원까지는 약 4.5km이다.

▲통도사 백운암 코스, 배내골 신불산 휴양림 하단 코스, 청수좌골, 청수우골 코스 등이 있다.

▲등억 복합웰컴센터→신불산→영축산→배내골 코스는 6시간 걸린다. 특히 금강골 코스는 경사가 급한 험로이며, 평일에는 가천 군부대 사격장에서 실제 사격훈련을 하므로 출입을 금지하는 것이 좋다.

◑교통편

▲간월재 들머리는 울주군 상북면 등억리 복합웰컴센터다. 버스 편은 304번, 323번(상북면사무소 경유). 기점인 삼남신화 출발시각은 오전 7시, 8시 10분, 9시 40분, 10시 50분, 오후 12시 50분, 2시 50분, 4시 50분, 6시 50분, 7시 50분 등 하루 9회 운행한다.

▲신불재 버스편은 1723번, 313번, 부산 12번 버스를 타면 공암마을에 내려서 가천마을까지 약 20분 걸어야 한다.

▲승용차를 이용할 경우에는 경부고속도로 서울산IC에서 작천정 방향이다. 내비게이션은 '복합웰컴센터', '가천리 건암사' 를 입력하면 된다.

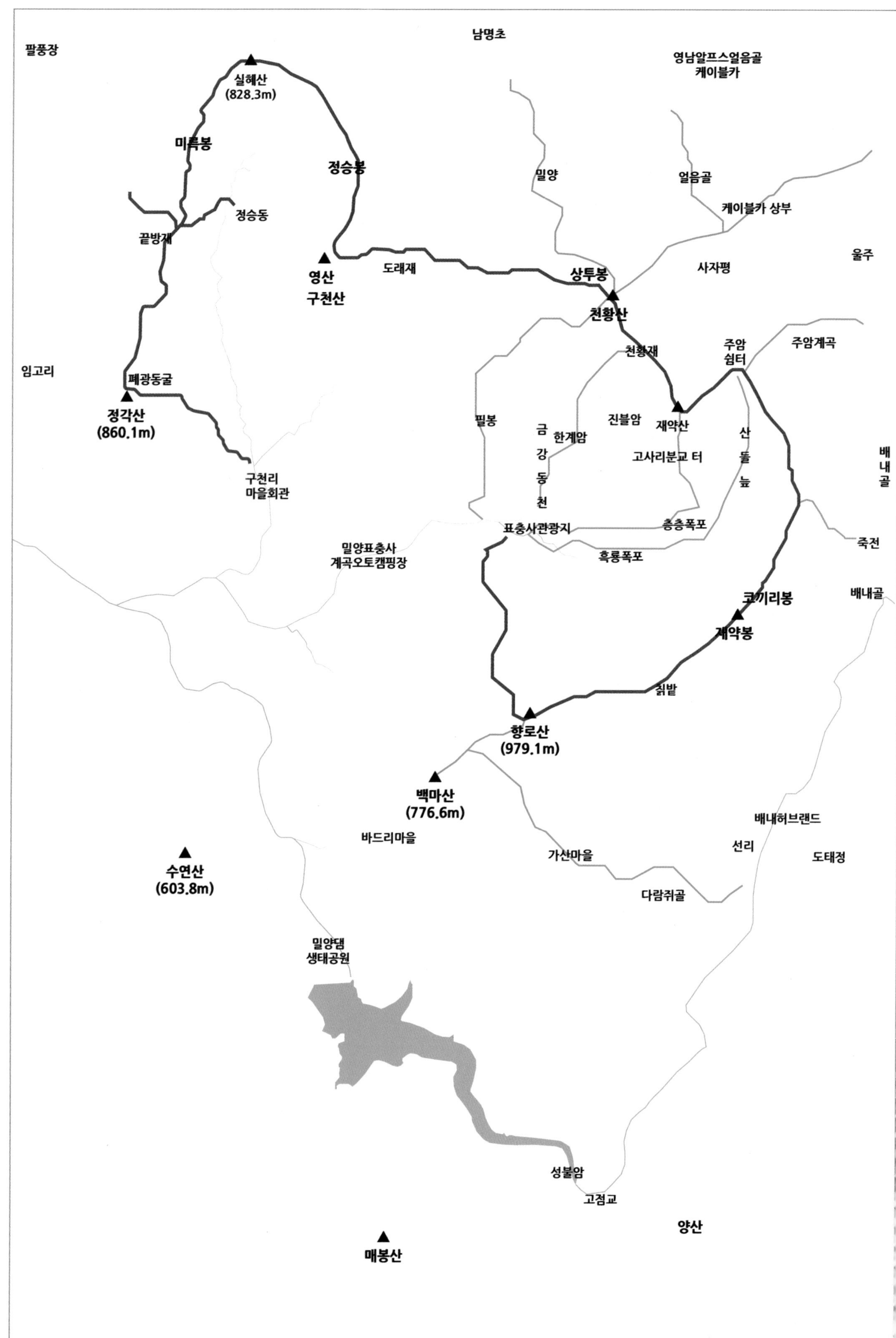
팔풍장
남명초
영남알프스얼음골
케이블카
실혜산
(828.3m)
미륵봉
정승봉
밀양
얼음골
케이블카 상부
정승동
끝방재
영산
구천산
도래재
상투봉
사자평
울주
천황산
주암
쉼터
주암계곡
천황재
임고리
폐광동굴
정각산
(860.1m)
필봉
진불암
재약산
금
강
동
천
한계암
고사리분교 터
산
들
늪
배
내
골
구천리
마을회관
표충사관광지
층층폭포
흑룡폭포
죽전
밀양표충사
계곡오토캠핑장
코끼리봉
재약봉
배내골
칡밭
향로산
(979.1m)
백마산
(776.6m)
배내허브랜드
바드리마을
선리
도태정
수연산
(603.8m)
가산마을
다람쥐골
밀양댐
생태공원
성불암
고점교
양산
매봉산

3. 향로산 - 천황산 - 정각산 '조선만주 바람'

향로산, 천황산, 정각산, 구만산을 한바퀴 도는 코스이다. 인적이 드물고, 구슬땀을 흘리는 만큼 보상 받는 구간이다. 밀양 사람들은 천하오지 정승골을 조선만주라 불렀다. 천혜의 아름다움을 간직한 능선 산행으로, 웅장한 조망권을 감상하면서 갈 수 있으나 장거리 코스임을 감안해야 한다.

◑산행 길잡이

양산 원동면 성불암을 출발하여 향로산과 정각산을 거쳐 구천리로 내려오는 장거리 코스이다.

▲향로산 구간에서는 밀양댐을 조망할 수 있다. 둥둥재→백마산→가산재→향로산→재약봉→칠밝골→재약산 수미봉→천황재→천황산 사자봉→상투봉→도래재→정승봉→실혜산→끝방재→정각산→아연동굴→구천마을로 하산. 총 거리 35~40km, 13~15시간이 소요된다.

▲총거리 35~40km, 13~15시간이 소요되는 코스인만큼 체력에 자신 있어야한다.

◑연계산행

영남알프스 9봉과 하늘억새길 3구간이 속해 있다. 연계할 수 있는 봉은 백마산, 향로산, 재약산, 천황산, 정각산, 실혜산, 구만산이다.

◑스토리

밀양댐, 표충사, 정승동 등의 다양한 이야기가 묻혀 있다. 특히 화전민이 살았던 칡밭골과 사자평을 지난다. 3천 명의 의병을 훈련시킨 사자평, 조선만주 소리를 들었던 천하오지 정승동이 있다.

◑교통편

▲양산 배내골 고점교 성불사(쌍미륵사)에서 출발한다. 양산역 환승센터 1000번 버스, 원동역에서 수시로 운행하는 버스가 있다.

▲승용차를 이용할 때에는 경남 양산시 원동면 고점길 24. '원동 쌍미륵사'를 내비게이션 목적지로 하면 된다. 하산은 밀양 단장면 구천마을회관으로 한다.

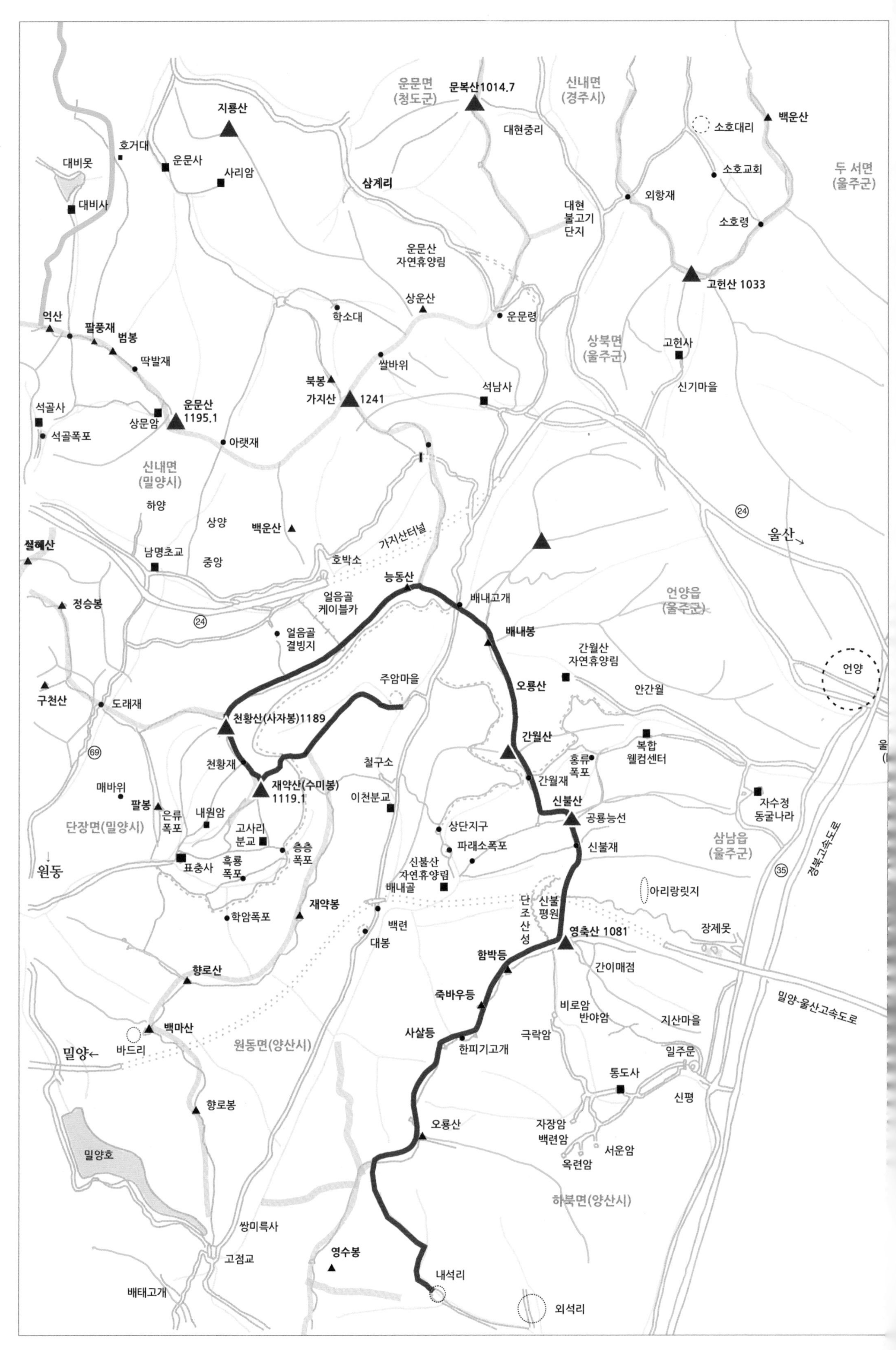
운문면
(청도군)
문복산1014.7
신내면
(경주시)
지룡산
소호대리
백운산
대현중리
호거대
운문사
대비못
사리암
소호교회
두 서면
(울주군)
삼계리
대비사
외항재
대현
불고기
단지
소호령
운문산
자연휴양림
고헌산 1033
상운산
학소대
운문령
억산
팔풍재
범봉
딱발재
상북면
(울주군)
고헌사
쌀바위
북봉
가지산
1241
석남사
신기마을
석골사
운문산
1195.1
상문암
석골폭포
아랫재
신내면
(밀양시)
하양
상양
백운산
24
울산→
가지산터널
실혜산
남명초교
호박소
중앙
능동산
배내고개
언양읍
(울주군)
정승봉
얼음골
케이블카
24
얼음골
결빙지
배내봉
간월산
자연휴양림
언양
주암마을
오룡산
안간월
구천산
도래재
천황산(사자봉)1189
간월산
복합
웰컴센터
69
천황재
철구소
홍류
폭포
간월재
재약산(수미봉)
1119.1
매바위
이천분교
자수정
동굴나라
팔봉
은류
폭포
신불산
공룡능선
내원암
단장면(밀양시)
고사리
분교
상단지구
삼남읍
(울주군)
↓
원동
층층
폭포
파래소폭포
신불재
표충사
흑룡
폭포
신불산
자연휴양림
35
경부고속도로
배내골
아리랑릿지
재약봉
단조산성
신불평원
학암폭포
백련
장제못
대봉
영축산 1081
함박등
간이매점
향로산
축바우등
비로암
반야암
밀양-울산고속도로
백마산
지산마을
밀양←
바드리
원동면(양산시)
사살등
극락암
한피기고개
일주문
통도사
향로봉
신평
오룡산
자장암
백련암
서운암
밀양호
옥련암
하북면(양산시)
쌍미륵사
영수봉
고점교
내석리
배태고개
외석리

4. 영남알프스 등줄기 바람길

영남알프스 최고의 조망지 코스다. 크고 작은 13개의 봉우리와 두 개의 대찰 그리고 억새와 단풍, 영남알프스의 빼어난 진수를 맛 볼 수 있다. 소처럼 누운 영축능선, 기세 좋게 뻗은 낙동정맥의 어깨, 사나운 개가 앉은 형상을 한 마금루를 거닐게 된다. 바람에 떠밀리고, 구름에 쫓기고, 억새 춤사위를 타는 환상적인 산행이 될 것이다. 따라서 자신의 두발에 감사하고, 살아 있음에 감사할 것이다. 흐드러진 억새길을 따라 영남알프스의 등줄기를 산행하면서 낙타봉과 억새평원, 철쭉능선, 민초들이 드나들었던 고개를 만난다.

◑산행 길잡이

▲양산시 상북면 내석리를 출발하여 염수봉→오룡산→시살등→한피기고개→함박등→신불평원→신불산→간월재→간월산→배내봉→배내고개→능동산→천황산 사자봉→재약산 수미봉→주암쉼터→주계덤→주암마으로 하산하는 35~40km, 13~15시간이 소요되는 장거리 코스이다.

▲난이도 최상급이다. 장거리 코스이므로 체력에 자신 있는 사람이면 도전해볼만 하다.

◑연계산행

영남알프스 9봉, 하늘억새길 전구간이 보석 줄처럼 연계되어 있다.

◑스토리

영남알프스의 진면목을 볼 수 있는 장거리 코스다. 묵언으로 걷는 영축능선, 억새 흐드러진 신불평원 억새와 단풍이 반긴다. 영남알프스 민초들이 드나들던 길이었다.

◑교통편

▲양산 10번 버스를 타면 상북면 내석리로 간다. 승용차를 이용할 때에는 내비게이션 양산시 상북면 수서로 650 '구불사'를 목적지로 한다.

▲울산 1723번 버스, 313번, 부산 13번 버스를 타면 신평터미널에 내린다. 신평터미널에서 지산마을 초입까지는 약 2km, 통도사 극락암까지는 4km이다.

▲승용차를 이용할 경우에는 경부고속도로 통도사 IC에서 10분 거리에 있다. 승용차편으로 통도사 비로암이나 지산마을에서 출발할 수 있다.

▲배내골은 울산KTX에서 328번 버스, 양산역 환승센터 1000번 버스, 원동역에서 수시로 운행하는 버스가 있다. 태봉 종점상회에서 1km 걸어서 청수골로 가야 한피기고개 초입이 나온다.

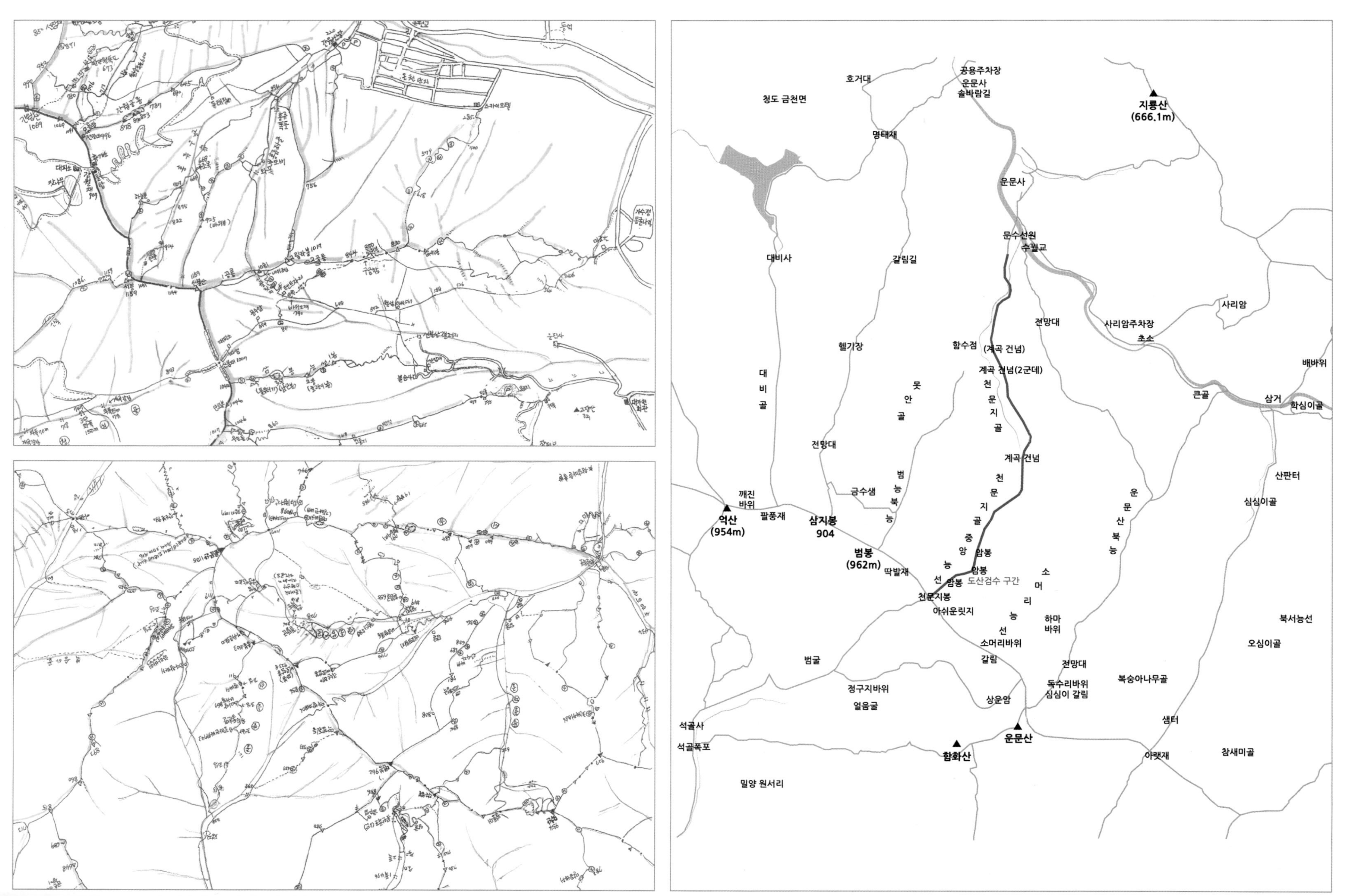

청도 금천면
호거대
공용주차장
운문사
솔바람길
지룡산
(666.1m)
명태재
운문사
문수선원
수월교
대비사
갈림길
사리암
사리암주차장
초소
전망대
헬기장
함수점
(계곡 건넘)
계곡 건넘(2군데)
배바위
대비골
못안골
천문지골
큰골
삼거
학심이골
전망대
계곡 건넘
범능북능
금수샘
산판터
깨진
바위
억산
(954m)
팔풍재
삼지봉
904
운문산북능
심심이골
범봉
(962m)
딱발재
중앙능선
암봉
암봉
암봉
도산검수 구간
소머리능선
천문지봉
아쉬운릿지
하마
바위
북서능선
소머리바위
오심이골
범굴
갈림
전망대
독수리바위
심심이 갈림
북숭아나무골
정구지바위
얼음굴
상운암
샘터
석골사
운문산
석골폭포
함화산
아랫재
참새미골
밀양 원서리

5. 칼춤 칼바람 코스

◑연계산행

영남알프스 9봉, 하늘억새길, 나인 피크 트레일 코스와 연결되었다. 연계할 수 있는 봉은 신불산, 간월산, 영축산, 운문산, 호거산 등이다.

◑스토리

신불산은 민초들이 기댈 언덕이었다. 맹수의 정글이었던 호식바위, 억새를 베로 다녔던 등억 주민들, 피난민들이 숯을 굽던 숯쟁이, 미인송을 끌어내렸던 산판꾼, 배내오재를 드나들었던 장꾼 소장수 등 숫한 스토리가 깃들어 있다. 박해받던 천주교도들이 은신처였던 죽림굴과 왕방골 파래소폭포가 이어진다.

신불산 칼바위가 25자루의 칼을 심어 둔 코스라면 천문지골능선은 여포창살 같은 코스다. 다리가 후들거리고 자짓하다간 천길낭떠러지로 곤두박질 할 것 같다. 그러나 칼바위에서 내려다보는 풍광은 일대 장관이다. 아슬아슬한 인생길을 균형 잡고 살아야겠다는 고행을 깨닫는다. 기암괴석으로 이우어진 통도사 비로외송능선 역시 공룡능선에 견줄 만하다.

◑산행 길잡이

▲신불산 칼바위의 들머리는 울주군 등억리 복합웰컴센터이다. 신불공룡등선과 신불중앙공룡능선 산행 거리는 약 7~7.5km.

▲운문산 천문지능선 최단코스는 밀양 석골사다. 편도 2시간~2시간 30분 소요. 운문사 경내에 있는 문수선원에서 산행을 시작하면 왕복 6시간이 소요된다. 이 코스는 의외로 길고 코스는 거칠다. 비로외송능선은 이 두 코스보다는 덜한 편이다.

◑교통편

▲신불산 칼바위는 울주군 상북면 등억리 복합웰컴센터에서 출발한다. 버스 편은 언양터미널에서 304번, 323번(상북면사무소 경유)이 있다.

▲원점회귀 가능한 구간이라 승용차 이용이 편리하다. 경부고속도로 서울산IC에서 작천정 방향으로 약 10분 거리에 있다. 경부고속도로 구서IC를 기준으로 들머리인 등억리 영남알프스 복합웰컴센터까지 40~50분 남짓 걸린다. 내비게이션에 '영남알프스 복합웰컴센터', 혹은 '복합웰컴센터'를 입력하면 된다.

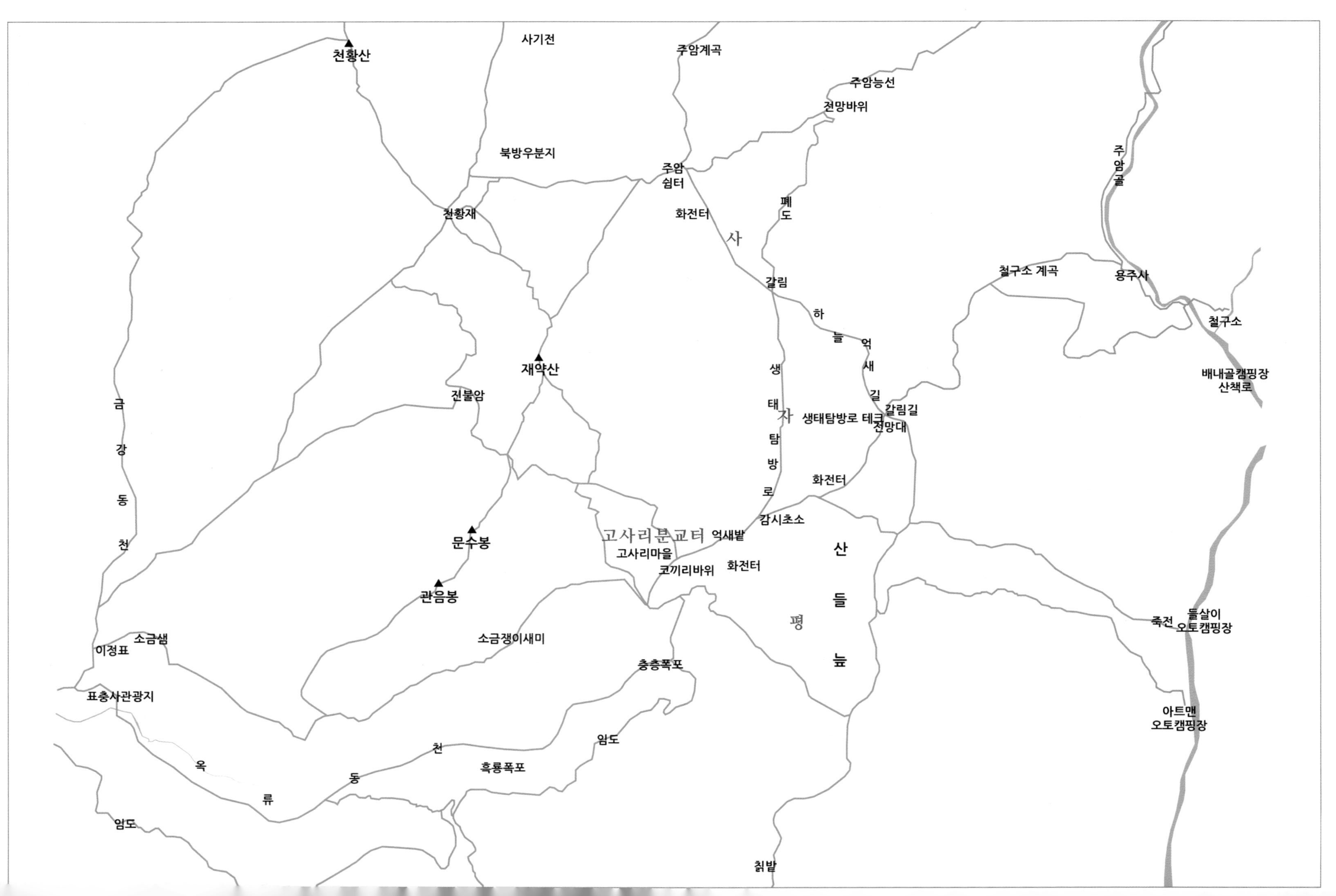

천황산
사기전
주암계곡
주암능선
전망바위
북방우분지
주암
쉼터
천황재
화전터
폐
도
사
주
암
골
철구소 계곡
용주사
갈림
철구소
하
늘
억
새
길
배내골캠핑장
산책로
재약산
생
태
자
탐
방
로
생태탐방로 테크
갈림길
전망대
진불암
금
강
동
천
화전터
감시초소
고사리분교터
억새밭
문수봉
고사리마을
코끼리바위
화전터
산
들
평
늪
관음봉
죽전
들살이
오토캠핑장
소금샘
이정표
소금쟁이새미
층층폭포
표충사관광지
아트맨
오토캠핑장
암도
옥
류
동
천
흑룡폭포
암도
칡밭

6. 사자평마을

한국전쟁 이후 무주공산으로 버려져 있던 사자평에 화전민들이 몰려들었다. 사자평마을은 일명 텐트촌으로 불렸는데, 이들 텐트촌들은 십리 간에 뚝뚝 떨어져 있었다. 많을 때는 80호 가까이 되었다. 그들은 먹을 게 없어 '깽동보리밥', '갱죽', '딩겨밥', '송진밥', '칠떡'으로 목숨을 연명하며 정착하기 시작했다. 검은 흙은 감자나 당근, 도라지, 더덕, 참나물, 고사리, 칡 농사가 잘 되었다. 척박한 이 곳을 떠나고 싶어도 100만평 넓은 땅, 검은 노다지를 두고 갈 수가 없었다.

일명 주개대가리로 불리는 안주암에는 일곱 가구가 살았고, 칡밭재에는 서너 가구, 삼호낙농목장 인근의 사기전에도 여러 집이 있었다. 한국전쟁 이후에는 오갈 데 없는 어중이떠중이들이 무주공산 사자평에 모여들면서 80가구까지 늘어났다. 표충사 방향 평원의 대평원을 두루뭉술 사자평마을이라 불렀고, 배내골 장선마을로 내려가는 고개엔 칡이 많아 칡밭이라 했으며, 재약산 수미봉 아래 고사리를 재배하는 마을을 고사리밭 혹은 파밭이라고도 불렀다.

- 배성동의 '영남알프스 오디세이' 중에서

◑산행 길잡이

▲죽전마을에서 꼬불꼬불 북방우고개를 타고 사자평 산들늪으로 오른다. 북방우고개는 과거 사자평 화전민이나 표충사 스님들이 드나들던 길이다.

▲가장 많이 찾는 등산로 코스는 표충사 뒤 대밭길로 난 옛길을 따라 사자평 오른다.

▲표충사에서 옥류동천 계곡을 따라 사자평을 갈 수 있다. 왕복 4~5시간이 걸린다. 계곡 코스가 거칠다면 멀더라도 표충사 임도를 따라가면 된다.

▲배내골에서는 죽전마을 들머리, 철구소 들머리, 주암계곡 들머리가 있다.

▲난이도는 상하급이다. 얼음골에서 케이블카를 타고 갈 수 있다.

◑교통편

▲328번 버스를 타고 배내골 죽전마을, 철구소, 주암계곡의 들머리로 간다.

▲표충사에서는 대밭 옛길 코스, 옥류동천 코스, 임도코스가 있다. 표충사 옥류동천 코스는 흑룡폭포와 층층폭포의 색다른 절경 볼 수 있다.

▲얼음골케이블카를 탈 경우에는 상부하우스에서 고사리분교까지는 약 6km.

▲부산에서는 열차를 타고 밀양역에서 내려 밀양시외버스터미널로 이동해 표충사행 버스를 타면 된다. 밀양시외버스터미널에서 표충사행 버스는 오전 8시 20분, 9시 10분, 10시, 11시에 출발한다.

▲원점회귀를 할 경우에는 승용차편이 편리하다. 승용차를 이용할 때에는 경남 밀양시 단장면 구천리 2052 '표충사 정류장'을 내비게이션 목적지로 하면 된다. 주차비는 무료.

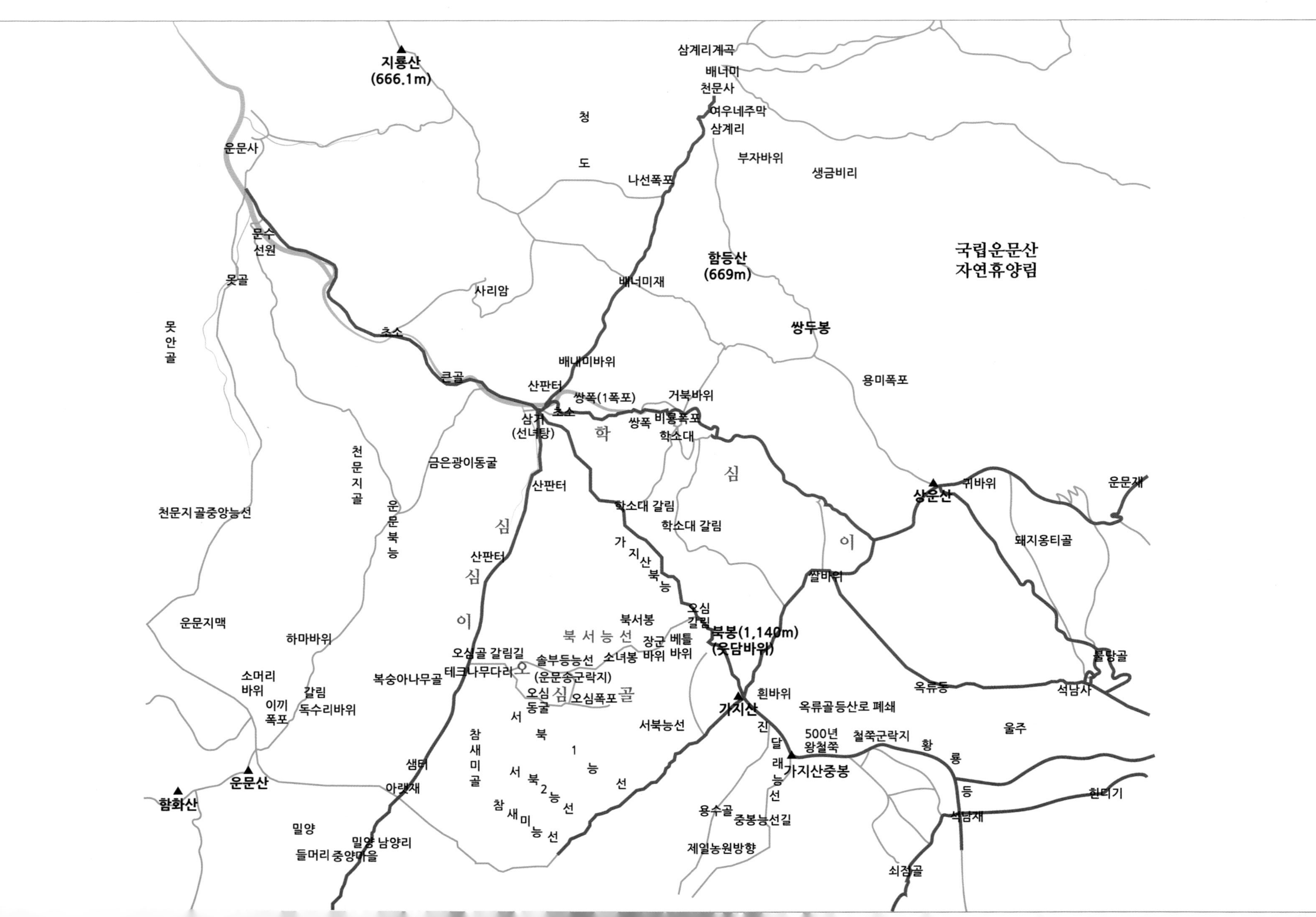
국립운문산
자연휴양림
지룡산
(666.1m)
삼계리계곡
배너미
천문사
여우네주막
삼계리
부자바위
생금비리
청
도
운문사
나선폭포
문수
선원
못골
함등산
(669m)
배너미재
사리암
쌍두봉
못
안
골
초소
배내미바위
용미폭포
큰골
산판터
쌍폭(1폭포)
거북바위
삼거
(선녀탕)
초소
쌍폭
비룡폭포
학소대
학
천
문
지
골
금은광이동굴
심
운
문
북
능
산판터
상운산
귀바위
운문재
천문지골중앙능선
학소대 갈림
학소대 갈림
이
돼지웅티골
심
산판터
가
지
산
북
능
쌀바위
심
오심
갈림
운문지맥
이
북서봉
하마바위
북 서 능 선
장군
바위
베틀
바위
북봉(1,140m)
(옷담바위)
오심골 갈림길
솔부등능선
소녀봉
물탕골
소머리
바위
테크나무다리
오
(운문송군락지)
복숭아나무골
옥류동
석남사
갈림
오심
동굴
심
오심폭포
골
흰바위
이끼
폭포
독수리바위
가지산
옥류골등산로 폐쇄
서
서북능선
울주
참
새
미
골
북
진
500년
왕철쭉
철쭉군락지
황
1
달
샘터
운문산
서
북
2
능
래
능
선
가지산중봉
룡
함화산
아랫재
능
선
선
등
천리기
참
새
미
능
선
용수골
중봉능선길
석남재
밀양
밀양 남양리
들머리 중양마을
제일농원방향
쇠점골

7. 가지산 설상가상 코스

봄이면 철쭉, 겨울이면 눈꽃산행에 좋은 코스다. 특히 한겨울에 피는 상고대 산행을 원하는 사람이 찾는다. 겨울 산행 코스로는 석남재에서 황룡등→가지산 정상→쌀바위→상운산→귀바위→운문재 코스가 널리 알려졌다. 강풍과 한파가 심한 가지산 정상 주변의 눈꽃을 대하면 감탄사를 터트리지 않을 수 없다. 응달 지역인 가지산 북능 코스는 결빙이 심하다.

◑산행 길잡이

▲가지산 등산로는 다양하다. 최단 코스는 석남터널을 출발하는 코스다. 2시간이면 가지산 정상에 도착한다.

▲가지산 북능 운문계곡 삼거까지 약 6.2km다. 청도 지역은 생태보호 통제구간이 많다. 운문계곡 삼거부터는 운문사 사리암으로 통하는 큰골이 통제가 되었다. 이럴 땐 청도 삼계리 배너미나 밀양 남양리 아랫재로 이동해야 한다. 여기서 청도 삼계리 천문사까지는 추가 3.5km, 밀양 남양리까지는 추가 6.8km. 총 거리는 9.7km~13km가 된다.

▲운문면 삼계리에서 가지산 북능으로 오르는 코스는 된비알의 연속이다. 역으로 가지산 정상을 넘어 운문계곡 코스를 선택할 때는 긴 잿마루(아랫재, 배너미재)를 넘어야 하는 장거리 코스임을 감안해야 한다.

◑스토리

황룡등 철쭉과 500년 왕철쭉이 영남알프스의 주산인 가지산을 지킨다. 쌀바위 전설, 귀바위 전설, 옥류동천의 전래 설화가 있다. 가지산 북능 아래에는 '단풍골 학심이, 깊고 깊은 심심이, 못나오는 오심이'가 있다. 하늘이 막힌 원시림 북능 계곡에는 범이 살았다. 또한 불과 반세기 전까지만 해도 운문송 벌목이 성행했었다.

◑교통편

▲언양터미널에서 1713번, 807번, 328번 버스가 석남사 주차장을 다닌다. 석남사 주차장→석남고개→가지산 정상 코스는 총 9.4km에 5시간 소요. 따라서 석남터널에서 올랐다가 석남사 주차장, 즉 석남사로 원점회귀 하산하면 총 15.4km에 8시간 남짓 잡아야 한다.

▲석남터널→가지산 중봉→가지산 정상 코스는 총 6.8km에 왕복 4시간 분가량 소요. 가장 짧은 코스이기 때문에 초반부터 가파른 오르막으로 시작하는 단점이 있다. 석남터널 가는 버스 편이 없으므로 웬만하면 택시를 이용하는 편이 시간을 아낄 수 있다.

▲승용차 이용을 할 경우에는 울산 울주군 상북면 덕현리 1002-2 석남주차장이나 '석남터널'을 목적지로 한다. 석남터널은 언양 KTX울산역에서 택시로 30분 거리.

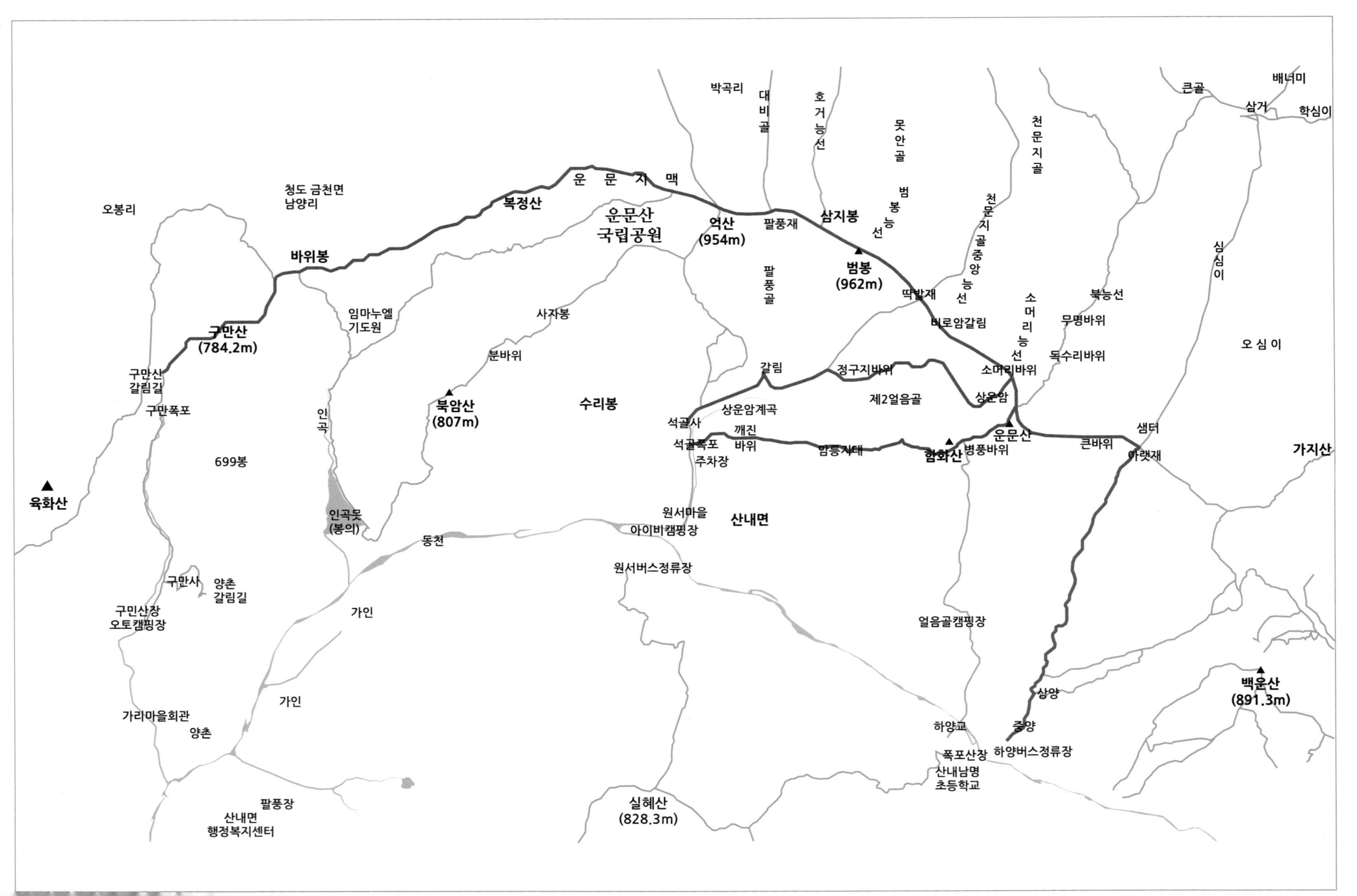
박곡리
대비골
호거능선
못안골
천문지골
큰골
배너미
삼거
학심이
운문지맥
청도 금천면
남양리
오봉리
복정산
운문산
국립공원
억산
(954m)
팔풍재
삼지봉
범봉능선
천문지골중앙능선
심심이
바위봉
범봉
(962m)
팔풍골
떡발재
소머리능선
북능선
비로암갈림
무명바위
오심이
임마누엘
기도원
사자봉
구만산
(784.2m)
분바위
갈림
정구지바위
독수리바위
소머리바위
구만산
갈림길
구만폭포
북암산
(807m)
수리봉
석골사
상운암계곡
제2얼음골
상운암
깨진
바위
운문산
샘터
석골폭포
주차장
암릉지대
함화산
병풍바위
큰바위
아랫재
가지산
인곡
699봉
육화산
인곡못
(봉의)
원서마을
아이비캠핑장
산내면
동천
원서버스정류장
구만사
양촌
갈림길
구민산장
오토캠핑장
가인
얼음골캠핑장
백운산
(891.3m)
상양
가인
가리마을회관
양촌
하양교
중양
폭포산장
하양버스정류장
산내남명
초등학교
팔풍장
산내면
행정복지센터
실혜산
(828.3m)

8. 운문산군 구름바다

운문산雲門山은 이름 그대로 구름이 모이는 산이다. 특히 날씨가 흐린 날은 기상천외한 구름바다가 연출된다. 운이 좋으면 신선처럼 구름바다를 거닐 수 있다. '구름아, 혼자 갈 거니? 나도 데려가 다오.' 운문산군은 낙동정맥인 가지산에서 시작하여 밀양 산외면 비학산까지 연결된 약 34.5km의 산줄기이다. 가지산, 운문산, 범봉, 억산, 흰덤봉, 육화산, 용암봉, 백암봉, 중산, 낙화산, 보담산, 비학산으로 이어진다. 운문산군雲門山群에서는 팔풍팔재를 한눈에 볼 수 있다. 임진왜란 당시 구만 명이 숨어 살았다는 구만산, 억! 하고 자빠질 만큼 오르기 힘들다는 억산, 범의 소굴이었던 범봉과 호거산虎踞山이 어깨동무 한다.

◑산행 길잡이

▲운문산 등정 코스는 다양하다. 원점회귀 코스일 경우에는 석골사를 들머리로 잡는다. 운문산, 범봉, 함화산, 억산, 구만산 등 다양한 선택을 할 수 있는데, 들머리나 하산길에서 아름다운 산세를 감상하며 폭포기행을 곁들일 수 있다.

▲가장 많이 찾는 석골사→상운암→운문산 왕복 거리 9km, 왕복 5시간 소요.

▲석골사→팔풍재→범봉→딱발재→아쉬운 릿지봉→소머리바위→운문산 정상→함화산→석골사 코스는 웅장한 산군 조망을 할 수 있다.

▲밀양 남명리 하양버스정류장에서 아랫재→운문산→아랫재→하양 원점회귀 코스 거리는 5.5km, 하양버스정류장→아랫재→가지산→아랫재→하양 원점회귀 코스는 5.4km.

◑스토리

운문산 정상 아래에는 구름 위의 암자 상운암이 있고, 구천동에는 구름 위의 마을이 있다. 운문산군 능선은 수백 미터 높이의 웅장한 바위산들의 도상이다. 계곡에는 진귀한 바위와 수려한 계곡과 폭포가 많다. 팔풍재와 딱발재, 인곡재, 오치재 같은 고갯길을 넘나들던 민초들의 애환이 서렸다. 1193년 일어난 운문산 김사미 민란 등이 있다.

◑교통편

▲들머리에 따라서 교통편이 달라진다. 밀양 코스는 밀양터미널→석남사행 밀성여객버스(055-354-2320)로 이동한다. 석골사를 들머리로 잡을 경우에는 석골사 입구인 원서마을에 내린다. 원서마을에서 석골사 입구까지 도보 20분이다.

▲승용차를 이용할 경우에는 '석골사', '인곡마을회관', '구만산장', '석남터널' 등을 내비게이션 목적지로 한다.

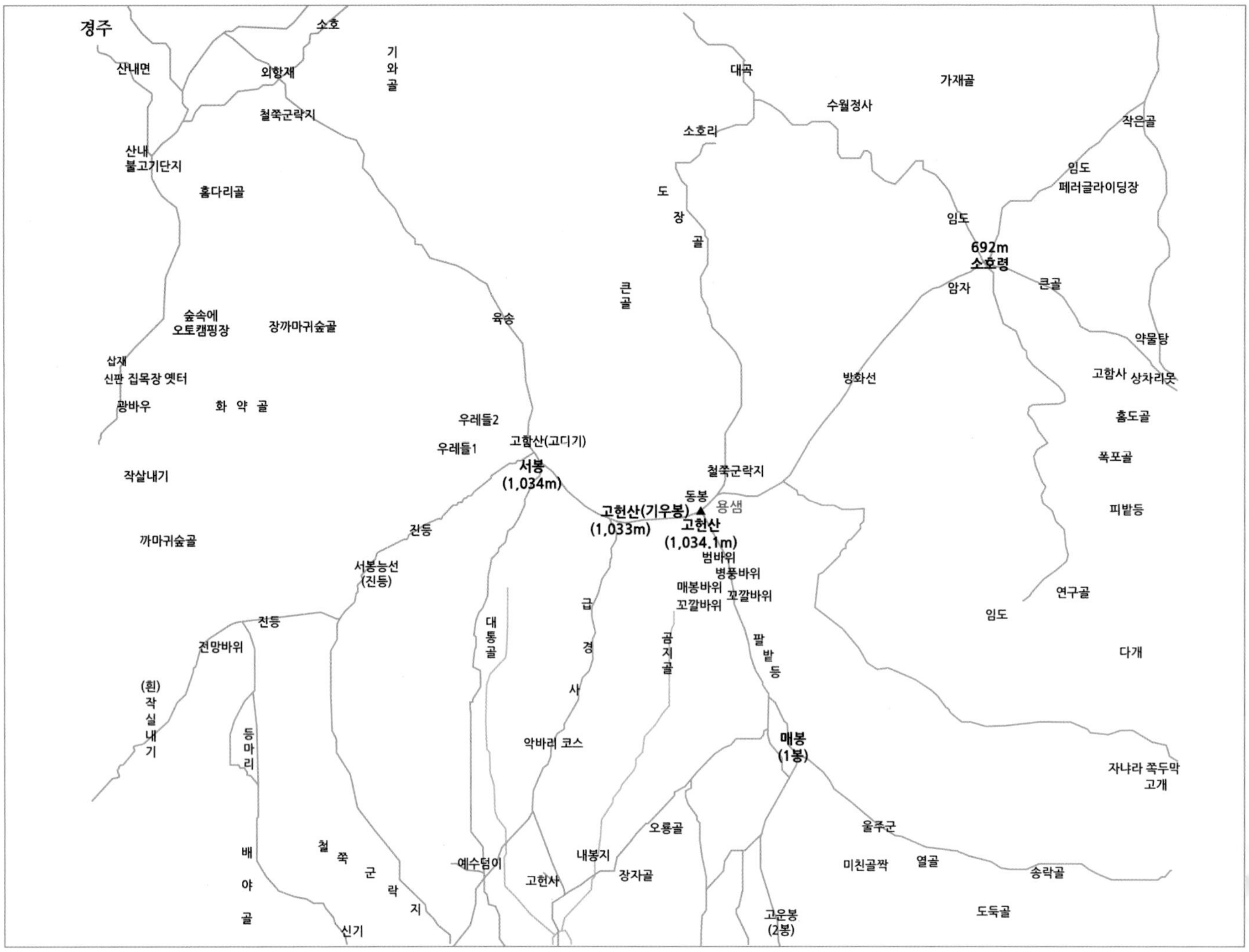

경주
소호
산내면
외항재
기
와
골
대곡
가재골
수월경사
철쭉군락지
소호리
작은골
산내
불고기단지
임도
페러글라이딩장
홈다리골
도
장
골
임도
692m
소호령
암자
큰골
큰
골
숲속에
오토캠핑장
장까마귀숲골
육송
약물탕
삽재
신판 집목장 옛터
방화선
고함사 상차리못
광바우
화 약 골
홈도골
우레들2
고함산(고디기)
우레들1
폭포골
서봉
(1,034m)
철쭉군락지
작살내기
동봉
고헌산(기우봉)
(1,033m)
용샘
고헌산
(1,034.1m)
피밭등
진등
까마귀숲골
범바위
병풍바위
서봉능선
(진등)
매봉바위
꼬깔바위
꼬깔바위
연구골
급
임도
천등
대
통
골
경
곰
지
골
팔
밭
등
전망바위
다개
(흰)
작
실
내
기
사
등
마
리
악바리 코스
매봉
(1봉)
자나라 쪽두막
고개
오룡골
울주군
배
야
골
철
쭉
군
락
지
예수덤이
내봉지
미친골짝
열골
송락골
고헌사
장자골
도둑골
고운봉
(2봉)
신기

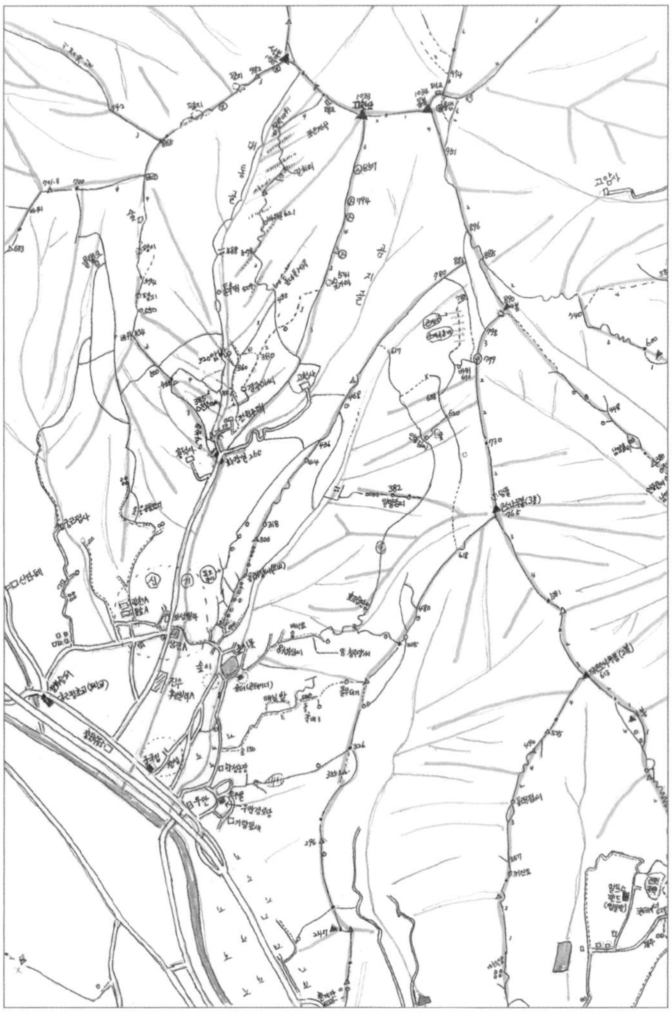

9. 고헌산 사방팔방

고헌산의 장점은 탁월한 전망권이다. 오르기는 지루하지만 막상 올라보면 내려오기 싫은 산이다. 사방팔방의 웅장한 산군들과 언양, 상북 등 서북6개 고을을 관찰할 수 있다. 강풍이 부는 날이면 세상을 뒤엎을 기세로 매섭다. 그러나 산이 밋밋하여 '못생긴 봉'으로 불리기도 한다. 못생긴 고헌산은 겨울이 좋은 산이다. 정상에 서면 설국 사방이 다 보인다.

간월산에서 본 고헌산

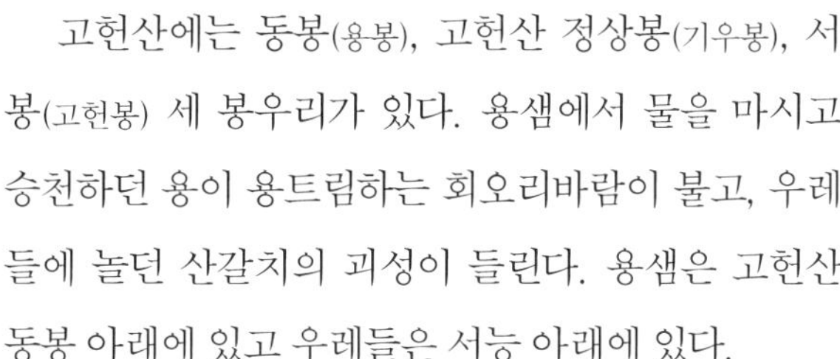

고헌산에는 동봉(용봉), 고헌산 정상봉(기우봉), 서봉(고헌봉) 세 봉우리가 있다. 용샘에서 물을 마시고 승천하던 용이 용트림하는 회오리바람이 불고, 우레들에 놀던 산갈치의 괴성이 들린다. 용샘은 고헌산 동봉 아래에 있고 우레들은 서능 아래에 있다.

◑산행 길잡이

▲최단거리 코스는 외항재. 거리는 편도 2.7km.

▲남쪽 고헌사 3km 코스는 얼굴 콧등을 타듯이 경사도가 급하고, 북쪽 도장골 코스는 뒷통수처럼 난해하다.

▲암석 협곡으로 깊게 파인 대통골 코스는 전문산악인들의 히밀라야 원정 연습 구간이다.

▲서봉 신기마을 코스는 봄이면 화사한 철쭉이 터널을 이룬다.

◑연계산행

낙동정맥의 여맥이 달리는 문복산과 가지산 그리고 백운산과 그 맥을 같이한다.

◑스토리

고헌산은 옛날 언양현彦陽縣의 진산鎭山이다. 언양, 상북 등 서북6개 고을과 웅장한 영남알프스 산군을 멀찍이 관찰할 수 있다. 고헌산의 옛 이름은 고언산, 고언뫼로 '높은 산'이라는 뜻이다. 일명 고함산, 고디기로도 불린다. 용이 산정 물을 마시고 승천 했다는 용샘, 보름은 바다에 살고, 보름은 산에 산다는 우레들의 산갈치 전설이 전해온다.

◑교통편

▲언양시장 버스정류장에서 외항재 가는 338번 버스가 있다.

▲고헌사 코스는 석남사행 1713번, 807번, 338번 버스를 타고 신기마을 입구에 하차하여 도보 약 1.5km 걸어가면 고헌사가 나온다.

▲최단거리인 외항재는 언양 KTX울산역에서 택시로 약 25분 거리, 신기리 고헌사는 약 20분 거리에 있다. 내비게이션 '외항재' 입력.

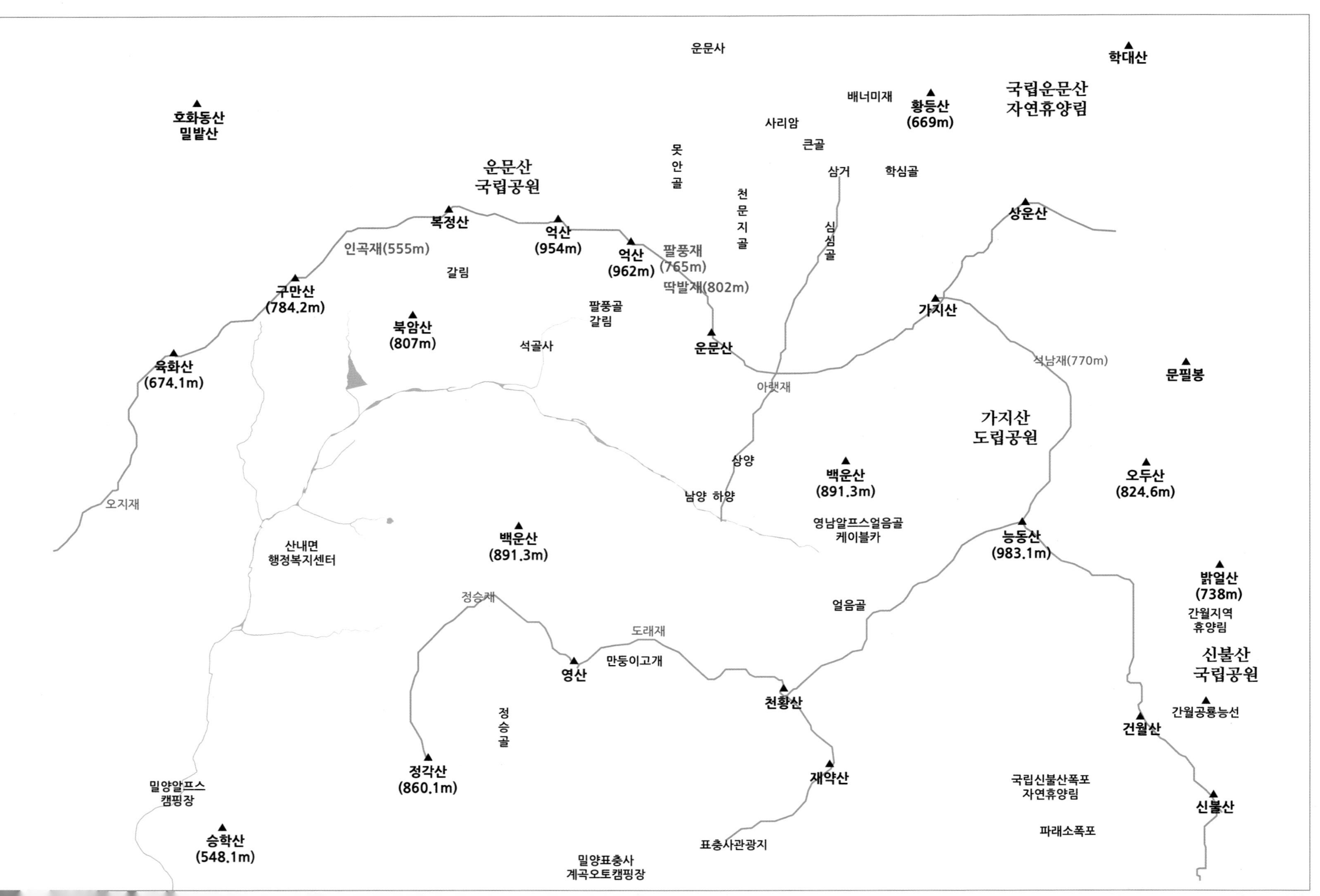

운문사
학대산
호화동산
밀밭산
배너미재
황등산
(669m)
국립운문산
자연휴양림
사리암
큰골
삼거
학심골
운문산
국립공원
못안골
천문지골
심심골
상운산
복정산
억산
(954m)
억산
(962m)
팔풍재
(765m)
딱발재(802m)
인곡재(555m)
갈림
구만산
(784.2m)
북암산
(807m)
팔풍골
갈림
가지산
석골사
운문산
석남재(770m)
문필봉
육화산
(674.1m)
아랫재
가지산
도립공원
상양
백운산
(891.3m)
오두산
(824.6m)
오지재
남양 하양
영남알프스얼음골
케이블카
능동산
(983.1m)
산내면
행정복지센터
백운산
(891.3m)
밝얼산
(738m)
간월지역
휴양림
정승재
얼음골
도래재
신불산
국립공원
영산
만둥이고개
천황산
간월공룡능선
정승골
건월산
정각산
(860.1m)
재약산
국립신불산폭포
자연휴양림
신불산
밀양알프스
캠핑장
승학산
(548.1m)
표충사관광지
파래소폭포
밀양표충사
계곡오토캠핑장

10. 여덟 군데에서 불어오는 바람 '팔풍팔재'

막다른 고을인 밀양 산내면에서 청도와 울산을 연결하는 여덟 개의 재를 팔풍팔재八豊八嶺라 한다. 팔풍八豊은 물자가 풍족함을 의미하고, 팔재八嶺는 센 바람八風이 불어오는 여덟 재를 가리킨다. 팔풍팔재는 가지산 석남재, 운문산 아랫재, 범봉 딱발재, 억산 팔풍재, 구만산 인곡재, 용암봉 오치재, 정각산 정승재, 천황산 도래재이다. 팔풍팔재를 이고 사는 주민들은 '여덟 골바람이 만나 인심이 후하다'거나 '물자가 사방팔방에서 다 모여드는 풍족한 땅' 임을 강조한다. 팔풍팔재의 중심축은 팔풍재다. 하늘과 맞닿은 팔풍재는 에어컨 바람이 불어온다. 바람 따라 팔풍팔재를 돌아 본 후에는 폭포수 계곡을 따라 하산할 수 있다. 석골사 상운계곡, 대비골, 못안골, 천문지골, 학심이골, 심심이골, 운문계곡에는 폭포와 소沼가 많다.

◑산행 길잡이

▲팔풍재(765m, 일명 대비재)는 마늘쪼가리 모양의 봉우리가 겹겹이 쌓인 석골사石骨寺 골짝에서 시작하여 대비골과 운문 못안골로 가는 옛길이다.

▲딱발재(802m)는 코가 댓자로 빠지는 아흔아홉 고갯길이다. 태산 같은 잿길을 솥 태가꾼은 무쇠솥을 지고 넘었다. 주민들은 딱발재를 딱밭 혹은 석골고개라 부르는데, 이웃한 팔풍재를 대비고개, 범봉을 범바우라 한다.

▲아랫재는 밀양에서 경주(배내미→삼계수리덤→경주)로 가는 지름길이다.

▲인곡재(555m)는 밀양 팔풍장과 청도 동곡장을 연결하는 장길이다.

▲오치재는 청도 매전면, 금천면 사람들의 왕래가 잦았다.

▲도래재는 천황산과 정각산 사이에 있는 잘록한 잿마루로, 얼음골에서 밀양 단장면을 잇는 고갯길이었다. 밀양 단장면에서 불어오는 바람이 도래재를 넘으면 샛날바람이 된다고 한다.

▲정승재는 밀양 송백장에서 정승동을 넘는 고개이다.

▲석남재(770m)는 가지산과 능동산 사이에 있는 고개로, 팔풍팔재 중에서 사람의 왕래가 가장 빈번했던 고개였다.

◑교통편

▲언양에서는 1713번, 807번, 328번 버스편으로 석남사 주차장으로 간다. 석남사에서 출발하는 밀성여객 버스를 타고 밀양으로 간다.

▲승용차를 이용할 경우에는 내비게이션 목적지를 팔풍재와 딱발재는 '석골사'로 한다. 아랫재는 '남명 상양마을회관, 인곡재는 '원당 봉의저수지', 오치재는 '오치재', 도래재는 '도래재', 정승재는 '정승골', 석남재는 '석남터널'을 목적지로 두면 된다.

죽기 전에 가봐야 할 천상의 코스

능동산 범등디기 '철쭉터널'

배내봉 긴등 '정아정도령'

운문산 북능 '천문지골', '소머리능선'

영남알프스 억새평원

하늘 아래 첫 학교 '고사리분교'

금강골 '아리랑재, 쓰리랑재, 꼬꼬랑재'

'심심이深深谷', '학심이鶴深谷', '오심이奧深谷'

신불산 '빨치산 루트'

기암괴석의 암봉전시장 영축산 '함박등', '체이등', '죽바우등', '시살등 한피기고개'

용호상박 '영남알프스의 공룡능선들'

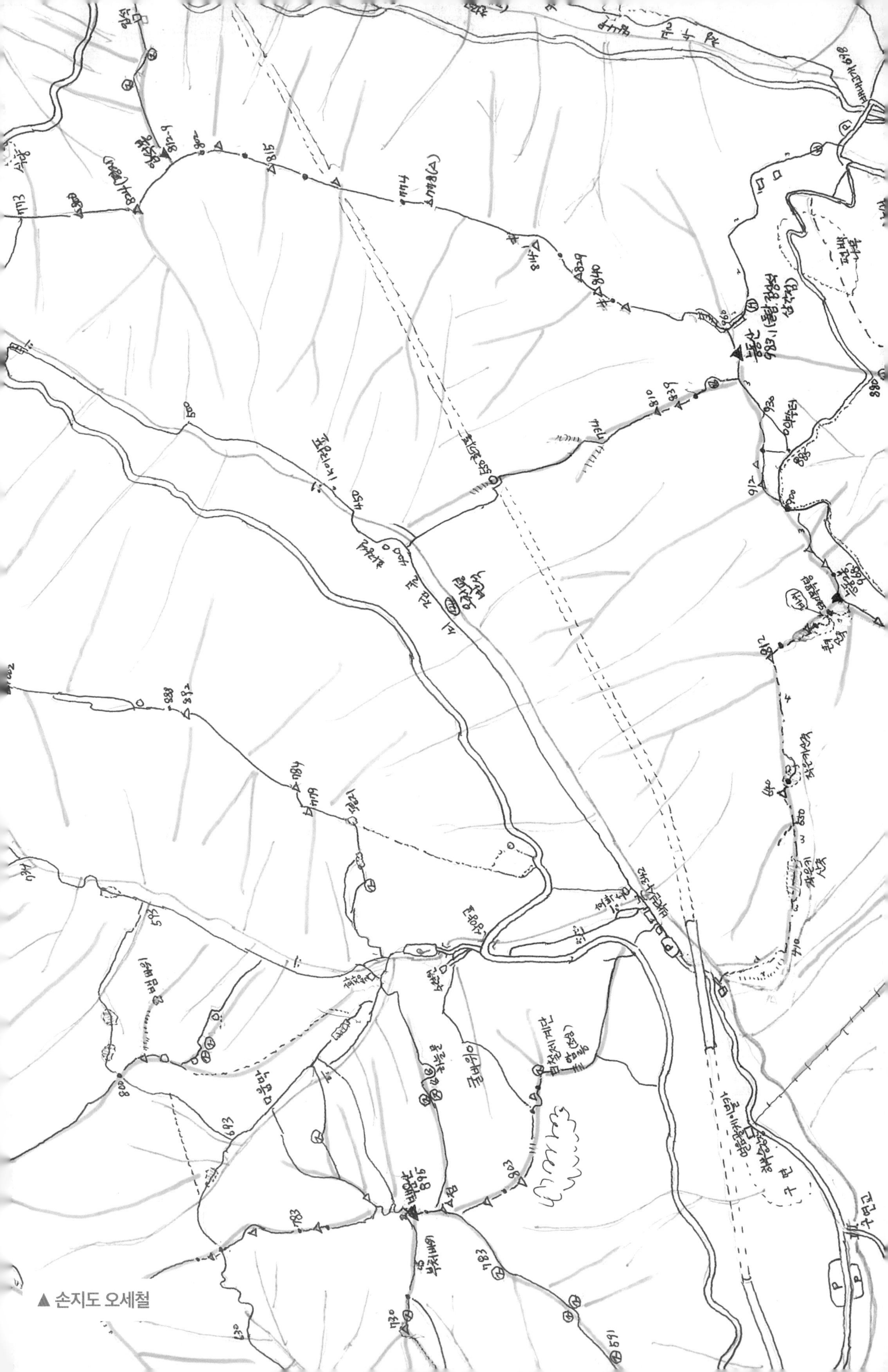

▲ 손지도 오세철

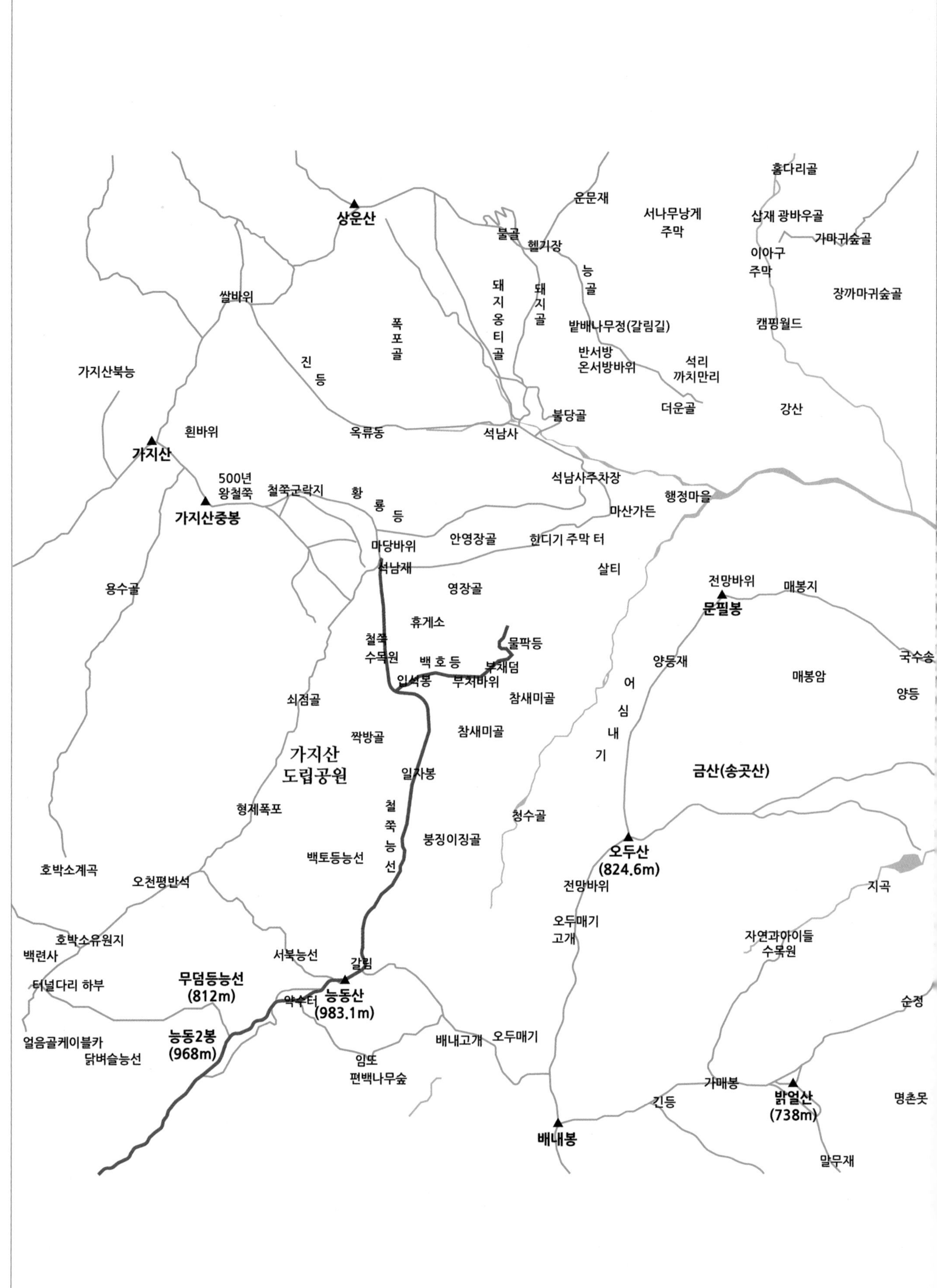
홍다리골
운문재
서나무낭게
주막
삽재 광바우골
가마귀숲골
이아구
주막
장까마귀숲골
상운산
불골
헬기장
능
골
돼
지
옹
티
골
돼
지
골
폭
포
골
쌀바위
밭배나무정(갈림길)
캠핑월드
반서방
온서방바위
석리
까치만리
진
등
가지산북능
더운골
강산
불당골
흰바위
옥류동
석남사
가지산
500년
왕철쭉
철쭉군락지
황
룡
등
석남사주차장
행정마을
가지산중봉
마산가든
마당바위
안영장골
헌디기 주막 터
석남재
살티
용수골
영장골
전망바위
매봉지
문필봉
휴게소
철쭉
수목원
물팍등
백 호 등
부채덤
국수송
양뭉재
인석봉
부처바위
매봉암
어
쇠점골
참새미골
양등
심
짝방골
참새미골
내
가지산
도립공원
기
금산(송곳산)
일자봉
철
쭉
능
선
형제폭포
청수골
붕징이징골
오두산
(824.6m)
백토등능선
호박소계곡
오천평반석
전망바위
지곡
오두매기
고개
호박소유원지
백련사
서북능선
자연과아이들
수목원
갈림
무덤등능선
(812m)
터널다리 하부
능동산
약수터
(983.1m)
순정
능동2봉
(968m)
얼음골케이블카
배내고개
오두매기
닭벼슬능선
임또
편백나무숲
가매봉
밝얼산
(738m)
명촌못
긴등
배내봉
말무재

1. 능동산 범등디기 '철쭉터널'

철쭉이 개화하는 4~5월 산행에 좋은 코스다. 그다지 힘들지 않고 영남알프스의 심장부를 걸을 수 있는 장점이 있다. 가지산에서 천황산으로 뻗어 내린 산줄기의 중간지점에 우뚝 솟아 있는 능동산陵洞山(983m)은 영남알프스의 심장부다. 능동산은 가지산과 천황산·재약산의 유명세에 가려 그 이름이 묻혀버렸지만 영남알프스를 서알프스와 동알프스로 나뉘지는 분기점이 되는 셈이다.

가지산 일원에는 현재 7백60여 종의 식물과 우리나라 전체 조류 4백50여 종 가운데 1백여 종의 새와 다양한 동물들이 살고 있어 거대한 동식물원이라 할 수 있다. 특히 가지산 중봉→능동산 일자봉→배내고개→오두산으로 이어진 범등디기 코스는 유네스코 자연문화유산에 버금가는 명품 철쭉 터널을 이룬다.

◑산행 길잡이

▲범등디기 철쭉터널의 하이라이트는 석남재부터 시작된다. 석남재 고갯마루에 있는 집채만한 돌무더기는 예전에 이곳을 지나들던 길손들이 무사안녕을 빌던 곳이다. 능선 양쪽으로 도열한 철쭉터널을 따라가면 입석봉이 나온다. 표범은 철쭉을 좋아한다. 1960년 가지산표범이 이곳 부처바위에서 포획되었다. 일자봉 전체 거리는 4km.

▲범등디기는 얼음골에서 보면 일자一字 형태로 생겨서 일자봉이라고 부른다. 따라서 누구든 산행하기에 무난한 코스다.

◑스토리

능동산 일대에는 표범의 주요 서식지였다. 1960년 가지산표범이 입석대 부처바위에서 포획되었고, 신불산표범이 가까운 주암골에서 1944년 올무에 걸

려들었다. 또한 조선 도기공들이 도자기를 구웠던 천황산 도요지와 사명대사가 머물었던 사명디기가 있다. 이 외에도 석남재와 능동산 천황산 구간에는 여러 옛길들이 남아있다. 석남재 힌디기 쇠점이길, 백토등능선길, 능동봉능선실, 배내고개길, 닭벼슬능선길, 시루곡길, 빗더미 돌계단 길 등이다.

◑교통편

▲울산KTX나 언양터미널 정류장에서 석남사행 328번를 타고 배내골 입구 삼거리에 내린다. 이곳에서 도보로 30분 걸어가면 석남터널이 나온다. 1713번, 807번 시내버스를 타면 석남사 정류장에서 내려 약 1시간 30분을 걸어야 한다. 하산 길은 배내고개에서 328번 버스를 탄다. 배내골 버스 종점에서 언양터미널행 버스는 평일 오후 3시 50분, 5시 10분, 주말 3시 10분, 5시 30분, 6시 40분에 있다. 언양 KTX울산역에서 택시로 약 30분 거리이다.

▲내비게이션 목적지는 '석남터널' 또는 '배내고개 주차장'으로 하면 된다.

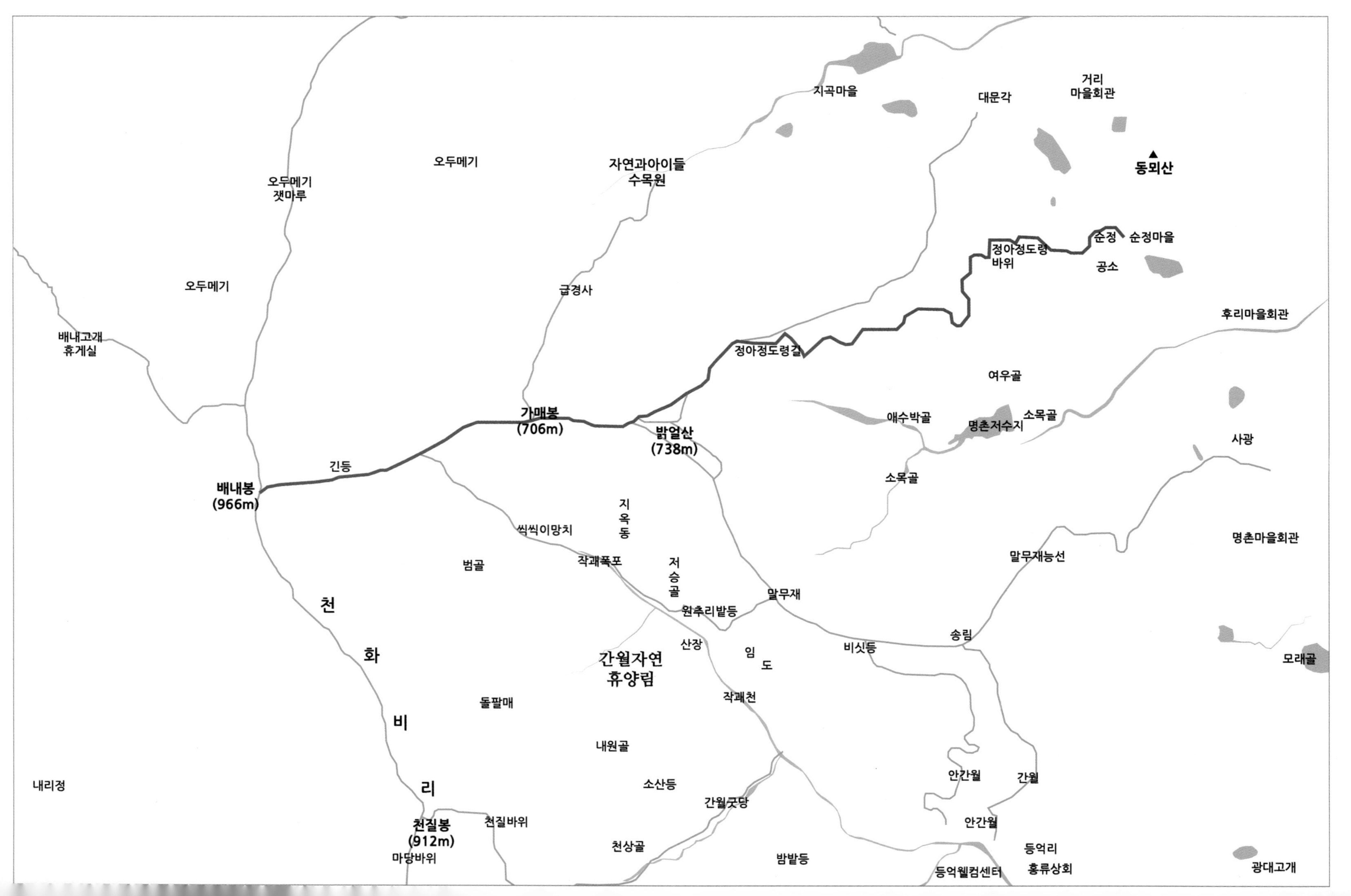

동뫼산
거리 마을회관
대문각
지곡마을
순정
순정마을
공소
정아정도령 바위
정아정도령길
후리마을회관
여우골
애수박골
명촌저수지
소목골
소목골
사광
명촌마을회관
말무재능선
자연과아이들 수목원
급경사
오두메기
오두메기 잿마루
오두메기
배내고개 휴게실
가매봉 (706m)
밝얼산 (738m)
긴등
배내봉 (966m)
씩씩이망치
지옥동
저승골
작괘폭포
범골
말무재
원추리밭등
송림
비싯등
산장
임도
간월자연 휴양림
작괘천
모래골
천화비리
돌팔매
내원골
소산등
간월굿당
안간월
간월
안간월
내리정
천질봉 (912m)
천질바위
마당바위
천상골
밤밭등
등억리
등억웰컴센터
홍류상회
광대고개

2. 배내봉 긴등 '정아정도령'

배내봉(966m) 긴등은 배내오재 중에서 가장 긴 옛길이다. 긴등은 밝얼산 기슭을 감고 돌아 멀리 언양 부로산으로 이어지는 9km의 긴 산줄기다. 그래서 장등長嶝이라고도 부른다. 5월이 되면 화려한 철쭉꽃이 장식한다. 낙엽 융단 깔린 푹신푹신한 긴 자드락길을 걷다보면 꽃가마를 타고 가는 기분이 든다. 가매봉 서쪽 아래는 지곡마을, 남쪽 아래에는 저승골이 있다. 가매봉과 저승골을 동시에 거느린 긴등은 저승과 천당을 오가는 길인 셈이다. 밝얼산에는 말馬의 등처럼 생긴 말무재, 그리고 사랑을 못다 이루고 돌이 바위가 된 정아정도령바위가 있다.

◑산행 길잡이

▲영남알프스의 환상적인 옛길 코스다. 배내고개에서 출발하여 배내봉(1.5km)→가매봉→밝얼산→순정마을까지 거리는 약 7.2km이고, 부로산까지는 12km.

▲밝얼산 말무재에서 명촌저수지 후리마을, 안간월, 천전리 산성산으로 갈 수 있다. 난이도는 중등도다. 배내봉부터는 평탄한 내리막이다.

◑스토리

열일곱 살에 상북 고을로 시집온 색시가 있었다. "동짓달 눈이 오는 날이었어요. 가매(가마)를 타고 배내봉에 올라가니 상북 가매가 기다리고 있었습니다. 오줌 누는 소리가 나지 않도록 여물 깐 놋요강을 조심스럽게 상북 가매로 옮기려니 얼마나 부끄럽던지…." 당시의 두근거림이 고스란히 살아나는지 깻잎처럼 작은 박 할머니 얼굴에는 수줍음이 흘렀다. 신부가 탄 가마가 태산을 어떻게 넘었을까 싶지만 정해진 혼사는 악천후에도 이루어졌다. "하늘만디에서 가매를 갈아타고 내려오는데 어지러워 눈을 감고 있었어요." 가마꾼들의 눈 밟던 소리를 잊지 못해 하는 박 할머니는 "가매 탄 새댁을 구경하려고 동네 사람들이 설거지를 하다 말고 뛰어 나오더라"며 웃었다. 마을 아낙들과 어울려 밝얼산 순정만디에 나물을 캐러 다니던 시절도 떠올렸다. "정아정도령 바위 앞을 지나갈 때는 나물을 많이 캐게 해달라고 꼭 인사를 드렸어요." 삼베 밥 수건에 싼 주먹밥과 산에서 캔 산부추, 곤달비, 반달비, 꼬망추 참나물을 '참새미' 물가에 둘러앉아 쌈 싸먹던 시절을 잊지 못해 하는 박 할머니는 "죽기 전에 달고 시원한 '참새미' 물 한 모금 마시고 싶다"고 했다.

- 배성동의 '영남알프스 오디세이' 중에서

◑교통편

▲울산KTX나 언양터미널 정류장에서 석남사행 328번를 타고 배내고개에 내린다. 배내골 328번 버스는 평일 오전 6시 20분, 7시 50분, 9시 50분, 주말 시간대는 오전 7시, 8시 20분, 9시 30분, 10시 55분에 있다. 하산 후에는 길천초등학교 앞에서 953번, 954번 마을버스를 타고 언양터미널에 갈 수 있다.

배내봉 천화비리에서 본 밝얼산 말무재 바로 아래 골짜기가 저승골이다.

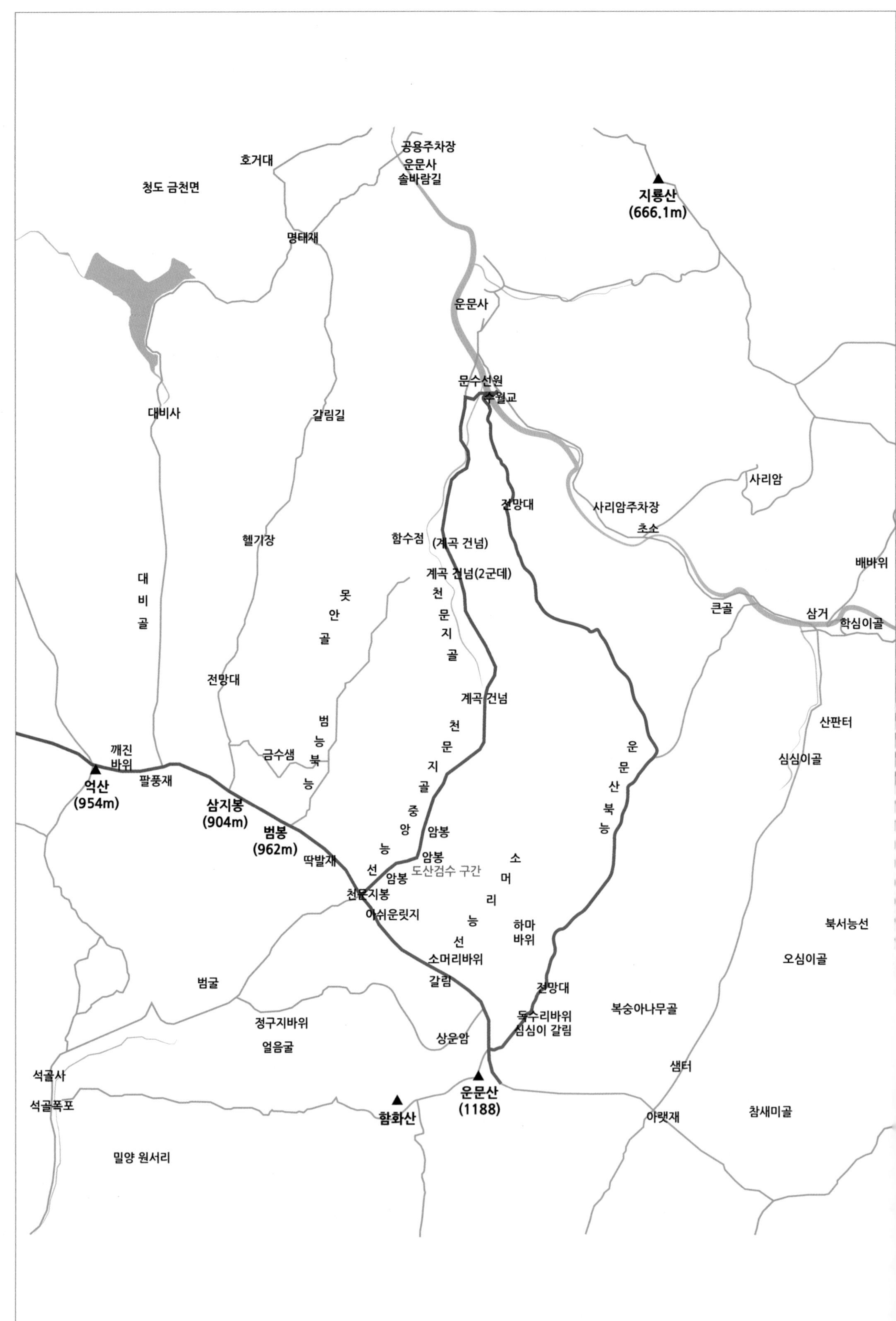
공용주차장
운문사
솔바람길
호거대
청도 금천면
지룡산
(666.1m)
명태재
운문사
문수선원
수월교
대비사
갈림길
사리암
전망대
사리암주차장
초소
헬기장
함수점
(계곡 건넘)
계곡 건넘(2군데)
배바위
대
비
골
못
안
골
천
문
지
골
큰골
삼거
학심이골
전망대
계곡 건넘
범
능
북
능
천
문
지
골
운
문
산
북
능
산판터
깨진
바위
금수샘
심심이골
억산
(954m)
팔풍재
삼지봉
(904m)
범봉
(962m)
중
앙
능
선
암봉
암봉
딱발재
암봉
도산검수 구간
소
머
리
능
선
천문지봉
아쉬운릿지
하마
바위
북서능선
소머리바위
오심이골
범굴
갈림
전망대
복숭아나무골
독수리바위
심심이 갈림
정구지바위
얼음굴
상운암
석골사
샘터
운문산
(1188)
석골폭포
함화산
아랫재
참새미골
밀양 원서리

3. 운문산 북능 '천문지골', '소머리능선'

운문지맥 북능 자락에 있는 능선이다. 천문지능선의 칼바위 구간은 운문산을 명품 코스로 만든 일등공신이다. 산세마저 웅장하고 수림 울창하여 접근조차 쉽지 않다. 천문지골능선은 위험 코스이고, 이웃한 소머리능선은 매우 짧고 험하며, 아쉬운릿지는 아쉬운 감이 든다는 릿지다. 범봉능선은 작은범봉과 북능범봉으로 나눠진다. 호거능선은 탁 트인 능선이다. 이들 능선 아래에는 옛길과 숨은 폭포들이 있다. 팔풍재 옛길은 청도 대비골로 이어지고, 딱발재 옛길은 천문지골로 연결된다.

◑산행 길잡이

▲천문지골능선은 코스가 거친 편이다. 문수선원→합수지점→천문지능선→칼바위→아쉬운 릿지봉→운문산 정상으로 이어진다. 운문지맥에는 호거능선, 운문 북릉, 천문지골능선, 범봉능선, 소머리바위능선이 있다.

▲운문산 정상 : 독수리바위(장군바위)→문수선원. 코스 거리가 길다.

▲운문산 정상 우측 : 소머리바위→천문지골(능선 짧다)→계곡→문수선원.

▲천문지골중앙능선 : 아쉬운릿지(짧아서 아쉽다)봉→칼바위→못안골과 천문지골 합수계곡→문수선원. 위험하고 장거리 코스다.

▲범봉북능 : 범봉→작은범봉→범봉북능→못안골→합수점→문수선원.

▲작은범봉 : 범봉→작은범봉→못안골 작은 능선길→못안골→합수점→문수선원.

▲호거능선 : 팔풍재 상부(삼지봉)→호거능선→명태재→호거대→운문사 공용주차장.

▲단일 코스로는 운문산 코스, 구만산 코스, 억산 코스가 있다.

▲지룡산 코스는 청도 운문 삼거리→신선봉→지룡산→828봉→헬기장→사리암 삼거리→배너미고개→820봉→전망대→헬기장(1036m)→헬기장(1189m)→상운산→귀바위→운문령→894봉삼거리→964봉→문복산→서담골봉→삼계리재→옹강산→말등바위능선→숲안바위다. 35~40km, 10~12시간 소요.

◑교통편

▲언양터미널에서 출발하는 경산여객버스를 타고 운문사공영주차장으로 간다(9시, 13시, 15시 40분, 18시 50분). 나오는 버스는 운문사에서 08시 25분, 11시 35분, 14시 35분, 17시 25분. 버스 시간이 변경될 수 있으니 미리 확인을 해야한다.

▲승용차를 이용하는 경우에는 언양 서울산IC를 빠져나와 개통한 운문터널을 지나면 운문사로 갈 수 있다. 운문사공영주차장까지 30~40분이 소요된다. 내비게이션 '운문사공용주차장'. 주차비 무료.

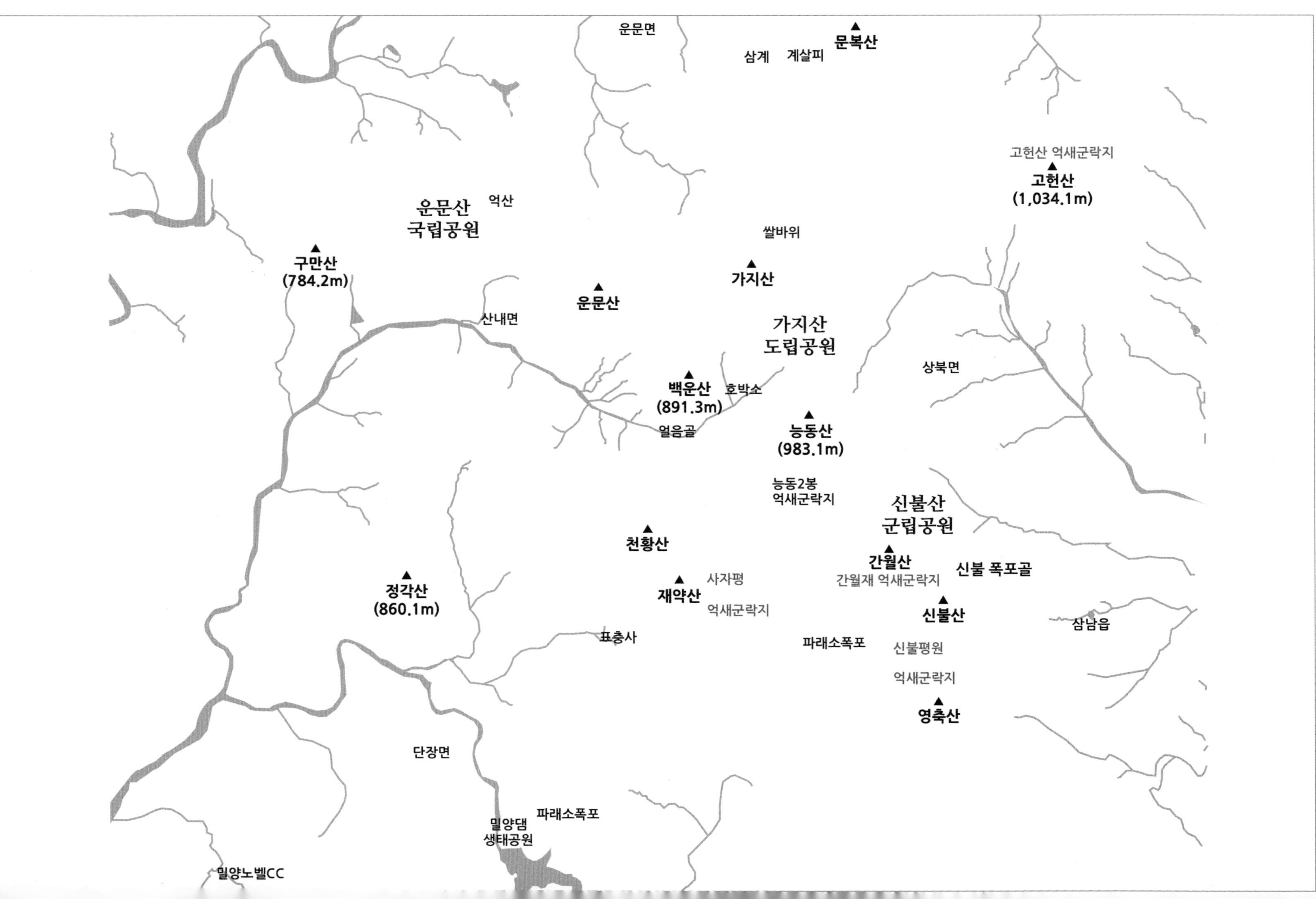
운문면
삼계
계살피
문복산
고헌산 억새군락지
고헌산
(1,034.1m)
운문산
국립공원
억산
쌀바위
구만산
(784.2m)
가지산
운문산
산내면
가지산
도립공원
상북면
백운산
(891.3m)
호박소
얼음골
능동산
(983.1m)
능동2봉
억새군락지
신불산
군립공원
천황산
간월산
간월재 억새군락지
신불 폭포골
정각산
(860.1m)
재약산
사자평
억새군락지
신불산
삼남읍
표충사
파래소폭포
신불평원
억새군락지
영축산
단장면
밀양댐
생태공원
파래소폭포
밀양노벨CC

4. 영남알프스 억새평원

가을이면 곳곳의 황금억새평원에 나부끼는 순백의 억새는 환상적이다. 영남알프스에서 가장 큰 사자평 억새평원의 규모는 약 4,132,231m² (1백25만여 평)이며, 그 다음 신불평원 약 1,983,471m² (약 60여만 평), 간월재 330,578m² (약 10만여 평) 규모다. 고헌산 정상 부근에도 661,157m² (약 20여만 평), 배내봉과 천화비리에도 소규모 억새군락지가 형성되어 있다. 이에 비해 고헌산 정상의 억새군락지와 배내봉 정상 억새군락지는 소규모다.

◑산행 길잡이

▲사자평 억새평원 산행 코스는 표충사→옥류동천→사자평, 왕복 4~5시간이 소요된다. 계곡 코스가 거칠다면 표충사 뒤 대밭옛길이나 임도를 따라가면 된다. 배내골에서는 죽전마을 들머리, 철구소 들머리, 주암계곡 들머리가 있다. 얼음골 케이블카를 이용하여 사자평을 갈 수 있다.

▲신불평원 코스는 가천리에서 출발한다. 건암사에서 신불재 약 2.2km, 이어서 2.5km의 신불평원이 이어진다. 35번 국도를 타고 가다 한일주유소에서 북서방향으로 길을 따라 올라가면 가천마을회관이 나타난다. 여기에서 두 개의 계곡 중에 오른쪽 방향으로 계곡길을 따라 올라가야 한다. 약 2시간 30분이면 신불재에 도착한다. 신불산 정상까지는 25분 정도가 소요되고, 이천리쪽으로 계곡을 타고 내려서면 2시간 30분이면 버스정류장에 도착할 수 있다. 양산 신평 지산마을에서 신불평원까지는 약 4.5km다. 이 외에 통도사 백운암 코스와 비로암 코스, 배내골 신불산 휴양림 하단 코스, 청수골 코스 등이 있다.

▲간월재 코스는 등억리 복합웰컴센터가 들머리.

▲배내봉 코스는 배내고개가 들머리.

▲고헌산 코스는 외항재가 가장 빠른 들머리다.

◑스토리

억새 피는 곳에 화전밭이 있었다. 주먹만한 감자를 캐는 화전민들, 나물 캐는 아낙네들, 지붕을 이는데 쓸 억새다발을 나르는 장정들, 아름드리 나무를 도끼질 하는 벌목꾼들, 목재함지를 만드는 목기꾼들이 억새밭을 드나들었다.

◑교통편

▲승용차로는 신불평원은 '가천리 건암사', 간월재는 '등억 복합웰컴센터', 사자평은 '주암계곡 주차장', '배내고개', '외항재'를 내비게이션 목적지로 둔다.

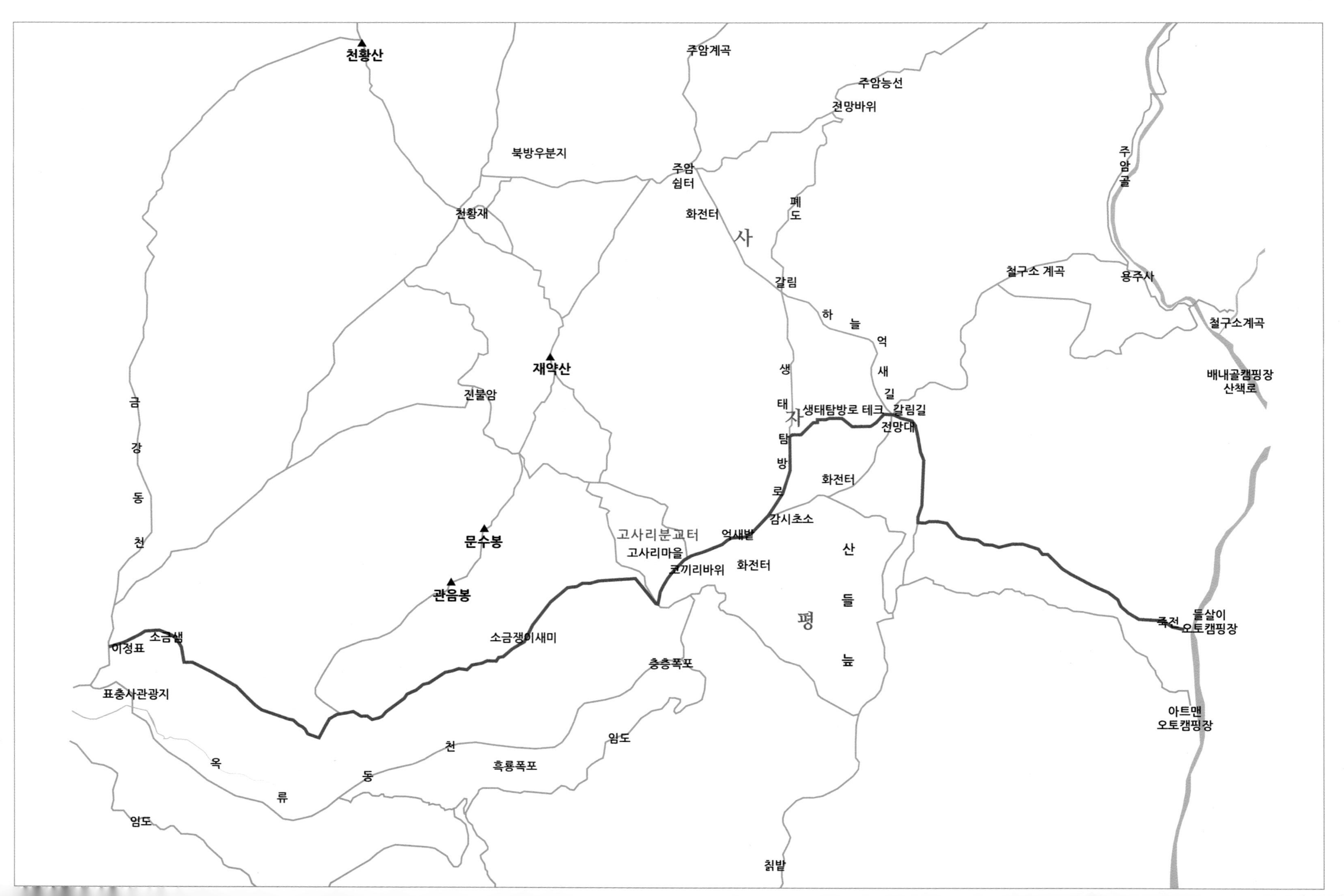
천황산
주암계곡
주암능선
전망바위
북방우분지
주암
쉼터
폐도
화전터
사
천황재
갈림
하늘억새길
철구소 계곡
용주사
주암골
철구소계곡
배내골캠핑장
산책로
재약산
진불암
생태탐방로
자
생태탐방로 테크
갈림길
전망대
화전터
금강동천
감시초소
고사리분교터
억새밭
문수봉
고사리마을
코끼리바위
화전터
산들늪
평
관음봉
소금쟁이새미
축전
들살이
오토캠핑장
이정표
소금샘
충층폭포
표충사관광지
아트맨
오토캠핑장
암도
천
흑룡폭포
옥류동
암도
취밭

5. 하늘 아래 첫 학교 '고사리분교'

고사리분교는 재약산 수미봉 아래의 남녘 고사리 재배촌(해발 812m)에 자리 잡고 있어 애칭 '고사리분교'로 더 잘 알려져 있다. 한국전쟁이 끝나고 무주공산이나 다름없던 사자평에는 갈 곳 없는 화전민들이 들어와 살았다. 일명 텐트촌 혹은 화전촌으로 불렀다. 마을이 80여 호까지 커지자 덩달아 늘어난 화전민 자녀들의 교육을 위해 이 아들이 성장을 하자 학교가 생겨났다. 1966년 하늘 아래 첫 학교 고사리분교이다. 정식 명칭은 '밀양 산동초등학교 사자평분교'였다. 초창기에는 화전민이 쓰던 빈 흙집을 그대로 이용하다가 개교 2년 만인 1968년에 주민 50여 명과 선생님에 의해 1천 평의 학교 부지가 조성되었고, 1970년 현대식 교실과 화장실을 신축했다. 사자평은 마을과 마을이 십리 간에 뚝뚝 떨어져 있어 등교하는 아이들은 하늘억새길을 걸어 다녔다. 산업화의 물결과 교통의 불편으로 주민들이 도시로 이주하기 시작하면서 쇄락의 길을 걷기 시작했다. 결국 30년째인 1996년 3월 1일 사자평분교는 막을 내리고, 1999년 교실은 철거되었다. 총 36명의 졸업생을 배출하고 1996년 3월 1일 문을 닫았다. 1년 평균 1.2명의 졸업생을 배출한 셈이다. 고사리분교는 폐교가 된 후에도 많은 사람들의 가슴 속에 영원한 추억의 학교로 남아있다.

◑산행 길잡이

▲사자평 고사리분교 가는 길은 죽전마을, 선리마을, 주암계곡, 표충사, 하늘억새길 4구간 길이 있다. 고사리분교 학생들은 이곳저곳에 흩어져 있는 산골마을 아이들이었다. 고사리분교에서 칡밭마을까지는 약 4km, 반대로 사기전목장까지는 약 5km.

▲얼음골케이블카에서 고사리분교 약 6km.

◑스토리

고사리분교 앞에서 맹물식당을 운영하던 안주인은 사지평 화전민 출신이다. 안주인은 늘 고사리분교의 청소 봉사를 도맡아 하다시피 했다. "처음엔 화전민이 살던 황토집을 학교로 썼어요. 나중에 콘크리트 학교를 지었죠. 아이들이 뛰노는 마당은 억새가 가득했어요." 전기 없는 암흑천지에 살던 살던 화전촌은 10리간에 뚝뚝 떨어져 있었다. 그들은 고냉지 채소와 감자, 고사리, 당근을 경작하며 살았다. 비료가 귀한 시절이라 억새밭에 불을 질렀고, 이듬해 수확한 작물을 언양장이나 팔풍장에 내다 팔았다.

◑교통편

▲배내골에서 들머리를 잡을 경우에는 죽전마을 들머리, 철구소 들머리, 주암계곡에 초입이 있다.

▲원점회귀 할 경우에는 승용차편이 편리하다. 승용차를 이용할 때에는 경남 밀양시 단장면 구천리 2052 '표충사 정류장'을 내비게이션 목적지로 하면 된다. 주차비는 무료이다.

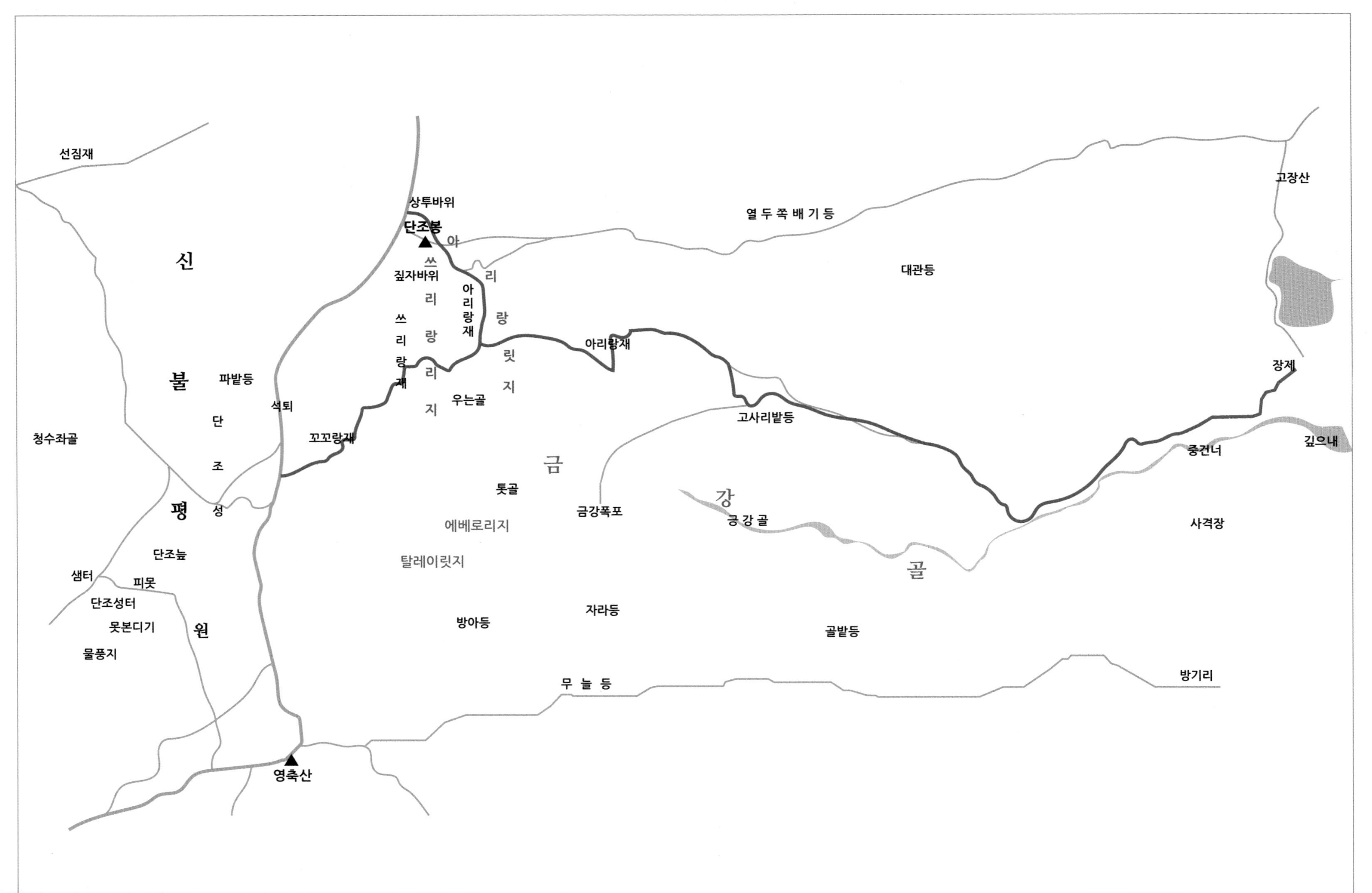

선짐재
상투바위
단조봉
열 두 쪽 배 기 등
고장산
대관등
짚자바위
아리랑재
아리랑재
야리랑릿지
쓰리랑리지
쓰리랑재
신불평원
파발등
석퇴
단조성
청수좌골
꼬꼬랑재
우는골
장제
고사리밭등
깊으내
중건너
금
톳골
금강폭포
강
금강골
에베로리지
사격장
탈레이릿지
단조늪
샘터
피못
단조성터
못본디기
물풍지
자라등
방아등
골밭등
무 늘 등
방기리
영축산

6. 금강골 '아리랑재, 쓰리랑재, 꼬꼬랑재'

금강골에는 두 개의 협곡이 있다. 가만히 있어도 귀가 울리는 V자 협곡을 '우는골'이라 부르고, 호랑이 아가리 같은 W자 협곡을 '톳골'이라 한다. 그리고 우는골에서 신불산상벌로 연결된 가파른 험로를 '아리랑재', 톳골에서 영축산으로 이어진 꼬불꼬불한 험로를 '꼬꼬랑재'라 불렀다. 두 협곡 모두 피를 부르는 계곡으로 알려진데다가, 산발치에는 포 사격장에서 쏜 불발탄이 도처에 깔린 지뢰밭 같은 곳이다. 특히 기암괴석들이 층층으로 도열한 아리랑릿지와 쓰리랑릿지, 에베로릿지는 영남의 대표적인 릿지 등반 코스로 불린다.

◑산행 길잡이

▲울산함안고속도로의 신불산터널 입구가 들머리다. 울주군 삼남면 가천리 장제마을. 금강골에 있는 톳골과 우는골 두 협곡 모두 피를 부르는 계곡으로 알려졌다. 거기다 평일에는 가천 군부대 사격장에서 실제 사격 훈련을 한다. 호랑이 아가리와 진배없는 금강골 협곡을 올라서면 거짓말 같은 억새나라 신불평원이 나타난다.

▲장재마을에서 우는골(아리랑재) 코스는 왕복 6.5km다. 정상에서는 단조봉으로 이어진다.

▲톳골(쓰리랑재) 코스는 왕복 6.0km다. 정상에서는 신불평원이 이어진다.

▲아리랑재는 신불평원으로 연결되고 꼬불꼬불한 꼬꼬랑재는 단조성으로 연결된다.

▲암벽 마니아들이 찾는 에베로릿지는 금강폭포에서 시작된다. 에베로릿지 코스는 왕복 9~10km, 5~6시간 소요.

◑스토리

풍광이 빼어나 소금강이라 불린 금강골에는 아리랑재, 쓰리랑재, 꼬꼬랑재가 있다. 쓰리랑재 상부에는 짚프차 모양의 바위가 걸려 있는데, 일명 신불산 빨치산 사령관 남도부 짚프차로 불린다. 남한에서는 보기 드문 진귀한 구상나무가 서식한다. 금강폭포에서 발원한 물은 취성천 깊으내深川와 돌랑거랑, 합수거랑, 산밑거랑, 산뫼거랑 등을 이룬다. 임진왜란 피난 굴, 적을 물리쳤던 석퇴가 남아있다.

◑교통편

▲1723번, 313번, 12번 버스를 타면 공암마을 입구에 내려서 금강골 방향으로 약 2km, 20분을 걸어야 한다. 언양 KTX울산역에서 택시로 20분 거리이다.

▲승용차를 이용할 경우에는 경부고속도로 서울산IC에서 작천정 방향으로 약 15분 거리에 있다. 부산에서 오면 통도사IC가 빠르다. 내비게이션은 '가천리 장제교'를 목적지로 한다.

금강골 아리랑릿지와 쓰리랑릿지의 위용 중간 쓰리랑릿지 상단에 짚프차 모양의 바위는 일명 신불산빨치산 사령관이 타던 '남도부 짚프차'로 불린다.

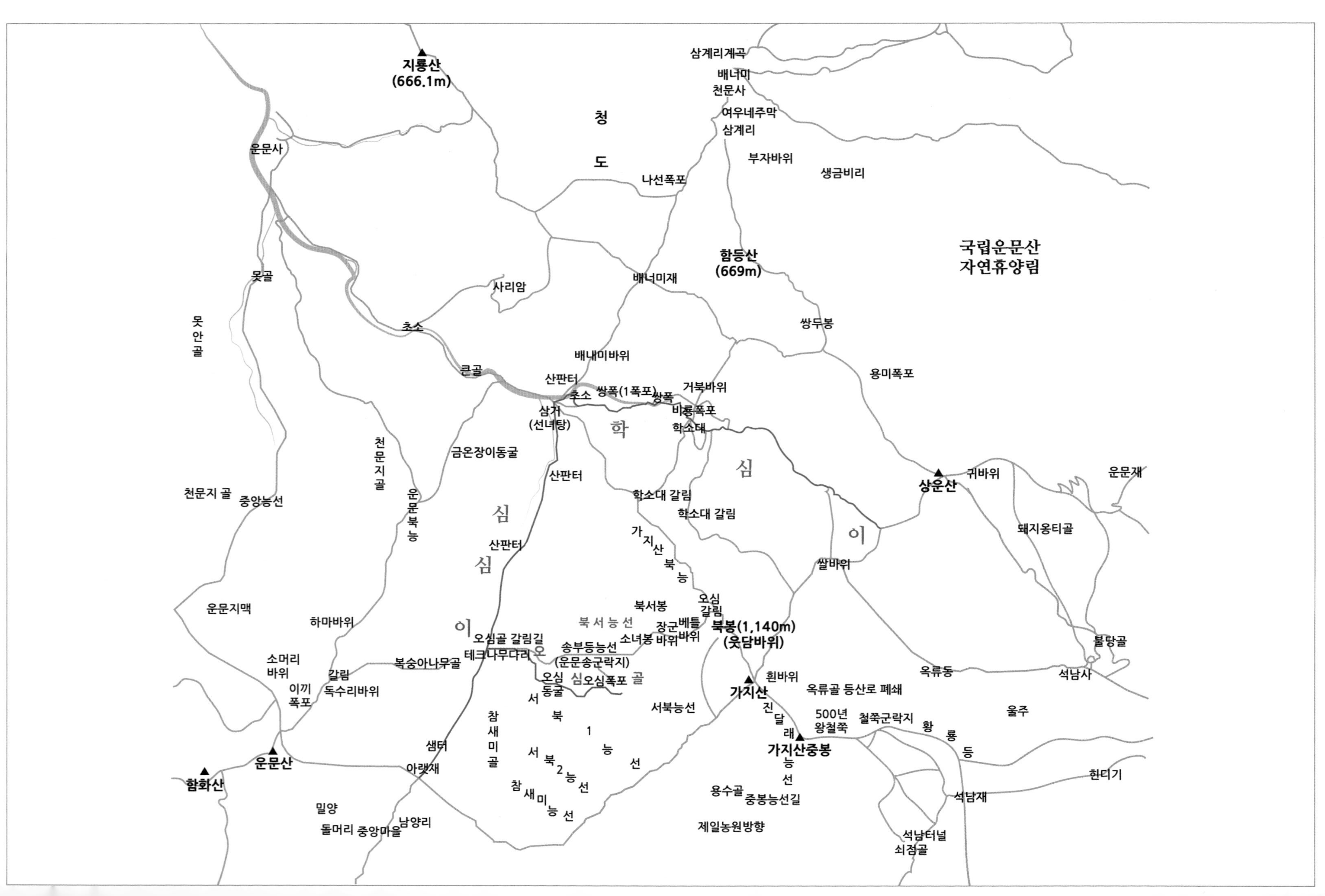

지룡산 (666.1m)
삼계리계곡
배너미
천문사
여우네주막
삼계리
청
도
운문사
부자바위
생금비리
나선폭포
국립운문산 자연휴양림
함등산 (669m)
배너미재
사리암
못골
못 안 골
쌍두봉
초소
배내미바위
용미폭포
큰골
산판터
초소
쌍폭(1폭포)
쌍폭
거북바위
삼거 (선녀탕)
비룡폭포
학소대
학
천문지골
금온장이동굴
산판터
심
상운산
귀바위
운문재
천문지 골
중앙능선
운문북능
학소대 갈림
학소대 갈림
돼지옹티골
심
산판터
가지산 북능
이
심
쌀바위
운문지맥
하마바위
이
오심골 갈림길
테크나무다리
오
북서봉
북서능선
오심 갈림
장군베틀바위
소녀봉 바위
북봉(1,140m) (웃담바위)
송부등능선 (운문송군락지)
불당골
소머리 바위
갈림
이끼 폭포
독수리바위
복숭아나무골
오심 동굴
오심폭포
골
가지산
흰바위
옥류동
옥류골 등산로 폐쇄
석남사
서북능선
진달래
500년 왕철쭉
철쭉군락지
황 룡 등
울주
서북1능선
참새미골
서북2능선
가지산중봉
능선
샘터
운문산
함화산
아랫재
참새미능선
용수골
중봉능선길
석남재
헌디기
밀양
돌머리 중앙마을
남양리
제일농원방향
석남터널
쇠점골

7. '심심이深深谷', '학심이鶴深谷', '오심이奧深谷'

영남알프스에서 가장 신비의 구간이다. 가지산과 운문산 사이에 있는 무인지경의 골짜기다. '단풍골 학심이, 깊고 깊은 심심이, 못 나오는 오심이'라는 말이 전해온다. 가지산과 운문산을 가르는 깊은 골짜기가 심심골이고, 가지산 서북 계곡을 오심골奧深谷이라하며, 북쪽의 쌍폭 골짜기가 학심골이다. 일명 '삼심三深'이다. 깊은 계곡에 숨어 있는 오심이를 찾기란 쉽지 않다. 심심이골 중간 위치에 아치형 테크 나무다리 근처에서 가지산 방향의 계곡으로 들어간다. 오심동굴에서 오심폭포는 한참 들어가야 한다. 삼심이 모이는 합수 계곡을 '삼거'라 하며 그 아래에 운문사 가는 큰골이 있다. 운문사 사리암 구간은 통제되었다.

◑산행 길잡이

▲운문 큰골 '삼거'에서 가지산 북능의 윗담바위 오름 구간은 하늘을 오르는 사다리만큼 가파르다.

▲가지산 북봉에서 오심이로 내려오는 코스는 험한 암벽능선이다. 북봉, 윗담바위, 베틀바위, 짐승남바위, 소녀봉을 지나면 무인지경에 빠지게 되는데, 길이 끊겼다 이어지길 한다. 오심폭포는 오심골 깊은 상류에 있다.

▲석남터널에서 가지산 경유하여 학심이 삼거까지의 거리는 약 6.2km.

▲청도 삼계리 천문사까지는 추가 3.5km이고, 밀양 남양리까지는 추가 6.8km.

▲난이도는 최고등급이다. 석남터널에서 출발할 경우에는 가지산 북능을 넘은 뒤에도 또 다시 긴 잿길(아랫재 하양 6.8km, 배너미재 천문사 3.5km)를 넘어야 하는 장거리 코스임을 감안해야 한다.

◑교통편

▲언양터미널에서 석남사행 1713번, 807번, 328번, 시내버스를 타고 석남사 정류장에서 내린다. 가지산 정상까지 약 3시산 30분 소요된다. 최단 코스는 석남터널로 가는 것이다.

▲승용차의 경우에는 울산 울주군 상북면 덕현리 '석남터널'을 내비게이션 목적지로 하면 된다.

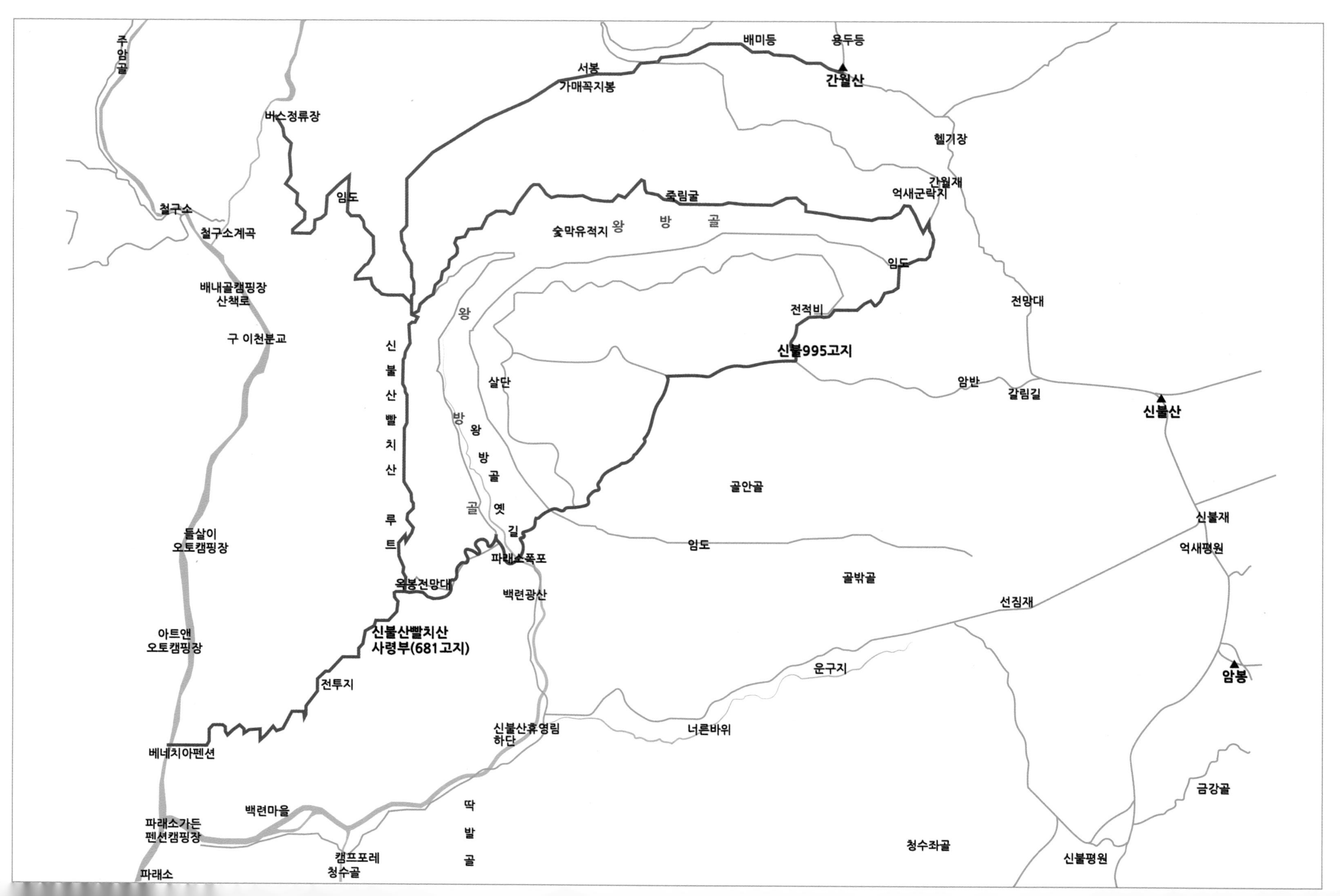
주암골
배미등
용두등
서봉
가매꼭지봉
간월산
버스정류장
헬기장
간월재
억새군락지
임도
죽림굴
철구소
철구소계곡
숯막유적지
왕 방 골
배내골캠핑장
산책로
전망대
전적비
구 이천분교
신불995고지
신불산빨치산루트
살단
암반
갈림길
신불산
왕방골 옛길
골안골
신불재
들살이
오토캠핑장
임도
억새평원
파래소폭포
골밖골
옥봉전망대
백련광산
선짐재
아트앤
오토캠핑장
신불산빨치산
사령부(681고지)
운구지
암봉
전투지
신불산휴영림
하단
너른바위
베네치아펜션
금강골
딱발골
백련마을
파래소가든
펜션캠핑장
청수좌골
캠프포레
청수골
신불평원
파래소

8. 신불산 '빨치산 루트'

한국전쟁 당시 영남알프스에서 활동했던 신불산 빨치산이 활동했던 루트다. 영남알프스는 혁명을 꿈꾸는 자에겐 거대한 싸움터였다. 구한말에는 신돌석 장군이 신불산에 은거했다는 설이 있으나 확인 자료는 없다.

한국전쟁 당시 신불산은 빨치산의 해방구였다. 남도부 사령부와 당 지도부가 주둔했던 옥봉 갈산고지, 빨치산 유격훈련장이었던 상단지구, 취사장 파래소폭포, 야전병원이었던 죽림굴이 있다. 갈산고지 사령부를 중심으로 신불산 995고지와 간월산 995 고지, 왕방골 등에서 3년을 은신하며 후방을 교란하다가 1953년 휴전협정 이후 토벌되었다. 깊은 협곡 왕방골에는 크고 작은 폭포가 많다. 떨어지는 물소리는 산천을 떠도는 영혼들의 울음소리인지 모른다.

◑산행 길잡이

▲신불산 빨치산 기행 코스인 등억→간월재→죽림굴→배내골 상단 임도 하산, 약 8.5km.

▲등억에서 간월재→죽림굴→파래소폭포→신불산자연휴양림 하단으로 하산. 이 구간은 천혜의 비경을 간직한 코스다. 거리는 약 9km.

▲간월재에서 신불산 서봉995고지를 타고 파래소폭포로 하산 코스, 간월산에서 간월산 서봉995고지를 따라 왕방골로 접근하는 루트가 있다.

▲남도부 사령부 터와 기관총 중대 코스는 빡센 경사도다(백련동 베네치아 방향).

▲배내골 상단 임도에서 옥봉 전망대까지의 거리는 약 3km.

▲신불산 갈산고지 빨치산 코스(배내골 상단→옥봉 전망대 갈산고지→파래소폭포) 약 4.5km.

◑스토리

1949년 9월 배내골에 소개령이 내려졌다. 군경은 배내골 60리 일대를 불바다로 만들었고, 주민들은 피난을 떠나야 했다. 이듬해에 남도부 빨치산부대가 들어와 3년을 은신하며 게릴라전을 벌였다.

◑교통편

▲배내골 버스는 언양터미널이나 울산KTX에서 328번 버스, 양산역 환승센터 1000번 버스, 원동역에서 수시로 운행한다. 328번 버스를 타고 휴양림 입구 종점상회 앞에 내린 후 1.7km를 걸어야 휴양림 하단이 나온다. 휴양림 하단에서 파래소폭포→옥봉전망대로 올라갈 수 있다.

▲승용차편은 경부고속도로에서 신설된 신불산터널을 이용하면 배내골IC로 내려가면 곧장 갈 수 있다. 내비게이션 '신불산자연휴양림 하단' 혹은 '배내골 철구소' 입력.

빨치산 유물

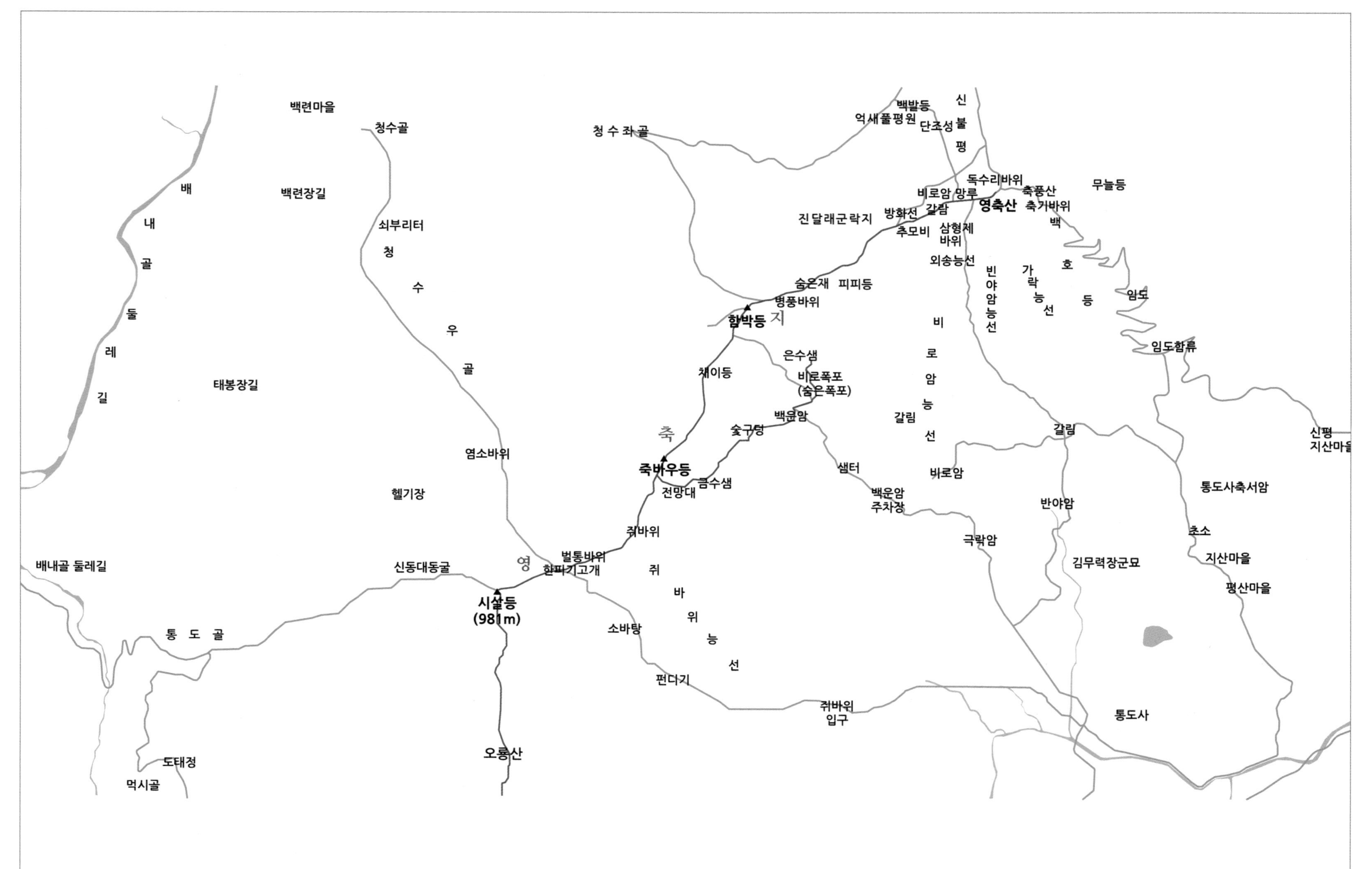

백련마을
청수골
청수좌골
백발등
억새풀평원
단조성
신불평
독수리바위
비로암 망루
축풍산
무늬등
진달래군락지
방화선
갈림
영축산
축거바위
추모비
삼형제바위
백호등
외송능선
빈야암능선
가락능선
숨은재
피피등
병풍바위
함박등
영축지맥
임도
임도합류
비로암능선
은수샘
비로폭포
(숨은폭포)
채이등
백운암
갈림
숯구덩
죽바우등
금수샘
전망대
샘터
비로암
백운암
주차장
반야암
통도사축서암
신평
지산마을
극락암
초소
지산마을
평산마을
김무력장군묘
배내골 둘레길
백련장길
쇠부리터
청수우골
태봉장길
염소바위
헬기장
쥐바위
벌통바위
한피기고개
신동대동굴
시살등
(981m)
쥐바위능선
소바탕
편더기
쥐바위
입구
통도사
통도골
배내골 둘레길
오룡산
도태정
먹시골

9. 기암괴석의 암봉전시장
영축산 '함박등', '체이등', '죽바우등', '시살등 한피기고개'

영축지맥의 수려한 산세와 웅장한 비경들을 감상할 수 있는 구간이다. 경부고속도로를 내달리다 보면 마늘쪽처럼 솟구친 통도사 뒷산의 봉우리들이 영축지맥 암봉들이다. 막상 올라가 보면 거친 암능과 거친 바위들은 만만치 않다. 용트림 치는 산줄기는 낙타등에 올라탄 기분이다. 영축산 정상에서 함박등(1,052m), 체이등(1,029m), 죽바우(1,064), 시살등(981m), 오룡산으로 이어지는 구간은 땀 흘려 오르는 산행객에게 탁월한 조망권을 선사한다. 함박등은 함지박처럼 생겨서 붙여진 지명이고, 체이등은 나락 알곡을 까불일 때 쓰던 체이를 닮은 데서 유래되었다. 체이는 키의 방언이다. 죽바우등는 암봉이 마치 북처럼 생겨 북자우라 부르기도 한다. 시살등은 임진왜란 당시에 의병들이 활을 쏘았다는 등이다.

◑산행 길잡이

▲통도사 경내, 신평 지산마을, 한지기고개, 배내골 선리에 들머리가 있다. 가장 일반적인 코스는 신평 지산마을를 들머리로 둔 약 4.5km 코스이다. 통도사 극락암 2.2km가 가장 단거리 코스다.

▲배내골 백련마을 우청수골에서 한피기고개까지 2.5km.

▲통도사→한피기고개→투구바위→백운암 갈림길→백운암→극락암 코스는 8~10km, 4~5시간 소요된다. 특히 기암괴석으로 이우어진 비로암 외송능선은 공룡능선에 견줄 만하다.

▲함박등 죽바위등이 숨긴 은수샘 금수샘을 찾는 코스는 산행 묘미를 더하게 한다. 금수샘은 죽바우등 아래에 있고, 은수샘은 함박등→백운암 사이에 있다.

◑스토리

영축산은 여러 이름을 가졌다. 들내방터(가천·방기) 사람들은 임진왜란 당시 추풍낙엽처럼 떨어져 추풍산이라 부른다. 그 외에 취서산, 축봉산, 대석산, 화석산, 불뫼산으로 불렸다. 영축산의 기원은 독수리 축鷲자이다. 영축산에서 오룡산으로 이어진 능선은 마치 독수리가 날개를 편 모양새를 지녔고, 실제 매와 독수리가 많이 살기도 한다.

◑교통편

▲최단 코스는 통도사 극락암→백운암 코스다. 울산 1723번 버스, 부산 12번 버스를 타면 신평터미널에 내린다. 신평터미널에서 지산마을 초입 거리는 약 2km.

▲통도사 극락암 4km, 비로암 4km.

▲승용차를 이용할 경우에는 경부고속도로 통도사 IC에서 10분 거리에 있다. 승용차편으로 통도사 극락암에서 출발할 수 있다.

▲배내골 방향에서는 울산KTX에서 328번 버스, 양산역 환승센터 1000번 버스, 원동역에서 수시로 운행하는 버스가 있다. 태봉 종점상회에서 1km 걸어서 청수골로 가야 한피기고개 초입이 나온다.

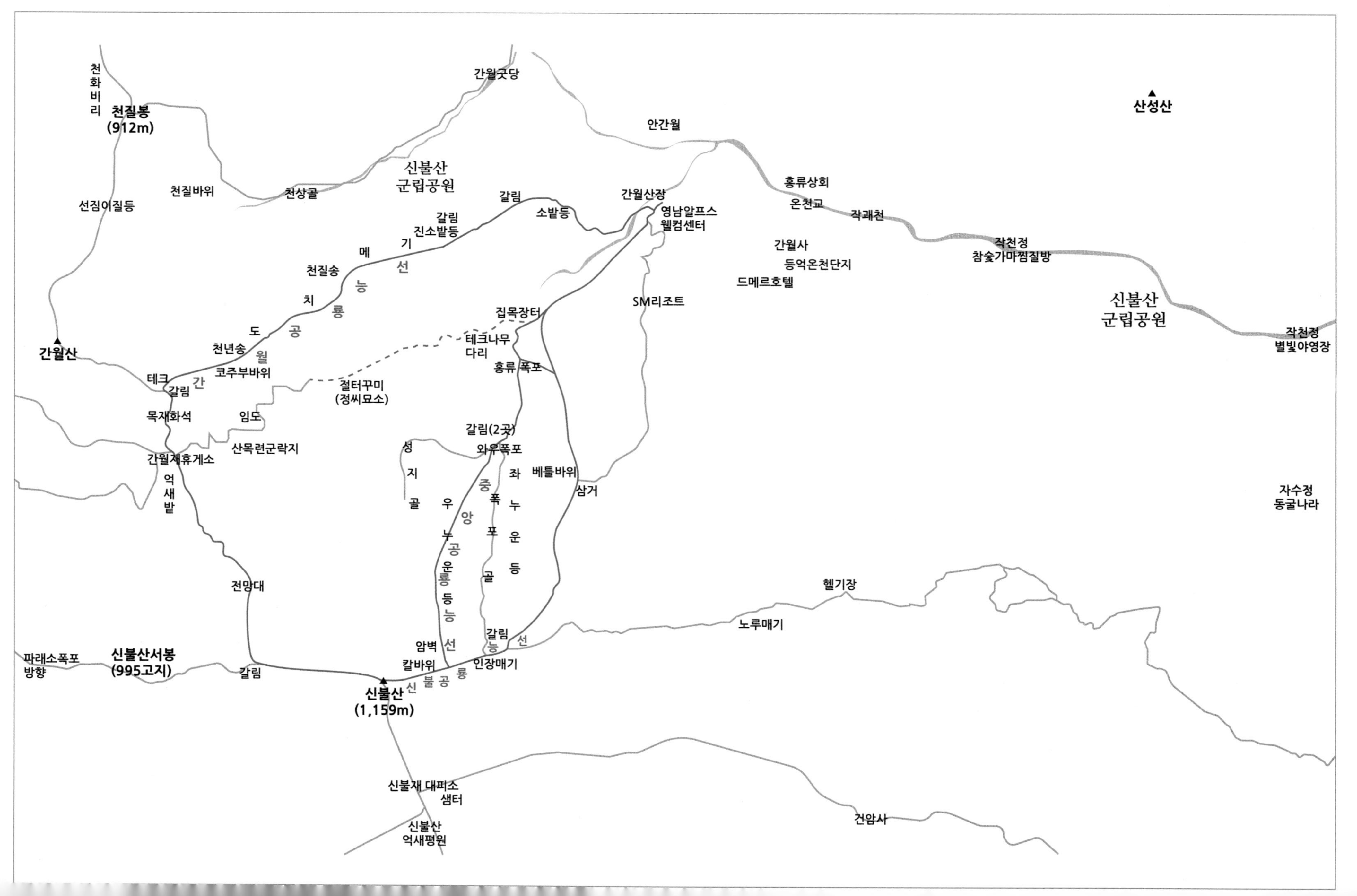

천화비리
천질봉
(912m)
간월굿당
산성산
안간월
신불산
군립공원
천질바위
선짐이질등
천상골
갈림
소발등
간월산장
영남알프스
웰컴센터
홍류상회
온천교
작괘천
간월사
등억온천단지
드메르호텔
작천정
참숯가마찜질방
갈림
진소발등
메
기
선
천질송
능
치
룡
도
공
월
간
천년송
코주부바위
간월산
테크
갈림
목재화석
임도
SM리조트
집목장터
테크나무
다리
홍류 폭포
절터꾸미
(정씨묘소)
갈림(2곳)
와우폭포
산목련군락지
간월재휴게소
억새밭
성지골
우앙누공운룡등능선
중폭포골
좌누운등
베틀바위
삼거
신불산
군립공원
작천정
별빛야영장
자수정
동굴나라
전망대
헬기장
노루매기
갈림
능선
암벽
칼바위
인장매기
신불공룡
파래소폭포
방향
신불산서봉
(995고지)
갈림
신불산
(1,159m)
신불재 대피소
샘터
신불산
억새평원
건암사

10. 용호상박 '영남알프스의 공룡능선들'

형제봉인 신불산과 간월산에는 세 개의 공룡능선이 있다. 신불공룡능선과 신불중앙공룡능선 그리고 간월공룡능선이다. 전형적인 동고서저 형태의 산악지형인 영남알프스의 특성상 아찔한 암능 산행과 웅장한 산군을 감상할 수 있다. 상북 주민들은 신불공룡능선을 요동치는 칼등이라 불렀고, 신불중앙능선을 누운등, 간월공룡능선을 도치메기로 불

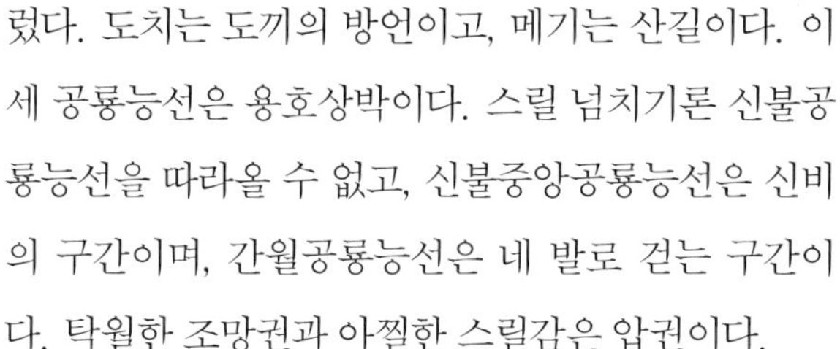

렸다. 도치는 도끼의 방언이고, 메기는 산길이다. 이 세 공룡능선은 용호상박이다. 스릴 넘치기론 신불공룡능선을 따라올 수 없고, 신불중앙공룡능선은 신비의 구간이며, 간월공룡능선은 네 발로 걷는 구간이다. 탁월한 조망권과 아찔한 스릴감은 압권이다.

◑산행 길잡이

▲울주군 상북면 등억리 복합웰컴센터에서 시작된다. 신불공룡능선(등억→홍류폭포→칼바위→신불산→간월재→임도→등억)은 왕복 약 8km.

▲신불중앙공룡능선(등억→와우폭포→중앙공룡능선→신불산→간월재→임도→등억)은 7.7km.

▲간월공룡능선(등억→간월공룡능선→간월재→임도→등억은 약 6.6km.

▲신불간월공룡능선 두 공룡능선을 한몫에 산행하는 거리는 9km다. 소요시간은 개인에 따라 다르나 대략 왕복 5시간 안팎이 소요된다. 꼬불꼬불한 간월재 임도를 이용하면 안전하다. 해발 700미터부터는 함박꽃 군락지를 이룬다.

▲세 공룡능선의 난이도는 비슷하다. 신불공룡능선 난이도는 최상급, 신불중앙공룡능선 난이도는 상급, 간월공룡능선 난이도 역시 상급이다. 하산은 간월재 임도를 이용하면 안전하다.

◑스토리

접근이 쉽지 않는 암능임에도 많은 스토리를 지녔다. 민초들이 드나들었던 숯쟁이길, 폭포골을 드나들었던 심마니, 간월재 억새를 베로 다녔던 등억 주민들, 미인송을 끌어내렸던 산판꾼 등 숫한 이야기들이 녹아있다.

◑교통편

▲들머리는 울주군 상북면 등억리 복합웰컴센터. 버스편은 304번, 323번(상북면사무소 경유).

▲원점회귀 가능한 구간이라 승용차 이용이 편리하다. 경부고속도로 서울산IC에서 작천정 방향으로 약 10분 거리에 있다. 경부고속도로 구서IC를 기준으로 들머리인 등억리 영남알프스 복합웰컴센터까지 40~50분 남짓 걸린다. 승용차편은 '영남알프스 복합웰컴센터' 입력하면 된다.

걷기만 해도 도가 트는 코스

송림불토 '통도사 열아홉 암자 기행'

삼남의 금강, '금강동천', '옥류동천'

운문 '블루웨이 솔바람길'

가지산 무릉도원, 옥류동천

오두산 철쭉 대궐

통도골 도태정, 한피기고개

영남알프스 '4대 사찰 순례길'

천성산 '내원사 10암자 순례길'

영남알프스 '천주교 순례길'

시루곡 '사명디기'

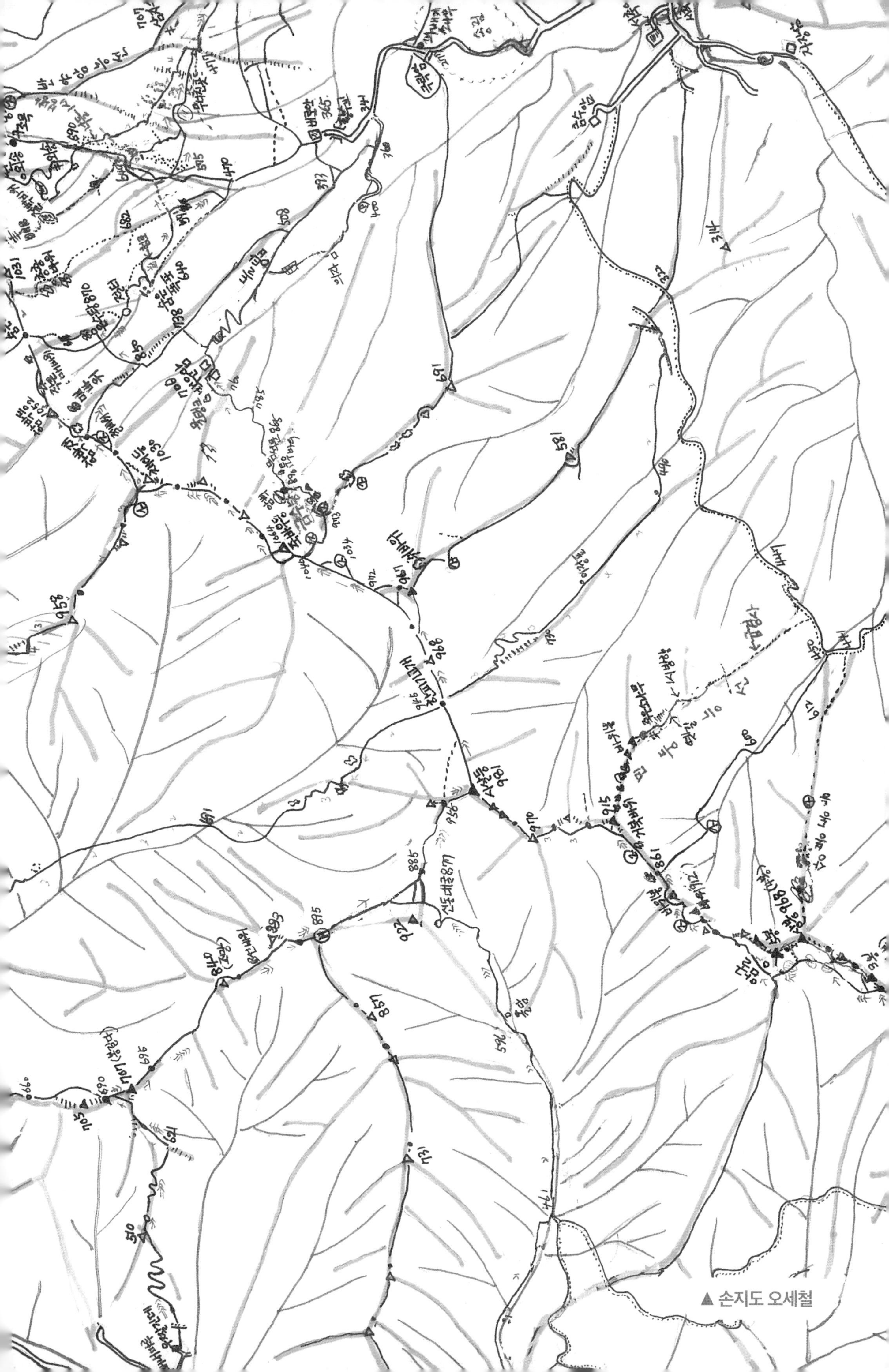

▲ 손지도 오세철

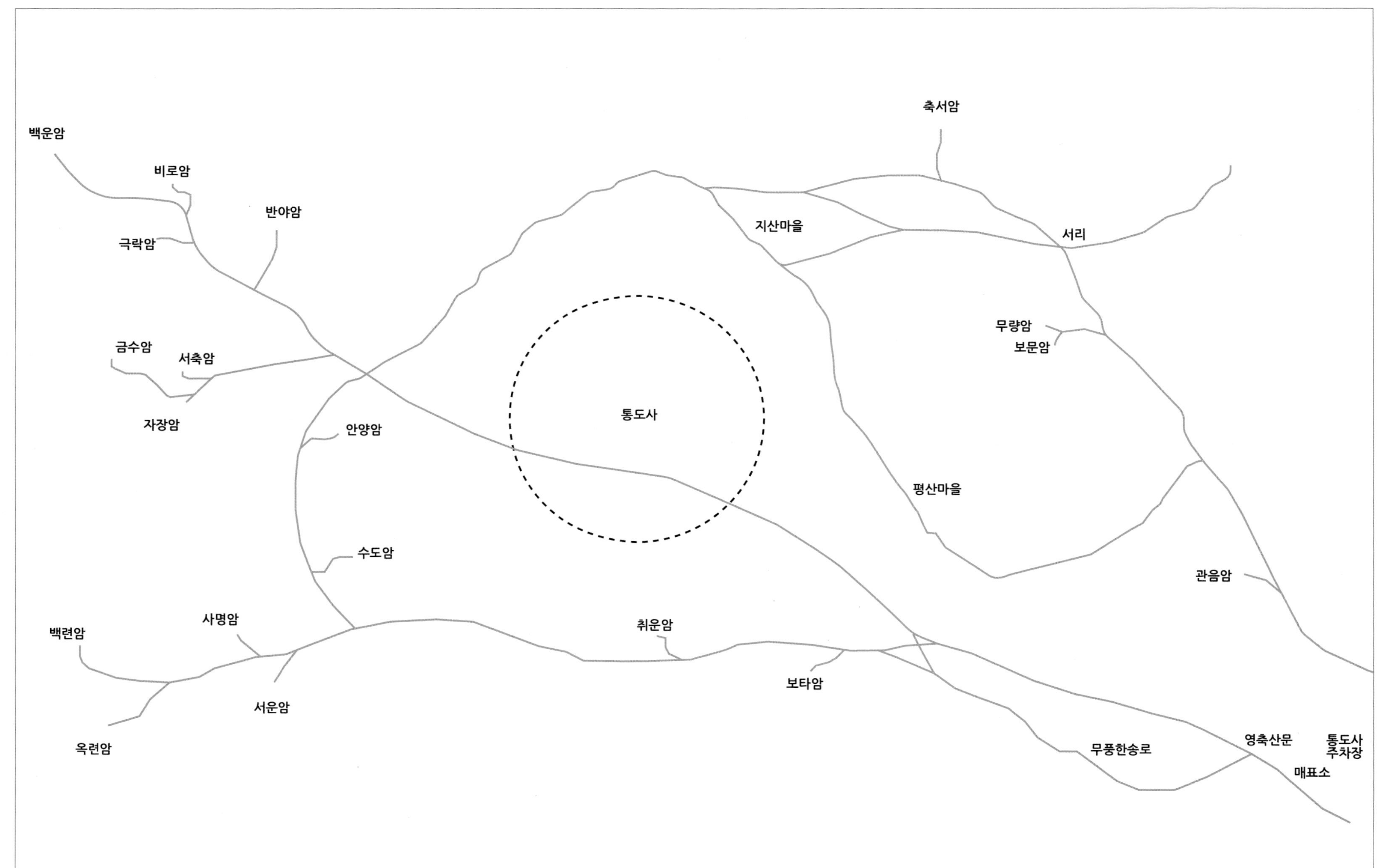

백운암
비로암
반야암
축서암
극락암
지산마을
서리
금수암
서축암
무량암
보문암
자장암
안양암
통도사
평산마을
수도암
관음암
사명암
백련암
취운암
보타암
서운암
옥련암
무풍한송로
영축산문
통도사
주차장
매표소

1. 송림불토 '통도사 열아홉 암자 기행'

2018년 유네스코 세계문화유산에 지정된 통도사에는 열아홉 암자가 영축총림을 이루고 있다. 통도팔경의 으뜸 무풍한송로無風寒松路는 산문에서 일주문까지 약 1km의 마사토로 조성한 보행자 전용길로, 수백 년 된 적송이 마치 춤을 추듯 어우러진 풍광이다. 통도사 마당에서 조망하는 영축산의 원경은 한 폭의 병풍이다. 멀찍이 있는 영축산 아래에 열아홉 암자가 들어있는데, 통도사 경내에 열다섯 암자, 산문 울타리 밖에 네 암자가 있다. 이 중에서 가장 높은 산중에 위치한 암자는 백운암이다.

◑통도사 열아홉 암자

▲안양암 불전은 안양동대安養東臺에 있는데 통도사 8경의 하나다.

▲수도암은 제일 작은 암자이다.

▲야생화 항아리요람 서운암. 팔만대장경을 도기에 써서 구운 장경고가 있다. 통도사에서 최고의 전망이다.

▲사명암은 사명대사를 기리기 위해 지은 암자다.

▲옥련암에는 장군수將軍水가 있다. 이 우물을 먹으면 기력이 왕성해져 옥련암 승려들 힘이 장사가 된다는 설이 있다.

▲백련암은 400백살 넘었을 은행나무가 유명하다. 조선시대 대표적인 선원禪院이다.

▲서축암西鷲庵은 경허, 만해, 운봉, 구산 등 큰 스님들이 수행한 도량이다.

▲금수암金水庵은 수행도량이다.

▲자장암은 자장율사慈藏律師는 통도사를 짓기 전에 수도하였다. 법당 뒤의 단애에 금개구리가 살고 있다는 설화가 전해온다.

▲서운암은 야생화와 풍광이 좋은 암자이다. 조계종 종정이신 성파스님이 거한다.

▲보타암 통도사 부속 암자 중에 첫 번째 나타나는 비구니승 암자다.

▲반야암은 고즈넉한 산중암자이다.

▲극락암은 통도사에서 4km 떨어진 암자이다.

▲비로암은 영축산 비로능선 아래에 있다.

▲가장 높은 곳에 있는 백운암은 가장 오래 된 암자이다.

▲축서암, 관음암, 보문암, 무량암은 통도사 산문 밖에 있다.

◑산행 길잡이

19개의 암자 중에서 백운암과 산문밖에 있는 네 암자를 제외한 13개 순례에 약 12km 6시간이 소요된다.

◑교통편

▲언양터미널에서 신평터미널행 1723번, 313번, 13번 버스가 있다.

▲부산↔언양 직행버스가 통도사 신평터미널을 경유한다. 부산동부터미널에서 언양행 버스는 오전 6시20분부터 밤 10시까지 30분 간격으로 운행한다.

▲승용차편으로는 경부고속도로에서 통도사IC를 빠져나온다. 내비게이션에 해당 암자 이름을 검색하면 곧장 통도가람 경내로 갈 수 있다.

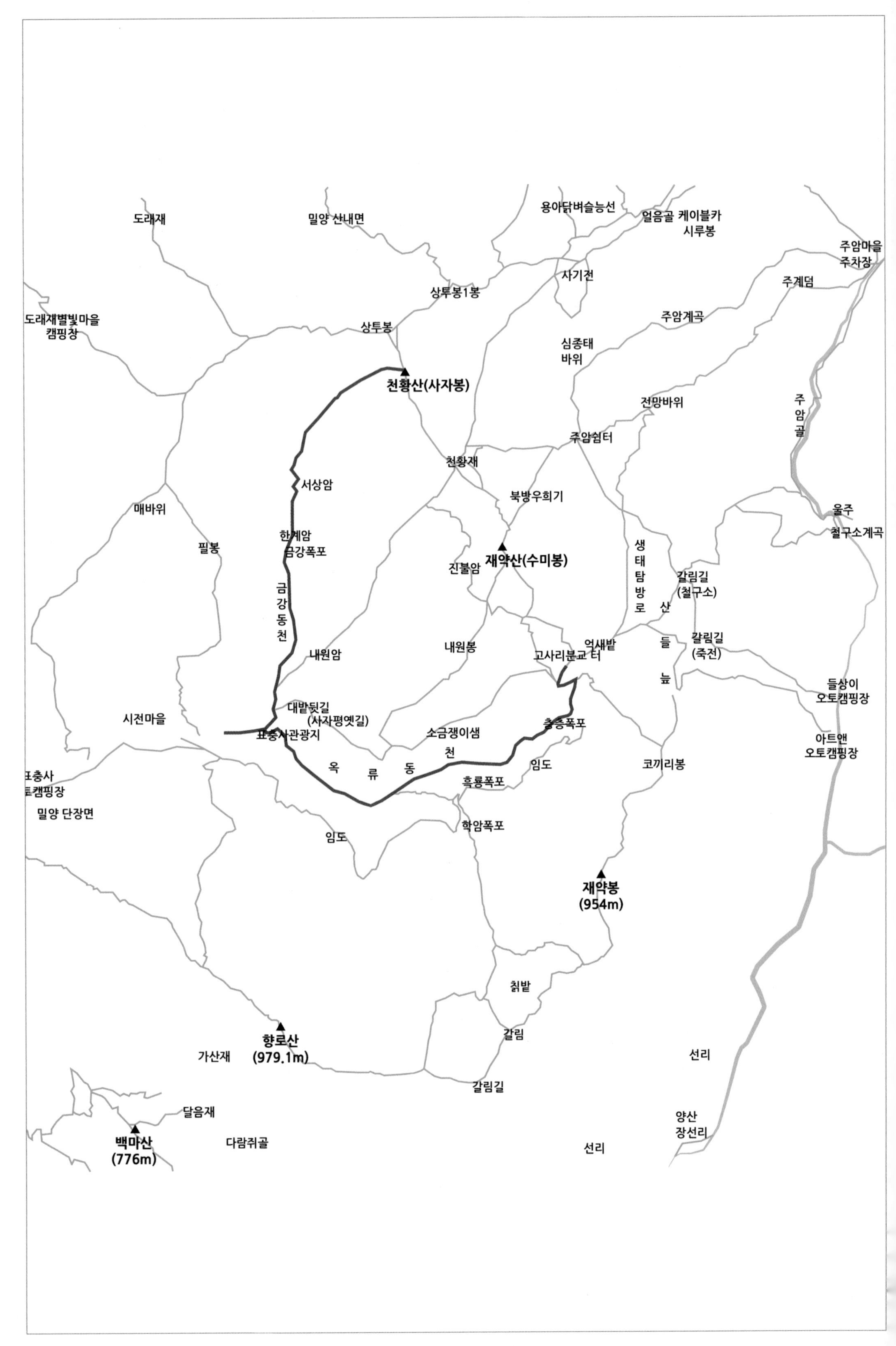

도래재
밀양 산내면
용아닭벼슬능선
얼음골 케이블카
시루봉
주암마을
주차장
사기전
주계덤
상투봉1봉
도래재별빛마을
캠핑장
상투봉
주암계곡
심종태
바위
천황산(사자봉)
전망바위
주암골
주암쉼터
천황재
서상암
북방우희기
울주
철구소계곡
매바위
한계암
금강폭포
필봉
재약산(수미봉)
진불암
생태탐방로
갈림길
(철구소)
산들늪
금강동천
갈림길
(죽전)
내원암
내원봉
억새밭
고사리분교 터
들상이
오토캠핑장
대밭뒷길
(사자평옛길)
시전마을
층층폭포
표충사관광지
소금쟁이샘
아트앤
오토캠핑장
옥류동천
임도
코끼리봉
흑룡폭포
밀양 단장면
학암폭포
임도
재약봉
(954m)
칡밭
갈림
향로산
(979.1m)
가산재
선리
갈림길
달음재
양산
장선리
백마산
(776m)
다람쥐골
선리

2. 삼남의 금강, '금강동천', '옥류동천'

표충사를 에워싼 재약5봉의 골은 금강동천金剛洞川과 옥류동천玉流洞川으로 나뉜다. 한계암寒溪庵 아래에 있는 금강동천은 산세가 부드러운 편이며 그 속의 폭포는 웅장하다. 금강폭포는 높이 25미터의 무지개폭포이다. 금강동천에 비해 옥류동천은 색다른 절경을 준다. 20~30미터 높이의 폭포가 연이은 층층폭포, 흑룡폭포, 그리고 학암폭포가 살짝 비켜 있다. 하얀 물기둥을 타고 승천하는 흑룡을 닮은 흑룡폭포, 바위 절벽에서 2단으로 내리꽂는 층층폭포 물줄기는 장관이다. 재약산과 천황산은 표충사, 내원암, 서상암, 한계암을 품었다.

◑산행 길잡이

▲표충사→금강동천→한계암 금강폭포, 천황산 3.9km. 금강폭포는 한계암을 중심에 두고 좌 · 우로 폭포가 있는데, 금강폭포, 은유폭포, 옥류폭포, 일광폭포가 있으며, 암자는 폭포사이 위에 그림처럼 앉아 있다.

▲표충사→옥류동천→흑룡폭포 전망대→층층폭포→사자평 왕복 8km, 4~5시간 소요.

▲표충사 뒤 대밭길→사자평 코스는 3.2km. 아름다운 표충사 계곡을 따라가면 흑룡폭포를 지나고 다시 2km 가량을 더 올라가면 재약산의 명물이자 얼굴인 층층폭포가 나온다. 층층폭포를 지나면 사자평 고사리분교 터이다. 사자평에서 한껏 감흥을 누를 수 있다.

▲하산 코스가 버거우면 표충사 임도(임도 5.0km 층층폭포 코스는 3.8km)로 간다.

◑스토리

사자평 억새는 밀양팔경 중의 하나이다. 소장수, 보부상들이 지나다녔던 사자평 옛길, 소금쟁이새미가 있다. 이제는 역사 속으로 사라진 화전민들이 부쳐 먹는 논밭이나 키우는 가축, 숯 따위를 굽는 가마터 등을 중심으로 드문드문 흩어져 살았다.

◑교통편

▲부산에서는 열차를 타고 밀양역에서 내려 밀양시외버스터미널로 이동해 표충사행 버스를 타면 된다. 밀양시외버스터미널에서 표충사행 버스는 오전 8시20분, 9시10분, 10시, 11시에 출발한다.

▲원점회귀를 할 경우에는 승용차편이 편리하다. 승용차를 이용할 경우 신대구 · 부산고속도로 밀양IC→울산 언양 방향 24번 국도 우회전→단장 표충사 1077번 지방도 우회전→금곡교 지나→아불교 지나→집단시설지구 공용주차장(또는 표충사 경내 주차장) 순. 경남 밀양시 단장면 구천리 2052 '표충사 정류장'을 내비게이션 목적지로 하면 된다. 주차비는 무료.

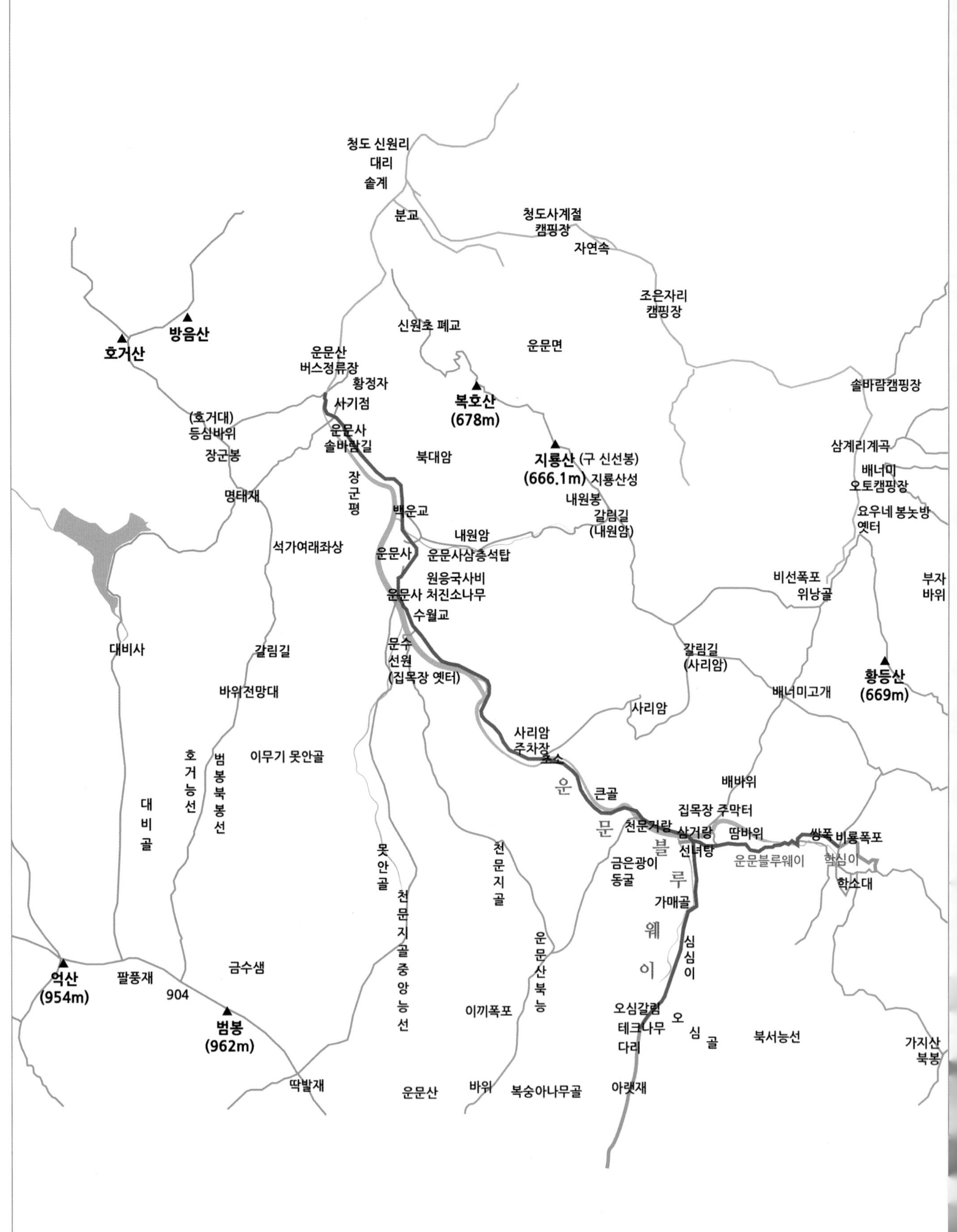
운문댐
청도 신원리
대리
솔계
분교
청도사계절
캠핑장
자연속
조은자리
캠핑장
방음산
호거산
신원초 폐교
운문면
운문산
버스정류장
황정자
사기점
복호산
(678m)
솔바람캠핑장
(호거대)
등심바위
운문사
솔바람길
지룡산 (구 신선봉)
(666.1m) 지룡산성
장군봉
북대암
삼계리계곡
장
군
평
배너미
오토캠핑장
명태재
내원봉
백운교
갈림길
(내원암)
요우네 봉놋방
옛터
내원암
석가여래좌상
운문사
운문사삼층석탑
원응국사비
비선폭포
위낭골
부자
바위
운문사 처진소나무
수월교
대비사
갈림길
문수
선원
(집목장 옛터)
갈림길
(사리암)
황등산
(669m)
바위전망대
배너미고개
사리암
사리암
주차장
호
거
능
선
범
봉
북
봉
선
이무기 못안골
배바위
대
비
골
운
큰골
집목장 주막터
문
천문거랑
삼거랑
땀바위
쌍폭
비룡폭포
블
선녀탕
운문블루웨이
학심이
못
안
골
천
문
지
골
금은광이
동굴
루
학소대
가매골
천
문
지
골
중
앙
능
선
웨
운
문
산
북
능
심
심
이
억산
(954m)
팔풍재
904
금수샘
이
범봉
(962m)
이끼폭포
오심갈림
테크나무
다리
오
심
골
북서능선
가지산
북봉
딱발재
운문산
바위
복숭아나무골
아랫재

3. 운문 '블루웨이 솔바람길'

숨겨진 비경을 찾아가는 운문계곡 탐방 코스이다. 운문 블루웨이 솔바람길은 사리암 주차장에서 큰골 삼거를 지나 아랫재로 가는 심심이 구간, 사리암 주차장에서 크골 삼거를 지나 학심이 구간으로 나뉜다. 학심이골에는 쌍폭과 비룡폭포, 학소대폭포가 있다. 높은 바위절벽에서 떨어지는 한줄기 학소대 폭포는 장대하며, 4단으로 떨어지는 비룡폭포는 용이 승천하는 모습이다. 비룡폭포는 깎아지른 바위를 타고 내려가야 하므로 조심해야 한다.

◑산행 길잡이

▲천년고찰 운문사 솔바람길을 빼놓을 수 없다. 수백 년 된 소나무가 쭉쭉 뻗어 있는 길은 운치를 더해준다. 매표소 주차장에서 걸어가야 하는 이유가 된다. 자연관찰길로는 운문 반시길, 신화랑 풍류체험길, 역사의 숲길, 대화의 숲길, 향기의 숲길, 푸른숲 탐방길, 아름다운 운문경관 숲길, 문화의 숲길이 있다.

▲탐방로는 운문 전나무숲길, 운문 녹색길, 전망대길, 아랫재길, 학소대길이 있다. 운문산 생태관광 안내센터에서 운영하는 '숨겨진 비경을 찾아서 떠나는 운문산 탐방'을 예약하면 해설사의 동행 하에 출입이 가능하다. 왕복 8.2km, 2시간 30분 코스다.

◑스토리

운문 블루웨이 솔바람길 심곡에는 과거 운문송을 벌목하는 산판장이 있었다. 문수선원 주변과 삼계 초소 일대에 집목장과 막사가 있었다. 범봉, 호거산, 복호산이라는 지명에서도 볼 수 있듯이 운문 계곡은 범의 소굴이었다. 운문지맥은 수백 미터 높이의 진귀한 바위와 수려한 계곡과 폭포가 많다. 학소대, 비룡폭포, 쌍폭, 오심폭포, 구만폭포, 석골폭포, 나선폭포 등이 있다. 운문 팔풍재는 운문 솔계에서 생산되는 무쇠솥을 지고 팔풍장으로 나르던 옛길이다.

◑교통편

▲언양터미널에서 출발하는 경산여객버스를 타고 운문사공영주차장으로 간다.(9시, 13시, 15시 40분, 18시 50분) 나오는 버스는 운문사에서 08시25분, 11시 35분, 14시 35분, 17시 25분이다. 버스 시간편이 변경될 수 있으므로 미리 확인해야 한다.

▲승용차를 이용하는 경우에는 언양 서울산IC를 빠져나와 개통한 운문터널을 지나면 운문사로 갈 수 있다. 운문사공영주차장까지 30~40분이 소요된다. 내비게이션 '운문사공용주차장'. 주차비 무료.

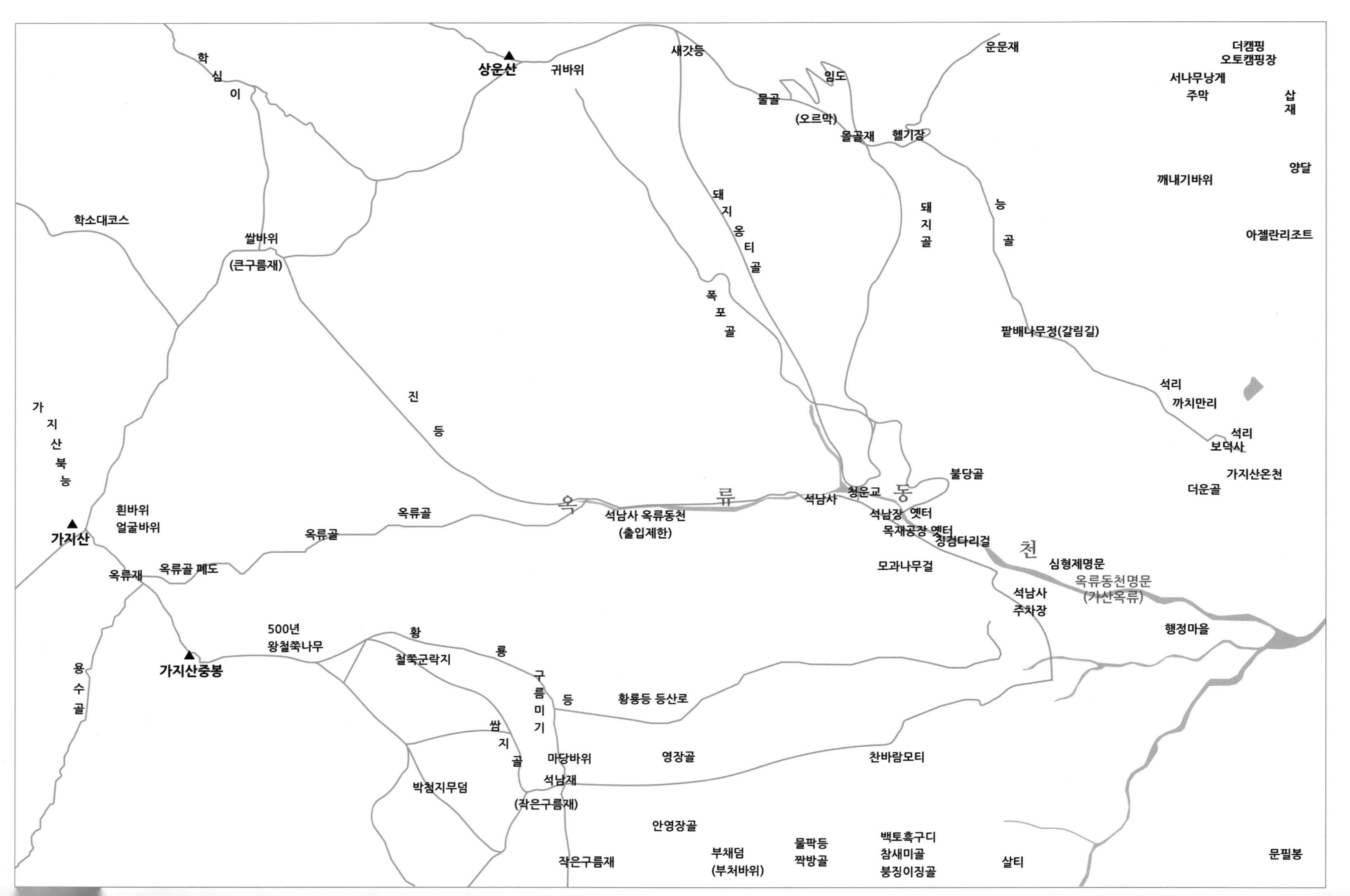

학
심
이
상운산
귀바위
새갓등
임도
물골
(오르막)
몰골재
헬기장
운문재
더캠핑
오토캠핑장
서나무낭게
주막
삽
재
양달
깨내기바위
아젤란리조트
학소대코스
쌀바위
(큰구름재)
돼
지
옹
티
골
돼
지
골
능
골
폭
포
골
팥배나무정(갈림길)
석리
까치만리
석리
보덕사
가지산온천
더운골
진
등
가
지
산
북
능
불당골
청운교
동
석남사
석남장 옛터
목재공장 옛터
청검다리길
옥
류
천
석남사 옥류동천
(출입제한)
흰바위
얼굴바위
옥류골
옥류골
가지산
옥류재
옥류골 폐도
모과나무걸
심형제명문
옥류동천명문
(가산옥류)
석남사
주차장
행정마을
500년
왕철쭉나무
황
룡
구
름
미
기
등
철쭉군락지
가지산중봉
용
수
골
황룡등 등산로
쌈
지
골
마당바위
석남재
(작은구름재)
영장골
찬바람모티
박첨지무덤
안영장골
작은구름재
부채덤
(부처바위)
물팍등
짝방골
백토흑구디
참새미골
붕징이징골
살티
문필봉

4. 가지산 무릉도원, 옥류동천

가지산 정상 동녘 아래에 있는 골짜기로, 석남사로 이어져 석남계곡 또는 옥류계곡이라 부른다. 예전에는 밀양 얼음골 용수골에서 중봉 옥류재를 넘어 옥류골로 이어지는 등산로가 있었으나 지금은 폐도 되었다. 옥류동천玉流洞川은 백석안택 흰 바위에 구슬이 굴러가는 아름다운 반석 계곡이다. 석남사 스님들의 수행환경 유지를 위해 일반인들의 내부 통행을 제한하고 있어 아쉽다. 대신 일주문 밖 계곡의 기암괴석에는 가산옥류加山玉流라는 명문이 길손들의 허전한 마음을 달래준다.

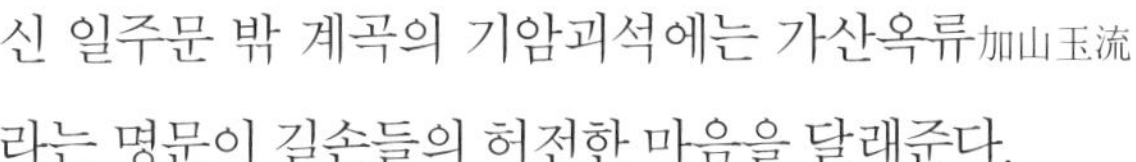

가지산은 봄이면 진달래, 여름이면 녹음, 가을에는 단풍, 겨울에는 눈으로 사계의 아름다움으로 유명하다. 가지산 철쭉군락지에는 희귀 품종인 백철쭉과 연분홍에서 진한 분홍색의 철쭉까지 여러 품종이 섞여 자란다. 가지산 황룡등 구간은 철쭉터널을 이루며 꽃비를 쏟아낸다.

◑산행 길잡이

▲가지산 황룡등 철쭉기행(석남터널→황룡등→가지산 500년 할배 철쭉나무 관찰) 왕복 4km, 철쭉이 피는 4월 말, 5월 초순이 최적기다.

▲석남터널→황룡등→중봉→가지산 정상왕복 6km, 가장 짧은 코스이기 때문에 초반부터 가파른 오르막으로 시작하는 단점이 있다.

▲석남사주차장→석남고개→가지산 정상 코스는 총 9.4km.

▲석남터널에서 가지산 정상을 올랐다가 석남사주차장으로 하산하면 총 15.4km.

◑스토리

옥류동천 비알에 500년 왕철쭉나무가 있다. 상북 사람들이 신목으로 받드는 신목이다. 아홉 개 밑둥치 나이를 모두 합치면 1150살이나 된다. 그 위세가 얼마나 위풍당당하던지 황룡이 불을 내뿜듯, 산신령이 장풍을 쏘듯 하다. 특히 호랑이 표범이 철쭉을 좋아한다.

◑교통편

▲언양터미널에서 1713, 807번, 328번 버스가 석남사 주차장을 운행한다. 석남터널 가는 버스 편이 없으므로 웬만하면 택시를 이용하는 편이 시간을 아낄 수 있다.

▲승용차 이용을 할 경우에는 울산 울주군 상북면 덕현리 1002-2 석남주차장이나 '석남터널'을 목적지로 한다.

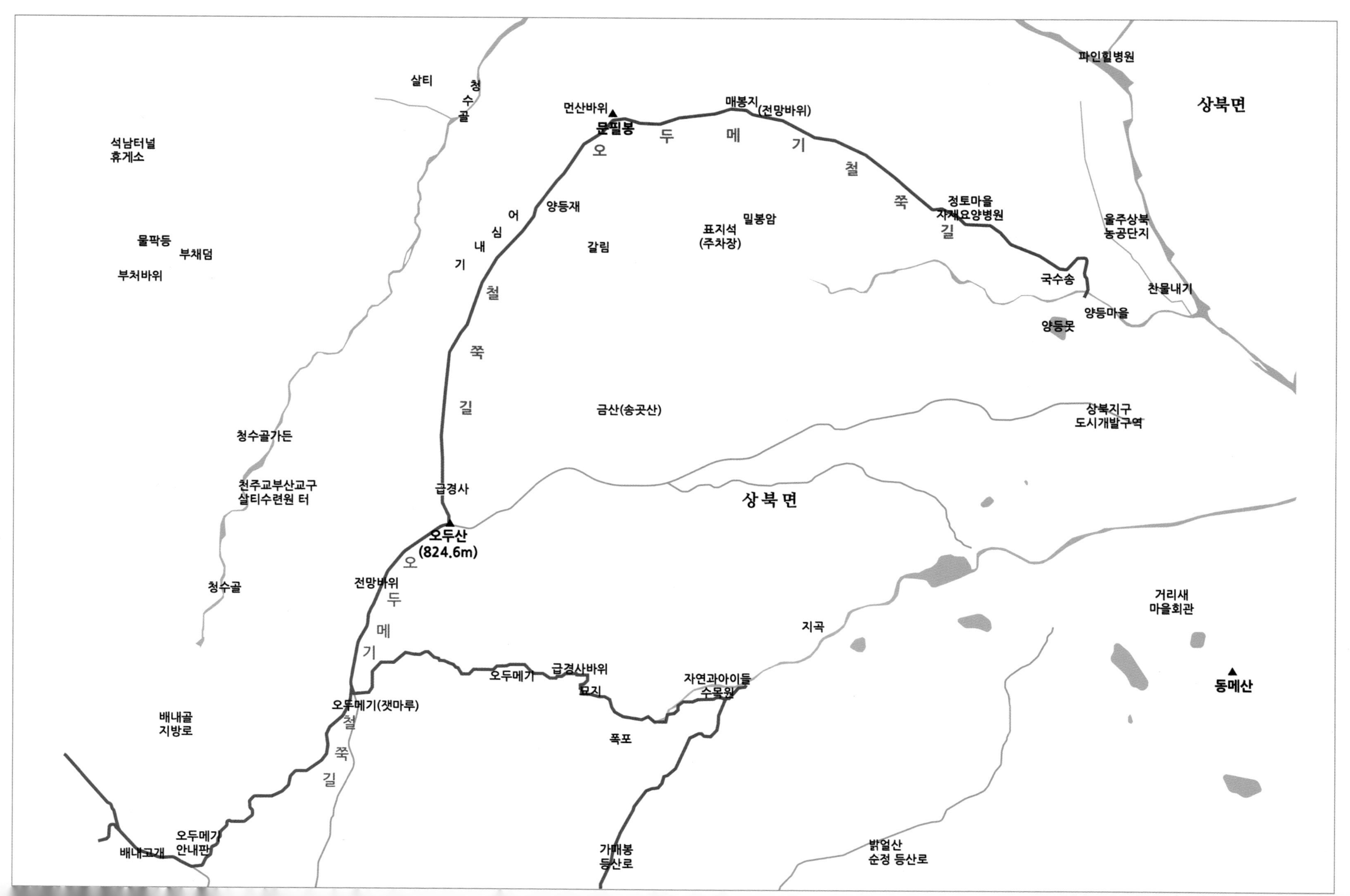
상북면
파인힐병원
살티
청수골
석남터널
휴게소
먼산바위
문필봉
매봉지(전망바위)
오두메기철쭉길
어심내기철쭉길
양등재
밀봉암
표지석
(주차장)
갈림
정토마을
자재요양병원
울주상북
농공단지
국수송
찬물내기
양등마을
양등못
물팍등
부채덤
부처바위
금산(송곳산)
상북지구
도시개발구역
청수골가든
천주교부산교구
살티수련원 터
급경사
상북면
오두산
(824.6m)
청수골
전망바위
오두메기
급경사바위
묘지
자연과아이들
수목원
지곡
거리새
마을회관
동메산
오두메기(잿마루)
오두메기철쭉길
배내골
지방로
폭포
오두메기
안내판
배내고개
가매봉
등산로
밝얼산
순정 등산로

5. 오두산 철쭉 대궐

고헌산에서 본 가지산과 능동산, 오두산 전경

배내고개에서 오두산鰲頭山을 거쳐 양등마을로 이어지는 싱글 코스이다. 엿장수 마음대로 생긴 철쭉터널도 환상적이다. 이 코스는 걷기 위한 산행보다 보기 위한 산행 코스라 할 수 있다. 가지산과 배내봉을 중심으로 형성된 수려한 산세와 아기자기한 산길은 철쭉 대궐 소리 듣기에 손색이 없다. 오두메기는 장꾼들의 우마고도이자 배내골 사람들에게는 바깥세상과 소통할 수 있는 통로였다. 고즈넉한 오두메기 우마고도를 따라 걷다보면 자연과 동화가 된다. 가족이나 사랑하는 연인과 걷기에도 더할 나위 없이 좋다. 양등재에서 청수골 사이로 이어진 어심내기 옛길도 철쭉터널을 이룬다.

◑산행 길잡이

▲배내고개(장구만디)에서 배내봉 방향으로 약 1백 미터 올라오면 '우마고도 오두메기' 스토리텔링 안내판이 있다. 이곳 좌측 오솔길을 따라 가면 오두메기 잿마루가 나온다. 잿마루에서 동쪽으로 곧장 내려가면 지곡마을이고, 좌측 북쪽능선 길은 오두산(0.9km), 남쪽 능선 길은 배내봉(1.5km) 방향이다. 오두산에서 양등재 어심내기, 문필봉 능선을 따라 국수송을 관찰한 후에 양등마을로 내려선다. 거리는 8km, 5시간 소요된다. 대부분이 평지이거나 내리막 코스로, 중하등도의 난이도다.

▲배내고개→배내봉-→월재→등억 복합웰컴센터 코스는 약 8km 5시간 소요.

▲석남재→간월산→등억 복합웰컴센터까지 약 12km 6시간 소요.

◑스토리

오두산은 자라 머리처럼 생긴 산이다. 동해의 해를 가장 먼저 받아들인다는 밝얼산에는 애달픈 남녀의 사랑을 상징하는 정아정도령 바위가 있다. 오두메기는 오두산으로 이어진 산길이고, 양등재 어심내기는 청수골로 이어진 그늘길이다.

◑교통편

▲접근성이 좋은 편이다. 배내고개에서 출발한다. 울산KTX이나 언양터미널에서 328번 버스를 타고 배내고개에서 내린다. 328번 버스 평일 오전 6시20분, 7시50분, 9시50분, 주말 시간대는 오전 7시, 8시20분, 9시30분, 10시55분에 있다. 산행 후 거리회관이나 양등마을 찬물내기에서 1713번, 807번, 302번 시내버스를 탈 수 있다.

▲부산에서는 도시철도 1호선 노포동 종점에 있는 부산동부터미널에서 언양행 버스를 이용해 종점인 언양터미널에 내려 328번 배내골행 버스를 탄다.

▲승용차편은 내비게이션 '배내고개 주차장' 입력.

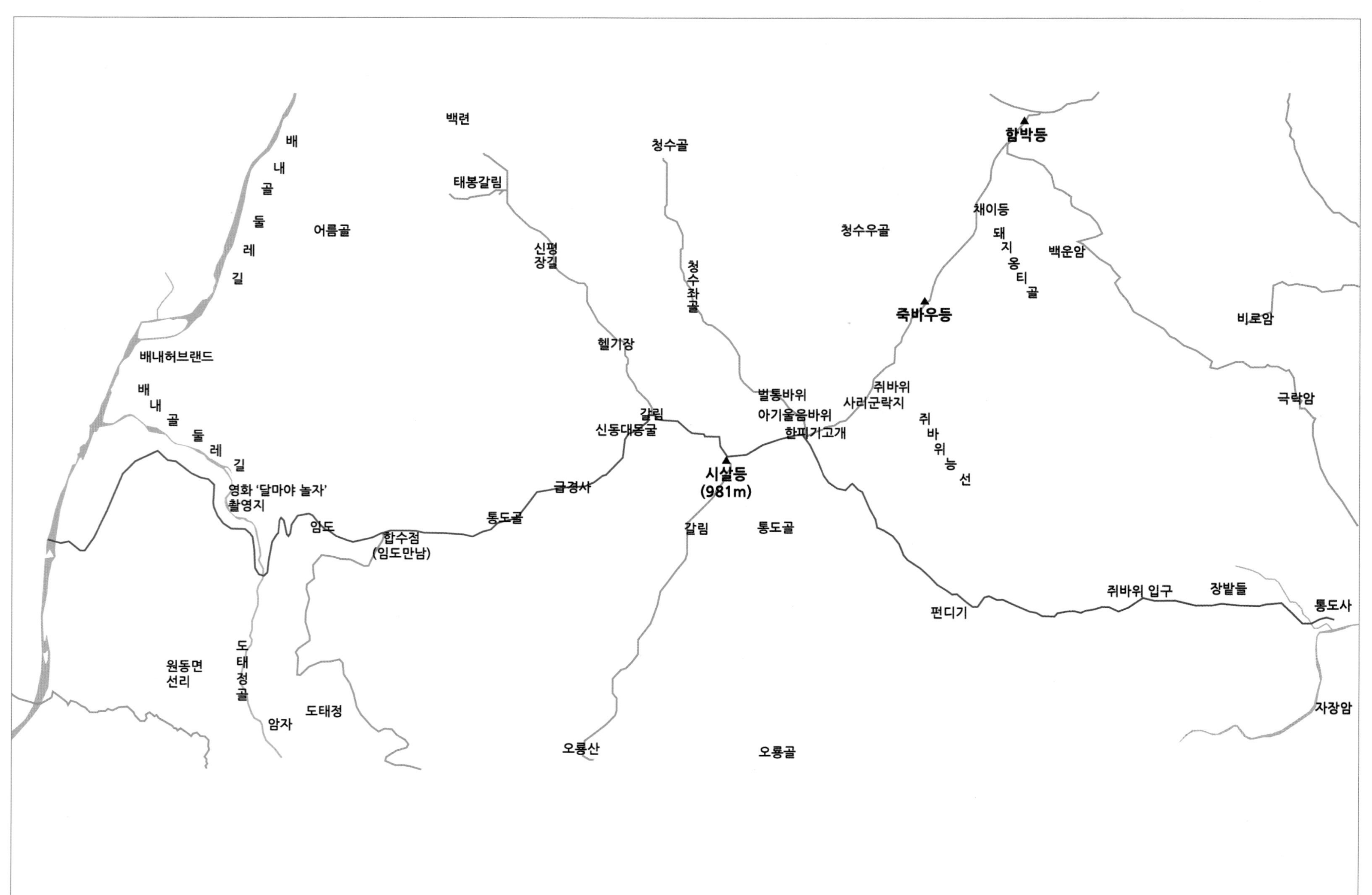

백련
함박등
청수골
태봉갈림
배내골둘레길
어름골
청수우골
채이등
돼지옹티골
백운암
신평장길
청수좌골
죽바우등
비로암
배내허브랜드
헬기장
벌통바위
취바위
사리군락지
극락암
갈림
아기울음바위
신동대동굴
함피기고개
취바위능선
시살등
(981m)
금경사
영화 '달마야 놀자' 촬영지
통도골
임도
합수점
(임도만남)
갈림
통도골
취바위 입구
장발들
통도사
편디기
원동면
선리
도태정골
도태정
암자
오룡산
오룡골
자장암

6. 통도골 도태정과 한피기고개

양산 원동면 선리에 있는 도태정은 오룡산이 숨긴 무인촌이다. 도태정에서 통도사로 넘어가는 산중 통로를 통도골이라 부른다. 예전에는 천하오지 배내골 사람들이 신평장을 드나들던 장길이자, 통도사 스님들이 드나들던 득도의 길이었다. 그래서 걷기만 해도 도가 튼다는 말이 전해온다.

한피기고개는 배내골 사람들이 양산 신평장을 드나들던 잿마루로, 영축산의 수려한 산세를 감상하며 통도사 경내로 내려설 수 있다. 신평장을 드나들던 아낙들이 목을 축이던 청수골 물은 영남알프스에서 가장 깨끗한 일급수다.

◑산행 길잡이

▲도태정 초입은 양산 배내골 선리마을에 있다. 선리 산골이야기 앞에 있는 배내교를 건너 올라가면 토태정 임도가 나온다. 도태정까지 약 2.7km, 신동대동굴 4.2km, 시살등 5km, 한피기고개 5.4km, 자장암 8km, 통도사 8.5km, 신평터미널 11. 7km.

▲한피기고개에서 통도사로 하산하지 않고 영축능선을 줄곧 따라가면 빼어난 경관을 조망 할 수 있다. 동고저서의 지형 특성상 배내골 접근이 원만하고, 남동쪽 통도사 방향은 된비알이다.

◑스토리

한피기고개 인근 아기 울음소리가 들리는 아기바위 '들님이'가 있다. 청수골에 있는 아기바위 동굴에는 슬픈 전설이 전해져 온다. 폭설이 쏟아지던 어느 날, 신평장에서 돌아오던 만삭 아낙이 동굴 안에서 출산을 하다 그만 얼어 죽고 말았다. 동굴 안의 갓 태어난 아기는 울음 범벅이 되었다. 그래서 신평장을 드나들던 아낙들은 이 동굴 앞을 지날 때마다 '젖

줄까?' 하고 물어본다고 한다. 마침 함께 갔던 여성대원이 바위틈에 대고 "젖 줄까?" 하고 묻자, 바위굴에서 "응애, 응애" 울음소리가 허기진 강아지 덤비듯 했다.

◑교통편

▲양산 원동역에서 출발하는 2번 버스, 양산역 1000번 버스를 타고 양산 선리 '도토정 정유장'에 내린다. 임도를 따라 도태정 2.7km, 통도골 정상 5.4km.

▲언양터미널에서는 328번 버스를 타고 태봉 종점에 내려서 청수골로 들어가면 한피기고개가 나온다. 약 3km. 하산 후에는 신평터미널에서 부산 노포동 직행버스나 13번 버스, 언양행 1723번 버스를 탈 수 있다.

▲승용차편은 경부고속도로에서 배내골IC를 빠져나온다. 내비게이션 '양산 강변농원'을 목적지로 하면 선리마을공동체회관에 도착한다.

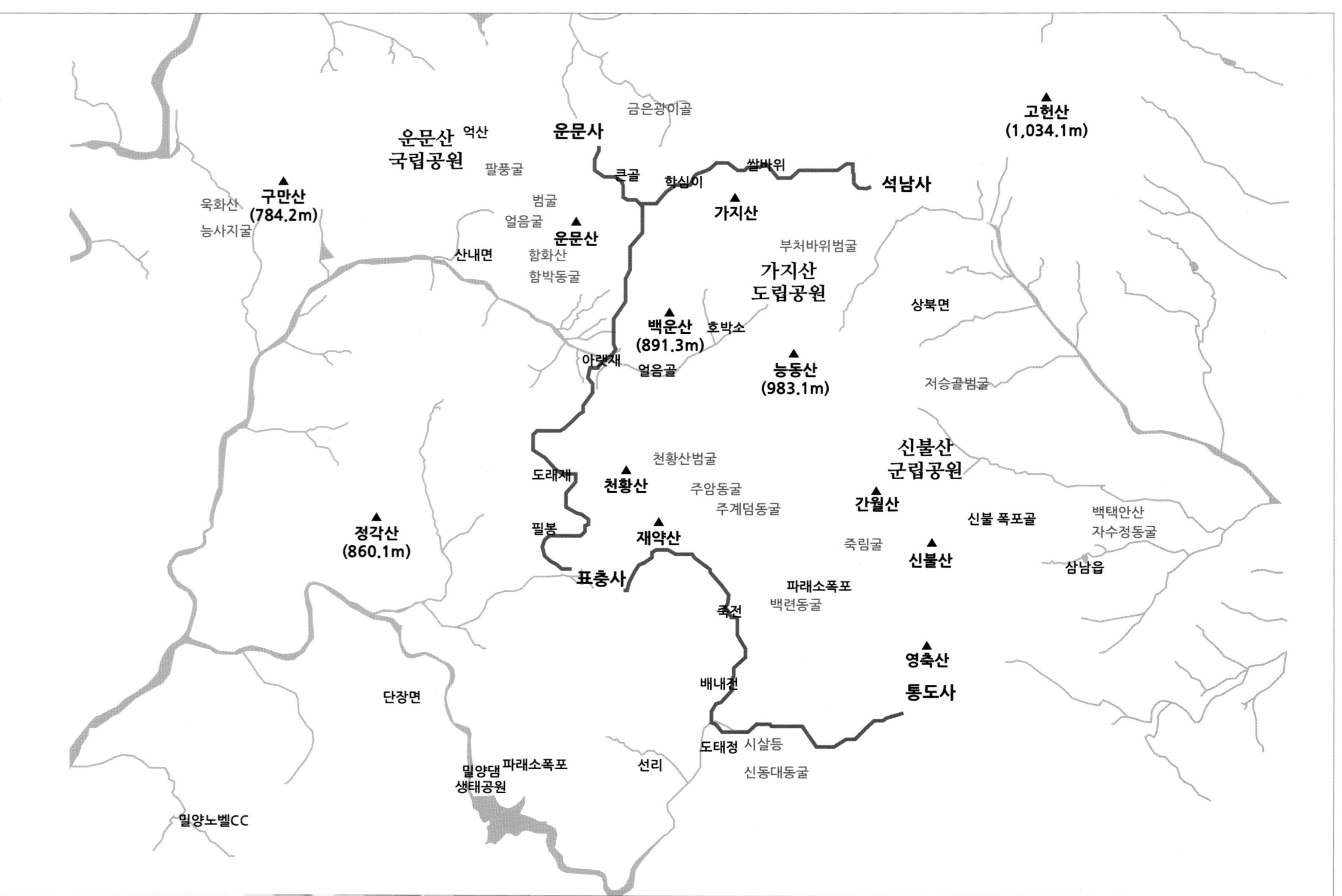
운문산 국립공원
억산
운문사
금은광이골
고헌산 (1,034.1m)
구만산 (784.2m)
육화산
능사지굴
팔풍굴
큰골
학심이
쌀바위
석남사
범굴
얼음굴
운문산
가지산
산내면
함화산
함박동굴
부처바위범굴
가지산 도립공원
상북면
백운산 (891.3m)
호박소
아랫재
얼음골
능동산 (983.1m)
저승골범굴
신불산 군립공원
천황산범굴
도래재
천황산
주암동굴
주계덤동굴
간월산
신불 폭포골
백택안산
자수정동굴
정각산 (860.1m)
필봉
재약산
죽림굴
신불산
삼남읍
표충사
파래소폭포
백련동굴
축전
영축산
배내전
통도사
단장면
도태정
시살등
신동대동굴
밀양댐 생태공원
파래소폭포
선리
밀양노벨CC

7. 영남알프스 '4대 사찰 순례길'

영남알프스의 4대사찰을 잇는 순례길이다. 영남알프스에는 역사의 기품을 간직한 큰 사찰이 있다. 영축산 통도사, 재약산 표충사, 운문산 운문사, 가지산 석남사이다. 유네스코 세계문화유산에 지정된 통도사는 우리나라에서 가장 큰 불보대찰이다. 밀양 표충사는 654년 원효대사가 창건한 전통 호국선양 사찰이며 임진왜란 때 승병僧兵을 일으켜 나라에 큰 공을 세운 사명대사四溟大師로 유명하다. 청도 운문사는 승가가람이 있는 유서 깊은 비구니 도량이다. 석남사는 통일신라의 승려 도의가 호국도량으로 창건한 사찰이다.

◑산행 길잡이

▲4대사찰 코스를 순례하려면 사찰 별로 3~4회 나눠야 한다. 통도사에서 표충사 구간 17km는 꼬박 하루가 걸린다. 표충사에서 운문사 17km, 운문사에서 석남사 10km 산악도보를 해야 한다. 석남사에서 통도사 17km 구간은 영남알프스 둘레길을 이용하면 된다.

▲열아홉 개의 암자를 거느린 통도사 마당에 들어서면 한 폭의 병풍 같은 영축산이 펼쳐진다. 영축산이 수려한 산세 웅장한 비경들을 감상하며 걸을 수 있다. 통도사에서 표충사로 이어지는 길은 통도골 도태정 코스이다. 그야말로 걷기만 해도 도가 트는 길이다.

▲표충사 코스는 배내골에서 사자평으로 가는 코스와 밀양 단장면 코스가 있다. 사자평 코스는 억새늪지와 폭포 계곡 길로 이어진다.

▲운문사 코스는 밀양 아랫재에서 운문계곡으로 연결된다. 계곡이 깊고 맹수가 많은 험로이다.

▲가지산 석남사 코스는 접근성이 좋은 편이다. 버스종점에 내리면 일주문과 곧장 연결된다. 심산유곡에 들어있는 네 사찰 일주문을 지나면 낙낙장송이 하늘을 뒤덮었다.

▲통도사에서 표충사 구간 17km의 난이도는 상급이다. 표충사에서 운문사 17km 구간은 난이도 상중급이다. 운문사에서 석남사 10km 구간은 상급이다. 석남사에서 통도사 17km 구간은 영남알프스 둘레길로도 연결되어 있다.

◑교통편

▲통도사 코스는 부산 언양간 직행버스를 타면 신평터미널에 하차한다. 언양터미널에서 1723번 버스, 13번 버스가 있다. 언양↔부산을 오가는 직행버스가 신평터미널에 정차한다.

▲표충사는 밀양 표충사행 버스를 타고 종점에 하차한다.

▲운문사는 운문사공용주차장에 내려서 약 1.7km의 솔바람길을 걷는다. 걸쳐 쭉쭉 뻗어 있는 낙낙장솔 길은 운치를 더해준다.

▲석남사는 언양터미널에서 1713번, 328번, 807번 버스가 있다.

▲승용차량 이용 시에는 내비게이션 '통도사 주차장', '표충사 주차장', '운문사공영주차장', '석남사 주차장'을 목적지로 둔다.

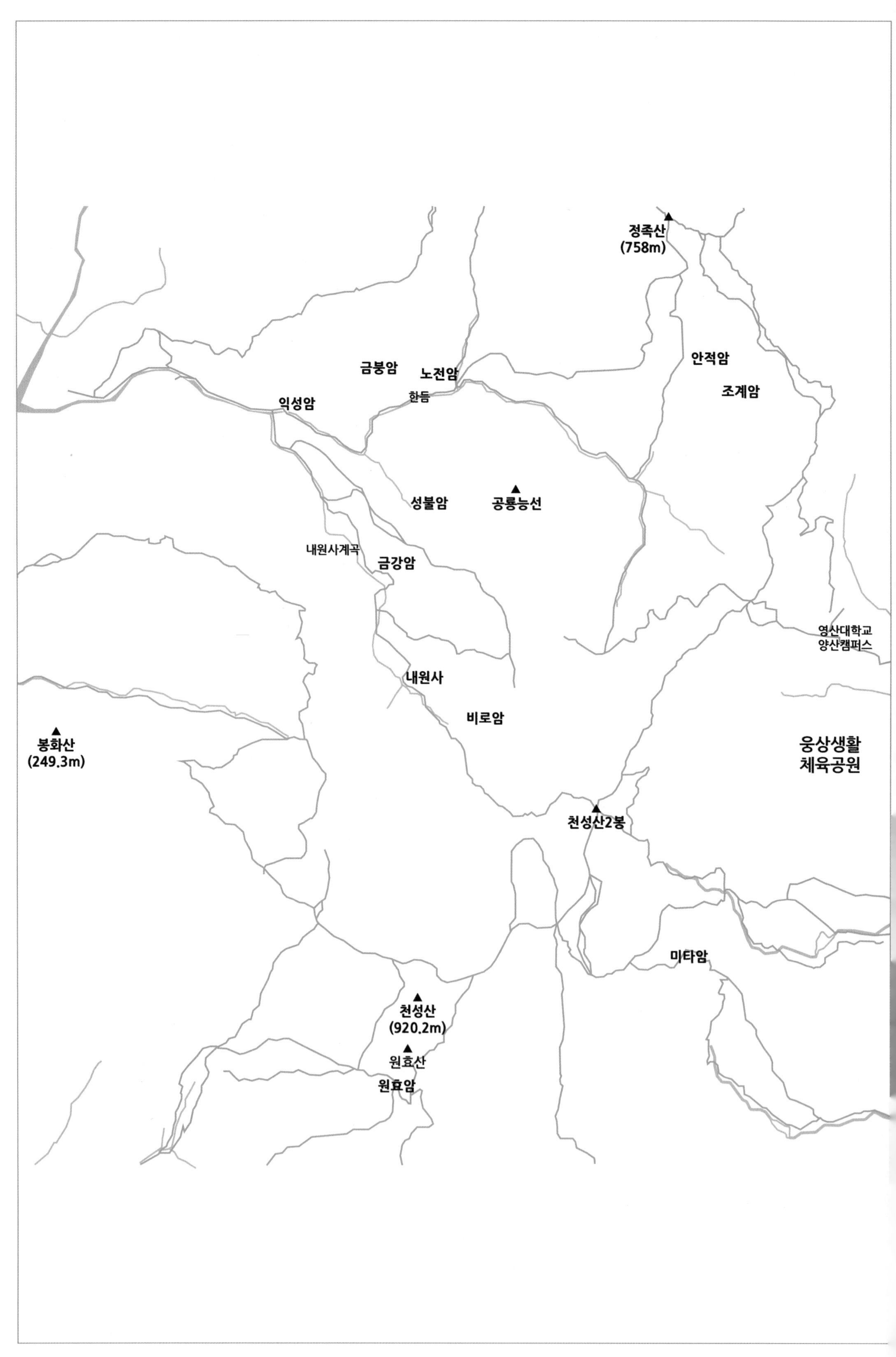

정족산
(758m)
금봉암
노전암
안적암
조계암
한듬
익성암
성불암
공룡능선
내원사계곡
금강암
영산대학교
양산캠퍼스
내원사
비로암
봉화산
(249.3m)
웅상생활
체육공원
천성산2봉
미타암
천성산
(920.2m)
원효산
원효암

8. 천성산 '내원사 10암자 순례길'

천성산千聖山 기슭에 자리 잡은 내원사는 아름다운 계곡으로 유명하다. 예전부터 소금강이라 불리던 내원사 6km 계곡은 사시사철 맑고 깨끗한 물이 흐른다. 내원암 산내암자로는 미타암彌陀庵, 성불암成佛庵, 원효암元曉庵, 조계암曹溪庵, 금강암金剛庵, 내원암內院庵, 안적암安寂庵, 익성암益聖庵, 노적암露積庵, 금봉암金鳳庵이다. 이들 암자 주변에는 폭포와 크고 작은 소沼, 기암바위가 첩첩이 있어 인접한 부산, 울산, 경남 사람들의 안식처가 된다.

◑산행 길잡이

▲내원사 일주문에서 내원사로 이어진 6km의 계곡을 걷기만 해도 힐링이 된다. 암자 대부분이 유유자적 걸을 수 있는 숲길이며, 때로는 비탈진 산길도 있다. 특히 산중암자 금붕암 코스는 백미이다. 산기슭에 걸린 고즈넉한 자드락길과 오래된 고목이 길손을 반긴다. 10암자 모두 비구니 수행 가람이니 발걸음조차 신중을 기해야 한다. 난이도는 상중하가 고루 분포되어 있다. 승용차가 갈 수 있는 암자와 갈 수 없는 도량이 있다. 본사인 내원사를 포함해 대부분이 차가 갈 수 있으나 금봉암 등은 차량 통행이 불가능하다.

◑연계산행

천성산 주봉과 천성산 2봉, 정족산은 저마다 특징과 맛을 가지면서도 서로 능선을 통해 연결돼 하나의 거대한 산군을 이룬다.

◑스토리

창건 당시 원효대사는 천성산 상봉에서 『화엄경華嚴經』을 강론하여 1,000명의 승려를 오도悟道하게 하였다. 이 때 『화엄경』을 설한 자리에는 화엄벌이라는 이름이 생겼고, 내원암에는 큰 북을 달아놓고 산내의 89암자가 다 듣고 모이게 했으므로 집북봉이라는 이름이 생겼으며, 1,000명이 모두 성인이 되었다 하여 산 이름을 천성산이라 하였다고 전해온다.

◑교통편

▲양산시외버스터미널에서 언양방면 11번, 12번, 13번 완행버스(10분 간격)를 이용하여 내원사 입구에 하차한다. 매표소까지 도보 30분.

▲승용차편은 경부고속도로 통도사 IC를 빠져나와 35번 국도를 거쳐 내원사로 간다. 내비게이션은 '양산 내원사 주차장'을 목적지로 한다.

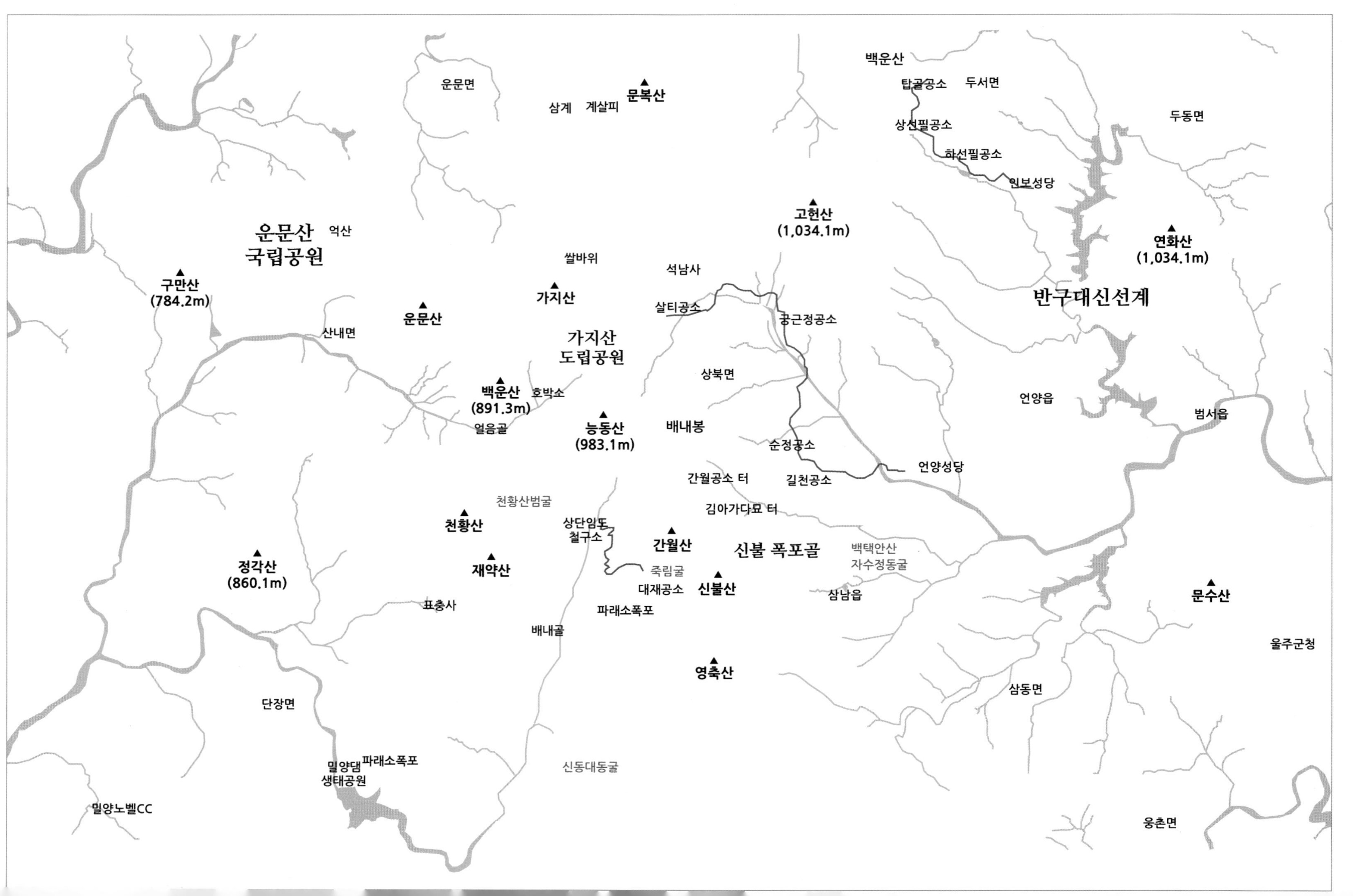

백운산
탑골공소
두서면
두동면
상선필공소
하선필공소
인보성당
운문면
삼계
계살피
문복산
고헌산
(1,034.1m)
연화산
(1,034.1m)
반구대신선계
운문산
국립공원
억산
쌀바위
석남사
구만산
(784.2m)
가지산
살티공소
공근정공소
운문산
산내면
가지산
도립공원
상북면
백운산
(891.3m)
호박소
언양읍
범서읍
능동산
(983.1m)
배내봉
얼음골
순정공소
언양성당
간월공소 터
길천공소
천황산범굴
김아가다묘 터
천황산
상단임도
철구소
간월산
신불 폭포골
백택안산
자수정동굴
정각산
(860.1m)
재약산
죽림굴
대재공소
신불산
삼남읍
문수산
표충사
파래소폭포
배내골
울주군청
영축산
단장면
삼동면
밀양댐
생태공원
파래소폭포
신동대동굴
밀양노벨CC
웅촌면

9. 영남알프스 '천주교 순례길'

모진 박해 속에서도 끝까지 신앙을 지켰던 천주교 신앙인들의 은둔 발자취를 찾아가는 코스다. 울주군 두서면 코스, 언양 상북면 코스, 배내골 코스 3개의 코스로 나눠져 있다. 1886년 선교의 자유가 보장되자 산속에 숨어살던 은둔자들은 마을로 내려와 자발적으로 공동체를 조직하고 교세를 확장해 나갔다. 그들이 다닌 영남알프스 천주교 순례길은 언양을 중심으로 이어졌다. 영남알프스 자락에는 박해시대에 피난처였던 16개의 공소가 있다. 우리나라 근대문화유산인 언양성당(1927년)을 구심점으로, 상북면과 두서면 일대에 천주교 성지가 많아 '영남 천주교 신앙의 발원지'로 불린다.

◑산행 길잡이

▲1코스는 신유박해 이후 박해를 피해 교우촌이 형성되었던 곳을 둘러보는 시작점은 인보성당이다. 인보성당→하선필공소→상선필공소→탑곡공소에 이르는 8.1km.

▲2코스의 시작점은 언양성당이다. 언양 시가지를 지나 가지산 자락의 첩첩산중에 자리잡은 살티마을까지 시간을 거슬러 오르는 길로 언양성당(1927년)→길천공소(1958년)→순정공소(1913년)→살티공소(1868년)→살티 순교성지에 이르는 13.1km.

▲3코스의 시작점은 배내골 상단 임도이다. 국내 유일 천연석굴 공소인 죽림굴을 찾아 영남알프스를 오르는 길로 상북면 이천리(배내골)→죽림굴에 이르는 3.2km 코스다. 죽림굴(대재공소)는 간월산 서봉 아래에 있다. 은폐형 바위굴로써, 철구소 임도에서 도보 2시간이다. 간월재에서는 약 2km, 내리막 왕방골 중간쯤에 위치했다. 천황산 범굴은 사기전마을 계곡 기슭에 있는 노출형 바위굴이다. 비교적 원만한 편이나 죽림굴을 오르는 간월산 서능 임도에 오르막길이 있다. 난이도는 중등도이다.

간월산 왕방골에 있는 죽림굴 대저공소

◑스토리

16개 천주교 공소 중에는 산중에 있는 공소가 여러 개이다. 특히 간월재 아래 왕방골에 있는 죽림굴은 천주교인들이 생쌀을 씹어 먹으며 종교의 양심을 지킨 곳이다. 간월재는 그들을 쫓는 포졸들을 관찰하던 망루 역할을 했다.

◑교통편

▲16개 공소 길은 영남알프스 산자락 곳곳에 흩어져 있다. 대표적으로 죽림굴 대저공소 들머리는 배내골 철구소 인근의 상단 임도다. 언양터미널에서 328번 버스를 타고 '신불산자연휴양림 상단' 정류장에 내린다. 상단 임도를 약 2시간 30분 걸어가면 죽림굴이 나온다.

▲교통의 사각지대가 대부분이라 승용차 이용이 편리하다. 내비게이션 목적지로는 1코스 '두서 인보성당', 2코스 '언양성당', 3코스 '배내골 철구소' 혹은 '신불산자연휴양림 상단'으로 하면 된다.

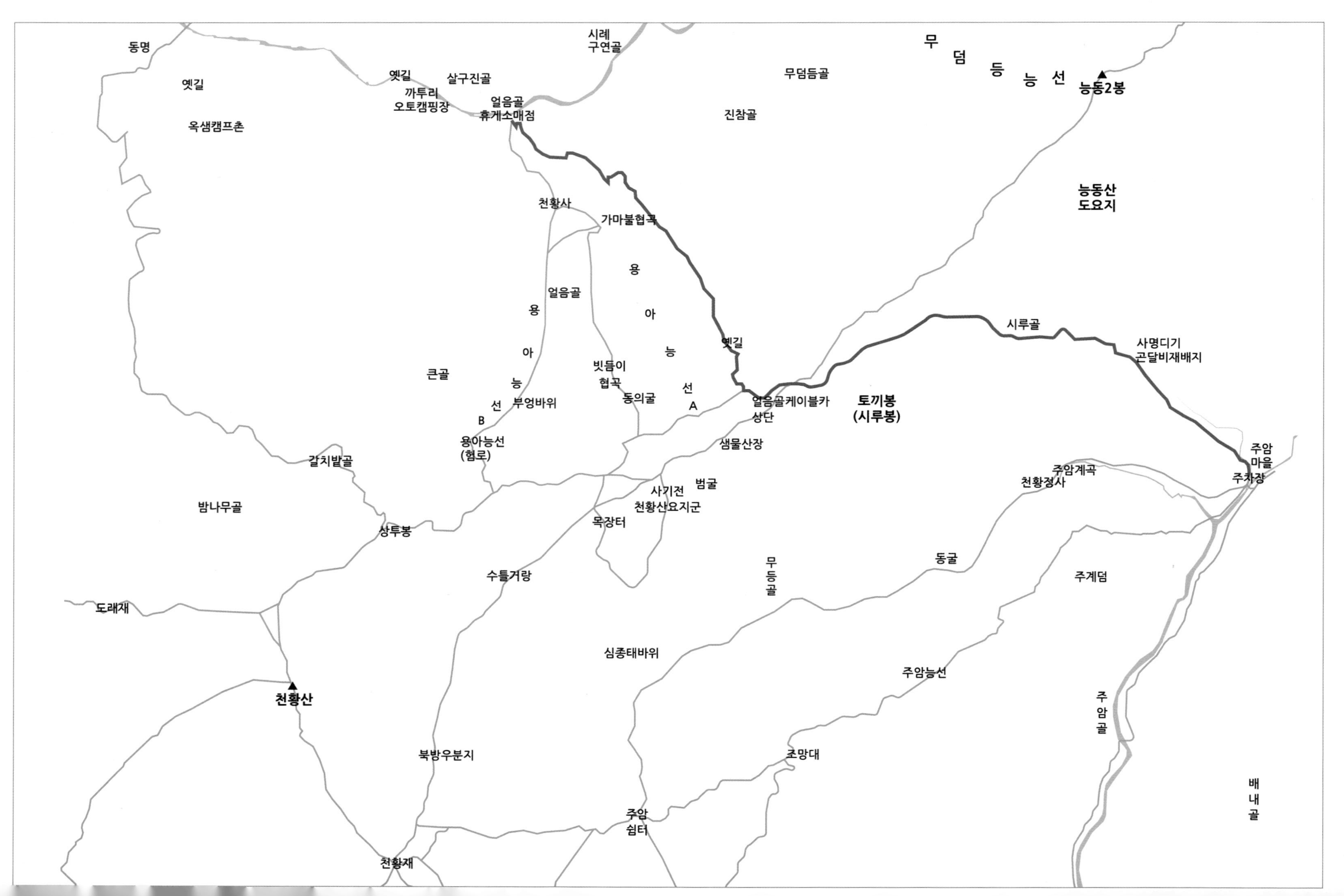
동명
옛길
옥샘캠프촌
옛길
까투리
오토캠핑장
살구진골
얼음골
휴게소매점
시례
구연골
무덤듬골
진참골
무
덤
등
능
선
능동2봉
능동산
도요지
천황사
가마불협곡
용
아
능
선
A
옛길
얼음골
용
아
능
선
B
부엉바위
큰골
빗듬이
협곡
동의굴
용아능선
(험로)
갈치밭골
시루골
사명디기
곤달비재배지
토끼봉
(시루봉)
얼음골케이블카
상단
샘물산장
사기전
천황산요지군
범굴
목장터
밤나무골
상투봉
수틀거랑
도래재
무
등
골
동굴
주암계곡
천황정사
주암
마을
주차장
주계덤
심종태바위
주암능선
천황산
북방우분지
조망대
주
암
골
배
내
골
주암
쉼터
천황재

10. 시루곡 '사명디기'

시루곡 사명디기는 배내골 산중턱에 있는 외딴 오지다. '사명'은 사명대사를 말하고, '디기'는 되다의 경상도 사투리다. 즉 높은 된비알을 말하는 것이다. 배내골 주민들에 의하면 임진왜란 당시 사명대사가 도공들과 함께 머문 곳으로 전해온다. 조선 도공들이 도예를 구웠던 천황산 도요지가 인근 야산에 있다. 지금도 사자평에는 사기전이라는 지명이 남아있고, 도요지군에는 깨어진 도자기 조각들이 나온다. 당시 사명대사는 가토 기요마스와 담판을 짓기 위해 조선 도공들을 데리고 서생포왜성으로 갔다는 설이 전해 온다.

사자평은 사명대사가 임진왜란 때 3000여 명의 승병을 이끌고 조국을 구한 구국성지이다. 경내 유물전시관과 표충서원에는 사명대사와 관련된 많은 유품이 보관돼 있다. 임란 때 친히 입은 금란가사와 장삼, 임란 후 대사가 강화사절講和使節로 일본에 가 조선 포로의 송환문제를 다룬 문서 등 16건 79점이 소장돼 있다. 일연선사가 삼국유사를 탈고한 곳도 바로 이곳이다. 당시 충렬왕은 표충사를 찾아 동방제일의 선찰이라고 칭찬을 아끼지 않았다고 한다. 일제강점기에는 표충사는 독립운동 자금을 모금하던 독립운동의 성지가 되기도 했다.

◑산행 길잡이

▲배내골 주암주차장에서 주암계곡으로 가지 않고 마을 포장길 따라 1km올라간다. 해발 650미터에 '숲속의농원팬션'(울주군 상북면 배내주암길 108-94) 일대가 사명디기로 추정된다. 주변에는 향이 오지게 좋은 참나물이 많이 자란다. 천황산 도요지와 사자평 사기전이 멀지 않는 곳이다. 엿가락 같은 꼬불꼬불한 사명디기를 계속 올라가면 사자평과 얼음골케이블카가 나온다. 평균 해발 800m의 사자평에는 도기를 구웠던 사기전과 칼 가는 돌(수틀), 억새밭, 스펀지 늪지가 있다. 밀양 얼음골과 재약5봉, 표충사 가는 길, 북방우고갯길이 연결된다. 북방우고개는 통도사와 표충사를 오가는 지금길이다.

▲밀양 얼음골에서 올려다 보이는 산등성이를 넘으면 얼음골케이블카 상부하우스 너머에 시루봉이 있다. 그곳 마루금에서 배내골 방향으로 내려가는 옛길이 사명디기다. 약 3.5km. 케이블카를 이용하면 2시간 올라야 할 된비알을 10분이면 오를 수 있다.

◑교통편

▲언양터미널에서 1713번 328번, 807번 버스를 타고 석남사로 가서 매시 출발하는 밀성여객버스(055-354-2320)를 갈아타고 얼음골로 간다. 얼음골에서 올려다 보이는 산등성이를 넘으면 얼음골케이블카 상부하우스에 이어서 시루봉이 나온다. 케이블카를 이용하면 접근이 싶다. 배내골 방향으로 내려가는 옛길이 사명디기다. 약 3.5km.

▲부산에서는 노포동 부산동부버스터미널에서 언양으로 간 다음 시내버스를 갈아타고 석남사 정류장에 내리면 된다.

▲밀양터미널에서는 석남사행 밀성여객버스를 타면 얼음골 정류장에 내릴 수 있다. 언양터미널에서 택시로는 약 30분 거리이다.

▲승용차를 이용할 경우에는 '얼음골 주차장'을 내비게이션 목적지로 하면 된다.

영남알프스가 숨긴 유토피아

신선 노름 기행

옥봉 681 갈산고지

영남알프스 동굴 기행

간월산 '도치메기'

영남알프스 폭포 기행

영남알프스의 릿지 코스

영남알프스 범티아고

'호랑이는 철쭉을 좋아한다'

들어가는 사람 봐도 나오는 사람 못 봤다는 '저승골'

배내오재梨川五嶺, 배내구곡梨川九谷

계곡 속의 무릉도원 '문복산 계살피'

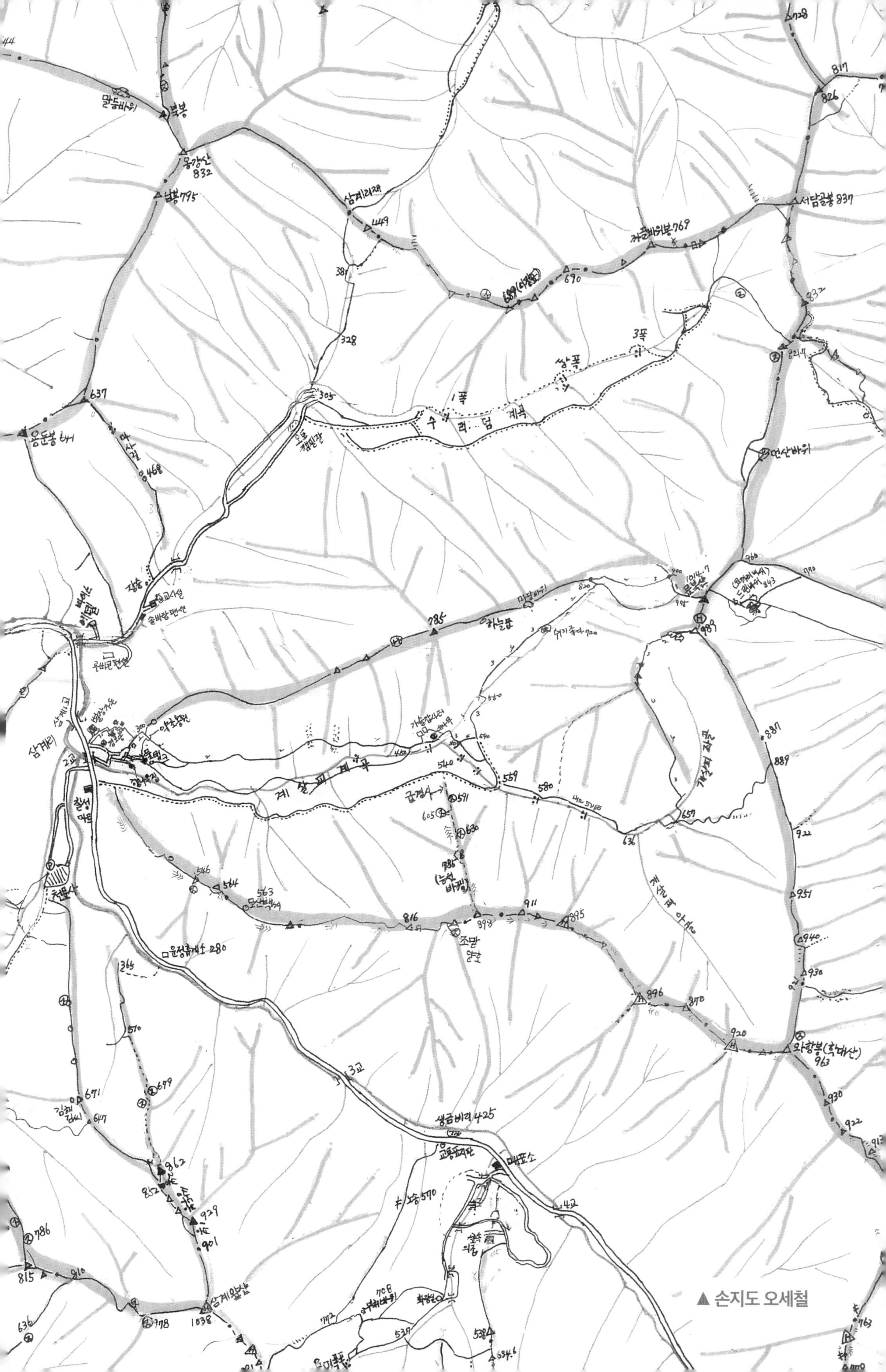
말등바위
북봉
용강산 832
남봉 795
삼계리재
449
381
328
305
3폭
쌍폭
1폭
수리덤 계곡
637
서담골봉 837
690
면산바위
문복산
989
하늘금
786
삼계리
천문사
마당바위
887
889
922
951
940
930
896
870
920
와항봉(학대산) 963
816
895
911
898
조망 양호
557
559
580
657
636
삼계교
2교
3교
4교
생금비리 425
매표소
운문령휴게소 280
671
647
679
962
929
901
786
815
910
1038
778
636
538
534.6
537
708
722
963
728
817
826
832

▲ 손지도 오세철

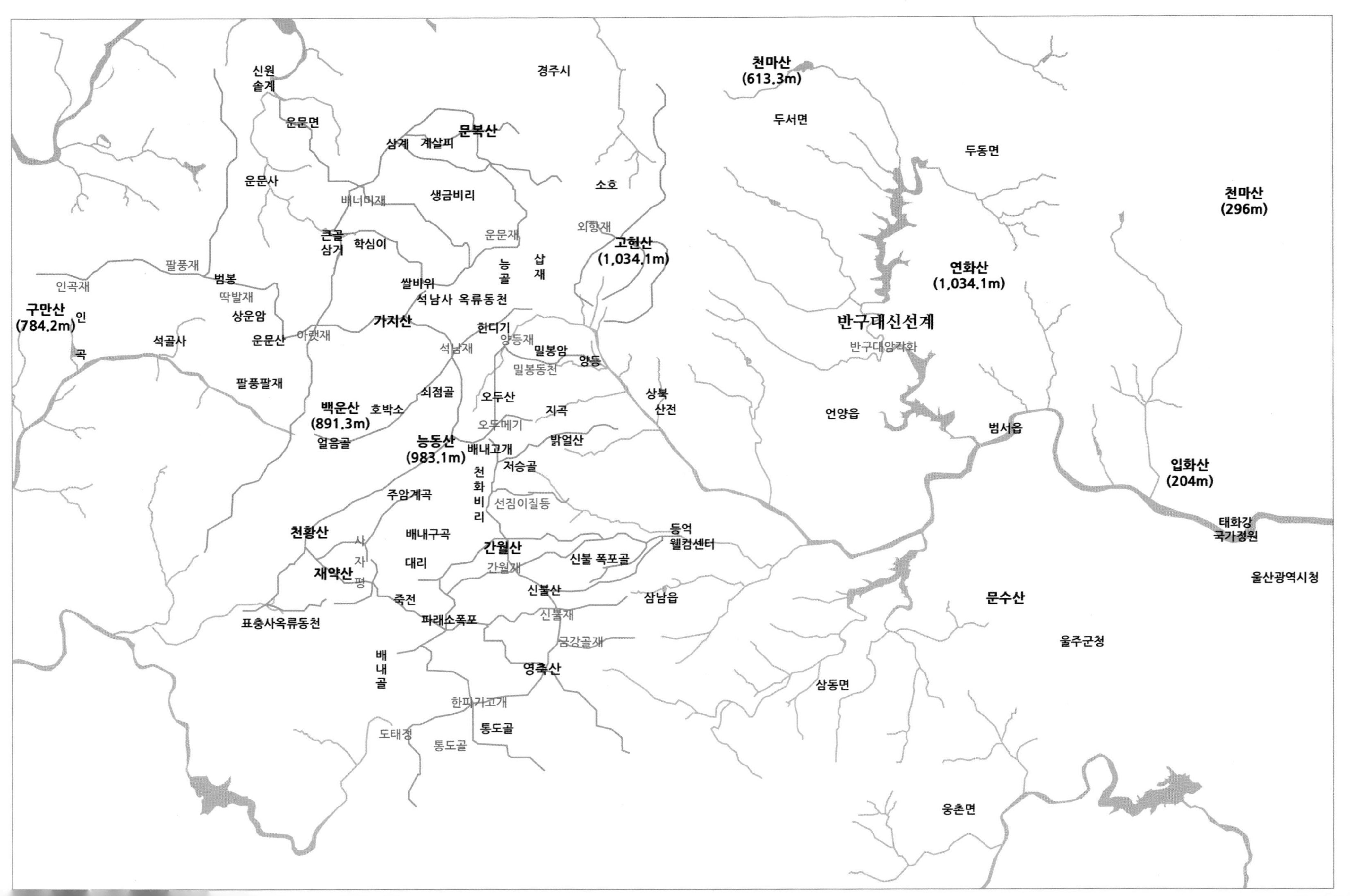
천마산
(613.3m)
두서면
두동면
천마산
(296m)
경주시
신원
솔계
운문면
문복산
삼계
계살피
소호
운문사
생금비리
배너미재
운문재
외항재
고헌산
(1,034.1m)
연화산
(1,034.1m)
큰골
삼거
학심이
능
골
삽
재
팔풍재
범봉
인곡재
딱발재
쌀바위
석남사 옥류동천
구만산
(784.2m)
인
곡
상운암
운문산
아랫재
가지산
헌디기
양등재
반구대신선계
반구대암각화
석골사
석남재
밀봉암
양등
밀봉동천
팔풍팔재
쇠점골
오두산
상북
산전
백운산
(891.3m)
호박소
지곡
언양읍
오두메기
얼음골
능동산
(983.1m)
배내고개
밝얼산
범서읍
입화산
(204m)
천
화
비
리
저승골
주암계곡
선짐이질등
태화강
국가정원
천황산
배내구곡
등억
웰컴센터
간월산
울산광역시청
대리
신불 폭포골
간월재
재약산
사
자
평
신불산
삼남읍
문수산
죽전
신불재
파래소폭포
표충사옥류동천
금강골재
울주군청
배
내
골
영축산
삼동면
한피기고개
통도골
도태정
통도골
웅촌면

1. 신선 노름 기행

쇠점골

신선 노름에 도끼자루 썩는 줄 모르는 코스이다. 주로 신선계나 다름없는 계곡이나 기암괴석이 즐비한 구간이다. 느리게 유유자적 걸으면서 영남알프스에서 빼어난 경관을 감상할 수 있다. 통도사에서 배내골로 이어진 도태정 코스, 재약5봉이 품은 표충사 옥류동천 금강동천 코스, 신선 놀이터 얼음골 쇠점골, 밀양 팔풍팔재, 석남사 옥류동천, 신불산 폭포골, 가지산 학심이 심심이 오심이, 조선구곡문화의 결정판 반구대 대곡천 등이다.

◑산행 길잡이

▲울주군 상북면 등억리 복합웰컴센터를 출발하면 신불산 폭포골에 있는 홍류폭포와 와우폭포로 갈 수 있다. 무인지경 폭포골과 와우골에 들어서면 신선이 된다.

▲표충사 옥류동천과 금강동천 그리고 석남사 옥류동천은 신선계이다. 청아한 숲길을 따라서 계곡 물소리를 들으며 걸을 수 있다.

▲밀양 팔풍팔재는 여덟 군데에서 불어오는 바람을 맞으며 가는 바람 코스다.

▲한여름에도 얼음이 언다는 밀양 얼음골 쇠점골은 천황산과 능동산 사이 하곡부이다. 12개의 징검다리와 폭포수가 흐르는 암반 계곡을 거닐면 시간 가는 줄 모른다. 누구나 걸을 수 있는 옛길 코스다.

◑스토리

다양한 스토리가 산재한다. 팔풍팔재, 석남사와 표충사의 옥류동천, 배내고국, 배내오재, 골짜기마다 장길, 옛길, 소금장수길, 사냥꾼길 등 숫한 길들이 있다. 영남알프스의 4대 사찰인 통도사, 표충사, 석남사, 운문사를 연결하는 구도의 길이 있다. 가지산 부처바위와 주암계곡에서 영남알프스 마지막 표범이 포획되었다. 특히 표범은 진달래 철쭉을 좋아 한다. 가지산은 봄이면 진달래, 여름이면 녹음, 가을에는 단풍, 겨울에는 눈으로 사계의 아름다움을 더한다.

◑교통편

▲밀양 지역을 가려면 언양터미널에서 328번, 1713번, 807번, 338번 시내버스를 타고 석남사주차장에 내린다. 석남주차장에서 출발하는 밀성여객버스(055-354-2320)를 타고 얼음골 주차장에 내린다. 부산에서 노포동 부산동부버스터미널에서 언양행 버스는 오전 6시20분부터 밤 10시까지 30분 간격으로 운행한다.

▲승용차를 이용할 경우에는 '얼음골 호박소 주차장' 내비게이션 입력.

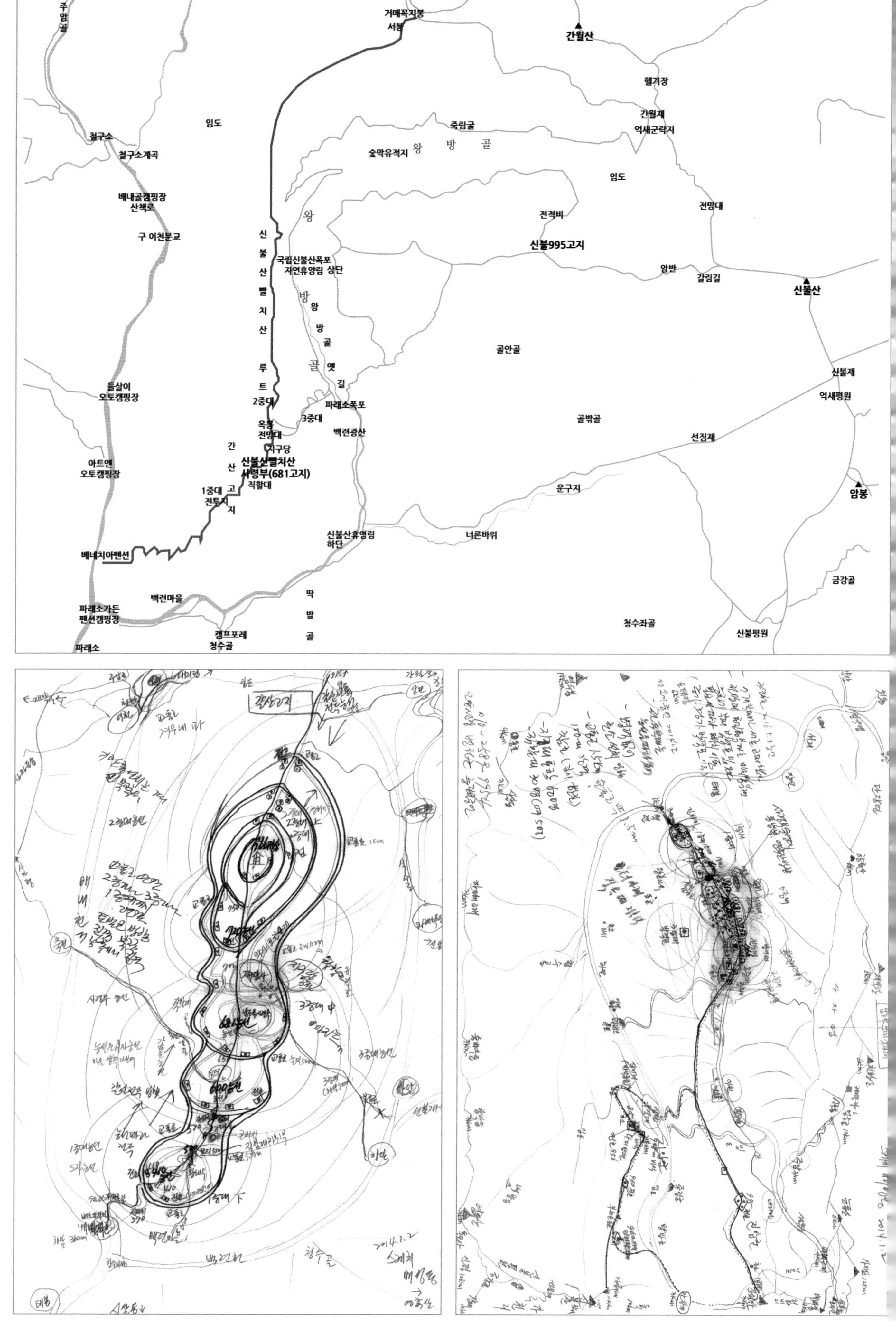

주암골
거매꼭지봉
서봉
간월산
헬기장
간월재
억새군락지
임도
죽림굴
숯막유적지
왕 방 골
철구소
철구소계곡
배내골캠핑장
산책로
구 이천분교
임도
전망대
전적비
왕
신불995고지
신불산빨치산루트
국립신불산폭포
자연휴양림 상단
암반
갈림길
신불산
방
왕
방
골
골안골
골
옛
길
신불재
억새평원
들살이
오토캠핑장
2중대
파래소폭포
3중대
옥봉
전망대
백련광산
골밖골
선짐재
간산고지
지구당
신불산빨치산
사령부(681고지)
직할대
아트엔
오토캠핑장
1중대
전투지
운구지
암봉
신불산휴영림
하단
너른바위
베네치아펜션
금강골
백련마을
딱발골
파래소가든
펜션캠핑장
청수좌골
신불평원
캠프포레
청수골
파래소

2. 옥봉 681 갈산고지

옥봉 갈산고지는 신불산 빨치산의 주요 거점이었다. 배내골 옥봉 681고지에 비밀 아지트를 마련한 빨치산부대는 반경 3~5km에 망루를 설치하여 적을 살폈다. 이들은 갈산고지에서 3년을 은신하며 울산, 부산, 밀양, 양산, 청도, 경주 일대의 후방 게릴라작전을 펼쳤다. 실제로 영남알프스에서 빨치산 활동을 했던 남도부 사령관이 생포된 후 재판 과정에서 밝혀진 기록을 보면 교전이 700여 회나 치러졌다. 지금도 옥봉 갈산고지에는 그들의 사용하던 참호와 비트, 교통로 흔적들이 남아있다.

신불산 골안골 우측 상단의 봉우리가 681갈산고지가 있었던 옥봉이고, 흰 건물은 전망대이다.

◑산행 길잡이

▲681고지는 배내골 백련마을 야산에 있다. 지그재그 루트는 천혜의 전투요새다. 남도부는 갈산고지를 남북으로 나누어 1, 2, 3중대와 직할대를 구축했다. 1중대는 남쪽 자락의 백련마을과 죽전마을 방향, 2중대는 고지 정상 너머의 북쪽 방향, 3중대는 시살등방향에 중화기를 설치하였다. 지휘부인 사령부와 지구당 숙영지는 해발 670미터 구석진 산기슭에 있다.

▲정상에 우뚝 선 봉우리는 옥봉 전망대다.

▲간월재는 망루로 활용되었고, 파래소폭포는 취사장, 신불산휴양림상단은 훈련장, 죽림굴은 야전병원으로 이용되었다. 간월재에서 신불산 서봉 995고지를 타고 파래소폭포로 하산하는 코스와 간월산에서 간월산 서봉 995고지를 따라 왕방골로 접근하는 루트가 있다.

◑스토리

옥봉 갈산고지와 한피기고개에는 신불산 빨치산이 파 놓은 비트와 교통로 흔적들이 여전히 남아있다. 시살등은 전쟁 때마다 큰 난리를 치른 전쟁터였다. 임진왜란 때는 단조성을 거점으로 싸운 의병들이 마지막 항쟁을 벌여 화살이 비 오듯이 퍼부어졌고, 한국전쟁 무렵에는 신불산 빨치산이 장악했다.

◑교통편

▲배내골 신불산휴양림 하단지구, 상단지구, 백련마을 베네치아에 들머리가 있다. 배내골은 울산KTX에서 328번 버스, 양산역 환승센터 1000번 버스, 원동역에서 수시로 운행하는 버스가 있다.

▲손쉽게 찾아가는 방법은 파래소폭포에서 곧장 옥봉 전망대로 올라가는 방법이다.

▲내비게이션 파래소폭포 코스는 '신불산자연휴양림 하단', 상단지구 코스는 '철구소 계곡', 갈산고지 코스는 '베네치아펜션' 입력.

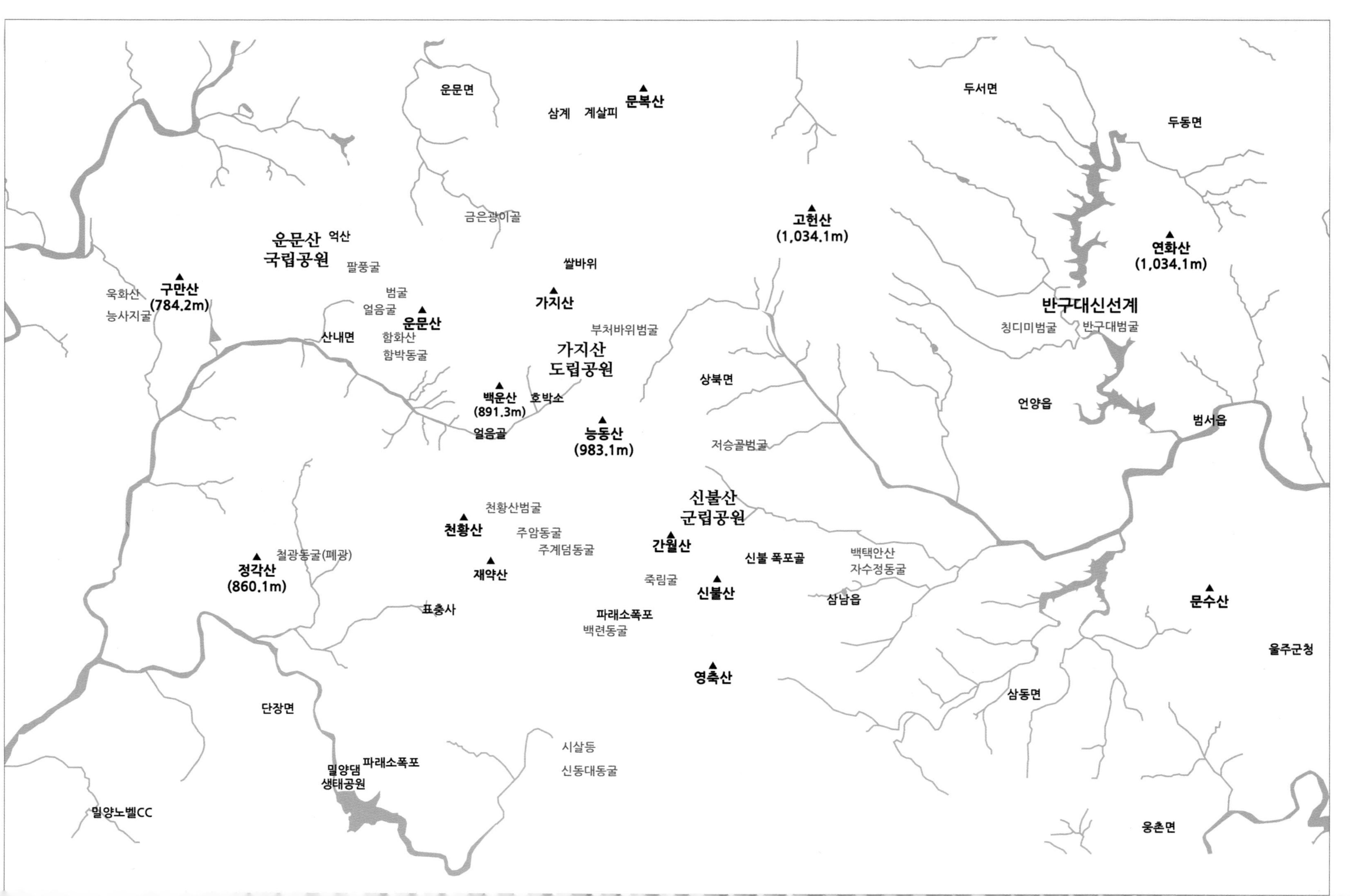
운문면
삼계
계살피
문복산
두서면
두동면
금은광이골
운문산 국립공원
억산
팔풍굴
고헌산 (1,034.1m)
연화산 (1,034.1m)
쌀바위
욱화산
구만산 (784.2m)
능사지굴
범굴
얼음굴
운문산
가지산
반구대신선계
칭디미범굴
반구대범굴
산내면
함화산
함박동굴
부처바위범굴
가지산 도립공원
상북면
언양읍
백운산 (891.3m)
호박소
범서읍
능동산 (983.1m)
얼음골
저승골범굴
신불산 군립공원
천황산범굴
천황산
주암동굴
주계덤동굴
간월산
신불 폭포골
백택안산
자수정동굴
정각산 (860.1m)
철광동굴(폐광)
재약산
죽림굴
신불산
삼남읍
문수산
표충사
파래소폭포
백련동굴
울주군청
영축산
단장면
삼동면
시살등
신동대동굴
밀양댐 생태공원
파래소폭포
밀양노벨CC
웅촌면

3. 영남알프스 동굴 기행

▲박쥐동굴은 배내골 백련마을 뒷산에 있다.
▲동의굴은 밀양 얼음골 빗더미 협곡 상부에 있다.
▲운문산 얼음굴은 정구지바위 인근에 있다.
▲백련아연동굴은 파래소폭포 아래에 있다.
▲작천정 뒷산에 있는 자수정동굴은 인공굴이다.

영남알프스에는 크고 작은 동굴들이 곳곳에 숨겨져 있다. 그중에서 가장 큰 자연 굴은 신동대동굴이다. 왕방골에 있는 죽림굴은 천주교 신자의 은신처와 빨치산의 야전병원이 되기도 했다. 범이 새끼를 키우는 저승골 범굴, 박쥐들이 사는 박쥐동굴, 허준이 스승을 해부했다는 동의굴, 여름에도 얼음이 언다는 얼음굴이 있다.

그 외에 파래소폭포에 있는 백련아연동굴, 운문산 얼음굴, 자수정을 캐던 작천정 자수정동굴 등이 있다. 주암계곡에는 세 개의 비밀 동굴이 있었다. 무심도인無心道人이 생활하는 토굴 그리고 황금동굴은 100명이 들어 갈 수 있는 큰 굴이다. 황금동굴 속에는 일본 천황의 금괴와 황금 덩어리가 보관 되어 있어 산 이름도 천황산으로 불렸다는 설이 전해온다.

◑산행 길잡이

▲왕방골에 있는 죽림굴은 배내골 철구소 위 상단 임도를 이용하는 것이 빠르다. 천주교 박해 시절에 생쌀을 씹어 먹으며 신앙을 이어간 은둔 굴이었다.
▲시살등 한피기고개 인근에 있는 신동대동굴은 배내 통도골이나 통도사에서 접근할 수 있다.
▲저승골 범굴은 상북 안간월에 있다.

◑스토리

함박꽃으로 죽은 아이를 묻어준 애절한 사연이 전해오는 함화산 육화동굴, 세 개의 굴로 형성된 육화산 능사지굴, 아연을 캐던 백련아연동굴, 운문산 북능의 금은광이동굴, 운문산 팔풍굴 등이 있다. 눈에 잘 띄지 않는 동굴도 여럿 있다. 수 백 명이 동시에 들어갈 수 있는 신동대동굴은 최후로 살아남은 빨치산 9인의 피신처가 되었고, 백련 황금박쥐동굴은 전쟁 때마다 배내골 사람들이 여자를 숨긴 굴이다.

◑교통편

▲신동대동굴, 죽림굴, 백련 박쥐동굴을 기행하려면 언양터미널에서 328번 버스를 타고 배내골로 간다. 죽림굴은 철구소 정류장에 하차하고, 신동대동굴은 태봉 버스 종점에 하차한다. 박쥐동굴은 배내골 백련마을 뒷산에 있다.
▲백련아연동굴은 신불산자연휴양림 하단지구 파래소폭포 아래에 있다.
▲동의굴은 밀양 얼음골 매표소를 들어가면 들머리가 있다.
▲운문산 얼음굴은 석골사가 들머리다.
▲자수정동굴은 울주군 가천리 가달고개에 있다. 차량 진입이 가능하다.

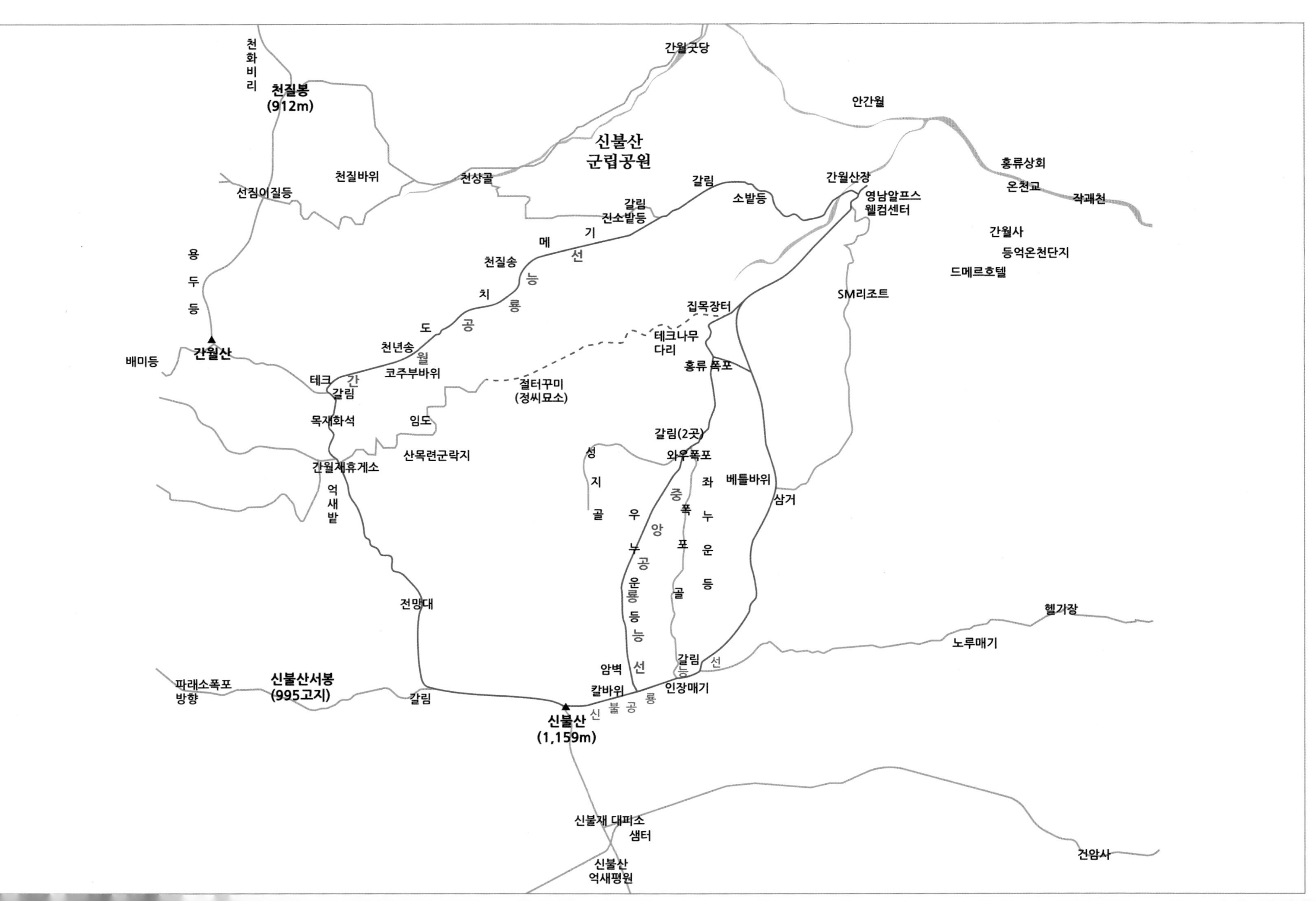

천화비리
천질봉
(912m)
간월굿당
안간월
신불산
군립공원
천질바위
천상골
선짐이질등
갈림
소밭등
간월산장
영남알프스
웰컴센터
홍류상회
온천교
작괘천
간월사
등억온천단지
드메르호텔
SM리조트
갈림
진소밭등
메
기
선
천질송
능
치
룡
도
공
용
두
등
간월산
배미등
천년송
월
코주부바위
테크
간
갈림
집목장터
테크나무
다리
홍류 폭포
절터꾸미
(정씨묘소)
목재화석
임도
산목련군락지
갈림(2곳)
와우폭포
간월재휴게소
억
새
밭
성
지
골
좌
베틀바위
삼거
중
폭
포
골
우
앙
누
공
운
룡
등
능
선
누
운
등
전망대
헬기장
노루매기
암벽
칼바위
갈림
능
선
인장매기
신
불
공
룡
파래소폭포
방향
신불산서봉
(995고지)
갈림
신불산
(1,159m)
신불재 대피소
샘터
신불산
억새평원
건암사

4. 간월산 '도치메기'

도치메기 천년송과 코주부바위

간월산 도치메기

도치메기는 간월공룡능선의 원래 지명이다. 도치메기는 마치 묵직한 도끼로 산등성이 바위들을 찍어 놓은 형상에서 생겨난 지명이다. '도치'는 도끼의 방언이고, '메기'는 산길을 의미한다. 도끼로 찍은 산길따라 올라가면 열두 공룡 대가리가 굴러 내려오는 형상이다. 도치메기에는 백악기 목재화석, 천년송, 천질송, 코주부바위가 있다.

◑산행 길잡이

▲도치메기는 웅장한 산군을 감상할 수 있는 코스이다. 상부 암릉에서는 아찔한 스릴감을 맛볼 수 있다. 들머리는 등억 복합웰컴센터에서 시작된다. 간월공룡능선(등억→간월공룡능선→간월재→임도→등억은 약 6.6km이다. 천질송은 해발 700미터 지점의 암릉에 홀로청청 선 미인송이고, 천년송은 해발 900미터 간월공룡능선에 우뚝 선 소나무이다. 천년송 절벽 아래에 있는 코주부바위는 간월재를 오르다보면 해발 700미터쯤 임도에서 볼 수 있다.

◑스토리 키워드

간월재 억새를 베로 다녔던 등억 주민들, 간월재 미인송을 끌어내렸던 산판길, 백악기 목재화석 등 숫한 길들이 있다. 간월재 도치메기 정상에 있는 목재화석은 화산폭발과 매몰 퇴적을 거듭해오면서도 지면에 수직으로 서 있는 생존 당시의 모습 그대로 매몰된 현지성 화석이다.

◑교통편

▲들머리는 울주군 상북면 등억리 복합웰컴센터다. 버스 편은 304번, 323번(상북면사무소 경유)이다.

▲부산동부터미널에서 언양행 버스는 오전 6시20분부터 밤 10시까지 30분 간격으로 운행한다. KTX 울산역 기차편으로는 서울↔언양 2시간 20분, 부산↔언양 20분, 대구↔언양 25분이다.

▲원점회귀 가능한 구간이라 승용차 이용이 편리하다. 경부고속도로 서울산IC에서 작천정 방향으로 약 10분 거리에 있다. 경부고속도로 구서IC를 기준으로 등억리 영남알프스 복합웰컴센터까지 40~50분 남짓 걸린다. 내비게이션 '영남알프스 복합웰컴센터'를 목적지로 입력하면 된다.

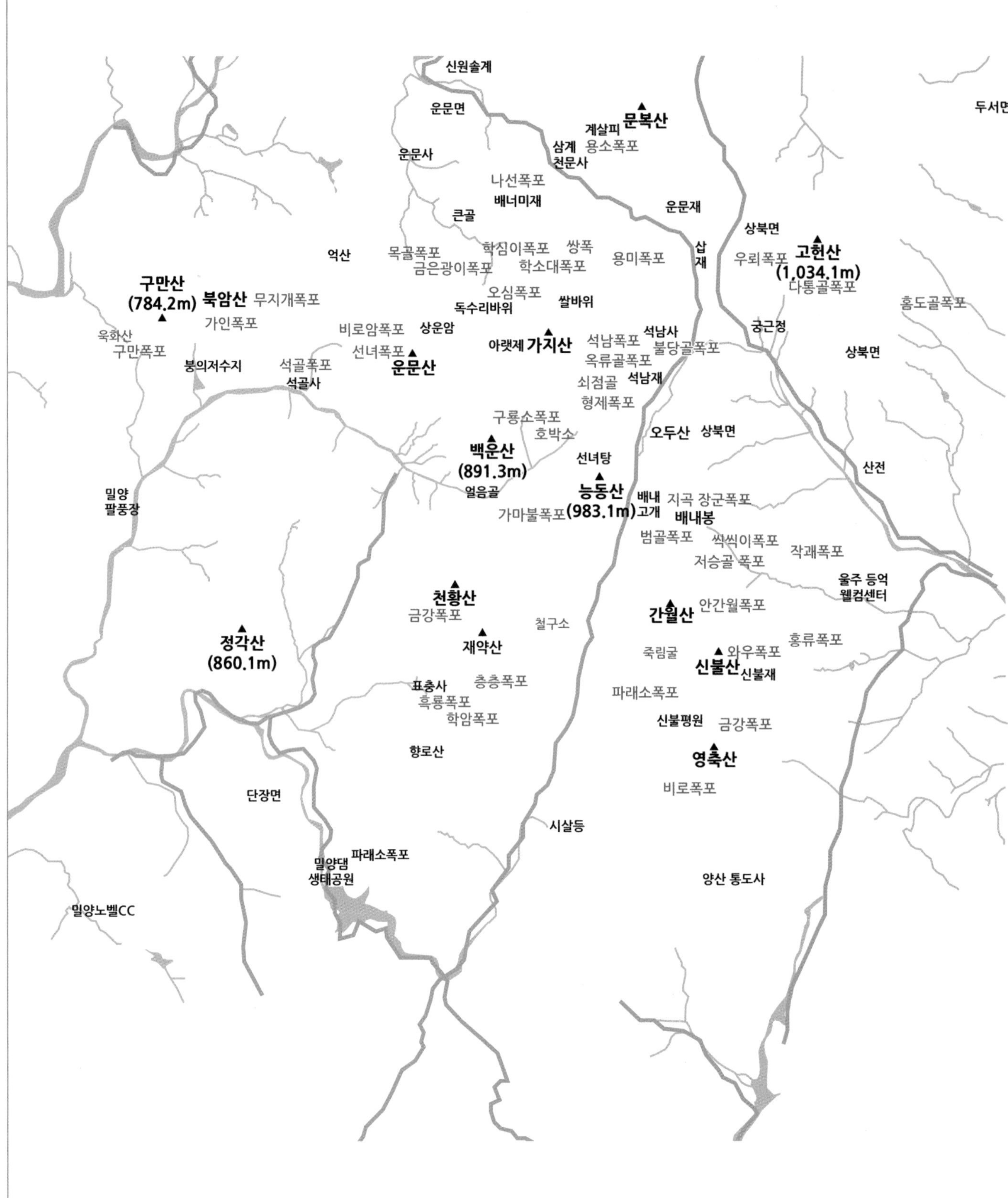
신원솔계
운문면
문복산
계살피
삼계
용소폭포
천문사
두서면
운문사
나선폭포
배너미재
큰골
운문재
상북면
고헌산
(1,034.1m)
삽재
우회폭포
다통골폭포
억산
목골폭포
학심이폭포
쌍폭
용미폭포
금은광이폭포
학소대폭포
구만산
(784.2m)
북암산
무지개폭포
오심폭포
쌀바위
독수리바위
홈도골폭포
가인폭포
욱화산
구만폭포
비로암폭포
상운암
아랫제
가지산
석남사
석남폭포
불당골폭포
궁근정
상북면
선녀폭포
운문산
옥류골폭포
붕의저수지
석골폭포
석골사
쇠점골
석남재
형제폭포
구룡소폭포
호박소
오두산
상북면
백운산
(891.3m)
선녀탕
산전
밀양
팔풍장
얼음골
능동산
(983.1m)
배내
고개
지곡 장군폭포
가마불폭포
배내봉
범골폭포
씩씩이폭포
작괘폭포
저승골 폭포
울주 등억
웰컴센터
천황산
금강폭포
철구소
간월산
안간월폭포
정각산
(860.1m)
재약산
죽림굴
와우폭포
홍류폭포
신불산
신불재
표충사
층층폭포
파래소폭포
흑룡폭포
학암폭포
신불평원
금강폭포
향로산
영축산
단장면
비로폭포
시살등
파래소폭포
밀양댐
생태공원
양산 통도사
밀양노벨CC

5. 영남알프스 폭포 기행

영남알프스에는 크고 작은 폭포들이 있다. 아직 외부에 잘 알려지지 않은 폭포, 청정지역에 있는 폭포, 거대한 바위와 반석들이 어우러진 폭포 등이다. 산과 계곡을 누비는 폭포산행은 산악여행의 진면목을 살필 수 있다.

영남알프스의 대표적인 폭포는 신불산 홍류폭포와 파래소폭포, 밀양 얼음골 호박소폭포, 가지산 학소대 폭포와 비룡폭포다.

그 외에 가지산 옥류골폭포, 석남폭포, 학소대폭포, 비룡폭포, 학심이골 쌍폭포, 오심폭포 등이 있고, 능동산에는 쇠점골 형제폭포, 호박소폭포 등 크고 작은 폭포가 있다. 백운산 구룡소폭포, 상운산 용미폭포, 지룡산 나선폭포, 운문산 비로암폭포, 억산 무지개폭포, 못골폭포, 북암산 가인폭포, 구만산 구만폭포, 고헌산 대통골폭포, 홈도골폭포, 문복산 살피 용소폭포, 재약산 흑룡폭포, 층층폭포, 향로산 학암폭포, 천황산 금강폭포, 얼음골 가마불폭포, 간월산 간월폭포와 안간월폭포, 밝얼산 장군폭포, 신불산 와우폭포, 파래소폭포, 영축산 금강폭포가 있다.

학심이골 학소대

◑산행 길잡이

▲영남알프스 산자락 중 신비로우면서도 음산한 기운이 가득한 저승골폭포이다. 안간월 작괘천을 따라가면 막다른 곳에 작괘폭포가 나온다. 이어서 자궁폭포, 범골폭포, 씩씩이폭포이다. 지옥동폭포는 작괘폭포에서 우측 계곡 깊숙이 들어가야 한다.

▲파래소폭포는 신불산자연휴양림 하단에서 약 1km 상류 계곡에 있다. 상단지구 거리는 2.3km 정도로 왕복하는 데 2시간 남짓 걸린다.

▲재약산 층층폭포와 금강폭포, 학암폭포는 표충사에서 출발한다. 옥류동천의 흑룡폭포와 층층폭포 왕복에는 임도를 따라 하산한다.

▲고헌산 대통골 협곡 폭포는 계곡 폭은 좁지만 입구부터 떨어지는 암반수가 풍부하여 계곡치기를 즐기는 매니아들이 찾는다. 올라갈수록 좌우 암벽이 험하고 좁아진다.

◑교통편

▲원점회귀가 가능하므로 승용차편이 편리하다. 내비게이션에 해당 목적지를 입력.

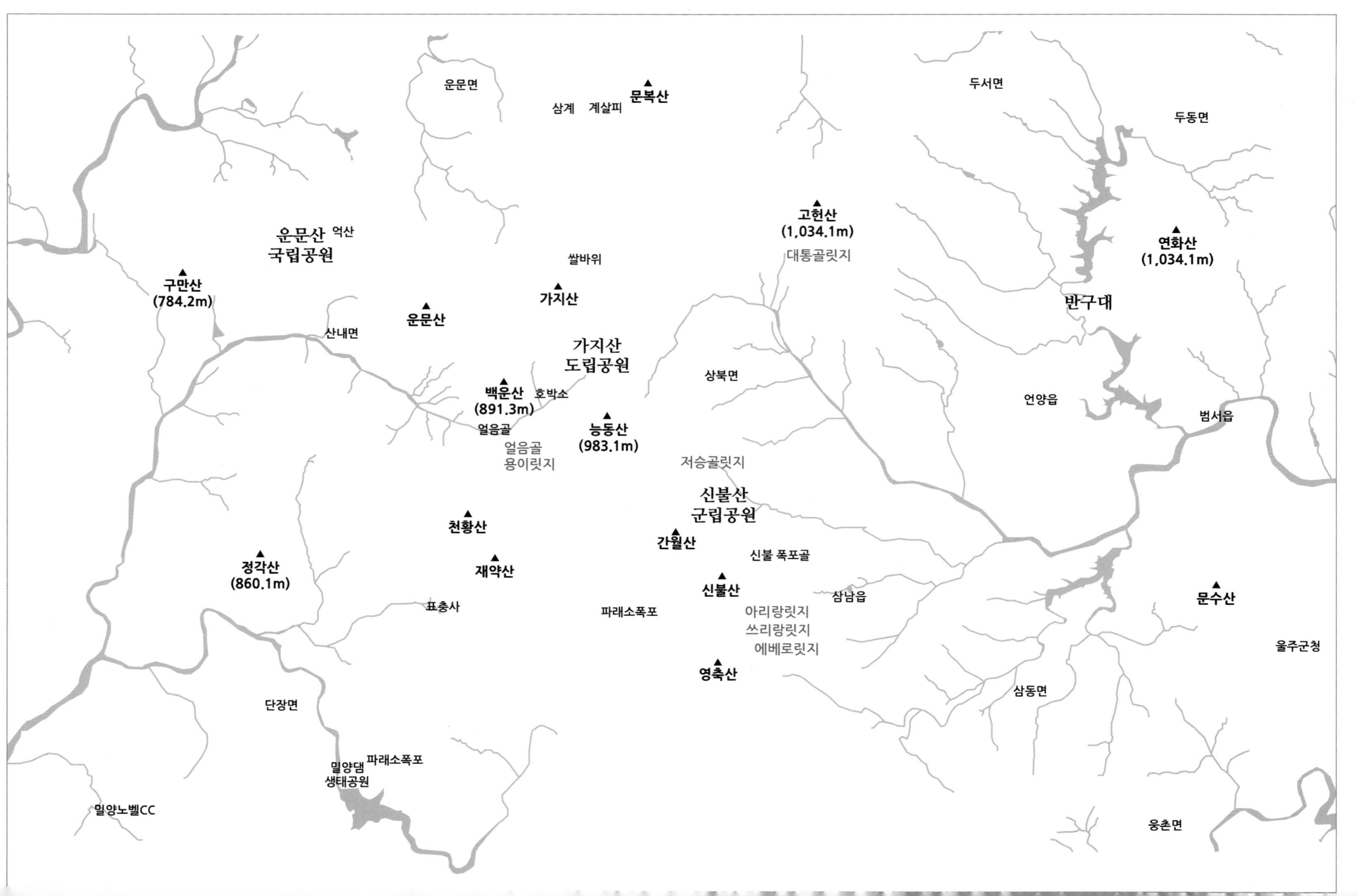
운문면
삼계
계살피
문복산
두서면
두동면
고헌산
(1,034.1m)
대통골릿지
연화산
(1,034.1m)
운문산
국립공원
억산
쌀바위
구만산
(784.2m)
가지산
반구대
운문산
산내면
가지산
도립공원
상북면
언양읍
백운산
(891.3m)
호박소
범서읍
능동산
(983.1m)
얼음골
얼음골
용이릿지
저승골릿지
신불산
군립공원
천황산
간월산
신불 폭포골
정각산
(860.1m)
재약산
신불산
문수산
삼남읍
표충사
파래소폭포
아리랑릿지
쓰리랑릿지
에베로릿지
울주군청
영축산
삼동면
단장면
파래소폭포
밀양댐
생태공원
밀양노벨CC
웅촌면

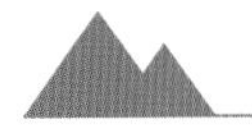

6. 영남알프스의 릿지 코스

영남알프스에는 전문가용 릿지 코스가 있다. 대표적인 코스는 금강골 아리랑릿지, 쓰리랑릿지, 에베로릿지다. 근래에는 금강폭포 우능으로 탈레이릿지가 개척되었다. 고헌산 대통골릿지는 협곡의 폭은 좁지만 입구부터 떨어지는 암반수가 풍부하여 계곡치기를 즐기는 마니아들이 찾는다. 올라갈수록 좌우 암벽이 험하고 좁아진다. 저승골릿지는 세 갈래가 있는데 맨 상부에 암벽이 있다. 얼음골 용아릿지는 능성상에 암릉이 걸린 급사면의 코스가 있다. 전망이 좋은 천황산 아래에 돈릿지가 있다.

릿지는 주로 험준하고 까다로운 직벽에 있어 위험하다. 칼을 세워 놓은 바위의 접근도 어렵지만 릿지 산행은 주눅 들기에 충분하다. 그러나 탁월한 조망과 주위 풍경만큼은 세상 어느 곳과 비교할 수 없기에 힘든 탐사를 보상해준다. 금강골릿지를 올라서면 억새평원이 거짓말처럼 펼쳐진다. 신불평원의 단조성과 화려한 억새향연을 감상한 후 하산할 수 있다.

◑산행 길잡이

▲금강골릿지의 들머리는 가천리 장제마을이다. 금강골을 관통한 울산함양고속도로 터널 입구다. 장재마을에서 금강골 우는골 아리랑릿지 최정상까지는 약 3.2km, 톳골 신불평원까지 약 2.2km. 아리랑릿지는 총 4피치 난이도 5.6~5.10 등반 루트이다. 쓰리랑릿지는 총 7피치 난이도 5.8~5.11 등반 루트로, 비교적 험하고 까다로우며 험봉이 칼날처럼 날카롭다. 에베로릿지는 금강폭포에서 시작된다. 에베로릿지는 총 4피치 난이도 모든 페이스 5.9 등반 루트, 금강폭포에서 우측 너들지대를 감아 돌면 초입이 나온다. 탈레이릿지는 금강폭포 우측에 큼 삼각봉으로 솟아오른 구간이며, 크게 위험한 구간은 없으나 담력이 필요한 중급자 코스이다.

▲저승골릿지는 좁은 협곡 내에 있다.

▲얼음골 용아릿지는 능성 상에 암릉이 걸린 급사면의 코스다.

◑교통편

▲금강골릿지의 들머리는 울주군 삼남면 가천리 장제마을이다. 1723번, 313번, 부산 13번 버스를 타면 공암마을 입구에 내려서 금강골 방향으로 약 2km, 20분을 걸어야 한다.

▲승용차를 이용할 경우에는 경부고속도로 서울산IC에서 작천정 방향으로 약 15분 거리에 있다. 부산에서 오면 통도사IC가 빠르다. 내비게이션은 '가천리 장제교'를 입력하면 된다.

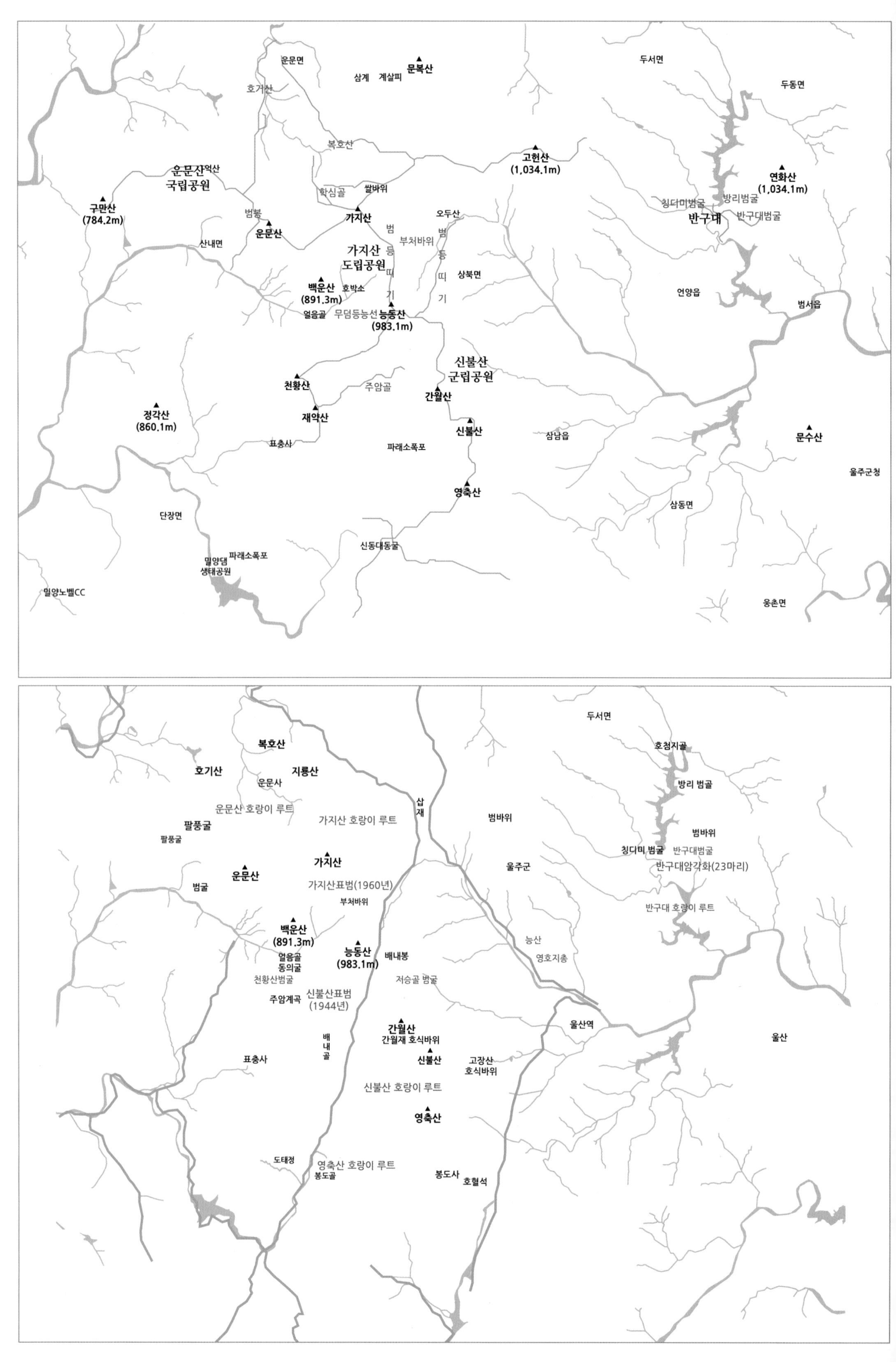

운문면
문복산
삼계
계살피
두서면
두동면
호거산
복호산
고헌산
(1,034.1m)
운문산
억산
국립공원
연화산
(1,034.1m)
구만산
(784.2m)
학심골
쌀바위
칭더미범굴
방리범굴
반구대
반구대범굴
범봉
운문산
가지산
오두산
범등띠기
부처바위
범등띠기
산내면
가지산
도립공원
상북면
백운산
(891.3m)
호박소
언양읍
범서읍
얼음골
무덤등능선
능동산
(983.1m)
신불산
군립공원
천황산
주암골
간월산
정각산
(860.1m)
재약산
신불산
문수산
삼남읍
표충사
파래소폭포
울주군청
영축산
단장면
삼동면
신동대동굴
밀양댐
파래소폭포
생태공원
밀양노벨CC
웅촌면
두서면
호첨지골
복호산
호기산
지룡산
운문사
방리 범골
삽재
운문산 호랑이 루트
가지산 호랑이 루트
범바위
팔풍굴
팔풍굴
범바위
칭디미 범굴
반구대범굴
가지산
반구대암각화(23마리)
운문산
울주군
범굴
가지산표범(1960년)
부처바위
반구대 호랑이 루트
백운산
(891.3m)
능산
능동산
(983.1m)
배내봉
얼음골
동의굴
영호지총
천황산범굴
저승골 범굴
주암계곡
신불산표범
(1944년)
간월산
울산역
간월재 호식바위
울산
배내골
표충사
신불산
고장산
호식바위
신불산 호랑이 루트
영축산
도태정
영축산 호랑이 루트
봉도골
봉도사
호혈석

7. 영남알프스 범티아고

영남알프스는 범의 왕국이었다. 영남알프스의 마지막 표범은 1960년 입석대 부처바위에서 포획된 가지산표범이었다. 1944년에는 배내골 주민이 놓은 올무에 신불산표범이 포획되었다. 범은 철쭉과 진달래를 좋아한다. 철쭉 있는 곳에 범이 있었다. 가지산과 능동산 사이에 있는 입석대 부처바위은 철쭉 터널이고, 오두산 범등디기도 철쭉이 군락을 이룬다.

영남알프스에서 범 서식지는 크게 세 지역으로 나눌 수 있다. 운문산 가지산 산군, 영축산 신불산 산군, 반구대 산무리다. 특히 영남알프스 자락에 위치한 반구대암각화에는 7천 년 전에 새겨진 23마리의 호랑이 표범이 있다. 반구대암각화하면 고래를 떠올리지만, 반구대암각화에 새겨진 암각문 가운데 고래 다음으로 많은 물상이 범이다.

◑산행 길잡이

▲범이 다니던 길목은 영남알프스 곳곳에 있다. 운문산 범 루트는 범봉과 호거산, 복호산, 학심골, 심심골, 오심골이다.

▲반구대 일대에는 대곡리 반구대범굴, 삼정리 방리범골, 천전리 칭디미범굴, 연화산범굴이 있다. 천전리각석과 반구대 사이에 있는 물방내기에서 반구대범굴과 칭디미범굴로 접근할 수 있고, 방리범굴은 대곡댐에 수몰되었다.

▲신불산 표범이 내려오던 곳은 주암골이었고, 가지산 표범이 내려온 곳은 부처바위이다. 범은 철쭉과 진달래를 좋아한다. 가지산 황룡등에서 시작하여 배내고개→간월산→등억 복합웰컴센터까지 12.5km는 범 내려오는 길이다. 1960년대까지만 해도 표범이 다녔다.

▲범은 전망 좋은 코스를 선호한다. 범이 앉았던 범바위엔 상쾌한 바람이 분다. 간월재 휴게소 뒤에 있는 촛대봉은 지나가는 길손들을 노리던 호식바위이다. 가천리 고장산에도 호식바위가 있다.

◑스토리

두렵고도 친밀한 존재 범은 인간과 때어 놓을 수 없는 관계이다. 영남알프스의 본고장인 상북은 호사虎事가 많은 곳이다. 상북 능산마을의 영호지총靈虎之塚은 그 옛적 호사를 입증해 준다. 그 외에 범과 관련된 지명과 설화는 도처에 있다. 저승골에는 범이 새끼를 키운 범굴이 있고, 소를 몰고 오두메기를 넘던 소장수들은 횃불로 범을 퇴치했다.

◑교통편

▲운문산 범 내려오는 코스를 산행하려면 범봉과 호거산, 복호산, 학심골, 심심골, 오심골을 가야한다. 특히 호거능선과 운문계곡은 범의 소굴이었다. 호거능선 들머리는 '운문사공영주차장'.

▲반구대 코스는 반구천 계곡을 걸으며 볼 수 있다. 들머리는 대곡박물관.

▲호랑이 무덤인 영호지총은 울주군 상북면 능산리에 있다. 언양터미널에서 1713번 버스, 807번 버스를 타소 면허시험장입구에서 내리면 정려각이 보인다.

▲신불산 표범이 내려오던 곳은 주암골이었고, 가지산 표범이 내려온 곳은 부처바위이다. 328번 버스 주암마을 입구에 하차.

▲가지산 황룡등에서 시작하여 배내고개→간월산→등억 복합웰컴센터까지 12.5km는 범 내려오는 길이다. 1960년대까지만 해도 표범이 다녔다. 328번 버스를 타고 배내고개 하차.

‘호랑이는 철쭉을 좋아한다’

억새나라 표범의 땅 ‘영남알프스 천화비리’

철쭉과 호랑이

반구대암각화에 새겨진 호랑이 표범

가지산에서부터 튀기 시작한 낙동정맥은 간월산 · 신불산 · 영축산으로 용트림하여 봄이면 철쭉대궐, 가을이면 억새나라를 이룬다. 예로부터 영남알프스는 호랑이, 표범, 곰, 늑대, 사슴, 멧돼지가 득실거렸다. 사나운 짐승들을 물리치기 위해 사람들은 북을 치며 올랐고, 일곱 사람 이상 모여야만 간월재를 넘을 수 있었다. 영남알프스는 호랑이와 표범의 땅이었다.

영남알프스에서 직선거리로 사십 리 떨어진 반구대암각화 7천 년 전에 새겨진 호랑이 · 표범 바위그림은 영남알프스 맹호의 유구한 역사를 입증해 준다.

호화찬란한 생김새, 번개같이 빛나는 눈, 영남알프스의 맹호는 산중호걸이었다.

영남알프스 맹호가 울면 산천지

목이 벌벌 떨고 온갖 짐승은 숨을 죽였다.

한반도에 살았던 호랑이의 역사는 약 1만 년 전으로 거슬러 올라간다. 반구대암각화에 새겨진 호랑이와 표범은 영남알프스를 무대로 활동하던 포유동물이었다. 따라서 영남알프스에는 이미 7천 년 이전부터 호랑이 · 표범이 존재했음을 입증하는 역사적인 자료이다.

1944년 신불산 배내골에서 포획되었다. 매화무늬 털가죽, 날렵한 몸매, 화려한 꼬리, 매서운 눈매는 산중호걸의 면모를 보여준다.

신불산표범(1944년)

옆의 합성 사진 역시 신불산 표범이다. 사진 속 인물은 이 표범을 잡은 배내골 사냥꾼이다. 당시 배내골 사냥꾼이 황소만한 호랑이를 잡았다는 소문이 나면서 그의 불법 밀렵이 들통 나게 되었다. 사냥꾼은 표범을 지게에 지고 상북주재소로 출두하게 되었는데, 상북주재소 마당에는 구경나온 사람들로 북새통을 이루었다고 한다. 그는 벌금은 벌금대로 내고, 표범 호피는 몰수당했다. 억울해 하던 그는 다른 사람이 보관하고 있던 표범 사진을 빌려 자신의 모습을 오려 붙인 합성 사진을 남겼다. 끝까지 자신이 잡은 범이었음을 입증하려 한 것이다. 범은 죽어 가죽을 남기고, 사람은 죽어 사진을 남겼다.

다음 사진은 영남알프스의 마지막 표범 사진이다. 1960년 가지산표범이 잡힌 바위산이다. 잣발등 입석대라 불리는 바위산은 표범의 궁궐이었다. 깎아지른 절벽, 새끼 육아를 할 수 있는 범굴, 마을을 한눈에 내려다 볼 수 있는 마당바위, 만찬을 즐겼던 호식바위, 두 손 모아 서 있는 부처바위는 자빠질 듯 궁궐을 이루고 있다.

가지산표범(1960년)

영호영세불망비 | 일러스트 문정훈

1960년 영남알프스 최후의 표범인 가지산 표범이 포획되었던 입석대 부처바위

호랑이가 온다 | 일러스트 문정훈

오두산
배내재
배내봉
(966m)
긴등
지곡
가마봉
밝얼산
순정
너들지대
갈림길
저
승
골
지옥폭포
지옥동
씩씩이망치
너들지대
폭포
저승골폭포
씩식이폭포
자궁폭포
자괘폭포
합수점
범골폭포
저승골
벼락바위
검은바위
범
골
돌팔매등
천
화
비
리
내원골
말무재
긴 등
비
싯
등
원추리밭등
천
화
비
리
소산등
임도
안간월
알프스산장
구렁이
502
명촌
남매
모래골못
간월
알프스산장
319
천길바위 760
우상
등억
등억온천
단지
간월산장
대피소
잣나무
전망데크

8. 들어가는 사람 봐도 나오는 사람 못 봤다는 '저승골'

'죽음의 목구멍' 저승골은 상북면 등억리에 있는 암곡巖谷이다. 막다른 골짜기라 호리병 입구만 틀어막으면 암흑지대가 된다. 신비로우면서도 음산한 기운이 가득하다. 으스스한 느낌을 주는 저승골이라는 지명이 주는 공포심도 한 몫을 한다.

◑산행 길잡이

▲울주군 등억리 안간월 작괘천을 따라가면 폐채석장 맨 위에 작괘폭포가 있다. 여기서 두 코스로 나눠진다. 물이 흘러내려오는 큰 계곡이 배내봉(966m)으로 연결된 저승골 코스이고, 우측에 있는 '서 있는 계곡'은 지옥동 코스다. 주민들이 말하는 저승골은 지옥동을 말한다. 그러나 지옥동 내부는 직벽에 막혀 있고, 배내봉 코스는 U자형 협곡을 이룬다. 특히 비가 내릴 땐 물이 급격하게 불어나 위험할 수 있으므로 출입을 피하는 것이 좋다. 음곡폭포, 범골폭포, 씩씩이폭포, 저승골폭포, 작은 폭포, 2단 쌍폭, 3단 폭포 등 비경이 숨 돌릴 사이 없다. 저승골 협곡 내부에서는 두 개의 계곡이 다시 나눠진다. 좌측 계곡은 범골이고 우측 계곡은 씩씩이망치다. 들어서면 빠져 나가기 어려운 협곡은 고려장을 시킨 장소로 전해온다. 씩씩이망치은 배내봉으로 연결된다. 배내봉에서 천화비리→천질봉(912m)을 지나면 선짐이질등이나 천질바위로 하산할 수 있다. 총 산행거리 10km, 6시간 소요.

◑스토리

이곳 주민들은 저승골 출입을 금기시했다. 음산한 기운이 감도는 곳이기 때문이다. 쫓기는 사람들의 은신처가 되기도 했다. 일설에는 고려장을 시킨 골짜기라는 말이 전해온다. 저승골 위에 있는 말무재는 배내골이나 상북 길천사람들이 드나들던 옛길이다. 이 길에 애달픈 남녀의 사랑을 상징하는 정아정도령 바위가 있다.

◑교통편

▲언양터미널에서 등억행 304번, 323번(상북면사무소 경유) 버스를 간월마을 홍류상회에 내려서 작괘천 도로길을 따라 올라가면 간월자연휴양림이 나온다. 사계절가든이 있는 작괘천이 들머리다. 채석장 끝부분에 작괘폭포가 있다.

▲승용차를 이용할 경우에는 내비게이션에서 '간월자연휴양림'을 치면 된다.

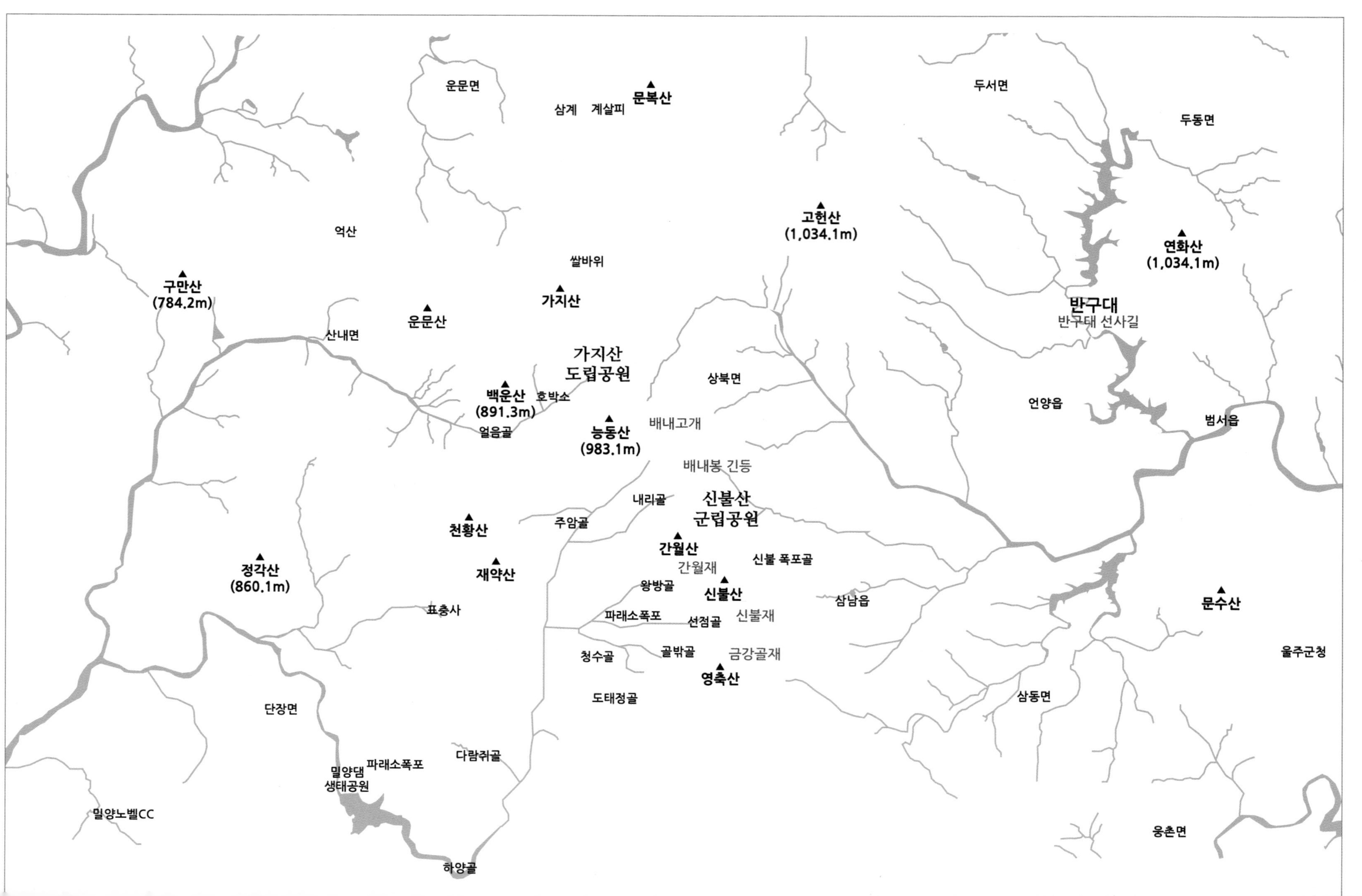
운문면
삼계
계살피
문복산
두서면
두동면
고헌산
(1,034.1m)
연화산
(1,034.1m)
억산
쌀바위
구만산
(784.2m)
가지산
운문산
반구대
반구대 선사길
산내면
가지산
도립공원
상북면
언양읍
백운산
(891.3m)
호박소
능동산
(983.1m)
배내고개
범서읍
얼음골
배내봉 긴등
내리골
신불산
군립공원
천황산
주암골
간월산
신불 폭포골
정각산
(860.1m)
재약산
간월재
왕방골
신불산
삼남읍
문수산
표충사
파래소폭포
선점골
신불재
청수골
골밖골
금강골재
울주군청
영축산
단장면
도태정골
삼동면
다람쥐골
밀양댐
생태공원
파래소폭포
밀양노벨CC
웅촌면
하양골

9. 배내오재梨川五嶺, 배내구곡梨川九谷

배내오재는 배내재, 긴등재, 간월재, 신불재, 금강골재를 이르는 다섯 고개이고, 배내구곡은 청수골, 굴밖골, 내리골, 선짐골, 왕방골, 주암골, 다람쥐골, 도태정골, 하양골을 이르는 아홉 골짜기를 말한다.

◑산행 길잡이

▲배내오재梨川五嶺중에서 가장 난이도가 낮은 재는 배내재다. 배내재는 기러기 같은 길손들이 모여드는 재였다. 언양장으로 가는 오두메기가 이어진다.

▲배내봉(966m)에서 하나의 등이 남북으로 오뉴월 엿가락처럼 길게 뻗었다 하여 긴등長登이라 불렀는데, 봉화대가 있는 언양 부로산까지 이어지는 긴 산등이다.

▲간월재는 신불산과 간월산 사이의 높은 잿마루다. 왕방재로 불렸다.

▲신불재는 신불산과 신불평원 사이에 있는 재다.

▲금강골재는 배내오재 중에서 가장 험한 재로 빠른 지금길이다.

이 밖에 영남알프스 민초의 길은 곳곳에 나있다.

▲걷기만 해도 도가 통하는 통도길 ▲스님들이 걷던 도반길 ▲ 단풍물 드는 학심이길 ▲ 석남사 태화강백리길 ▲여덟 군데에서 바람이 불어오는 팔풍팔재길 ▲무거운 조선솥을 나르던 청도 운문 솥계길 ▲동곡장과 팔풍장을 드나들었던 인곡길 ▲소금장수가 넘나들었던 석남재 ▲막힌 하늘을 불로 뚫은 천화비리길 ▲고려장을 시킨 저승골 ▲역적치발등 ▲혁명을 꿈꾸던 빨치산길 ▲나물을 캐러 다녔던 나물길 ▲반구대 선사길 등이다. 이 모든 길들은 구슬땀이 흐르는 된비알길이다.

◑스토리

언양 우시장이 유명한 것은 우마고도가 있었기 때문이다. 소장수들은 산짐승 울어대는 오두메기를 드나들었다. 그들은 영남알프스에 올라 억새를 베어 날랐다. 소는 네 단을 지고 사람은 한 짐을 지고 왔다. 억새는 지붕을 이거나 퇴비로 사용했다. 억새를 나른 길은 열두쪽배기등, 선짐이질등, 배내봉 긴등, 금강골재 등이 있다.

◑교통편

▲접근성은 코스마다 다르다. 배내재와 긴등은 언양터미널에서 328번 버스간월재는 304번, 신불재 금강골재는 1723번, 313번 버스가 있다.

▲팔풍팔재는 밀양으로 가야한다. 밀양터미널→석남사행 밀성여객버스를 타고 해당 구간에 하차한다.

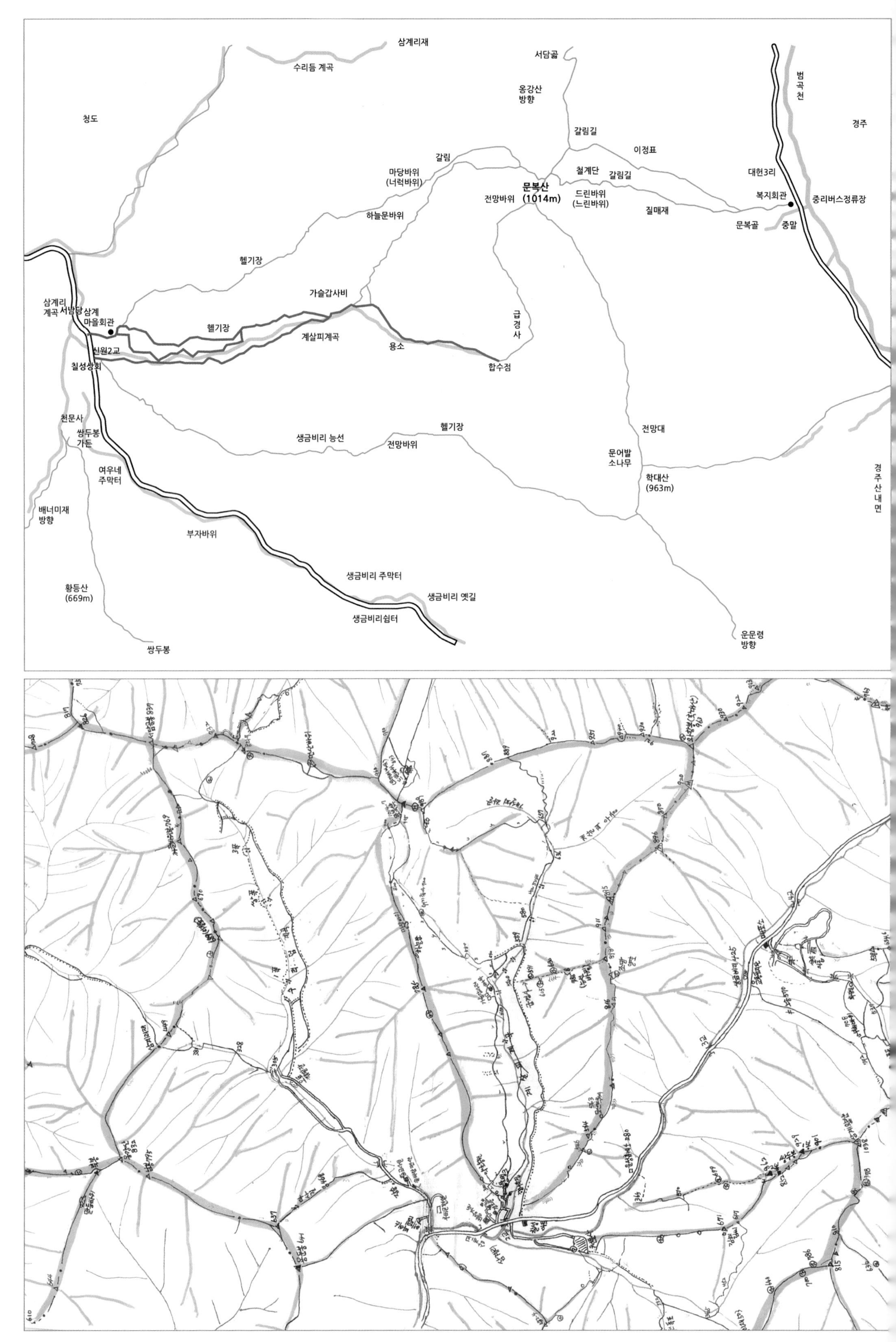

삼계리재
수리듬 계곡
서담골
옹강산
방향
범
곡
천
청도
경주
갈림길
이정표
갈림
마당바위
(너럭바위)
철계단
갈림길
대현3리
문복산
(1014m)
전망바위
드린바위
(느린바위)
복지회관
중리버스정류장
하늘문바위
질매재
문복골
중말
헬기장
가슬갑사비
삼계리
계곡
서남당
삼계
마을회관
헬기장
급
경
사
계살피계곡
신원2교
용소
칠성상회
합수점
천문사
헬기장
쌍두봉
가든
생금비리 능선
전망바위
전망대
문어발
소나무
경
주
산
내
면
여우네
주막터
학대산
(963m)
배너미재
방향
부자바위
생금비리 주막터
황등산
(669m)
생금비리 옛길
생금비리쉼터
운문령
방향
쌍두봉

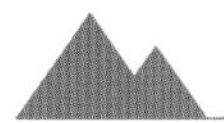

10. 계곡 속의 무릉도원 '문복산 계살피'

영남알프스 변방에 위치한 문복산은 영남알프스 9봉 중에서 막내 산이다. 적당한 난이도와 조망권을 고루 갖춘 명 코스다. 경주와 청도의 경계를 가르며 우뚝 솟은 마루금을 바람 따라 구름 따라 걸을 수 있다. 거기다 정상 서쪽 아래로 비경을 갖추고 있는 계살피 계곡을 품고 있어 호젓한 계곡 산행을 즐기기엔 안성맞춤이다. 운문산 지룡산 운국산 주변에는 유서 깊은 고찰이 있었다. 가슬갑사, 천문갑사, 대각갑사, 보각갑사이다. 계살피 계곡에는 원광법사가 원광법사가 신라 화랑도에 '세속오계'를 전했다는 가슬갑사 터가 있다.

◑산행 길잡이

계곡다운 면모를 갖춘 계살피 계곡 구간은 숨은 폭포와 크로 작은 소를 만나는 재미가 솔솔하다. 다만 깊은 협곡이라 의외로 길다.

▲청도 운문면 삼계리에서 계살피 계곡으로 진입한다. 삼계리노인회관에서 가슬갑사 1.7km. 삼계리 버스정류장 인근의 칠성슈퍼 맞은편 산자락 길이 들머리다. 오른쪽 길은 계살피 계곡 우측 능선을 타고 문복산과 운문령 사이에 있는 학대산 963봉으로 이어지는 길이고, 다른 길은 가슬갑사 옛터로 이어진다.

▲다른 들머리는 신원2교를 건너 오른쪽 마을로 가는 길이다. 삼계리 노인회관과 고향집 민박 입구에서 계곡을 가로질러 내려가면 계살피 계곡 길이고, 왼편으로 가면 계살피 왼편 능선을 타고 문복산 정상으로 갈 수 있다. 삼계리에서 계살피 계곡을 경유하여 문복산 정상 왕복거리는 약 7~8km이고, 5~6시간이 소요된다.

▲경주 중리에서 오르는 코스는 문복산의 상징인 드린바위(1.3km)를 경유하여 문복산 정상에 올라 다시 원점 회귀 산행 거리는 약 4.0km이며, 왕복 3시간30분 안팎이 걸린다.

▲문복산은 코스에 따라서 난이도가 달라진다. 운문재 코스는 능선이 원만한 편이고, 계살피 계곡 코스는 길고 난이도가 높다. 반면에 중리 드린바위 코스는 짧고 된비알이다. 최단거리 문복산 코스를 원한다면 중리에서 시작하면 된다.

◑스토리

삼계리 생금비리에는 운문재를 넘나들던 장꾼들의 단골 봉놋방이 있었다. 여우네 주막이 유명했다. 골이 깊은 곳이라 호사가 많았다. 지금도 호랑이 산신령을 모신 성황당이 삼계리에 있다.

◑교통편

▲언양터미널에서 청도 삼계리행 9시, 13시, 15시 40분, 18시 50분 경산여객버스가 있다. 나오는 버스는 운문사에서 08시 25분, 11시 35분, 14시 35분, 17시 25분이다. 버스편 시간이 변경될 수 있으므로 미리 확인해야 한다.

▲대중교통은 버스 환승과 시간 맞추기가 쉽지 않아 승용차를 이용하는 것이 편하다. 내비게이션 이용시 계살피 계곡은 '청도 삼계리'

영남알프스 산중미인

산중도인 '운문계곡'

운문 범 순찰 코스

신불산 '열두쪽배기등', '우는골'

간월산 '선짐이질등'

기암괴석과 폭포가 빚어난 절경 '신불산 폭포골'

가을의 전설 '천황산 오색단풍골'

주암계곡 통속으로

일망무제 호거산릉一望無際 虎踞山陵

설경이 장관인 가지산, 상운산 눈꽃 산행

영남알프스 실크 로드

운문새재 '까치만리 - 생금비리'

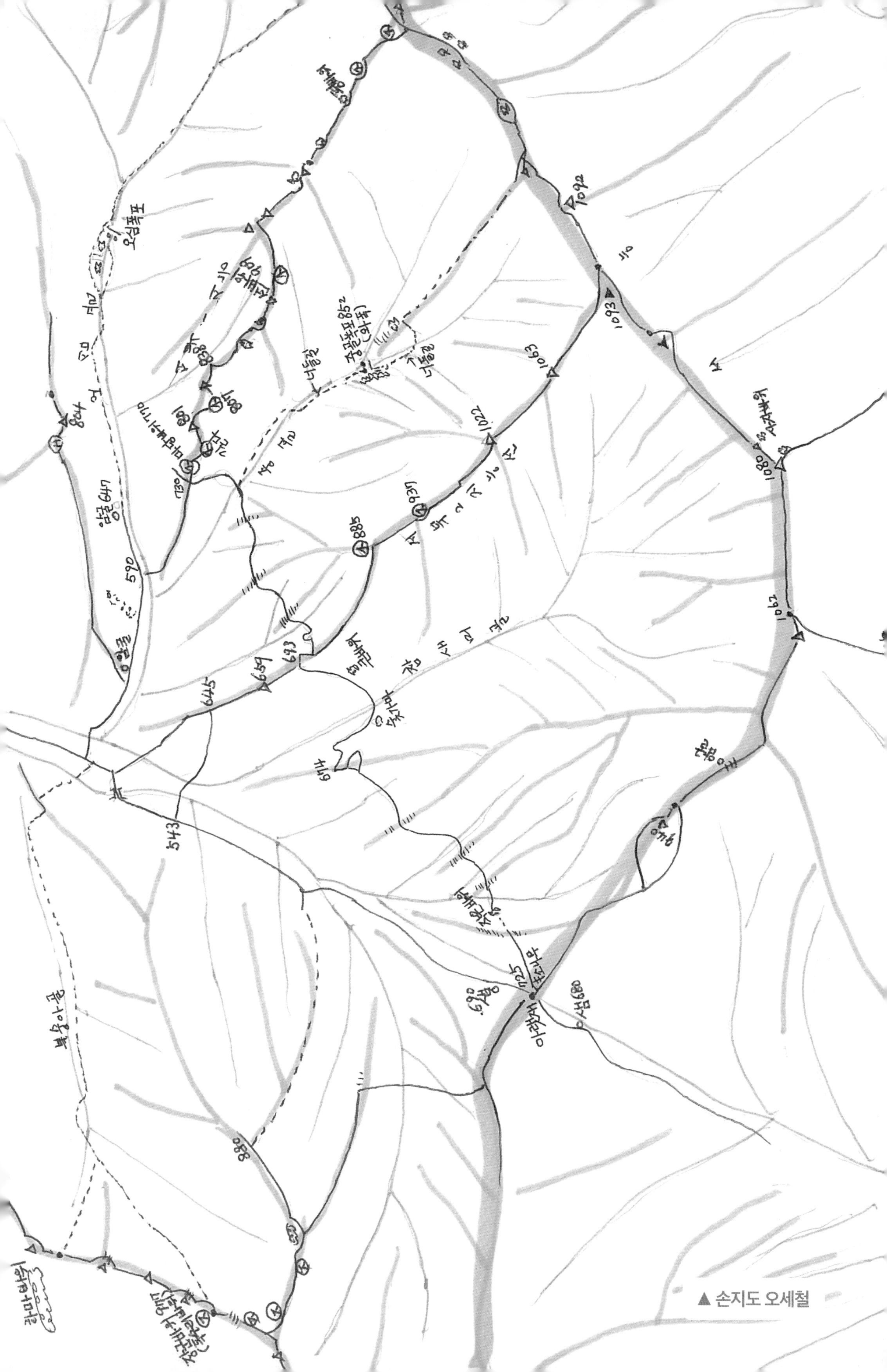

▲ 손지도 오세철

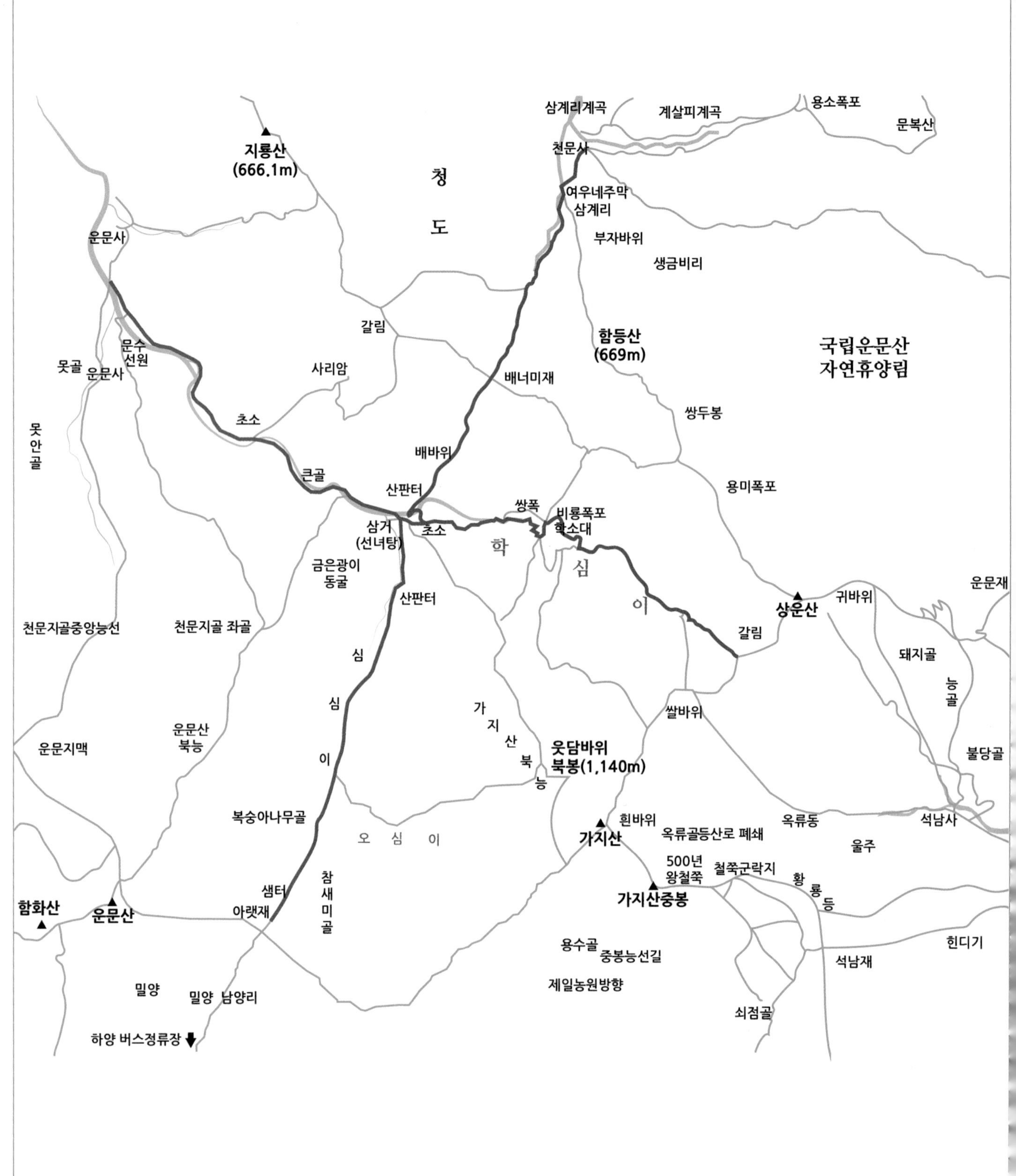

삼계리계곡
계살피계곡
용소폭포
문복산
지룡산
(666.1m)
청
도
천문사
여우네주막
삼계리
부자바위
생금비리
운문사
갈림
함등산
(669m)
국립운문산
자연휴양림
문수
선원
못골
운문사
사리암
배너미재
쌍두봉
초소
못
안
골
배바위
큰골
산판터
용미폭포
쌍폭
비룡폭포
학소대
삼거
(선녀탕)
초소
학
심
이
금은광이
동굴
산판터
운문재
상운산
귀바위
천문지골중앙능선
천문지골 좌골
갈림
돼지골
심
능
골
심
가
지
산
북
능
쌀바위
운문지맥
운문산
북능
웃담바위
북봉(1,140m)
불당골
이
흰바위
복숭아나무골
오 심 이
가지산
옥류골등산로 폐쇄
옥류동
석남사
울주
500년
왕철쭉
철쭉군락지
황
룡
등
샘터
참
새
미
골
함화산
운문산
아랫재
가지산중봉
용수골
중봉능선길
헌디기
석남재
제일농원방향
밀양
밀양 남양리
쇠점골
하양 버스정류장

1. 산중도인 '운문계곡'

가지산과 운문산 사이에 있는 무인지경의 계곡이다. 운문계곡은 경상북도 청도군 운문면 신원리에 있다. 운문계곡 내부에는 세 개의 깊은 골짜기가 있는데, 학심골, 심심골, 오심골이다. 운문계곡 가는 코스는 네 곳이다. 가지산 북능 코스, 아랫재 코스, 배너미재 코스, 운문사 큰골 코스, 쌀바위 학심이 코스다. 특히 가지산 북능 코스는 하늘을 오르는 사다리 만큼 가파르다. 청도 구간은 통제구간이 많다. 운문사 사리암으로 통하는 운문사 큰골은 통제 되었다. 다만 운문산 생태관광 안내센터에서 운영하는 '숨겨진 비경을 찾아서 떠나는 운문산 탐방'을 예약하면 해설사의 동행 하에 출입이 가능하다. 왕복 8.2km, 2시간 30분 코스. 탐방로는 운문 전나무숲길, 운문 녹색길, 전망대길, 아랫재길, 학소대길이 있다.

◑산행 길잡이

▲산중도인을 만나러 가는 코스는 의외로 멀다. 석남터널에서 운문계곡 삼거까지는 약 6.2km. 운문계곡 삼거에서는 운문사 사리암 초소로 가는 큰골은 통제되었다. 이럴 경우에는 배너미재나 아랫재로 나가야 한다. 삼거에서 삼계리 천문사까지는 3.5km, 밀양 남양리 하양마을까지는 6.8km.

▲천문사→배너미고개→삼거 합수→가지산 북능→가지산 정상→쌀바위→상운산→쌍두봉→천문사로 원점회귀 하는 마의 코스는 18~20km, 8~9시간 소요.

▲난이도 최상급이다. 특히 가지산 정상에서 북능을 넘어 운문계곡에 도달한 뒤에도 또 다시 긴 잿마루(아랫재 하양마을 6.8km, 배너미재 천문사 약3.5km)를 넘어야 하는 장거리 코스임을 감안해야 한다.

▲운문산 생태관광안내소에서 운영하는 '숨겨진 비경을 찾아서 떠나는 운문산 탐방'은 왕복 8.2km, 2시간 30분 소요.

◑교통편

▲들머리와 날머리 둘 다 교통 사각지대다. 언양터미널 1713번, 807번, 328번 버스를 타고 석남사 주차장에서 내린다. 가지산 정상을 넘어서 가려면 석남터널로 간다. 석남터널 가는 버스 편이 없으므로 웬만하면 택시를 이용하는 편이 시간을 아낄 수 있다. 석남터널은 언양터미널에서 택시로 25분 거리다.

▲아랫재 코스는 석남사 주차장에서 매 시간 출발하는 밀성여객버스(055-354-2320)를 타고 남영 하양마을에 하차한다.

▲배너미재는 언양터미널에서 출발하는 버스를 타고 청도 삼계리에 내린다.

▲언양터미널에서 청도 삼계리행 9시, 13시, 15시 40분, 18시50분 경산여객버스가 있다. 나오는 버스는 운문사에서 08시 25분, 11시 35분, 14시 35분, 17시 25분이다. 사전에 버스 시간 변경을 확인 해야 한다.

▲대중교통은 버스 환승과 시간 맞추기가 쉽지 않아 승용차를 이용하는 것이 편하다. 내비게이션 이용시 계살피 계곡은 '청도 삼계리', '밀양 하양복지회관'을 목적지로 입력한다.

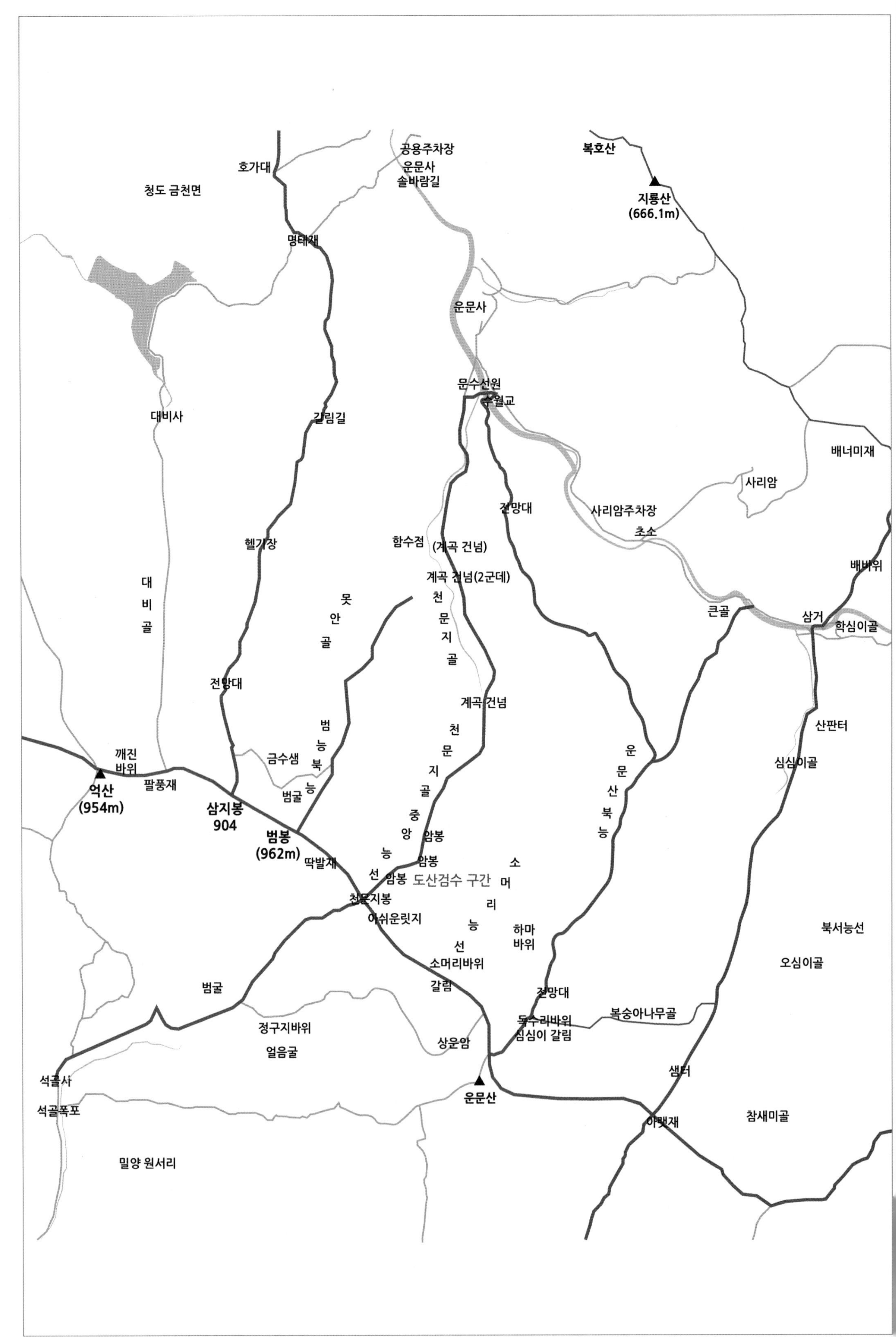

호가대
공용주차장
운문사
솔바람길
복호산
지룡산
(666.1m)
청도 금천면
명태재
운문사
문수선원
수월교
대비사
갈림길
배너미재
사리암
전망대
사리암주차장
초소
헬기장
함수점
(계곡 건넘)
계곡 건넘(2군데)
배바위
대
비
골
못
안
골
천
문
지
골
큰골
삼거
학심이골
전망대
계곡 건넘
범
능
북
능
천
문
지
골
산판터
깨진
바위
금수샘
운
문
산
북
능
심심이골
억산
(954m)
팔풍재
범굴
삼지봉
904
범봉
(962m)
중
앙
능
선
암봉
암봉
암봉
딱발재
소
머
리
능
선
도산검수 구간
천문지봉
아쉬운릿지
하마
바위
북서능선
소머리바위
오심이골
갈림
범굴
전망대
독수리바위
심심이 갈림
복숭아나무골
정구지바위
얼음굴
상운암
석골사
운문산
샘터
석골폭포
아랫재
참새미골
밀양 원서리

2. 운문 범 순찰 코스

영남알프스는 호랑이와 표범의 땅이었다. 영남산알프스에서 직선거리로 사십 리 떨어진 반구대암각화에 새겨진 23마리의 호랑이·표범 바위그림은 영남알프스 맹호의 유구한 역사를 입증해 준다. 호화찬란한 생김새, 번개같이 빛나는 눈, 영남알프스의 맹호는 산중호걸이었다. 영남알프스 맹호가 울면 산천지목이 벌벌 떨고 온갖 짐승은 숨을 죽였다. 운문지맥은 호랑이 등짝이다. 호거산은 호랑이가 웅크린 형상이다. 호거산을 머리 삼아 생겨난 산줄기가 호랑이 꼬리로 해서 이어진다. 또한 복호산은 호랑이가 엎드린 형상이다. 따라서 이 코스들을 산행하면 호랑이 등에 올라 탄 호연지기의 기운을 받을 수 있다.

◑산행 길잡이

▲운문댐 아랫동네에서 출발하여 까치산, 호거능선, 범봉, 운문산, 아랫재, 가지산, 운문령, 문복산, 계살피로 내려오는 장거리 코스이다. 35~40km, 13~15시간이 소요된다. 방음리→호거대→운문사 공영주차장은 8~10km 4~5시간이 소요된다.

▲천년고찰 운문사 솔바람길도 빼놓을 수 없다. 수백 년 된 소나무가 약 1km에 걸쳐 쭉쭉 뻗어 있는 길은 운치를 더해준다. 매표소 주차장에서 걸어가야 하는 이유가 된다.

▲운문지맥은 낙동정맥인 가지산에서 시작하여 밀양 산외면 비학산까지 연결된 약 34.5km의 산줄기이다. 가지산(1241m), 운문산(1195m), 범봉(962m), 억산(954m), 흰덤봉(690m), 육화산 (674.9m), 용암봉(686.0m), 백암봉(679m), 중산(649m), 낙화산(626m), 보담산(562m), 비학산(317m) 으로 이어진다. 이 코스는 웅장한 산군과 탁월한 조망을 즐길 수 있다.

◑스토리

영남알프스를 호령하던 범은 일제강점기에 왜인의 총질에 거의 사라졌다. 끝까지 살아남은 가지산 표범은 1960년 영남알프스를 순찰하다가 마지막으로 포획되었다. 특히 운문계곡은 범의 주요 순찰 루트였다. 순찰 루트는 사리암 주차장에서 큰골 합수부 삼거랑→아랫재 구간과 사리암 주차장에서 삼거랑→학소대 구간이다.

◑교통편

▲언양터미널에서 청도 삼계리행 9시, 13시, 15시 40분, 18시 50분 경산여객버스가 있다. 나오는 버스는 운문사에서 08시 25분, 11시 35분, 14시 35분, 17시 25분이다. 또 청도 동곡에서 다니는 3번 버스가 있다. 버스 시간이 변경될 수 있다.

▲대중교통은 버스 환승과 시간 맞추기가 쉽지 않아 승용차를 이용하는 것이 편하다. 언양 서울산IC에서 새로 개통한 운문터널을 넘으면 30~40분 소요된다. 청도IC에서 방음리 방음마을이나 신원리 솥계마을(방지초교 문명분교)로 간다. 내비게이션 '방음동 새마을 동산'.

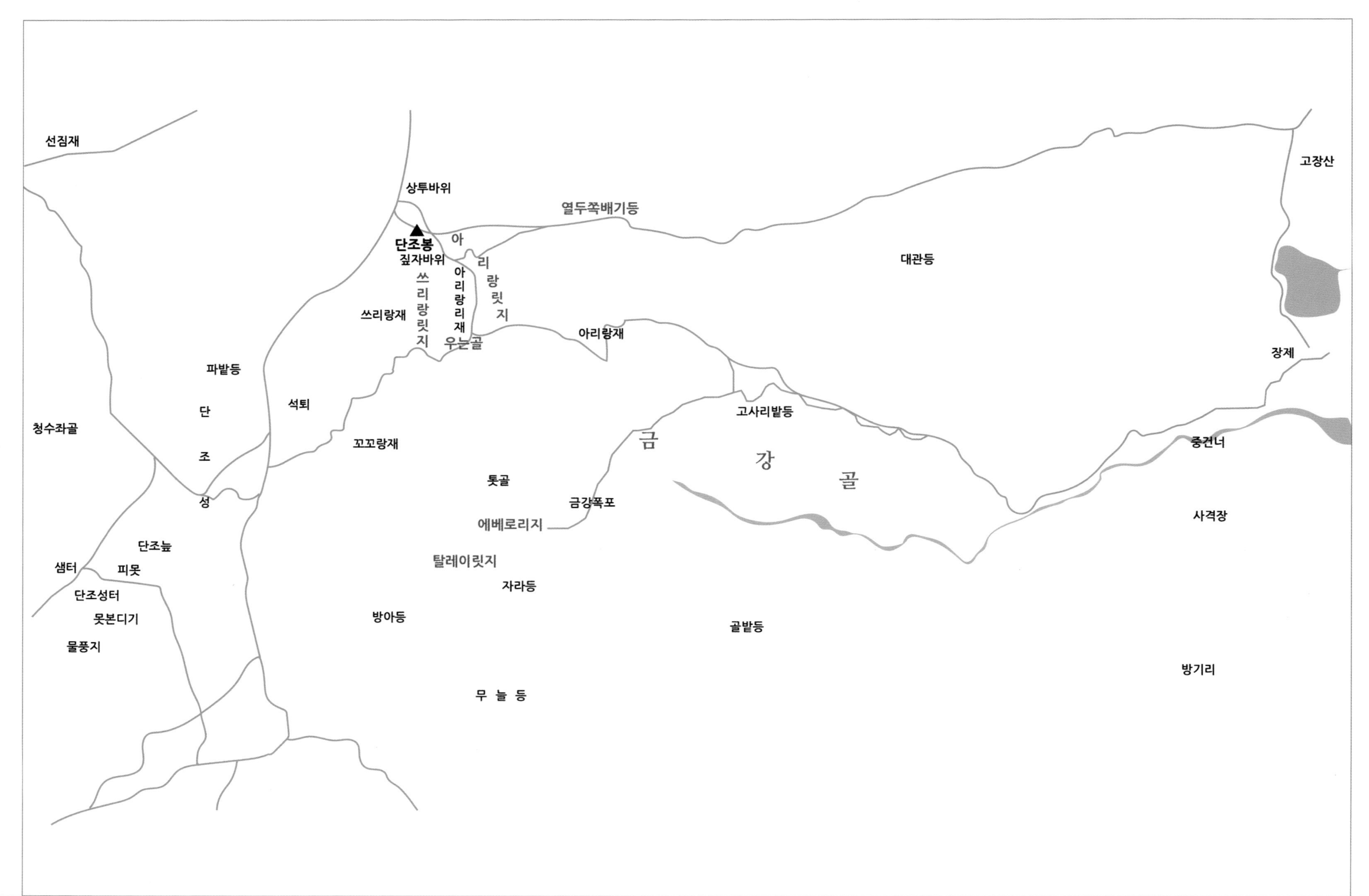
선짐재
상투바위
열두쪽배기등
고장산
단조봉
짚자바위
아리랑릿지
쓰리랑릿지
아리랑리재
대관등
쓰리랑재
우는골
아리랑재
장제
파밭등
단조성
석퇴
고사리밭등
청수좌골
꼬꼬랑재
금강골
중건너
톳골
금강폭포
사격장
에베로리지
단조늪
샘터
피못
탈레이릿지
단조성터
자라등
못본디기
방아등
골밭등
물풍지
방기리
무늘등

3. 신불산 '열두쪽배기등', '우는골'

▲금강골 코스는 경사가 급한 최상급 험로이다. 평일에는 인근 군부대 사격장에서 실탄 사격 훈련을 한다. 도처에 불발탄이 깔려 있다.

신불산 단조봉에서 내려다보면 크고 작은 열두 봉우리가 마치 소똥이나 뚝배기를 엎어 놓은 것처럼 생겨서 붙여진 이름이 열두쪽배기등이다. 신불평원에서 마산마을 이어진다. 아기자기하고 유순한 열두쪽배기등은 나물을 켜는 동네 아낙들이 주로 드나들었다. 금강골 V자 협곡에 든 우는골은 가만히 있어도 귀가 울린다. 특히 기암괴석이 층층 도열한 아리랑재에 있는 아리랑릿지는 암벽 코스로 유명하다.

◑산행 길잡이

▲울주군 삼남면 가천리 장제마을이 들머리다. 금강골에는 있는 톳골과 우는골 두 협곡 모두 피를 부르는 계곡으로 알려졌다.

▲장재마을에서 우는골(아리랑재) 코스는 왕복 6.5km.

▲톳골(쓰리랑재) 코스는 왕복 6.0km, 이어서 2km의 신불평원은 이어진다.

▲아리랑릿지는 신불평원으로 연결되고 꼬불꼬불한 꼬꼬랑재는 단조성으로 연결된다.

▲에베로릿지는 금강폭포에서 시작된다. 에베로릿지 코스는 왕복 9~10km, 5~6시간 소요.

◑스토리 키워드

열두쪽배기등은 가천리 주민들이 드나들던 통로였다. 금강골에는 임진왜란 피난굴과 적을 물리쳤던 석퇴가 남아있다. 금강골은 바위 전시장이다. 기기묘묘한 바위군락들이 도열한다. 키워드는 피를 부르는 계곡 금강골, 금강골 지뢰밭, 만리성 오르는 가장 빠른 길, 온갖 가득한 돌산, 골병들기 딱 좋은 지옥길, 깊이 모를 벼랑과 꼬부랑꼬부랑 꼬꼬랑재, 기다시피 오른 가파른 잿길, 산그늘 큰 금강골에 맹수가 설치던 길, 배내오재 중에서 가장 험한 금강골의 기구한 운명, 네 발로 기는 아리랑재, 바위군상 금강골이다.

◑교통편

▲가천리 장제마을이 들머리다. 금강골 아래에 울산함안고속도로의 신불산터널이 들어섰다. 1723번, 313번, 부산 12번 버스를 타면 공암마을 입구에 내려서 금강골 방향으로 약 2km, 20분을 걸어야 한다.

▲승용차를 이용할 경우에는 경부고속도로 서울산IC에서 작천정 방향으로 약 15분 거리에 있다. 부산에서 오면 통도사IC가 빠르다. 내비게이션은 '가천리 장제교'를 입력하면 된다.

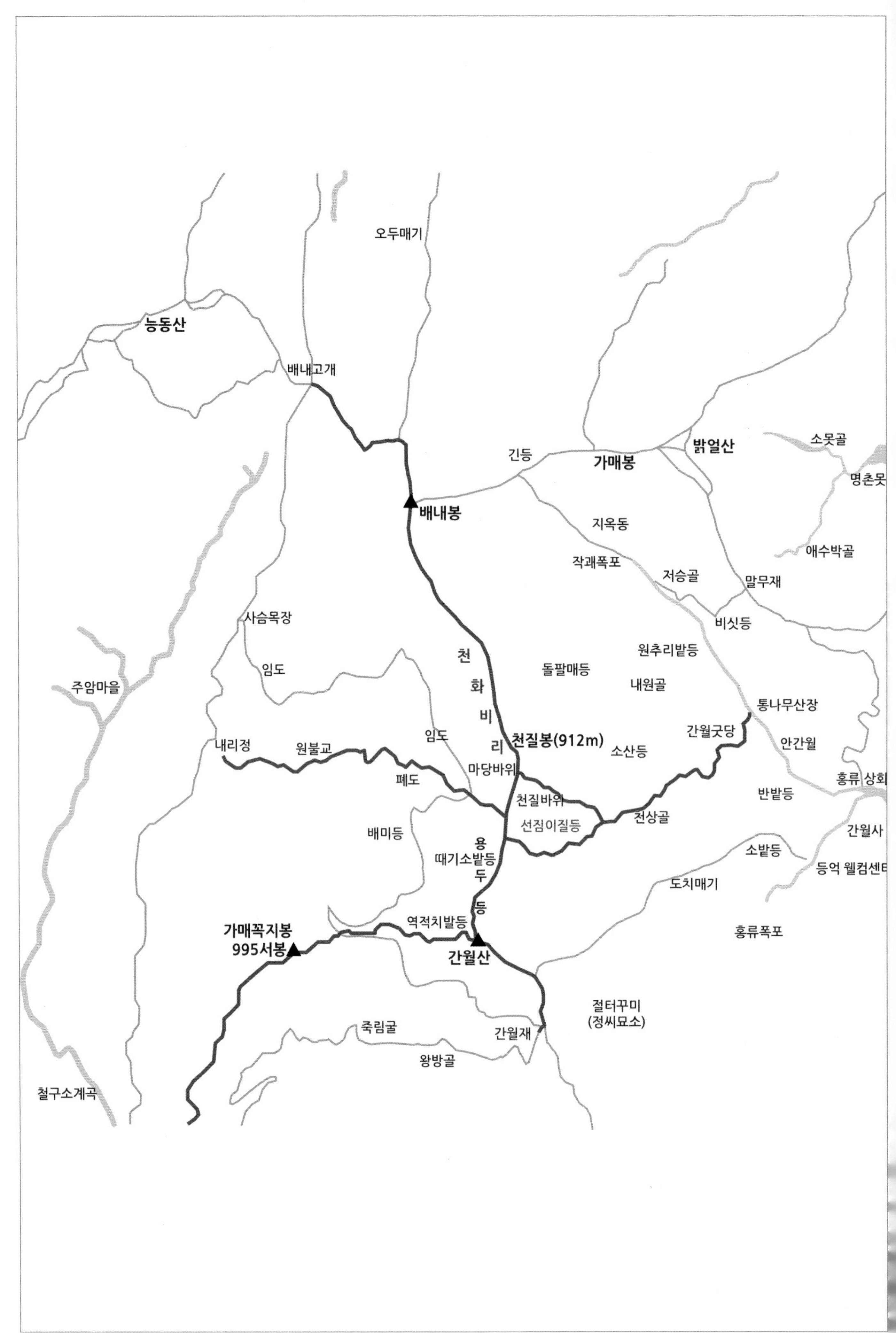

오두매기
능동산
배내고개
긴등
가매봉
밝얼산
소못골
명촌못
배내봉
지옥동
작괘폭포
저승골
애수박골
말무재
사슴목장
비싯등
천
화
비
리
원추리밭등
임도
돌팔매등
내원골
주암마을
통나무산장
임도
천질봉(912m)
간월굿당
안간월
내리정
원불교
소산등
마당바위
폐도
홍류 상회
천질바위
반밭등
전상골
선짐이질등
배미등
용
때기소밭등
두
등
간월사
소밭등
등억 웰컴센터
도치매기
가매꼭지봉
995서봉
역적치발등
간월산
홍류폭포
절터꾸미
(정씨묘소)
죽림굴
간월재
왕방골
철구소계곡

4. 간월산 '선짐이질등'

산중 배내골에서 언양 나오는 옛길이다. 선짐이질등은 무거운 짐을 진 채로 쉬었다는 길이고, 역적치발등은 묘를 쓰면 역적이 난다는 길이다. 간월산 북릉과 서릉 일대에 있는 코스로, 실제로 간월산 주변에는 묘지를 보기 어렵다. 하지만 첩첩산중에 가려진 숲길의 내막을 알면 생각이 달라진다. 선짐이질등은 배내골 사람들이 언양장을 가기 위해 죽기 살기로 넘었던 지름길이었고, 역적치발등은 전쟁길이었다. 전쟁이 터지면 저항의 길이자 은둔자의 길이 되었던 것이다.

◑산행 길잡이

▲선짐이질등, 역적치발등을 오르는 들머리는 등억 방향, 배내골 방향, 배내고개에서 할 수 있다. 간월재 북릉 천상골에 있는 선짐이질등은 등억리 안간월은 간월굿당에서 시작된다. 배내골 주민들이 언양장을 드나들던 지름길이었다. 배내골 방향에서는 내리정 원불교가 들머리다. 언양 장날이면 줄을 서 넘던 오래된 이 길은 간월재 임도 개설로 끊겼다. 산꾼들의 발걸음이 적은 편이라 여유로운 산행을 원한다면 이 코스가 제격이다.

▲간월산 정상 알머리에서 서봉으로 내려가면 995 빨치산고지 가매꼭지봉과 배미등이 나온다.

▲배내고개에서 배내봉을 거쳐 역적치발등을 내처 갈 수 있다. 아찔한 비경은 배내봉에서부터 시작된다. 배내봉에서 선짐이질등 사이에는 저승골과 천질바위가 위치한다. 특히 봄철 철쭉 개화 무렵의 산행은 금상첨화다. 배내고개에서 출발하면 등억 복합웰컴센터까지 약 7.7km.

◑교통편

▲배내고개행 버스는 울산KTX과 언양터미널에서 328번 버스가 있다. 산행 후 배내골 태봉버스 종점에서 언양터미널행 버스는 평일 오후 3시 50분, 5시 10분, 주말 오후 3시 10분, 5시 30분, 6시 40분에 있다.

▲언양터미널 등억행 버스는 304번, 323번(상북면사무소 경유)이다.

▲승용차편은 내비게이션 '등억리 알프스산장', '배내고개 주차장'을 목적지로 한다.

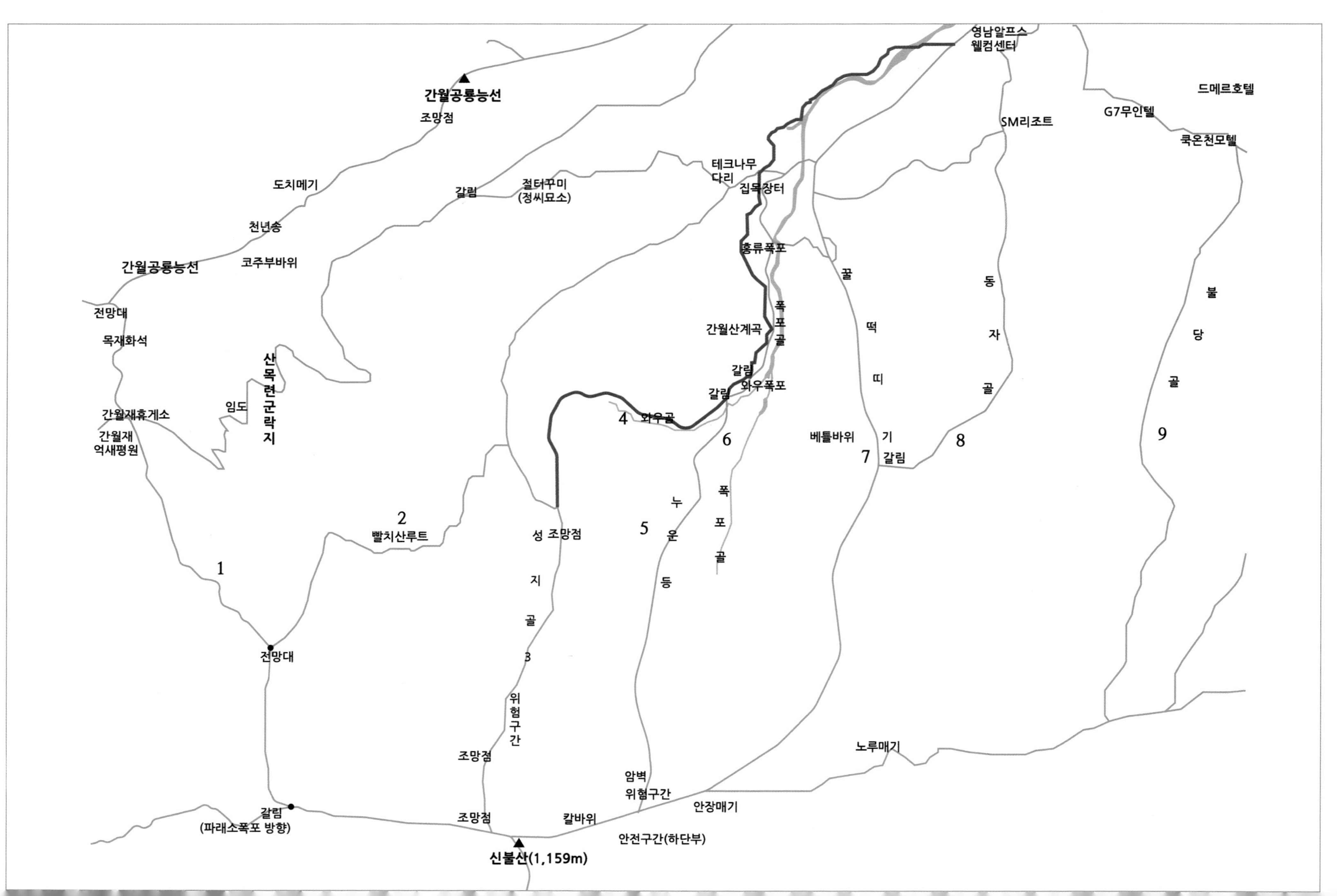

영남알프스
웰컴센터
드메르호텔
G7무인텔
SM리조트
쿡온천모텔
간월공룡능선
조망점
도치메기
갈림
절터꾸미
(정씨묘소)
테크나무
다리
집목장터
천년송
홍류폭포
코주부바위
간월공룡능선
꿀
동
불
전망대
목재화석
산
목
련
군
락
지
간월산계곡
폭
포
골
떡
자
당
갈림
와우폭포
띠
골
골
임도
갈림
간월재휴게소
4
와우골
간월재
억새평원
6
베틀바위
기
8
9
7
갈림
2
빨치산루트
성 조망점
누
폭
5
운
포
1
지
등
골
골
전망대
3
위
험
구
간
노루매기
조망점
암벽
위험구간
안장매기
갈림
(파래소폭포 방향)
조망점
칼바위
안전구간(하단부)
신불산(1,159m)

5. 기암괴석과 폭포가 빚어난 절경 '신불산 폭포골'

폭포골은 신불산 동쪽 아래의 계곡으로, 영남알프스에서 가장 기운이 센 곳이다. 신비한 계곡에는 자연이 빚은 갖가지 바위와 폭포수가 흘러 여름 산행에 적지다. 우거진 숲으로 하늘을 뒤덮은 골짜기에는 뙤약볕이 스며들 틈이 없다. 좁아졌다가 다시 넓어졌다가 열렸다가 닫혔다가 하는 길은 조금도 지루하지 않다.

홍류폭포는 높이 약 33m에서 떨어지는 폭포수가 꽃잎처럼 흩날려 무지게 빛이 서린다는 의미를 지녔다. 봄에는 무지개가 서리며 겨울에는 고드름이 절벽에 매달린다. 와우폭포는 미끄럼틀처럼 누운 폭포다. 그 외에도 폭포골에는 크고 작은 폭포가 있다. 해발 1천 미터의 바위 틈에서 솟아지는 석간수는 태화강의 발원수다.

폭포골은 올라갈수록 시원하고 왕방골은 내려갈수록 시원하다.

홍류폭포

◑산행 길잡이

▲등억리 복합웰컴센터에서 홍류폭포 약 750m, 와우폭포는 1.3km.

▲간월재를 올라서면 왕방골로 내려갈 수 있다. 죽림굴 임도에서 옥봉 갈산고지 능선을 타고 파래소폭포로 내려가는 구간은 신불산 빨치산 코스이다. 간월재에서 배내골 신불산자연휴양림 하단 거리는 약 5.5km.

▲난이도는 중등도이다. 다만 바위가 많은 폭포골에서는 미끄럼을 조심해야 한다. 바위 미끄럼틀이나 다름없는 와우폭포에서 낙상사한 산행객의 비는 경각심을 불러일으킨다.

◑교통편

▲들머리는 울주군 상북면 등억리 복합웰컴센터. 버스편은 언양터미널에서 304번, 323번(상북면사무소 경유)이다.

▲배내골에서는 신불산자연휴양림 하단지구가 들머리다. 파래소폭포→왕방골→죽림굴→간월재로 간다. 간월재에서는 신불산이나, 간월산으로 이동할 수 있다. 배내골은 언양터미널이나 울산KTX에서 328번 버스, 양산역 환승센터 1000번 버스, 원동역에서 수시로 운행하는 버스가 있다.

▲원점회귀 가능한 구간이라 승용차 이용이 편리하다. 경부고속도로 서울산IC에서 작천정 방향으로 약 10분 거리에 있다. 내비게이션 '영남알프스 복합웰컴센터', 혹은 '복합웰컴센터'를 입력하면 된다.

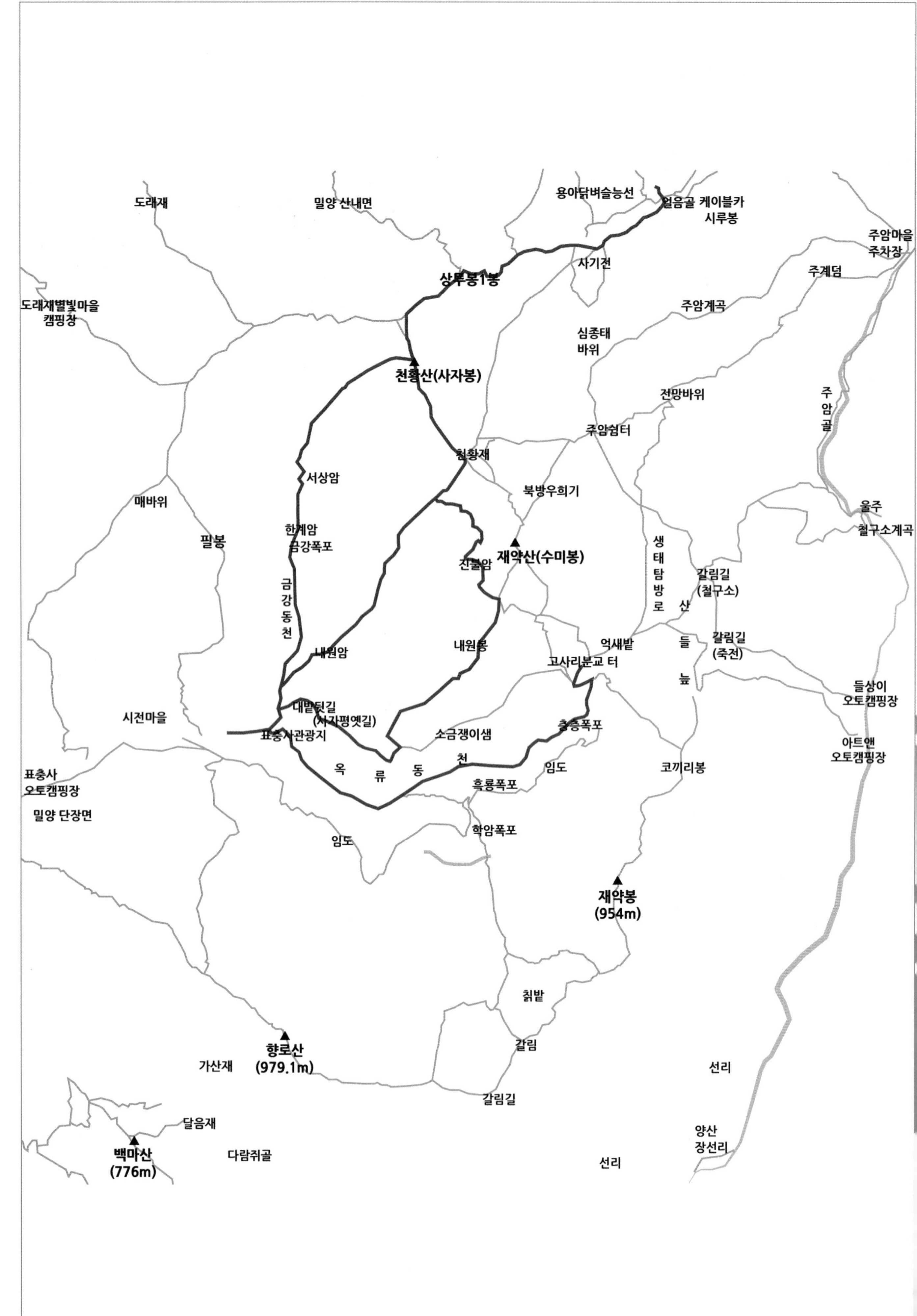
도래재
밀양 산내면
용아닭벼슬능선
얼음골 케이블카
시루봉
주암마을
주차장
사기전
상투봉1봉
주계덤
도래재별빛마을
캠핑장
주암계곡
심종태
바위
천황산(사자봉)
전망바위
주
암
골
주암쉼터
천황재
서상암
북방우희기
매바위
울주
철구소계곡
한계암
금강폭포
필봉
재약산(수미봉)
생
태
탐
방
로
진불암
갈림길
(철구소)
산
금
강
동
천
내원봉
억새밭
들
갈림길
(죽전)
내원암
고사리분교 터
늪
들상이
오토캠핑장
시전마을
대밭뒷길
(사자평옛길)
층층폭포
표충사관광지
소금쟁이샘
아트앤
오토캠핑장
옥
류
동
천
임도
코끼리봉
표충사
오토캠핑장
흑룡폭포
밀양 단장면
학암폭포
임도
재약봉
(954m)
칡밭
향로산
(979.1m)
갈림
가산재
선리
갈림길
달음재
양산
장선리
백마산
(776m)
다람쥐골
선리

6. 가을의 전설 '천황산 오색단풍골'

가을 산행에 좋은 코스다. 단풍과 억새를 동시에 볼 수 있다. 거기다 최고의 전망대라 할 수 있는 천황산 사자봉 정상에 올라서면 영남알프스의 산그리메가 펼쳐진다. 천황산 재약산 두 형제봉을 시작으로 재약봉 향로산 등 이른바 '재약 5봉'이다. 표충사 금강동천과 옥류동천 골짜기는 가을이면 단풍골이 된다. 기암괴석 사이로 두 갈래의 단풍 물줄기를 쏟아내는 비경을 연출한다. 눈이 시리게 물든 단풍은 산등성이를 타고 재약5봉을 물들인다.

◑산행 길잡이

▲얼음골 케이블카를 이용하면 주암쉼터로 이동하여 동쪽의 주암계곡이나 주계덤으로 하산할 수 있다.

▲표충사에서 출발하여 금강동천이나 진불암 오름 코스는 다소 거칠다. 우회하는 길은 사자평 옛길(표충사 대밭길)을 따라 천황산 정상에 올라 금강동천으로 하산하면 된다. 단풍 물 흐르는 색다른 폭포 산행을 곁들일 수 있다.

▲단풍 기행의 최적 코스는 표충사에서 옥류동천 코스를 선택하여 흑룡폭포 전망대→층층폭포→사자평→천황산→한계암→금강동천을 도는 코스다. 6시간 소요된다. 옥류동천과 금강동천의 색다른 절경 볼 수 있다. 옥류동천에서 사자평 3km 왕복은 짧게는 3시간 30분에서 길게는 5시간 30분이 걸린다. 금강동천은 약 한계암까지 1.5km, 천황산 3.6km.

▲표충사→문수봉→고암봉→수미봉→천황고개→사자봉→세고개→필봉→매바위→표충사 종주 코스는 약 13~15km, 6~7시간 소요된다.

▲표충사에서 진입할 경우에는 난이도가 높은 편이나 배내골 주암계곡을 들머리로 잡을 경우에는 난이도가 낮다.

◑스토리

금강동천에는 한계암, 진불암, 내원암이 있다. 재약5봉의 중심인 사자평에는 사명대사가 승병을 훈련시킨 훈련장, 조선 도공들이 도자기를 굽던 사기전, 화전민이 살았던 마을이 있다. 화전민들이 부쳐먹던 고사리밭은 억새군락지로 변했다.

◑교통편

▲표충사에서 원점회귀가 가능하다. 승용차를 이용할 경우 '표충사 주차장'을 내비게이션 목적지로 한다. 무료 주차. 신대구 · 부산고속도로 밀양IC→울산 언양 방향 24번 국도 우회전→단장 표충사 1077번 지방도 우회전→금곡교 지나→아불교 지나→집단시설지구 공용주차장(또는 표충사 경내 주차장) 순이다.

▲열차편은 밀양역에서 내려 밀양시외버스터미널로 이동해 표충사행 버스를 타면 된다.

▲밀양역에서 터미널까지는 버스로 20분 걸린다. 역 앞에서 정차하는 거의 모든 버스가 터미널을 경유한다. 시외버스터미널에서 표충사행 버스는 오전 8시 20분, 9시 10분, 10시, 11시에 출발한다. 표충사에서 터미널행 버스는 오후 4시, 4시 30분, 5시 30분, 6시, 6시 30분, 7시 10분, 8시(막차)에 있다. 밀양역에서 부산행 KTX는 오후 5시 23분, 6시 26분, 8시 53분, 새마을호는 오후 5시 29분, 무궁화호는 오후 5시 10분, 5시 59분, 6시 59분, 8시에 있다.

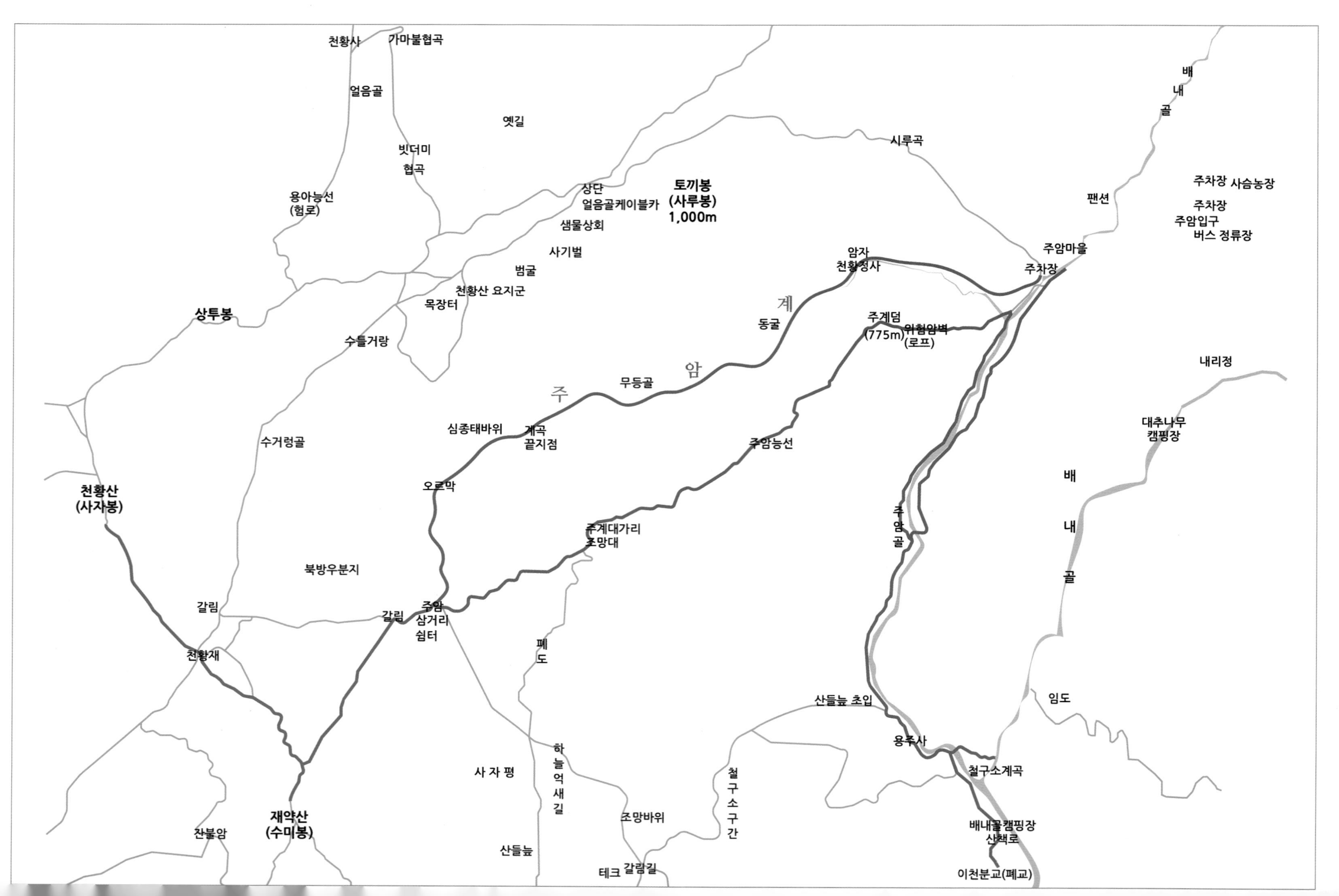

천황사
가마불협곡
얼음골
옛길
빗더미
협곡
용아능선
(험로)
시루곡
배
내
골
토끼봉
(사루봉)
1,000m
상단
얼음골케이블카
샘물상회
사기벌
범굴
천황산 요지군
목장터
상투봉
수틀거랑
주차장 사슴농장
주차장
주암입구
버스 정류장
팬션
주암마을
주차장
암자
천황정사
계
동굴
주계덤
(775m)
위험암벽
(로프)
내리정
암
무등골
주
심종태바위
계곡
끝지점
주암능선
대추나무
캠핑장
배
내
골
수거렁골
오르막
천황산
(사자봉)
주
암
골
주계대가리
조망대
북방우분지
갈림
갈림
주암
삼거리
쉼터
천황재
폐
도
임도
산들늪 초입
용주사
철구소계곡
사 자 평
하
늘
억
새
길
철
구
소
구
간
재약산
(수미봉)
잔불암
조망바위
산들늪
배내골캠핑장
산책로
테크 갈람길
이천분교(폐교)

7. 주암계곡 통속으로

거대한 통 속 같은 계곡이다. 주민들 말로는 여름철에도 기온이 낮아 익던 호박도 얼어버린다고 한다. 배내구곡 중에서 때 묻지 않은 청정지역으로 손꼽힌다. 주암마을에서는 세 갈래의 길이 나눠진다. 하나는 밀양 얼음골로 가는 시루곡, 두 번째는 사자평으로 가는 주암계곡, 세 번째는 배내골 철구소과 연결된 주암골이다. 물과 쉴만한 바위가 있어 삼복더위를 식히기에 좋고 가을에는 단풍이 아름답다. 산이 높고 골이 깊어 짐승 야생동물들이 많이 서식한다. 1944년 신불산표범이 이곳 주암계곡에서 포획되었다.

◑산행 길잡이

▲주암마을에서 사자평 주암 쉼터로 이어진 주암계곡 코스(4km), 배내고개에서 철구소로 이어진 주암골 반딧불이 코스(5km)가 있다. 특히 주암계곡에서 사자평을 한 바퀴 돌아본 루에 주암능선(주계덤)으로 원점회귀하는 코스도 가볼만하다. 주암능선 코스는 웅장한 산군과 탁월한 조망권을 즐길 수 있다. 특히 주계덤 바위군에서 바라보는 간월산, 신불산, 영축산의 동알프스의 파노라마는 압권이다.

▲난이도 중급이다. 뛰어난 비경과 바위 물소리에 그다지 힘들 줄 모른다.

◑스토리

하늘을 찌를 듯 우뚝 치솟은 주계덤 바위산은 9년 대홍수로 낙동강에서 올라온 배를 묶었다는 설이 전해온다. 사자평으로 이어지는 주암계곡 등산로는 오래된 옛길이다. 소장수들은 밀양 단장면에서 사들인 소를 이 길을 통해 언양장으로 몰고 갔다. 또한 남의 눈에 잘 띄지 않는 협곡에는 숯을 굽는 숯쟁이나 아름드리나무를 베는 벌목꾼, 화전민들이 살았다. 주암마을에서 얼음골케이블카 상부 하우스로 올라가는 시루곡에는 사명대사가 머물렀던 사명디기가 있다.

◑교통편

▲언양터미널에서 328번 버스를 타고 주암마을 정류장에서 내린다. 이곳에서 주암마을 주차장까지 내리막 1.3km를 걸어야 한다. 328번 버스 평일 오전 6시 20분, 7시 50분, 9시 50분, 주말 시간대는 오전 7시, 8시 20분, 9시 30분, 10시 55분에 있다.

▲배내고개→주암마을→철구소는 힐링 코스다.

▲산행 후 배내골 버스 종점에서 언양터미널행 버스는 평일 오후 3시 50분, 5시 10분, 주말 오후 3시 10분, 5시 30분, 6시 40분에 있다. 언양 KTX울산역에서 택시로 약 30분 거리이다.

▲부산에서는 도시철도 1호선 노포동 종점에 있는 부산종합터미널에서 신평 · 언양행 버스를 이용해 종점인 언양터미널에 내려서 328번 배내골행 버스를 탄다.

▲승용차편은 내비게이션 '주암계곡 주차장' 입력.

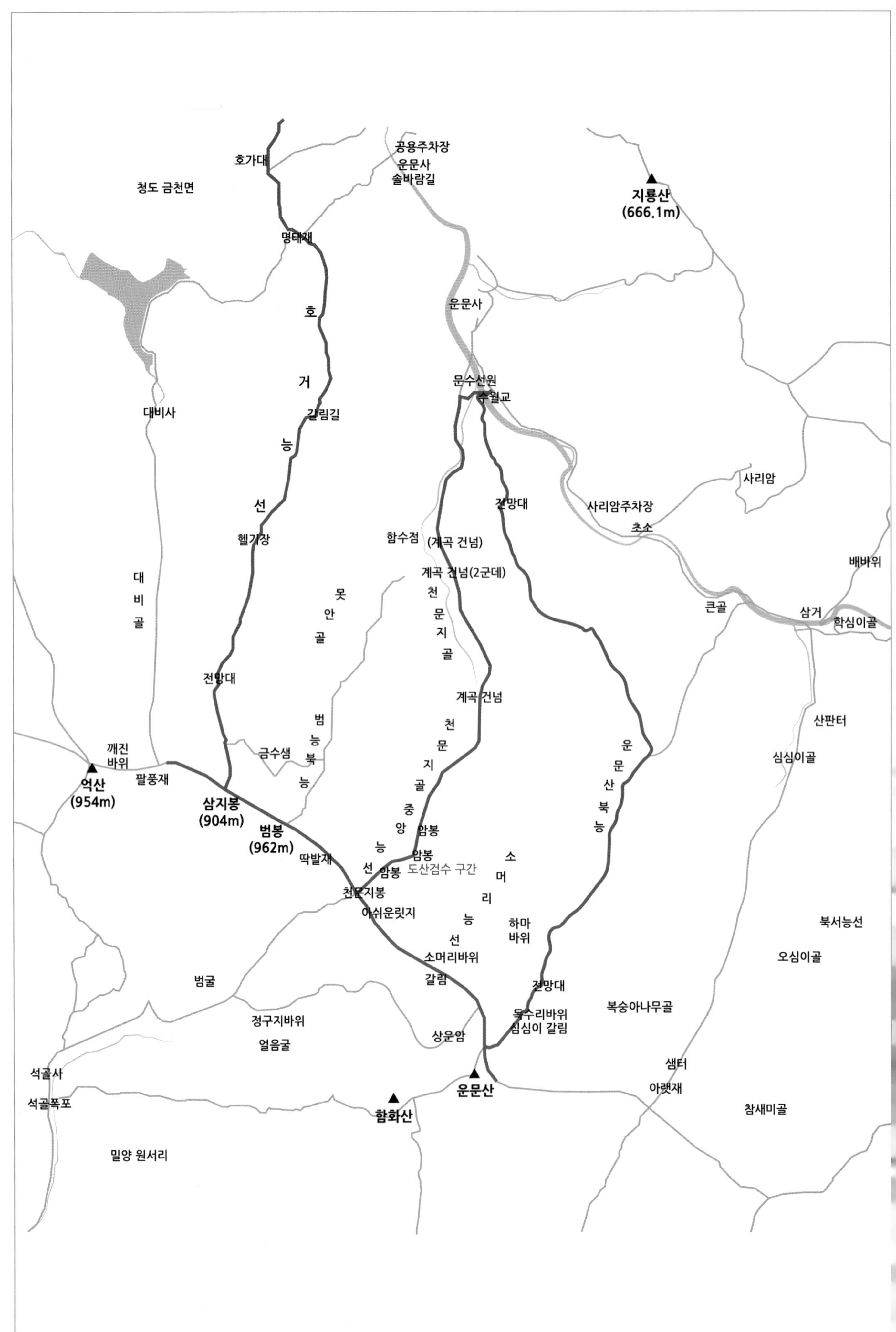

호가대
공용주차장
운문사
솔바람길
청도 금천면
지룡산
(666.1m)
명대재
호
거
갈림길
능
선
헬기장
운문사
문수선원
수월교
전망대
사리암
사리암주차장
초소
함수점
(계곡 건넘)
계곡 건넘(2군데)
배바위
대비사
대
비
골
못
안
골
천
문
지
골
큰골
삼거
학심이골
전망대
계곡 건넘
범
능
북
능
천
문
지
골
중
앙
능
선
운
문
산
북
능
산판터
심심이골
깨진
바위
억산
(954m)
팔풍재
금수샘
삼지봉
(904m)
범봉
(962m)
딱발재
암봉
암봉
암봉
도산검수 구간
소
머
리
능
선
천문지봉
아쉬운릿지
하마
바위
소머리바위
갈림
북서능선
오심이골
범굴
전망대
독수리바위
심심이 갈림
복숭아나무골
정구지바위
얼음굴
상운암
석골사
석골폭포
샘터
아랫재
운문산
함화산
참새미골
밀양 원서리

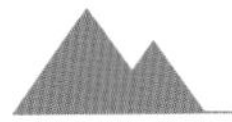

8. 일망무제 호거산릉—望無際 虎踞山陵

운문산 일대는 호산虎山이 많다. 범봉, 복호산, 호거산이라는 지명이 이를 뒷받침한다. 범봉(962m)은 호랑이 봉이다. 호거산虎踞山은 호랑이가 웅크리고 앉아 있는 형상이며, 복호산은 호랑이가 엎드린 형상이다. 운문사는 입구 석주와 현판에 '호거산운문사虎踞山雲門寺'라고 적혔는데, 호거산에서 절의 이름이 유래되었다는 설이 전해온다. 장군봉으로 불리는 호거대는 해발 500m를 겨우 넘는 암봉이지만 믿기 힘들 정도로 장쾌한 조망을 선사한다. 멀리 청도 읍내의 용각산까지 보인다. 최고봉 운문산 정상에 올라서면 한눈에 다 바라볼 수 없는 아득한 전망이 펼쳐진다. 대동여지도를 제작한 김정호는 범봉과 호거산릉을 지도에 표기했다.

◑산행 길잡이

▲운문사 주차장(원두막집 출발)→호거대(등심바위)→능선삼거리→방음산→염창 방음산 구간은 8~10km, 4~5시간 소요된다.

▲해발 500m 호거대에서 호거산릉을 따라서 범봉으로 갈 수 있다. 삼지봉 아래(해발760m) 숯쟁이길을 따라가면 원시림 금수암(833m)이 나온다. 운문공용주차장→호거대→호거산릉→범봉→운문산→운문산북능→운문사→운문공용주차장 원점회귀 약 24km. 상당한 난이도를 요한다. 호거산→범봉→운문산→가지산→상운산→복호산으로 이어지는 운문산릉 코스는 호랑이 순찰 영역으로 볼 수 있다.

▲천년고찰 운문사 솔바람길도 빼놓을 수 없다. 수백 년 된 소나무가 약 1km에 걸쳐 쭉쭉 뻗어 있는 길은 운치를 더해준다.

▲운문 블루웨이는 사리암 주차장에서 큰골 합수부 삼거랑→아랫재 구간과 사리암 주차장에서 삼거랑→학소대 구간으로 나뉜다.

◑스토리

호거산과 방음산, 호거능선은 수십 미터 높이의 진귀한 바위와 수려한 계곡이 많다. 못안골, 천문지골, 대비골, 소대가리바위, 독수리바위 등이 있다. 청도 운문면에서 밀양 산내면으로 이어진 팔풍재, 딱발재, 대비재는 운문 주민들의 통로였다. 운문 신원리 솔계 사람들은 무쇠솥을 지고 팔풍장, 딱발재를 넘었다. 대비골 명태장은 동곡장으로, 방음재는 대천장으로 나가던 길이었다.

◑교통편

▲언양터미널에서 출발하는 청도 삼계리행 9시, 13시, 15시40분, 18시50분 경산여객버스가 있다. 나오는 버스는 운문사에서 08시25분, 11시35분, 14시35분, 17시25분이다. 또 청도 동곡에서 다니는 3번 버스가 있다. 버스 시간 변경이 있을 수 있으므로 미리 확인해야 한다.

▲승용차를 이용하는 경우에는 언양 서울산IC에서 새로 개통한 운문터널을 넘으면 운문사 공영주차장까지 30~40분 소요된다. 내비게이션 '운문사 공용주차장'. 무료.

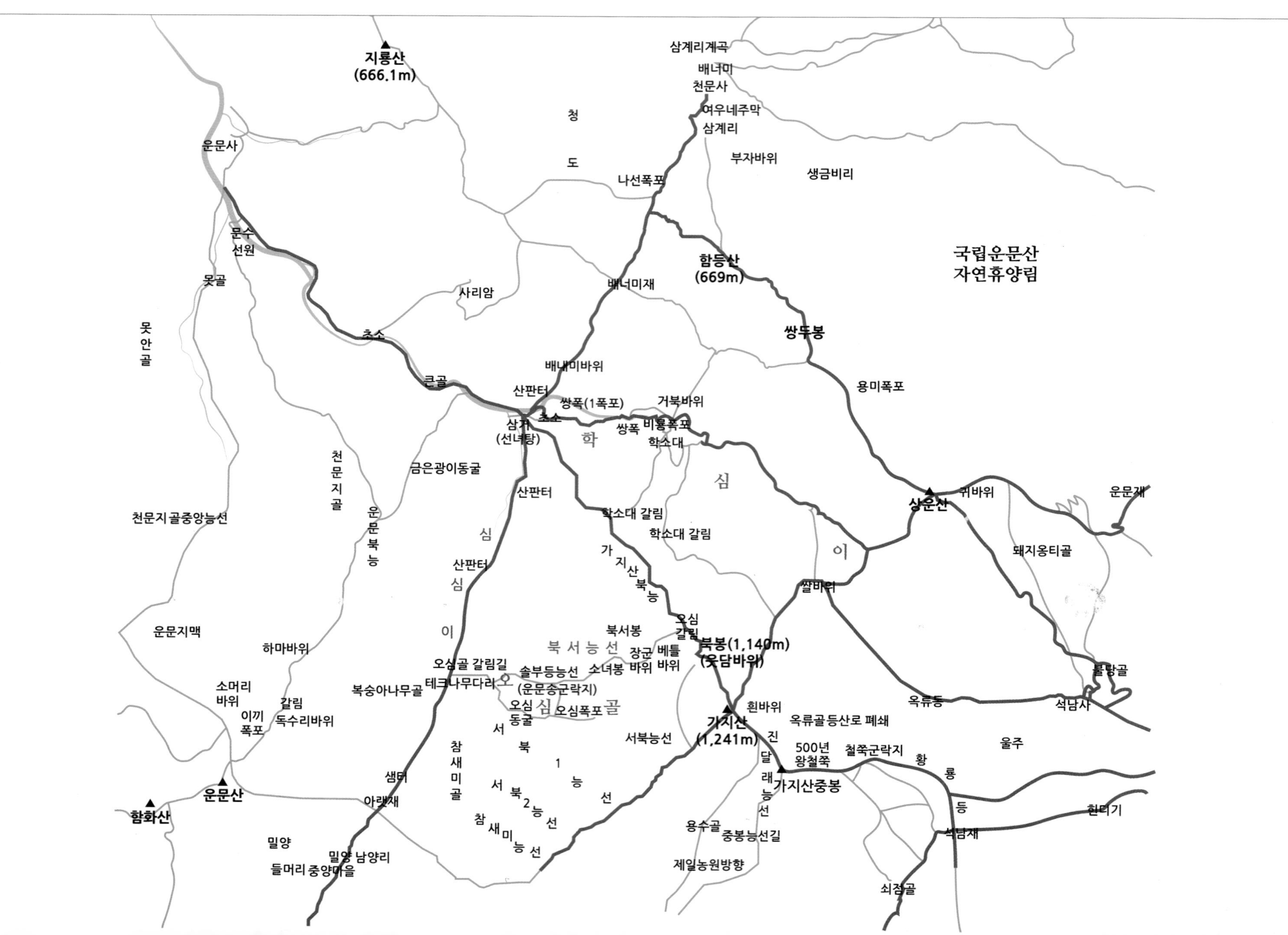

지룡산
(666.1m)
삼계리계곡
배너미
천문사
여우네주막
삼계리
청
도
부자바위
생금비리
운문사
나선폭포
문수
선원
함등산
(669m)
국립운문산
자연휴양림
못골
사리암
배너미재
못
안
골
쌍두봉
초소
배내미바위
큰골
산판터
용미폭포
쌍폭(1폭포)
거북바위
삼거
(선녀탕)
초소
쌍폭
비룡폭포
학소대
학
금은광이동굴
천
문
지
골
심
산판터
상운산
귀바위
운문재
천문지골중앙능선
운
문
북
능
학소대 갈림
학소대 갈림
심
이
돼지웅티골
가
지
산
북
능
산판터
심
쌀바위
운문지맥
이
오심
갈림
북서봉
북 서 능 선
북봉(1,140m)
(옷담바위)
장군
바위
베틀
바위
하마바위
오심골 갈림길
솔부등능선
소녀봉
불당골
소머리
바위
복숭아나무골
테크나무다리
오
(운문송군락지)
갈림
이끼
폭포
독수리바위
오심
동굴
심
오심폭포
골
흰바위
옥류동
석남사
가지산
(1,241m)
옥류골등산로 폐쇄
서
서북능선
진
울주
참
새
미
골
북
1
500년
왕철쭉
철쭉군락지
황
샘터
달
가지산중봉
룡
능
운문산
서
북
2
래
능
아랫재
선
함화산
능
등
헌디기
선
참
새
미
능
선
용수골
중봉능선길
석남재
밀양
밀양 남양리
들머리 중양마을
제일농원방향
쇠점골

9. 설경이 장관인 가지산, 상운산 눈꽃 산행

많은 산꾼들이 겨울 산행지로 꼽는 코스다. 웅장한 산세와 요동치는 마루금에 쌓인 하얀 눈을 밟으며 걷는 묘미가 있기 때문이다. 특히 혹독한 한파에 피는 상고대를 보려는 산행객들이 각지에서 몰려든다. 가장 즐겨 찾는 설경 코스는 가지산 정상을 올라 쌀바위를 거쳐 운문재로 하산 하는 구간이다.

◑산행 길잡이

▲가지산 최단 코스는 석남터널(밀양 방면)이 들머리다. 석남터널→가지산 중봉→가지산 정상 코스는 왕복 6km에 3시간 30분가량 소요. 가장 짧은 코스이기 때문에 초반부터 가파른 오르막으로 시작하는 단점이 있다.

▲석남사 주차장을 출발하여 가지산 정상→석남사 주차장 원점회귀 코스는 약 9.4~15.4km 다양한 코스가 있다. 상당한 난이도가 요구된다.

▲운문령→귀바위→상운산→쌀바위→가지산 정상 코스는 총 9.6km에 4시간 30분가량 소요.

▲운문 신원 삼거리→지룡산→운문령→문복산→숲안마을 코스는35~40km, 10~12시간 소요.

▲밀양 호박소→석남고개→중봉→가지산 정상 코스는 7.4km에 3시간 30분가량 소요.

▲청도 운문사→사리암→심심계곡→아랫재→가지산 정상 코스는 총 10.5km에 6시간가량 소요.

▲운문사→사리암→학소대→북능→가지산 정상 코스는 10.5km에 6시간 이상 소요. 청도에서 출발하는 코스는 운문산 생태 · 경관보호구역과 계곡을 지나야 하는 관계로 통제구간이 많거나 등산로가 길고 험한 코스가 많다.

▲특히 가지산 북능을 넘은 뒤에도 또 다시 잿마루(아랫재, 배너미재)를 넘어야 하는 장거리 코스임을 감안해야 한다.

◑스토리

가지산 북능 아래에 학심이골, 심심이골, 오심이골이 있다. 골이 깊고 험해 '단풍골 학심이, 깊고 깊은 심심이, 못나오는 오심이'라는 말이 전해온다. 특히 겨울 산행지 선택에 신중을 기해야 한다.

◑교통편

▲언양터미널에서 석남사행 1713번, 807번, 328번, 시내버스를 타고 석남사 정류장에서 내린다. 석남사에서 가지산 정상까지 약 3시간 30분이 소요된다.

▲최단 코스 석남터널은 버스가 없으므로 택시나 승용차를 이용해야 한다. 택시를 이용할 경우에는 언양임시터미널에서 석남터널까지 약 25분이 소요된다.

▲밀양 남명 아랫재는 석남사 주차장에서 출발하는 밀성여객버스를 타고 얼음골 하양마을에 내려 아랫재로 간다.

▲승용차를 이용할 경우에는 울산 울주군 상북면 덕현리 '석남터널'을 내비게이션 목적지로 하면 된다.

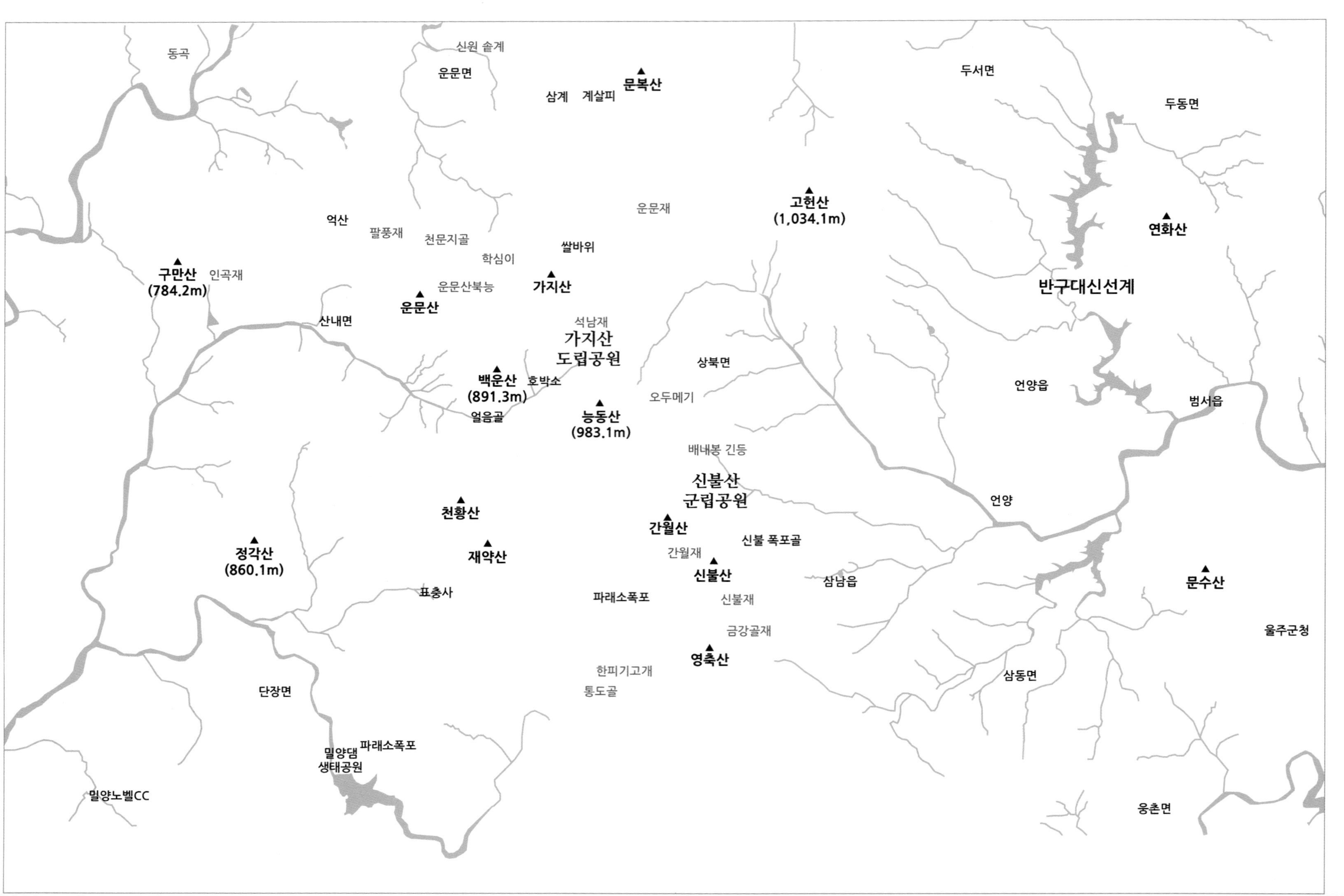
동곡
신원 솔계
운문면
삼계
계살피
문복산
두서면
두동면
고헌산
(1,034.1m)
운문재
연화산
억산
팔풍재
천문지골
학심이
쌀바위
구만산
(784.2m)
인곡재
운문산
운문산북능
가지산
반구대신선계
산내면
석남재
가지산
도립공원
상북면
언양읍
범서읍
백운산
(891.3m)
호박소
얼음골
능동산
(983.1m)
오두메기
배내봉 긴등
신불산
군립공원
언양
천황산
간월산
신불 폭포골
정각산
(860.1m)
재약산
간월재
신불산
삼남읍
문수산
표충사
파래소폭포
신불재
금강골재
울주군청
영축산
한피기고개
통도골
삼동면
단장면
밀양댐
생태공원
파래소폭포
밀양노벨CC
웅촌면

10. 영남알프스 실크 로드

영남알프스 실크 로드는 삶의 길이었다. 물목을 진 보부상, 비단장수, 호피장수, 등짐 진 소금장수, 꽃가마를 탄 색시, 사냥꾼, 약초꾼, 소장수 등이 실크로드의 주인공이다. 무심히 지나는 길에도 역사의 발자취가 배어있고, 길섶 하나에도 우리의 땀방울이 담겨져 있다. 태고의 빛, 선조들의 얼, 전쟁의 상처도 서려있다. 영남 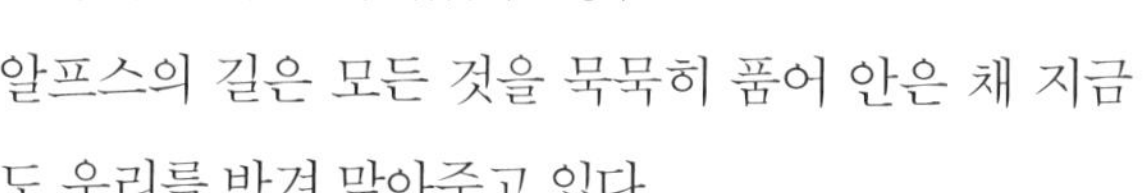알프스의 길은 모든 것을 묵묵히 품어 안은 채 지금도 우리를 반겨 맞아주고 있다.

◑산행 길잡이

▲민초들이 넘던 실크 로드는 오두메기, 긴등, 간월재, 한피기고개, 석남재, 운문재, 팔풍재를 들 수 있다. 운문지맥 34.5km, 가지산 철쭉백리, 신불산상벌 가을십리, 영축지맥 도통능선 10리, 표충사에서 옥류동천→사자평으로 이어진 산들십리를 꼽을 수 있다.

▲난이도는 고등도이다. 특히 운문산북능, 천문지골능선은 도처에 도산검수가 도사린다.

◑연계산행

영남알프스 9봉, 태극종주코스와 연계할 수 있다. 연계할 수 있는 봉은 운문산, 범봉, 억산, 구만산, 육화산, 가지산, 상운산, 능동산 등이다.

◑스토리

운문산雲門山은 이름 그대로 구름이 모이는 산이다. 스카이라인에 걸린 운문산군雲門山群에서는 팔풍팔재를 한눈에 볼 수 있다. 팔풍장길은 산내면 12개 자연마을 주민들이 모여드는 미니장으로, 인곡재서 시오리 떨어져 있다. 딱발재길은 운문 솥계에서 생산되는 무쇠솥을 지고 팔풍장으로 지게짐 했던 옛길이다.

◑교통편

영남알프스의 모든 길은 언양장으로 통한다. 물목을 나르는 사람들은 석남재, 운문재, 외항제, 소호령, 간월재, 신불재를 넘어야 했다. 청도, 밀양, 양산, 경주 등지의 장꾼들뿐만 아니라 소떼도 넘어왔다. 태산 같은 가지산을 관통하는 가지산터널과 운문령 터널이 개통되면서 손쉽게 오갈 수 있다.

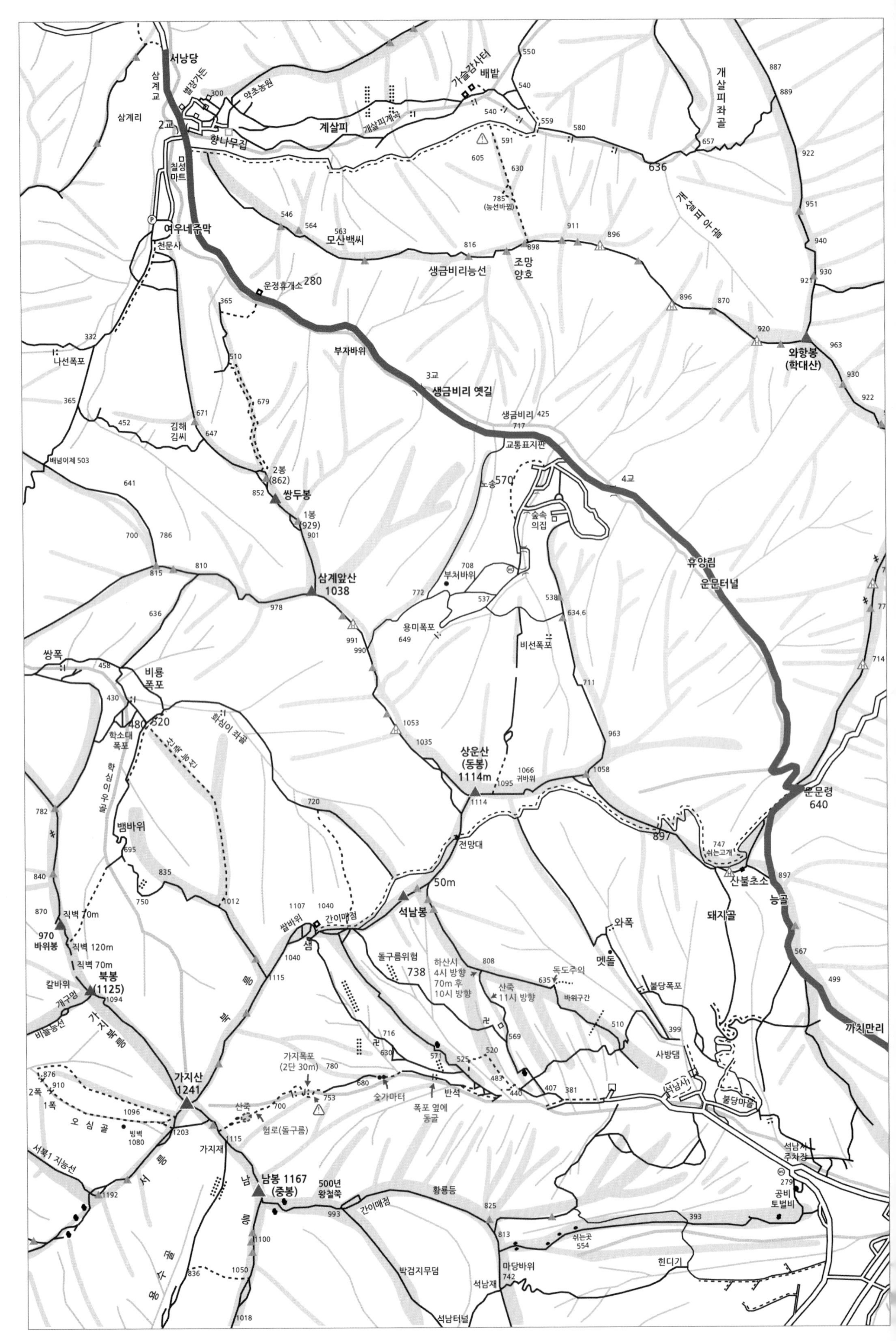

서낭당
삼계교
별장가든
약초농원
가슬갑사터
배밭
개살피좌골
계살피
개살피계곡
삼계리
2교
향나무집
칠성마트
636
계살피계곡
여우네주막
천문사
모산백씨
생금비리능선
조망양호
운정휴개소 280
나선폭포
부자바위
와향봉 (학대산)
3교
생금비리 옛길
생금비리 717
교통표지판
김해 김씨
배넘이재 503
2봉 (862)
쌍두봉
1봉 (929)
노송 570
숲속의집
4교
삼계앞산 1038
부처바위
용미폭포
비선폭포
휴양림 운문터널
쌍폭
비룡폭포
학소대폭포
학심이골
화심이 좌골
학심이 우골
뱀바위
상운산 (동봉) 1114m
귀바위
운문령 640
전망대
쉬는고개
산불초소
능골
석남봉
쌀바위
샘
간이매점
돼지골
와폭
멧돌
직벽 70m
970 바위봉
직벽 120m
북봉 (1125)
칼바위
개구멍
비들능선
가지북릉
돌구름위험
738
하산시 4시 방향 70m 후 10시 방향
산죽 11시 방향
독도주의
바위구간
불당폭포
사방댐
가지산 1241
가지폭포 (2단 30m)
숯가마터
반석
폭포 옆에 동굴
석남사
불당마을
2폭
1폭
오심골
빙벽 1080
서북1 지능선
산죽
험로(돌구름)
가지재
남봉 1167 (중봉)
500년 왕철쭉
간이매점
황룡등
석남사주차장
공비토벌비
쉬는곳 554
마당바위 742
헌디기
박검지무덤
석남재
석남터널
까치만리

11. 운문새재 '까치만리 - 생금비리'

울주군 삽재에서 청도 운문면으로 넘어가는 옛길로, 운문새재라 부른다. 과거의 운문재는 사나운 짐승들이 설치는 험한 벼랑길이었다. 그래서 붙여진 이름이 생금비리다. 비리란 벼랑길이라는 의미다. 삼계리 부자바위 인근 산기슭에 운문옛길 일부 구간이 예전 모습으로 남아있다.

◑산행 길잡이

운문옛길은 궁근정에서 청도 삼계리 성황당 구간이다. 지금은 터널까지 뚫린 도로지만 과거에는 겨우 사람 하나 다닐만한 비탈길이었다. 궁근정에서 운문재 가는 길은 두 갈래였다. 거랑길을 따라 삽재로 가는 운문새재 길과 지금의 가지산온천에서 능선길을 따라가는 능골 까치만리길이다. 삽재 운문새재 길은 전원주택들이 들어서면서 사라졌고, 능골 까치만리 길은 희미하게나마 남아있다. 부채꼴 가지산 산주름을 바라보는 조망권도 있지만 끝없이 이어지는 까치만리 송림능선은 오랜 감흥이 남는 길이다. 기기묘묘한 바위도 있는데, 그중에서 팥배나무결에 있는 '반서방 온서방 바위'는 흡사 비석을 짊어진 사람의 형상이다. 운문재를 넘으면 작전도로라 불리던 찻길과 문복산으로 이어진 등산로가 나온다. 한참을 내려간 생금비리 그리고 부자바위 인근(삼계리3교 숲속)에 생금비리 옛길 일부가 남아있다. 수백 년을 걸어온 운문새재 옛길은 대부분 무너지고 흔적만 남아있다. 왕래가 잦은 길목에는 주막이 있었다. 삼계리 여우네주막, 운정주막, 생금비리주막, 운문주막, 능골 서나무낭게주막, 삽재주막, 까치만리주막 등이다.

◑연계산행

가지산, 문복산, 쌍두봉이 연계된다.

◑스토리

운문재는 청도와 울산을 넘나드는 물물교환의 교역로였다. 청도 장꾼들은 운문면에서 거두어들인 물목을 큰 장이 서는 언양으로 날랐고, 울산장꾼들은 동해의 푸른 밥상을 내지로 날랐다. 소장수들은 언양장에 내다팔 소를 몰고 운문재를 넘었다.

◑교통편

▲언양터미널에서 청도 삼계리행 9시, 13시, 15시40분, 18시50분 경산여객버스가 있다. 나오는 버스는 운문사에서 08시25분, 11시35분, 14시35분, 17시25분이다. 운문재 고갯마루까지 왕래하던 버스는 운문터널이 개통되면서 운행하지 않는다.

▲대중교통은 버스 환승과 시간 맞추기가 쉽지 않아 승용차를 이용하는 것이 편리하다. 내비게이션 이용 시 '운문재', 생금비리, 삼계리3교, '청도 삼계리' 검색.

멍 때리기 좋은 코스

간월산 달빛기행 '달오름길'

소호령 반딧불이

고요의 뜰, 사자평 달빛기행

반구천 물방내기 '호박범'

영남알프스 12화 코스

신불평원 '억새멍', '하늘멍'

선필 탑골 말구부리

철구소 '숲멍', '물멍' 코스

오두산 '범등디기'

얼음골 옛길

명품 녹색길 파래소폭포 옛길

산골마을 억새소풍길

밝얼산 '말무재'

밀봉동천 '어심내기'

'숲멍', '길멍', '물멍' 3박자가 어우러진 배내천 트레킹 코스

꽃을 감춘 산, 화장산 맨발 트레킹

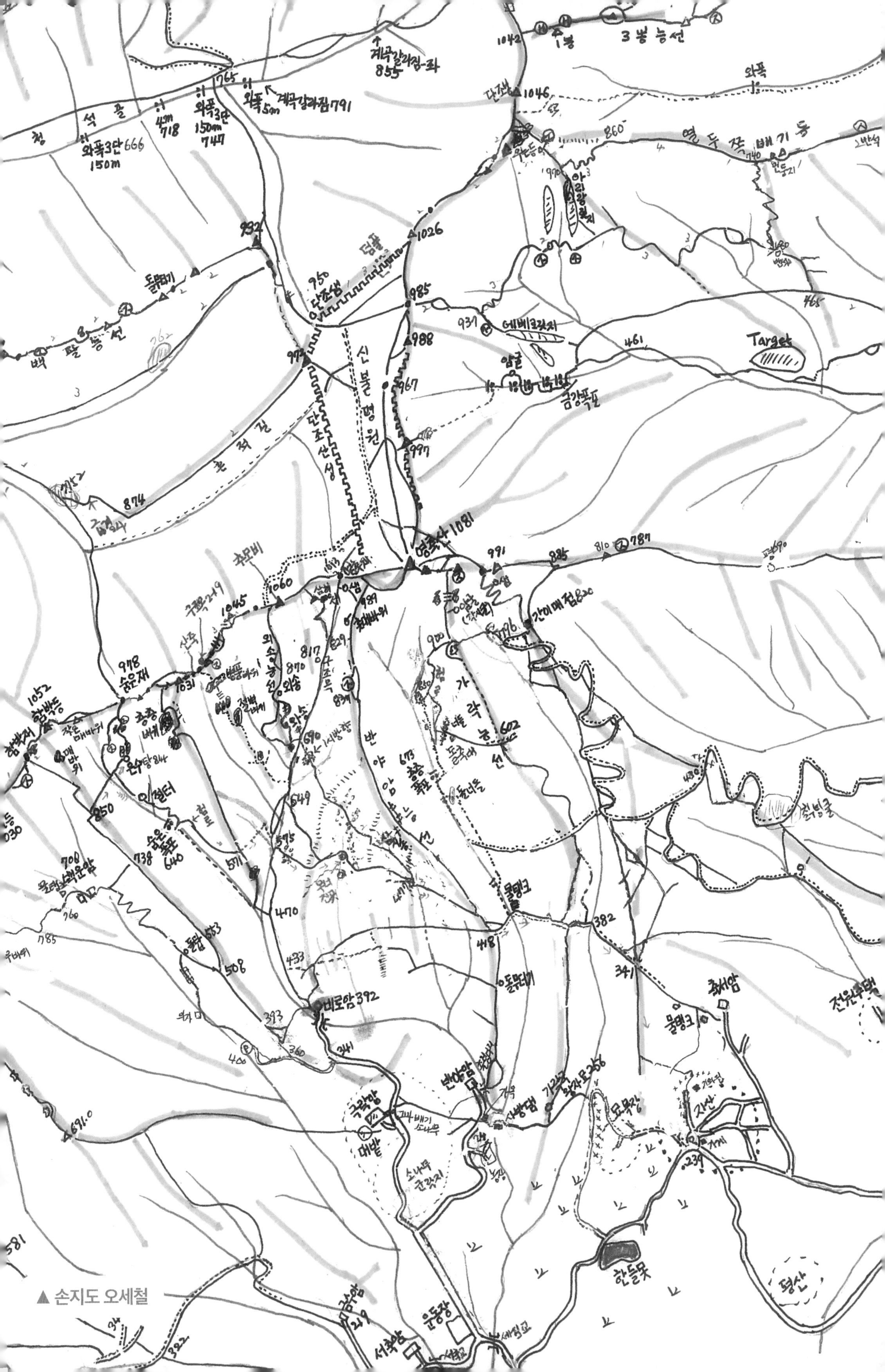

▲ 손지도 오세철

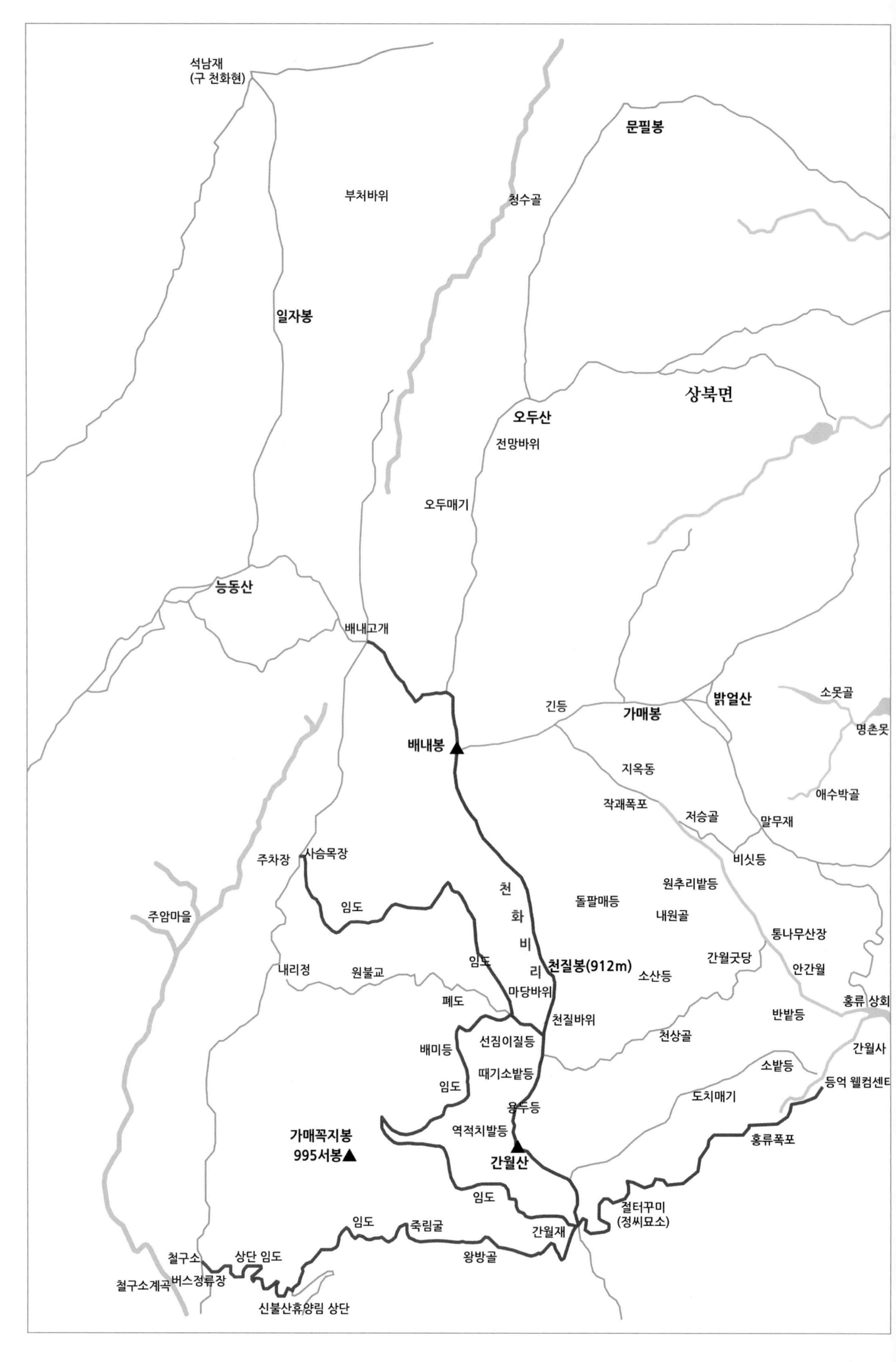
석남재
(구 천화현)
문필봉
부처바위
청수골
일자봉
상북면
오두산
전망바위
오두매기
능동산
배내고개
긴등
밝얼산
소못골
가매봉
명촌못
배내봉
지옥동
애수박골
작괘폭포
저승골
말무재
주차장
사슴목장
비싯등
원추리밭등
천
화
비
리
돌팔매등
임도
주암마을
내원골
통나무산장
임도
천질봉(912m)
간월굿당
내리정
원불교
소산등
안간월
마당바위
홍류 상회
폐도
천질바위
반밭등
천상골
선짐이질등
배미등
간월사
때기소밭등
소밭등
등억 웰컴센터
임도
도치매기
용두등
역적치발등
가매꼭지봉
995서봉
홍류폭포
간월산
임도
절터꾸미
(정씨묘소)
임도
죽림굴
간월재
철구소
상단 임도
왕방골
철구소계곡
버스정류장
신불산휴양림 상단

1. 간월산 달빛기행 '달오름길'

간월산 달오름길에서 대금을 연주하는 김향선 예술가

천 개의 달이 뜬다는 간월산肝月山 마루금 코스다. 조망권과 난이도를 고루 갖춘 명품 코스로 꼽힌다. 여유로운 달빛기행을 원한다면 이 마루금 코스가 좋다. 선인들은 간월산에 떠오르는 달을 화살을 쏘아 술잔에 받아 마셨다는 설이 전해온다. 달은 주로 간월산과 배내봉 사이에 있는 천질봉(912m)에 걸린다. 천질봉에는 선짐이질등이라는 장길이 있었다. 꼭두새벽에 나서 언양장에서 장을 본 배내골 주민들은 밤늦게야 선짐이질등에 올라설 수 있었다. 배내골 사람들이 든 횃불을 본 고을 사람들은 마치 천 개의 달오름으로 착각했을 것이다.

◑산행 길잡이

▲배내고개에서 배내봉을 오른다. 배내봉에서 간월산 구간에는 동고서저의 벼랑길이 끝없이 이어진다. 그 아래에는 저승골과 천질바위가 자리 잡고 있다. 아슬아슬한 벼랑길 끝에는 천질봉이 있다. 천개의 달이 오른다는 달오름봉이다. 이곳 마당바위는 멍석을 깔아놓은 것 마냥 편안하다. 전망권도 탁월해서 동해 앞바다도 보인다.

▲천질봉(해발 912m)을 지나면 선짐이질등 옛길이 나온다. 등억리 안간월마을(천상굿당)으로 내려갈 수 있다. 언양장을 드나들던 배내골 아낙들이 송유기름 병을 묻어 둔 돌무더기가 선짐이질등 잿마루에 남아 있다. 언양장이 서는 날이면 배내골 사람들이 줄을 서 넘었던 고갯마루 높이는 약 900미터. 이곳 주민들은 이 높은 고개를 '골병재'라 불렀다. 간월산 간월재 억새군락지를 거쳐 등억리 복합웰컴센터까지 총 거리는 약 7.7km.

▲난이도는 중급이다.

◑연계산행

연계 코스가 다양하다. 영남알프스 9봉, 하늘억새길 구간이다. 배내봉에서 밝얼산으로 갈 수 있고, 선짐이질등 마당바위에서는 천질바위로 내려갈 수 있다. 간월재에서 신불산과 배내골로 갈 수 있다.

◑교통편

▲언양터미널에서 328번 버스를 타고 배내고개에서 내린다. 328번 버는스 평일 오전 6시20분, 7시50분, 9시50분, 주말 시간대는 오전 7시, 8시20분, 9시30분, 10시55분에 있다. 산행 후에는 등억리 복합웰컴센터에서 304번 버스를 타면 언양터미널에 갈 수 있다.

▲승용차편은 내비게이션 '배내고개 주차장' 입력.

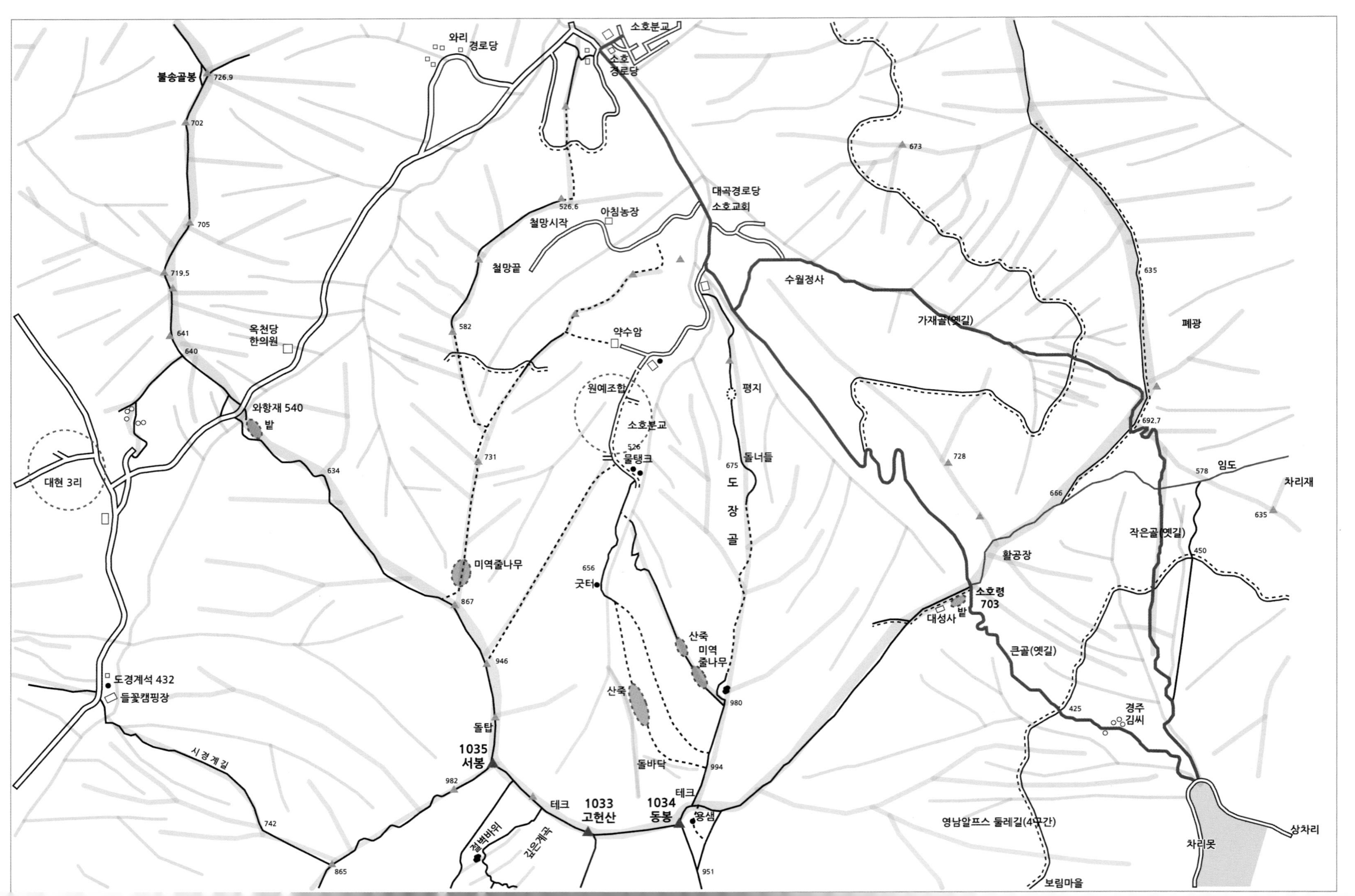

소호분교
와리
경로당
소호
경로당
불송골봉
726.9
702
705
719.5
641
640
대곡경로당
소호교회
526.6
아침농장
철망시작
철망끝
582
약수암
옥천당
한의원
와항재 540
밭
원예조합
소호분교
526
물탱크
평지
675
돌너들
도
장
골
수월정사
가재골(옛길)
673
635
폐광
692.7
728
666
578
임도
차리재
635
작은골(옛길)
450
활공장
소호령
703
대성사
밭
큰골(옛길)
425
경주
김씨
대현 3리
634
731
미역줄나무
867
656
굿터
산죽
미역
줄나무
980
산죽
946
도경계석 432
들꽃캠핑장
돌탑
1035
서봉
시경계길
982
742
865
돌바닥
994
테크
1033
고헌산
1034
동봉
테크
용샘
951
영남알프스 둘레길(4구간)
보림마을
차리못
상차리

2. 소호령 반딧불이

고헌산과 백운산 사이에 있는 소호령(해발 약 700m) 임도를 걷는 코스다. 소호령은 울산 앞바다에서 생산되는 소금을 내지로 나르던 잿길이다. 고헌산은 언양현彦陽의 진산鎭山이며, 백운산은 태화강과 낙동강, 형산강의 발원지가 되는 산이다. 서쪽과 남쪽으로는 태화강太和江의 상류를 이루고, 북쪽 소호는 낙동강으로 흐른다. 소호령에 올라서면 남북으로 연결되는 양산구조선梁山構造線이 시원스럽게 보이고, 울주 서부권 고을과 울산 앞바다도 보인다. 인근 고헌산에는 기우제를 지내는 기우단과 용샘이 있다. 여름 달빛산행에서는 청정지역에만 사는 반딧불이를 볼 수 있다.

◑산행 길잡이

▲소호분교에서 출발한다. 학교 운동장에 있는 큰 느티나무는 이 마을을 지켜주는 어른나무이다. 대곡마을을 지나 임도를 따라 올라간다. 약 3.5km 올라가면 소호령 고갯마루에 도착한다. 소호령 고갯마루에는 과거 소호 주민들이 다녔던 큰골 작은골 옛길이 있다. 고갯마루 화전밭 숲 사이에 있는 큰골로 내려가면 차리저수지가 나온다. 소호분교에서 상차리마을까지 총 11.5km.

▲하중등급이다. 임도를 따라가면 무난하다.

◑연계산행

영남알프스 둘레길 4구간, 백운산과 고헌산이 연계되었다. 백운산 기슭에는 태화강의 발원지인 탑골샘이 있다.

◑스토리

소호령은 소호주민들이 언양장을 드나들었던 주요 통로였다. 언양장길로는 큰골과 작은골, 가재골 등이 있다. 용이 승천 했다는 용샘, 보름은 바다에 살고 보름은 산에 산다는 우레들 산갈치 전설이 인근 고헌산에 전해온다.

◑교통편

▲언양시장정류장에서 338번 버스를 타고 소호분교에 내린다. 드나드는 버스가 몇 차례 없으므로 운행시간을 확인해야 한다.

▲택시로 언양 KTX울산역에서 30분 거리다.

▲승용차를 이용할 경우에는 '소호분교'나 '소호교회'를 검색하여 대곡마을회관에 주차하면 된다.

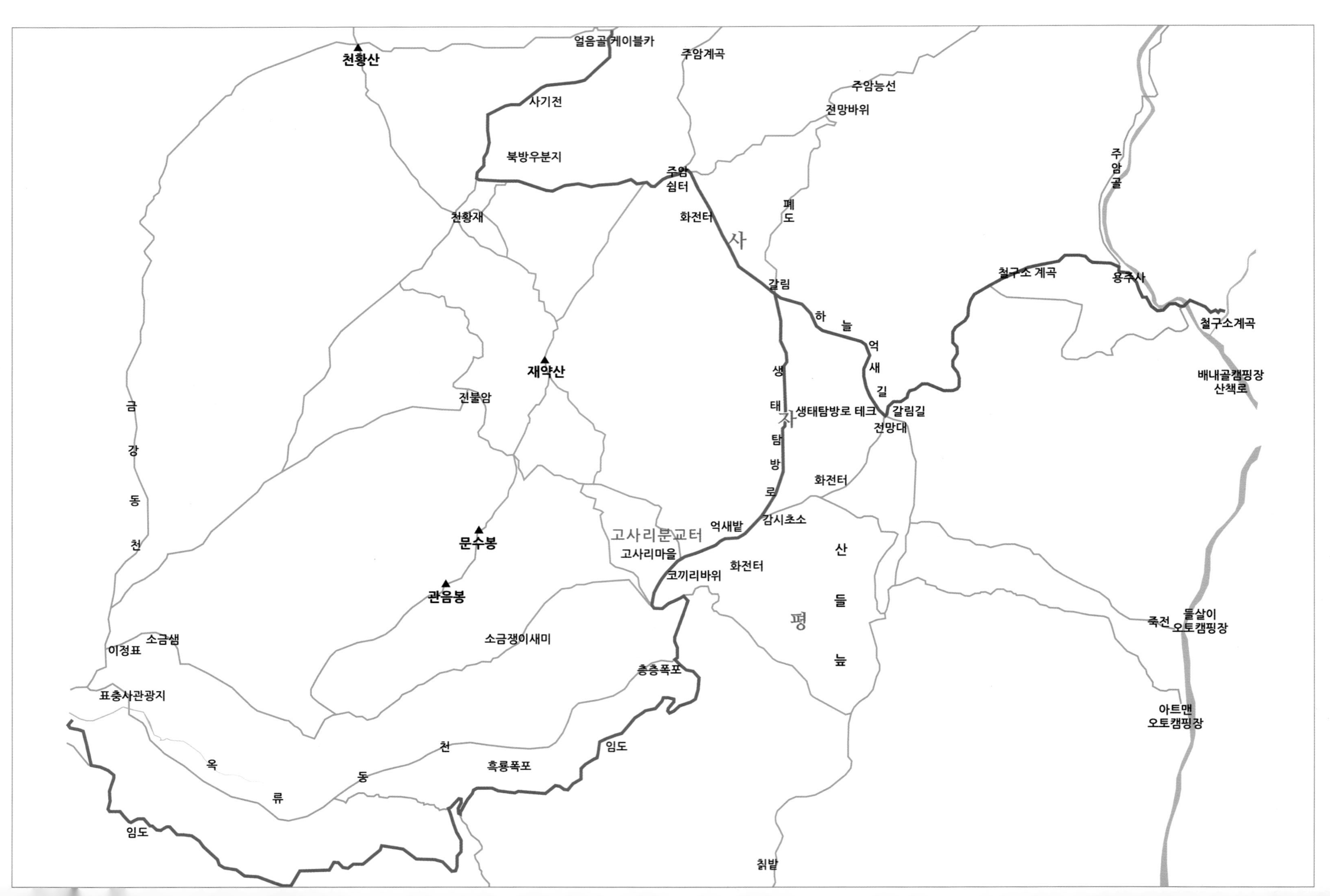
천황산
얼음골 케이블카
주암계곡
주암능선
전망바위
사기전
북방우분지
주암
쉼터
천황재
화전터
폐
도
사
갈림
하
늘
억
새
길
생
태
자
탐
방
로
생태탐방로 테크
갈림길
전망대
재약산
진불암
화전터
감시초소
억새밭
고사리분교터
고사리마을
코끼리바위
화전터
산
들
늪
평
문수봉
관음봉
소금쟁이새미
금
강
동
천
이정표
소금샘
표충사관광지
층층폭포
임도
천
흑룡폭포
옥
동
류
임도
칡밭
주
암
골
철구소 계곡
용주사
철구소계곡
배내골캠핑장
산책로
죽전
들살이
오토캠핑장
아트맨
오토캠핑장

3. 고요의 뜰, 사자평 달빛기행

밀양팔경 중의 하나인 사자평을 달빛 순회하는 코스다. 대보름 달빛과 어우러진 만경창파 억새는 생각만 해도 환상적이다. 특히 구름에 달 가듯 하는 '달멍' 기행은 색다른 추억을 선사한다. 사자평을 받든 산의 사면은 깎아지른 절벽으로 이뤄져 있는 반면, 안으로는 대大평지를 이루고 있다. 소쿠리 모양의 산군들이 사자평을 에워싸고 있으니, 가히 그 속에 든 대평지는 무풍지대라 할만하다.

사자평 노래

산이 높아야 골도 깊으다
조그마한 여자 속이 얼마나 깊을쏘냐
외로운 이내 마음 억새에 담아주소
불어오는 바람 따라 나도 데려가 주소

- 사자평 명물식당 우일남 구술, 배성동 발굴

◑산행 길잡이

▲배내고개, 배내골 주암마을, 죽전마을에서 사자평을 오를 수 있다. 하늘억새길 3.4구간 달빛기행도 가능하다. 하늘억새길 3구간은 죽전마을→사자평→천황재 6.8km, 4구간은 천황재→샘물산장→능동산→배내고개 7km, 둘을 합하면 총 13.8km.

▲얼음골 케이블카를 타고 사자평 임도(5km)를 거쳐 표충사로 하산하거나 원점회귀도 가능하다. 약 9km.

▲주암계곡→사자평→철구소 코스는 7.5km. 난이도는 중급이다.

◑스토리

사자평 산행은 여러 경이로움을 준다. 석양과 어우러진 사자평의 황혼은 일대 장관을 이룬다. 눈이 밝아지고 귀는 열린다. 풀벌레소리, 바람 소리가 예사롭지 않게 다가온다. 사자평에 살던 화전민의 기침소리와 소를 몰고 오는 소장수들의 발자국 소리도 스쳐간다. 하늘이 가까운 하늘억새길을 걸으면 덩실덩실 춤추는 느낌을 받는다.

◑교통편

▲배내골 방향을 들머리로 하면 언양터미널에서 328번 버스를 탄다.

▲밀양 표충사를 들머리로 잡으면 밀양 금곡에서 표충사행 버스를 타고 종점에 하차한다. 부산에서는 열차를 타고 밀양역에서 내려 밀양시외버스터미널로 이동해 표충사행 버스를 타면 된다.

▲원점회귀를 할 경우에는 승용차편이 편리하다. 승용차를 이용할 때에는 경남 밀양시 단장면 구천리 2052 '표충사 정류장'을 내비게이션 목적지로 하면 된다. 배내골을 들머리로 할 경우에는 '주암계곡 주차장', 밀양 얼음골은 '얼음골 주차장' 검색.

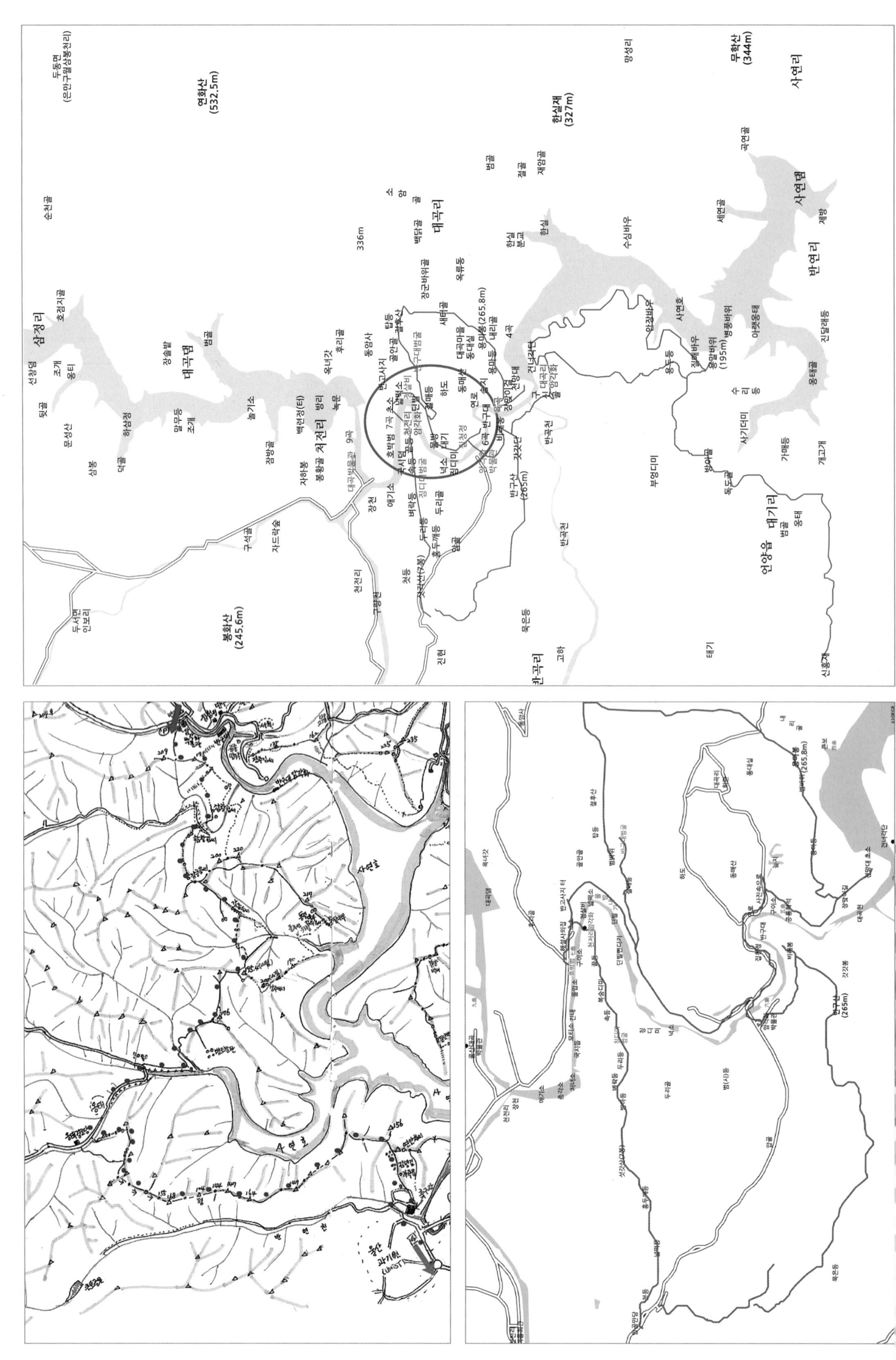

4. 반구천 물방내기 '호박범'

반구천 신계神界 코스다. 천전리암각화에서 반구대로 이어지는 반구천 일대는 2021년 국가명승지로 지정되었다. 반대천 물길을 따라가는 긴내 물방내기는 흐르는 달빛기행에도 잘 어울린다. 이 길 따라 가다보면 물소리는 마음의 위안이 되며, 길에서 만난 사람들 누구나 신선이 된다.

◑산행 길잡이

▲천전리암각화 해설사의 집에서 반구대암각화까지는 2.4km, 범서 망성교 까지는 13km다. 태화강백리길과 대곡천 60리 둘레길, 사연댐 둘레길 일부를 돌아볼 수도 있다.

▲범 내려오는 길은 반구산과 섯갓산이다. 산에는 범이 새끼를 키웠던 범굴과 범바위가 있다. 천전리 장천마을 긴내 7곡 호박소 물가에는 흡사 범을 닮은 '호박범' 바위가 있다.

◑연계 코스

섯각산 칠봉, 탑등, 반구산, 연화산이 연계된다. 산중에 있는 반구대범굴과 칭디미범굴은 신비감을 더한다. 명승지로는 반구대 포은대, 집청정 그리고 암각화박물관과 대곡박물관이 있다. 천전마을과 대곡마을, 한실마을을 돌아볼 수 있다.

◑스토리

신라왕족들이 즐겨 찾던 명승지와 반계구곡, 백련구곡 등 자연을 벗 삼은 선조들의 구곡문화가 서려있다. 또한 반구대는 범의 메카였다. 반구대암각화에는 호랑이 표범이 23마리가 그려져 있고, 주변에는 호박범과 반구대범굴이 있다.

◑교통편

▲KTX편으로 서울 2시간 20분, 부산 20분, 대구 25분이다.

▲울산KTX와 언양터미널에서 348번 버스가 암각화박물관 대곡박물관을 운행한다.

▲승용차를 이용할 경우에는 내비게이션 목적지를 '대곡박물관', '암각화박물관'을 한 후에 주차한다.

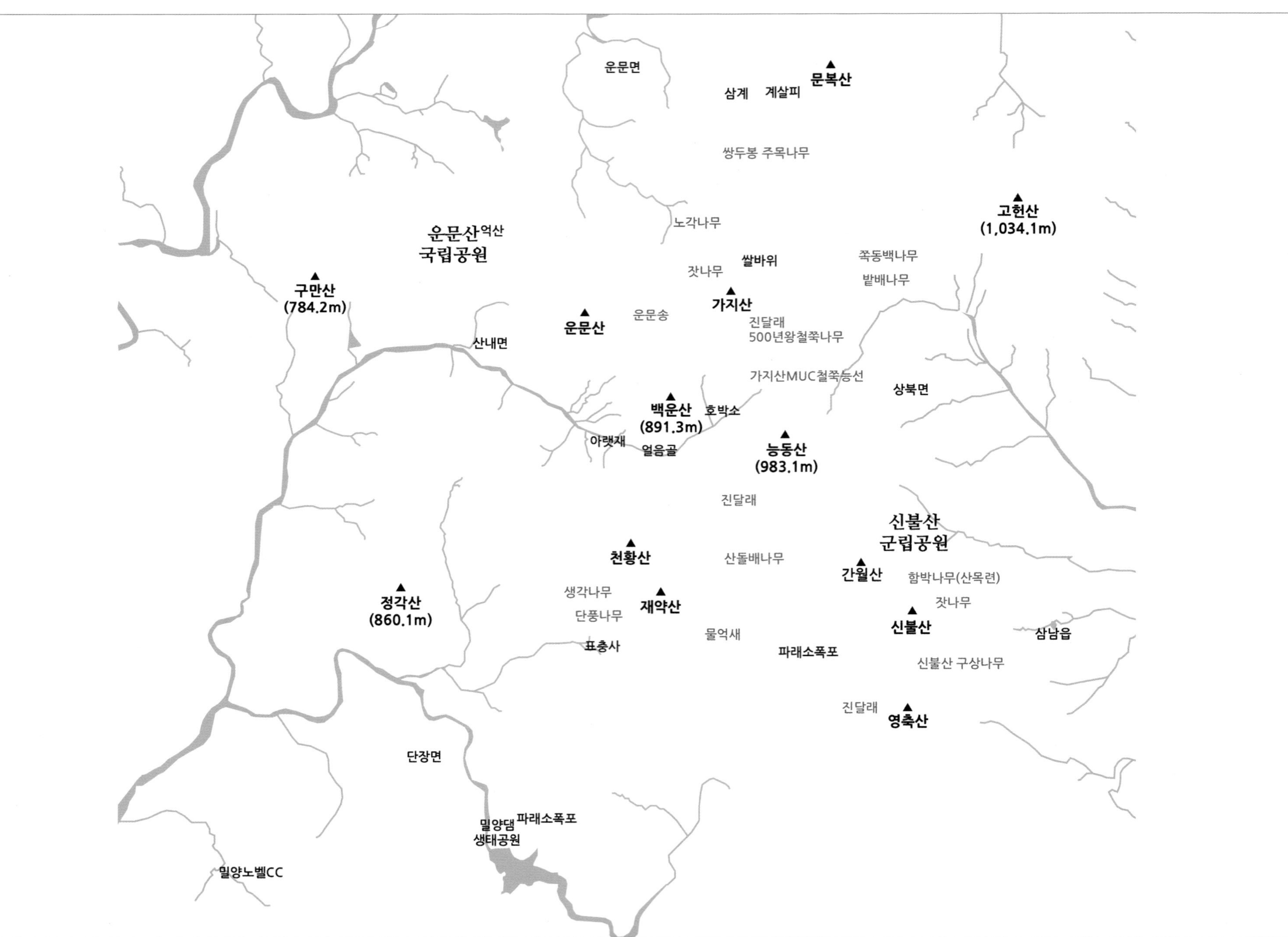

운문면
삼계
계살피
문복산
쌍두봉 주목나무
고헌산
(1,034.1m)
노각나무
운문산억산
국립공원
잣나무
쌀바위
쪽동백나무
밭배나무
구만산
(784.2m)
가지산
운문송
진달래
500년왕철쭉나무
운문산
산내면
가지산MUC철쭉능선
상북면
백운산
(891.3m)
호박소
아랫재
얼음골
능동산
(983.1m)
진달래
신불산
군립공원
천황산
산돌배나무
간월산
함박나무(산목련)
정각산
(860.1m)
생각나무
재약산
잣나무
단풍나무
신불산
삼남읍
물억새
표충사
파래소폭포
신불산 구상나무
진달래
영축산
단장면
밀양댐
생태공원
파래소폭포
밀양노벨CC

5. 영남알프스 12화 코스

영남알프스는 거대한 식물원이다. 영남알프스 12화 코스를 보려면 상당한 발품이 요구된다. 꽃을 찾아 자박자박 걷다보면 누구나 자연 식물 학자가 된다. 영남알프스의 식생을 연구해온 정우규 박사가 선정한 12화로는 철쭉, 산철쭉, 구상나무, 주목, 소나무, 함박꽃나무, 산돌배나무, 쪽동백나무, 노각나무, 생강나무, 잣나무, 진달래다. 이 외에 산복숭아나무, 물푸레나무, 참나무(6종), 팥배나무, 떼죽나무, 물억새, 노란 무늬붓꽃, 개불알꽃, 개나리가 있다. 특히 멸종위기종인 신불산 구상나무는 신불산터널 개통으로 위험에 처해졌다. 총 10 그루의 구상나무 중에서 200~300년생은 잘 자라고 있지만, 나머지 7그루는 고사하거나 싹을 틔우지 못하고 있다.

◑산행 길잡이

▲철쭉과 산철쭉은 영남알프스 전역에 서식한다. 특히 가지산과 오두산 일대를 뒤덮은 '가지산 MUC 철쭉터널' 코스는 유네스코 자연유산물로 손색이 없다.

▲산돌배나무는 배내골의 상징목이다. 산돌배나무가 많아 '배내 이천梨川'이 되었다는 설이 전해온다. 배내구곡, 배내오재 등이 돌배나무 서식지이다.

▲운문산에 자생하는 운문송은 봉화 금강송과 함께 조선 제일의 미인송이었다. 특히 향이 좋기로 유명하다. 가지산 서북능 '오심능선 솔부등'에 운문송 장솔밭이 약 1km가 이어지는 진귀한 장면이 연출된다. 황량한 험지에 살아남은 운문송은 당당히 군락을 이룬다. 운문송이 멸종위기에 처해 진 것은 일제강점기였다. 운문송이라면 환장을 하던 일본인들은 조선인 벌목꾼을 동원해 운문계곡 일대로 초토화 시켰다.

▲구상나무는 신불산 금강골 아리랑재 상단에 있다.

▲주목은 상운산 쌍두봉 능선에 있다. 멸종위기종 식생을 지키려는 노력도 이어지고 있다. 2017년 멸종위기종을 지키려는 산악회에서 가지산 정상 암벽에 심어둔 주목나무는 잘 자라고 있다.

▲바위능선에 주로 서식하는 잣나무는 신불중앙공룡능선(누운등) 중간지점과 가지산 북릉 코스, 가지산 입석대 바위능선에 서식한다.

▲고산 진달래 군락지는 가지산 중봉 일대이다. 중봉 너머 1150미터 지점에 최고령 진달래가 서식한다.

▲신불평원 단조늪지와 사자평 산들늪에는 멸종위기종 동식물의 보고이다.

◑교통편

▲서식지에 따라서 들머리가 다르다. 철쭉터널 코스는 석남재, 철쭉이 어우러진 옛길 코스는 오두메기가 좋다. 석남재는 석남터널이 들머리이고, 오두메기는 배내고개에서 시작된다.

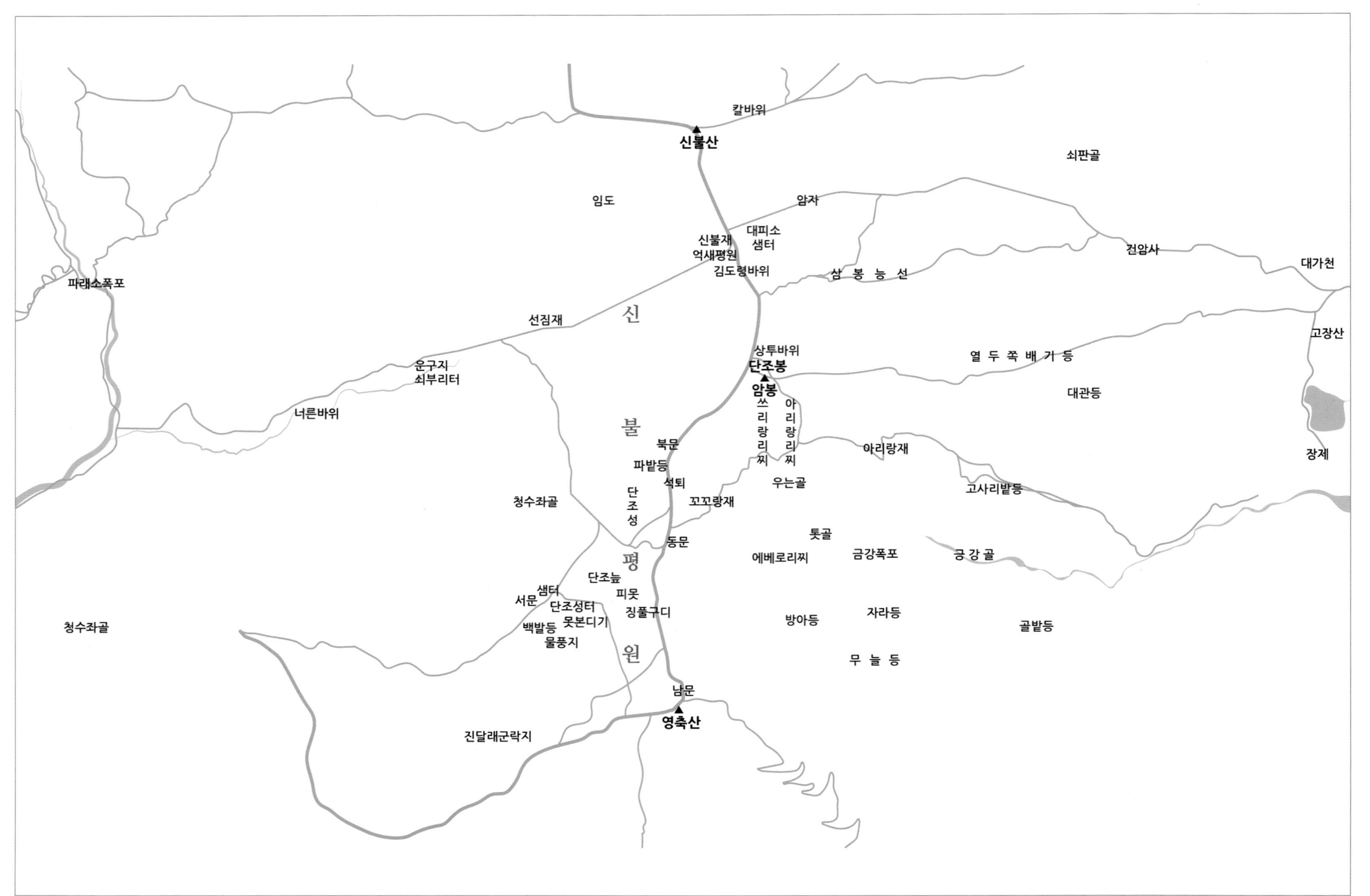

칼바위
신불산
쇠판골
임도
암자
대피소 샘터
신불재
억새평원
김도령바위
삼 봉 능 선
전암사
대가천
고장산
장제
열 두 쪽 배 기 등
대관등
선짐재
신
불
평
원
상투바위
단조봉
암봉
아리랑리찌
쓰리랑리찌
아리랑재
고사리밭등
운구지
쇠부리터
너른바위
파래소폭포
북문
파밭등
석퇴
우는골
꼬꼬랑재
청수좌골
단조성
동문
에베로리찌
톳골
금강폭포
공 강 골
골밭등
자라등
방아등
무 늘 등
단조늪
피못
정풀구디
샘터
서문
단조샘터
뱀밭등
못본디기
물퐁지
남문
영축산
진달래군락지
청수좌골

6. 신불평원 '억새멍', '하늘멍'

하늘이 깡충 가까운 신불평원 억새길 코스다. 하늘억새길 1.2구간 코스로 영남알프스에서 가장 전망권이 빼어나다. 신불산과 영축산 사이의 십리산정에는 1,980km²(60만여 평) 면적의 억새평원이 펼쳐진다. 거대한 억새평원은 정원이 되고, 끊임없이 나부끼는 억새바람은 환상 교향곡이 된다.

◑산행 길잡이

▲신불재를 출발하여 신불평원, 단조성을 순회할 수 있다. 울주군 가천리 건암사를 출발하여 큰골을 따라 신불재에 오른다. 이 코스는 신불산을 오르는 가장 쉽고 빠른 길이다. 약 2시간 30분이면 신불재 샘터에 도착한다. 건암사에서 신불재까지는 약 2.2km.

▲양산 통도사 지산마을을 들머리로 할 경우에는 신불평원까지 약 4.5km이다.

▲통도사 백운암 코스, 배내골 신불산 휴양림 하단 코스, 청수좌골, 청수우골 코스가 있다. 해발 930~950미터에 위치한 신불평원의 난이도는 상등급이다. 동고서저의 지형 특성상 동쪽은 가파르고 서쪽방향은 완만하다.

◑연계산행

하늘억새길 1.2구간, 영남알프스 9봉을 연계할 수 있다. 직접 연계 되는 봉은 영축산, 신불산이다. 금강골 아리랑리찌, 삼봉, 단조성, 단조 고산늪지를 돌아볼 수 있다.

◑스토리

신불평원에는 임진왜란 전투 때 사용했던 단조성 석퇴가 남아있다. 또한 해발 930m에 있는 고산 단조늪지는 다양한 식생의 보고다. 억새 십리길, 신불평원에 있는 열 개 샘터, 단조성 호국의병, 신불평원의 참나물을 캐러 온 아낙네들, 억새를 베로 다녔던 주민들의 이야기들이 있다.

◑교통편

▲울주 삼남면 가천리 건암사에서 출발하여 신불재를 오른다. 1723번, 313번, 부산 12번 버스를 타면 공암마을에 내려서 가천마을까지 약 20분 걸어야 한다. 마실버스를 타면 가천마을에 내린다.

▲영축산 코스는 신평터미널에서 이동하여 지산마을이 들머리를 삼는다.

▲배내골 코스는 울산KTX에서 328번 버스, 양산역 환승센터 1000번 버스, 원동역에서 수시로 운행하는 버스가 있다. 이곳에서 휴양림까지 1.7km 걸어서 신불산자연휴양림 하단이나 청수골로 가야 한다.

▲승용차를 이용할 경우에는 경부고속도로 서울산IC에서 작천정 방향으로 약 15분 거리에 있다. 내비게이션은 '가천리 건암사', '지산 만남의 광장', '신불산자연휴양림 하단지구'를 입력하면 된다.

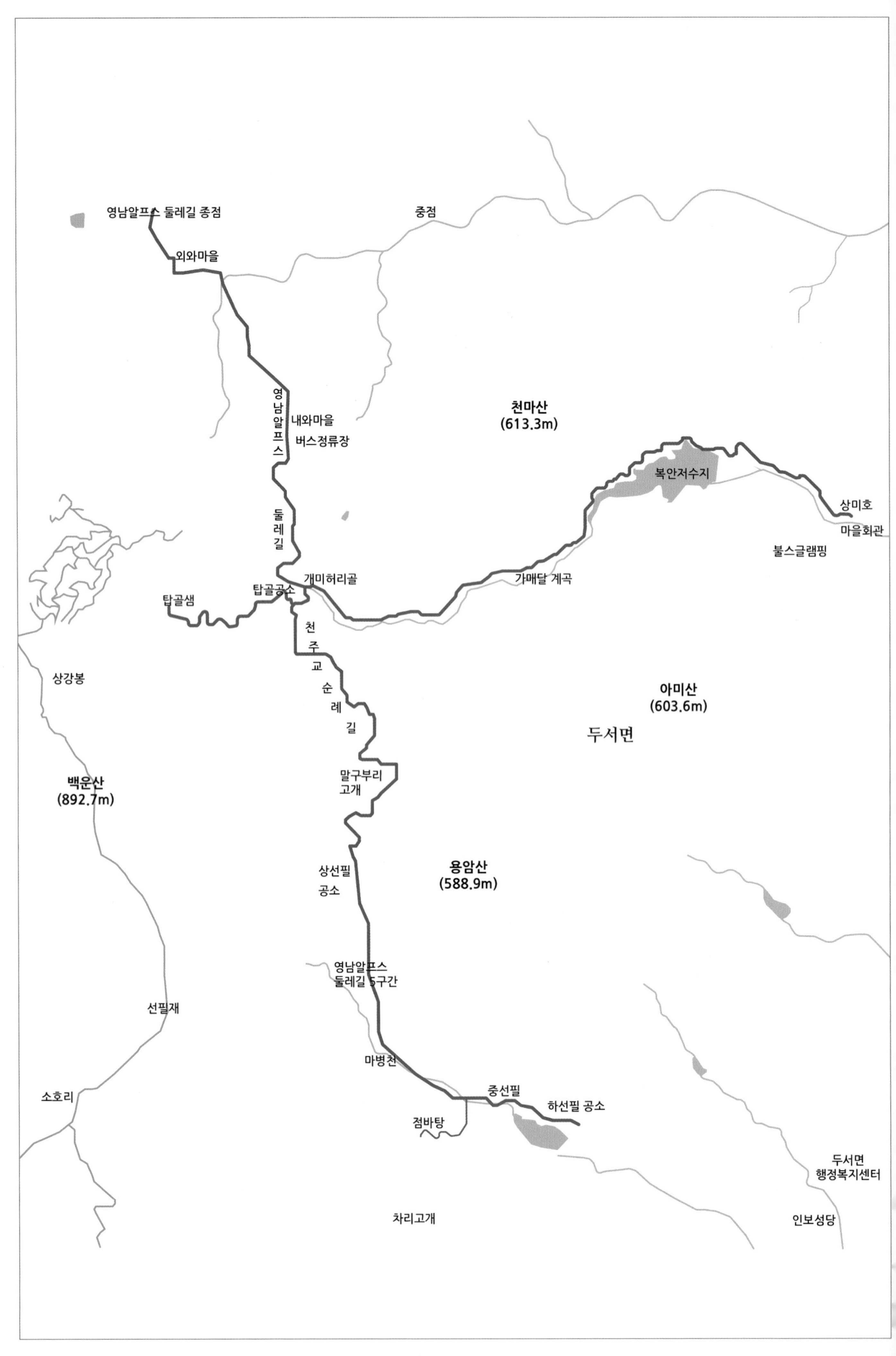
영남알프스 둘레길 종점
중점
외와마을
영남알프스 둘레길
내와마을
버스정류장
천마산
(613.3m)
복안저수지
상미호
마을회관
불스글램핑
개미허리골
가매달 계곡
탑골공소
탑골샘
천주교 순례길
상강봉
아미산
(603.6m)
두서면
백운산
(892.7m)
말구부리
고개
용암산
(588.9m)
상선필
공소
영남알프스
둘레길 5구간
선필재
마병천
중선필
하선필 공소
소호리
점바탕
두서면
행정복지센터
차리고개
인보성당

7. 선필 탑골 말구부리

길을 걸으면 누구나 수행자가 된다. 이 코스는 말이 필요 없는 묵언수행 구간이다. 선필과 탑골 두 오지마을을 연결하는 고개는 말구부리고개다. 길이 가팔라 오르던 말馬도 굴렀다고 하여 말구부리고개다. 하선필, 중선필, 상선필, 탑골은 천주교 교인들이 살던 공동체마을이다.

◑산행 길잡이

▲인보성당→하선필공소→상선필공소→말구부리고개→탑골 공소 구간은 7.5km이다. 단거리 코스로는 상선필공소→말구부리고개→답골 공소까지는 2.5km이다. 태화강의 발원지인 탑골샘을 가려면 탑골 공소에서 약 1.3km 산길을 더 가야한다. 하산은 내와마을이나 가매달 계곡을 빠져나와 상미호마을로 할 수 있다.

▲탑골에서 내와마을 2km, 탑골 가매달 계곡에서 상미호회관까지는 약 5km다. 가매달은 태화강의 아마존 소리를 듣는 비경지이다.

▲상선필 말구부리고개 오를 때 외에는 힘든 구간이 없다. 다만 백운산 탑골샘 발원지 1.3km는 된비알이다.

◑연계산행

영남알프스 둘레길 5구간, 태화강백리길 4구간, 천주교 순례길이 함께 교차한다. 백운산과 삼강산, 탑골샘, 가매달 계곡과 연계된다.

◑스토리

두서 선필마을과 탑골은 산중 오지마을이다. 선필은 착한 사람들이 사는 공동체마을에서 유래 되었고, 탑골은 탑이 굴러 내려온 설이 전해온다. 탑골샘은 태화강太和江의 발원지다. 탑골에서 두서 인보로 나가는 갈밭메기 길은 장길이자 등곶길이었다. 특히 산골이 깊은 선필과 두서 내와에는 쇠를 녹이던 쇠부리터가 많았다.

◑교통편

▲언양터미널에서 308번 버스를 타고 울주군 두서면 인보에 하차한다. 언양 삼남 종점에서 출발하는 시간은 05시 50분, 13시 30분, 18시다.

▲천주교 순례 코스는 인근 인보성당에서 시작하여 백운산 마병천을 따라가면 하선필, 중선필, 상선필 마을이 연이어진다. 상선필공소 뒤에 있는 말구부리고개를 넘으면 탑골로 갈 수 있다. 하산 후에는 내와마을에서 308번(지원) 버스를 탄다. 하루에 4회 운행한다. 내와출발 06시 50분, 09시 40분, 14시 40분, 19시.

▲승용차를 이용할 경우에는 '두서 상선필'을 목적지로 한다.

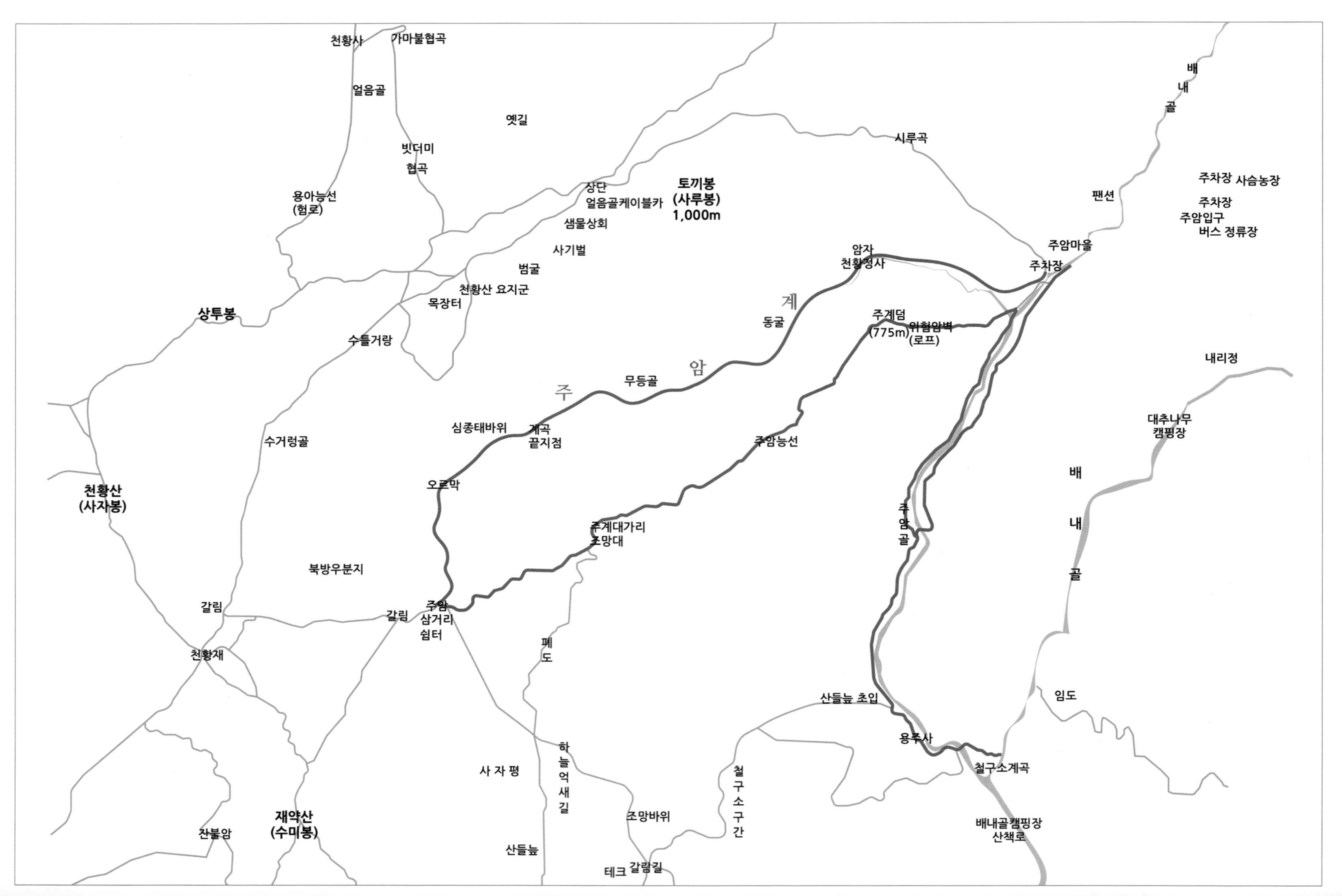

천황사
가마불협곡
얼음골
옛길
빗더미
협곡
용아능선
(험로)
상단
얼음골케이블카
토끼봉
(사루봉)
1,000m
샘물상회
사기벌
범굴
천황산 요지군
목장터
상투봉
수틀거랑
시루곡
배
내
골
주차장 사슴농장
팬션
주차장
주암입구
버스 정류장
주암마을
주차장
암자
천황정사
계
동굴
주계덤
(775m)
위험암벽
(로프)
암
무등골
주
내리정
심종태바위
계곡
끝지점
수거렁골
주암능선
대추나무
캠핑장
오르막
천황산
(사자봉)
배
주
암
골
내
주계대가리
조망대
북방우분지
골
갈림
갈림
주암
삼거리
쉼터
폐
도
천황재
산들늪 초입
임도
용주사
하
늘
억
새
길
사 자 평
철
구
소
구
간
철구소계곡
조망바위
재약산
(수미봉)
잔불암
배내골캠핑장
산책로
산들늪
테크 갈림길

8. 철구소 '숲멍', '물멍' 코스

'물멍', '숲멍'을 동시에 누릴 수 있는 코스다. 철구소 계곡은 배내구곡 중에서 때 묻지 않은 청정계곡으로 손꼽힌다. 높은 산으로 에워 쌓인 철구소 주암골은 서리가 많고 맑은 날이 적어 기운이 낮아 익던 호박도 얼어 터진다는 골짜기다. 주암마을에서 철구소로 이어지는 심산유곡을 걸으면 만사를 잊는다. 바위산인 주계덤을 중심으로 서쪽으로는 주암계곡, 남쪽으로는 주암골이 나눠진다. 맑은 계곡 물과 쉴만한 바위가 많아 삼복더위를 식히기에 좋고, 가을이면 단풍이 절경을 이룬다. 철구소는 절구처럼 생긴 소沼의 모양을 따서 절구소로 불렸다가 지금은 철구소로 변음되었다. 철구소 바위에 새겨진 '철구소鐵臼沼'라는 한시는 주암골의 절경을 표현했다.

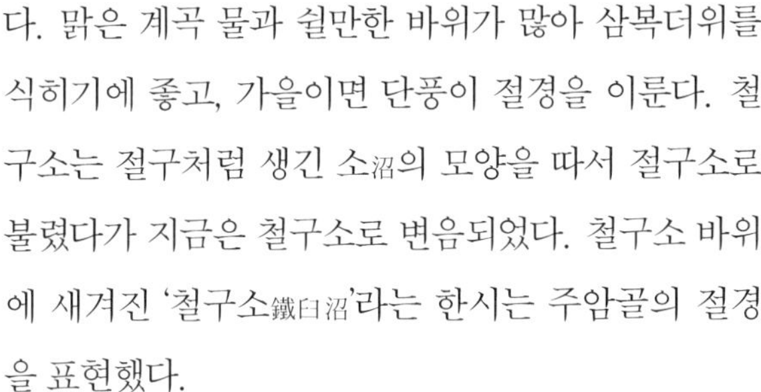

◑산행 길잡이

철구소 계곡길은 주암마을에서 철구소로 이어진다. 철구소에서 용주암을 지나면 좌측 계곡가에 야생동물이나 다닐성 싶은 비탈길이 이어진다.

▲주암마을에서 얼음골로 이어지는 시루곡 코스(2.5km).

▲주암마을에서 사자평 주암쉼터로 이어진 주암계곡 코스(4km).

▲배내고개에서 철구소로 이어진 주암골 반딧불이 코스(5km).

▲주계덤 능선 코스(3.5km)는 웅장한 산군을 조망할 수 있다. 주암계곡에서 사자평을 한 바퀴 돌아보는 사자평 억새코스도 가볼만하다.

◑스토리

마을 뒤산에 있는 거대한 바위산인 주계덤은 태고적 9년 대홍수로 낙동강에서 올라온 배를 묶었다는 설이 전해온다.

◑교통편

▲언양터미널에서 328번 버스를 타고 주암마을 정류장에서 내린다. 이곳에서 주암마을 주차장까지 내리막 1.3km를 걸어야 한다. 328번 버스는 평일 오전 6시 20분, 7시 50분, 9시 50분, 주말 시간대는 오전 7시, 8시 20분, 9시 30분, 10시 55분에 있다. 산행 후 배내골 버스 종점에서 언양터미널행 버스는 평일 오후 3시 50분, 5시 10분, 주말 오후 3시 10분, 5시 30분, 6시 40분에 있다.

▲승용차편은 내비게이션 '주암계곡 주차장'을 목적지로 한다. 배내고개에서 출발할 경우에는 '배내고개 주차장' 입력.

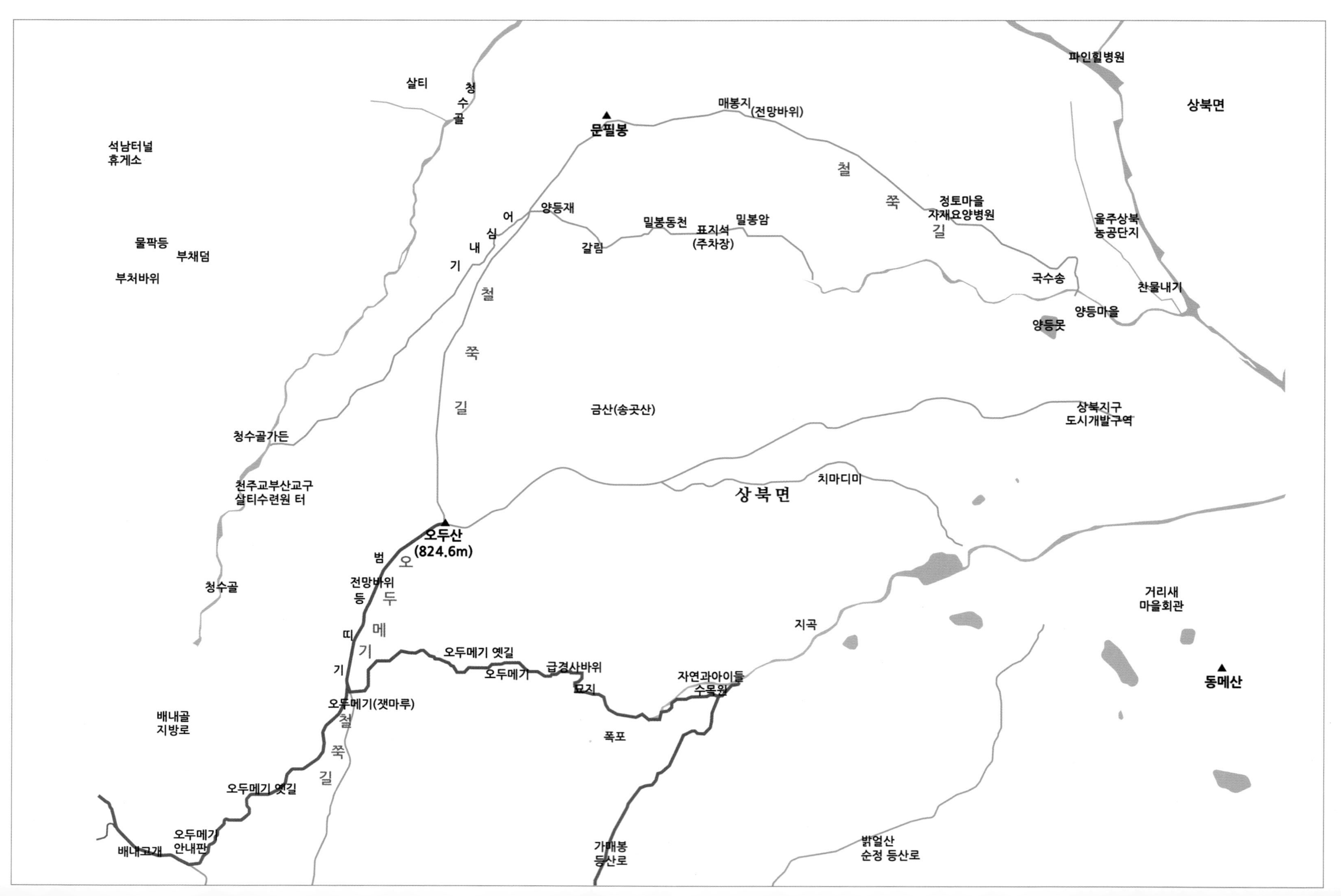
파인힐병원
상북면
살티
청수골
석남터널
휴게소
문필봉
매봉지(전망바위)
철쭉길
정토마을
자재요양병원
울주상북
농공단지
양등재
밀봉동천
표지석
(주차장)
밀봉암
어심내기
갈림
물팍등
부채덤
부처바위
국수송
찬물내기
양등마을
양등못
금산(송곳산)
상북지구
도시개발구역
청수골가든
천주교부산교구
살티수련원 터
치마디미
상북면
오두산
(824.6m)
범등띠기
전망바위
오두메기
청수골
거리새
마을회관
지곡
오두메기 옛길
오두메기
급경사바위
묘지
자연과아이들
수목원
동메산
오두메기(잿마루)
배내골
지방로
폭포
오두메기 옛길
오두메기
안내판
배내고개
가매봉
등산로
밝얼산
순정 등산로

9. 오두산 '범등디기'

오두산鰲頭山(824m) 자락에 있다. 범등디기는 범이 설치는 등줄기라는 의미다. 특히 오두산 구간은 앞이 탁 트인 범바위들이 많다. 영남알프스의 마지막표범이 1960년 인근 부처바위에서 포획되었다.

◑산행 길잡이

▲배내고개→오두산으로 이어지는 왕복 5km. 난이도 하등급으로 누구나 다닐 수 있는 옛길이다.

▲배내고개에서 배내봉 긴등 가매봉 밝얼산 순정마을 약 7.2km다. 밝얼산에서 말무재나 명촌못, 안간월로 갈 수 있다.

◑연계산행

하늘억새길과, 영남알프스 9봉을 연계할 수 있다. 오두산, 배내봉, 밝얼산, 간월산, 능동산, 가지산이 이어진다. 나인피크 트레일러 코스에 들어있다.

◑스토리

오두산 범등디기는 원래 사냥꾼들 다닌 길이었다. 그들이 노린 짐승은 표범이었다. 원래 진달래산 철쭉산이 범산이다. 오두산 '범등디기' 바위와 입석봉 부처바위, 그리고 가지산 쌀바위 아래 흰바위에 표범이 살았다. 전문 사냥꾼들은 범 오줌으로 암수 구별을 했다. 범은 진달래 철쭉 따라다닌다.

◑교통편

▲배내고개에서 출발한다. 언양터미널에서 328번 버스를 타고 배내고개에서 내린다. 328번 버스는 평일 오전 6시 20분, 7시 50분, 9시 50분, 주말 시간대는 오전 7시, 8시 20분, 9시 30분, 10시 55분에 있다. 들머리 배내봉 방향으로 약 1백 미터 올라오면 '우마고도 오두메기' 스토리텔링 안내판이 있다. 이곳 좌측 오솔길을 따라 가면 오두메기 잿마루가 나온다. 잿마루에서 동쪽으로 곧장 내려가면 지곡마을이고, 좌측 북쪽능선 길은 오두산(0.9km), 남쪽 능선 길은 배내봉(1.5km) 방향이다. 산행 후 거리회관 또는 양등마을 찬물내기 버스정류장에서 1713번, 807번, 302번 시내버스를 탈 수 있다.

▲부산에서는 도시철도 1호선 노포동 종점에 있는 부산종합터미널에서 신평 · 언양행 버스를 이용해 종점인 언양터미널에서 내려서 328번 배내골행 버스를 탄다. 승용차편은 내비게이션 '배내고개 주차장' 입력.

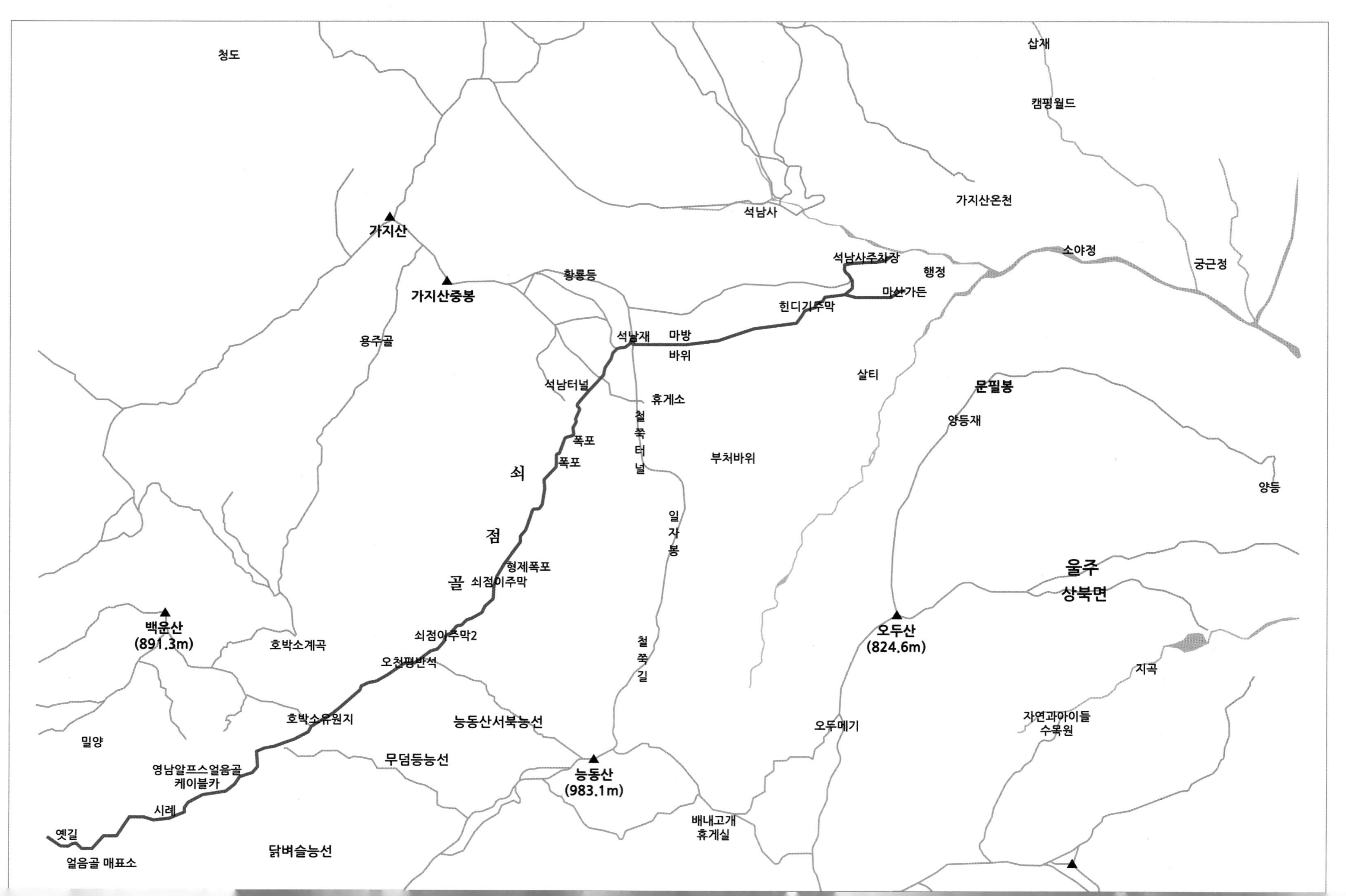

청도
삽재
캠핑월드
가지산온천
석남사
가지산
가지산중봉
황룡등
석남사주차장
행정
소야정
궁근정
마산가든
헌디기주막
석남재
마방
바위
용주골
석남터널
휴게소
살티
문필봉
양등재
철
쭉
터
널
폭포
폭포
부처바위
양등
쇠
점
골
일
자
봉
형제폭포
쇠점이주막
울주
상북면
백운산
(891.3m)
쇠점이주막2
오두산
(824.6m)
호박소계곡
오천평반석
철
쭉
길
지곡
호박소유원지
능동산서북능선
오두메기
자연과아이들
수목원
밀양
무덤등능선
영남알프스얼음골
케이블카
능동산
(983.1m)
시례
배내고개
휴게실
옛길
얼음골 매표소
닭벼슬능선

10. 얼음골 옛길

영남알프스에서는 보기 드물게 12개 거랑의 징검다리를 건너야 하는 십리옛길이다. 쇠점골에 들어서면 지상 최고의 비경이 열린다. 걷다 보면 스스로 길에 도취되어 황홀경에 빠진다. 쇠점골은 가지산과 능동산, 백운산 사이에 넣은 계곡으로, 영남알프스의 옛길 중에서 가장 아름답다. 호박소, 선녀탕, 수십 개의 크고 작은 폭포와 소沼 그리고 광택이 나는 십리 반석 위로 맑은 옥이 굴러 내린다. 쇠점골이라는 지명은 말의 주석편자를 갈았다는 데서 생긴 이름이다. 옛날에는 석남재를 넘는 길이 험해 계곡 입구에 쇠 발굽을 갈아 주던 대장간과 주막이 있었다는 설에서 유래되었다. 과거 쇠를 녹였던 불매간 흔적과 쇠 슬러그가 지금도 남아있다. 석남재에는 주막들이 있었다. 윗쇠지미주막과 아랫주막이다. 주막집은 봉놋방 돌담만 남고 모두 허물어졌다. 봉놋방의 하루 방값은 사람은 엽전 두 냥, 소에게 먹일 여물값은 엽전 한 냥이었다.

◑산행 길잡이

▲쇠점골 코스는 얼음골 호박소 주차장에서 출발한다. 계곡에 걸린 구름다리를 건너면 호박소가 나온다. 호박소→오천평반석→쇠점이 아랫주막, 윗주막→형제폭포→석남재에 도달한다. 특히 쇠점골 4km 코스 대부분이 한 덩어리 미끄럼틀 같은 반석을 이루며, 작은 소와 어우러진 비경에 눈길을 빼앗긴다. 산행 거리는 약 5km, 2시간 소요 된다.

◑스토리

석남재는 밀양과 울산의 문화가 교류하던 곳이다. 예전에는 이 길을 따라 고을 원님을 비롯하여 색시가 탄 꽃가마, 울산 소금장수도 넘었다. 얼음골 호박소는 철구소, 파래소와 함께 영남알프스 3대 소沼다. 하얀 암반에 푹 파인 소의 모양이 방앗간에서 사용하는 절구의 호박을 닮았다 하여 호박소 또는 구연이라 부른다.

◑교통편

▲언양터미널에서 석남사행 328번, 1713번, 807번 시내버스를 타고 석남사 정류장에서 내려 마산가든 앞에 가면 '가지산 등산로' 표시판을 따라가면 힌디기가 시작된다. 약 1시간 30분이면 석남재, 3시간이면 호박소 주차장에 도착한다. 산행이 끝나는 밀양 얼음골에서는 석남사로 가는 직행버스를 탄다.

▲승용차로 이동할 경우에는 얼음골 '호박소 주차장'을 내비게이션 목적지로 둔다.

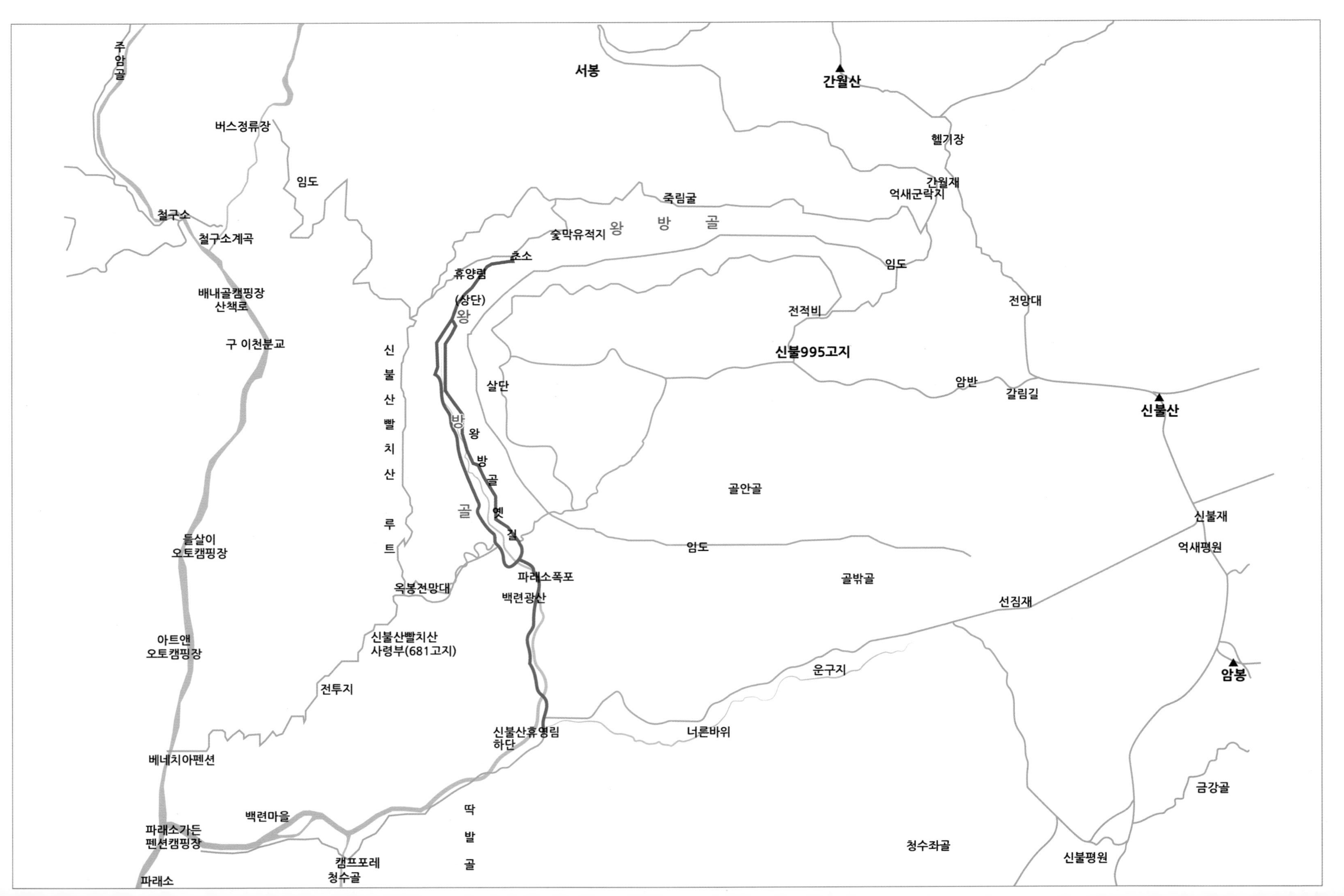
주암골
서봉
간월산
버스정류장
헬기장
임도
간월재
억새군락지
죽림굴
철구소
철구소계곡
숯막유적지
왕 방 골
춘소
휴양림
(상단)
임도
배내골캠핑장
산책로
전적비
전망대
구 이천분교
신불995고지
신불산빨치산루트
살단
암반
갈림길
신불산
왕방골 옛길
골안골
신불재
들살이
오토캠핑장
임도
억새평원
파래소폭포
골밖골
옥봉전망대
백련광산
선짐재
아트앤
오토캠핑장
신불산빨치산
사령부(681고지)
운구지
암봉
전투지
신불산휴양림
하단
너른바위
베네치아펜션
금강골
딱발골
백련마을
파래소가든
펜션캠핑장
청수좌골
신불평원
캠프포레
청수골
파래소

11. 명품 녹색길 파래소폭포 옛길

물 천지, 소沼 천지, 폭포 천지, 울창한 숲과 깊은 계곡에서 울러 퍼지는 물소리에 멍해 지는 코스다. 거기다 천주교 은둔지와 빨치산 코스를 더하게 된다면 가슴까지 멍해진다. 왕방골은 신불산과 간월산 두 형제봉 사이에 뻗어 내린 무인지경의 청정 협곡이다. 원시림 경관도 빼어나지만 우거진 수풀로 뒤덮인 협곡과 크고 작은 폭포와 웅덩이 암석에서 부딪치며 내는 물소리를 들으며 걸을 수 있다. 천주교 교인들의 은신처와 신불산 빨치산의 비트가 왕방골 여기저기에 산재해 있다.

◑산행 길잡이

▲왕방골 계곡 산행은 산림청에서 운영하는 배내골 신불산자연휴양림 하단지구에서 왕방골 계곡을 거슬러 올라 간월재로 이어진다. 자연휴양림 하단지구와 상단지구 두 곳으로 진입이 가능하며, 하단지구와 상단지구를 연결하는 산책로가 조성돼 있다. 간월재까지 거리는 5.6km, 휴식 시간을 포함해 왕복 5시간 30분 정도면 된다. 역순으로 등억리 복합웰컴센터에서 간월재를 올라서 왕방골 파래소폭포로 내려가는 방법도 있다. 간월재에서 간월산 왕복은 40분, 신불산 정상까지는 약 1시간~1시간 20분 더 추가해야 한다. 파래소폭포-왕방골 계곡은 경사도 적당하고 걷기 쉽도록 등산로를 따라 덱 로드도 설치해놨으며, 휴양림 상단부터는 안전한 임도를 이용할 수 있다.

▲휴양림 상단지구 임도 삼거리에서 옥봉 갈산고지 능선을 타고 파래소폭포로 이어진 신불산 빨치산 코스는 약 3.5km다. 난이도는 중등도.

◑스토리

배내구곡 중에서 가장 깊은 골짜기인 왕방골은 발품 좋은 억척꾼들이 주로 드나들었다. 숯을 굽고 철을 녹이던 민초들, 혁명을 꿈꾸던 빨치산, 한때는 박해받던 천주교인들의 인신처가 되기도 했다. 천혜의 왕방 계곡에 들어가면 외부에서 찾기란 어렵다.

◑교통편

▲배내골 신불산자연휴양림 하단지구에서 출발하여 파래소폭포→왕방골 계곡→산단→죽림굴→간월재 산행을 주로 한다. 배내골 버스는 언양터미널에서 328번 버스, 양산역 환승센터 1000번 버스, 원동역에서 수시로 운행하는 버스가 있다. 328번 버스를 타고 태봉 종점에 내려서 1.7km를 걸어야 신불산자연휴양림 하단지구가 나온다.

▲승용차편은 경부고속도로에서 신설된 신불산터널을 이용하면 곧장 갈 수 있다. 내비게이션 신불산자연휴양림(하단) 입력.

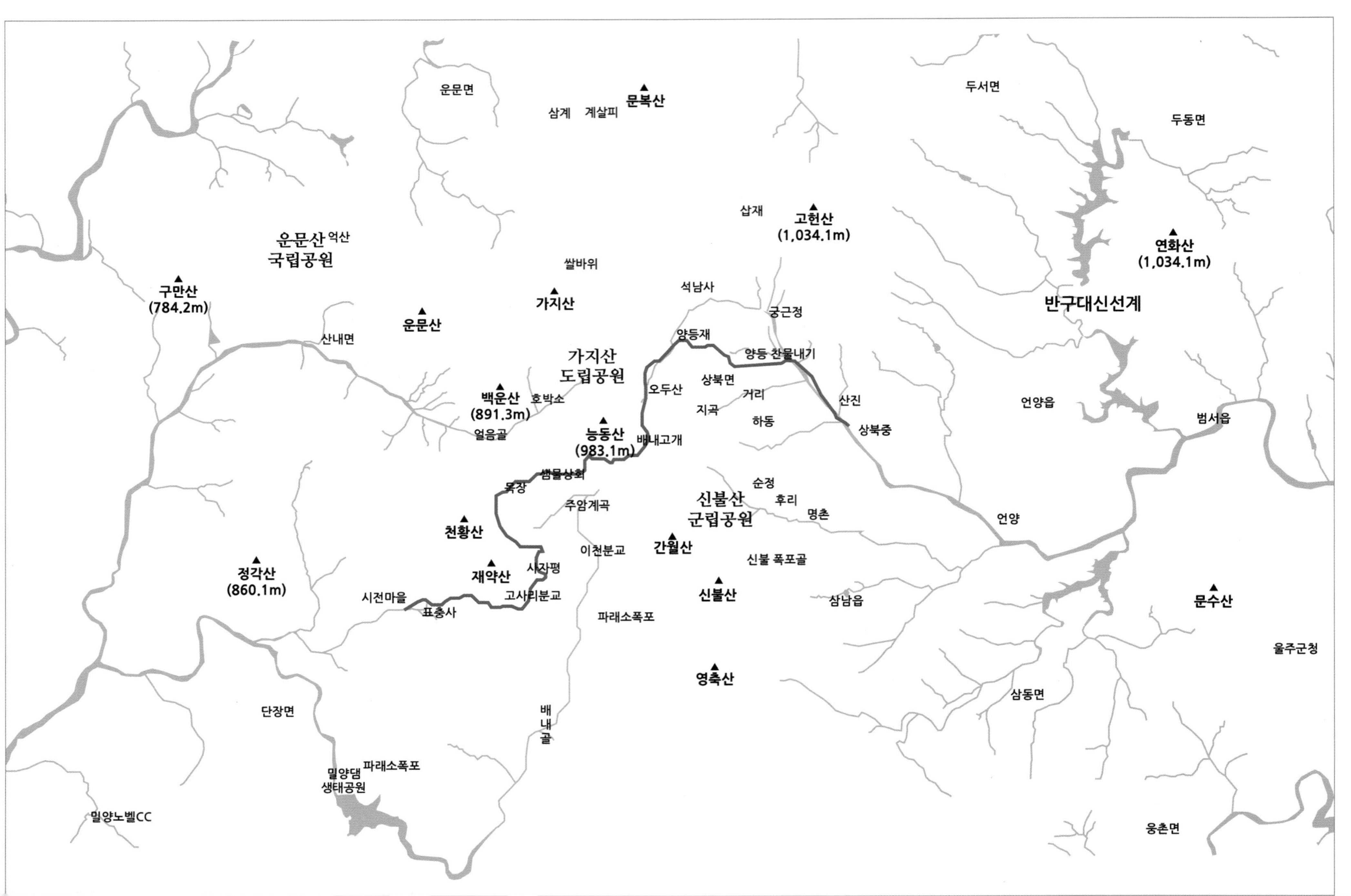
운문면
삼계
계살피
문복산
두서면
두동면
삽재
고헌산
(1,034.1m)
연화산
(1,034.1m)
운문산 억산
국립공원
쌀바위
구만산
(784.2m)
가지산
석남사
반구대신선계
운문산
궁근정
산내면
양등재
가지산
도립공원
양등 찬물내기
상북면
오두산
거리
산진
백운산
(891.3m)
호박소
언양읍
범서읍
지곡
하동
상북중
얼음골
능동산
(983.1m)
배내고개
샘물상회
순정
목장
신불산
군립공원
후리
주암계곡
명촌
언양
천황산
이천분교
간월산
정각산
(860.1m)
재약산
사자평
신불 폭포골
시전마을
고사리분교
신불산
삼남읍
문수산
표충사
파래소폭포
울주군청
영축산
단장면
삼동면
배
내
골
파래소폭포
밀양댐
생태공원
밀양노벨CC
웅촌면

12. 산골마을 억새소풍길

산과 들은 산골 아이들의 거대한 놀이터였다. 특히 영남알프스를 곁에 두고 사는 울주군 상북면 청소년들의 단골 수학여행지는 표충사였다. 상북중학교를 출발한 학생들은 거리오담 양등재를 넘어 배내고개, 사자평 억새평원을 힘겹게 올랐다. 이어서 사자평 고사리분교를 지나 목적지인 표충사 앞 민박집에서 하룻밤을 보냈다. 한나절 내내 환상적인 억새밭을 헤집고 다닌 학생들은 꿈에서도 비몽사몽이었다. 1박2일, 이틀간 꼬박 25km를 걸은 것이다. 비록 길고 힘든 여정이었지만 산골수학여행은 영원히 잊지 못할 추억이 되었다. 또 영남알프스 아이들은 상북 거리오담의 들녘을 동네 마당처럼 누비고 다녔다.

울주군 상북면 거리오담에 있는 일곱 못과 못, 마을과 마을을 순회했다. 거리오담 못으로는 명촌못, 후리 남해못, 순정못, 오산못, 하동못, 곡내못, 지곡못이 있다.

울주군 상북면의 옛지명은 이이벌이다. 고대 부족국가였던 거지화현의 중심으로 만호가 살았다고 전해온다. 경주 서라벌, 언양 이이벌, 양산 모래벌과 함께 3대 벌이다.

◑산행 길잡이

▲산골 아이들의 수학여행 코스는 상북면 산전리→양등재→배내고개→샘물상회→사자평 억새평원→고사리분교→표충사→시전마을이다.

▲명촌못은 상북면 후리에 있다. 밝얼산 아래에 풍광이 뛰어난 산책로를 겸비하고 있다. 긴등과 말무재, 송림길이 잘 어우러졌다.

▲남해못은 명촌못 아래에 있는 작은 못이다.

▲순정못은 후리마을과 순정마을 사이에 있다. 밝얼산 오르는 순정 들머리에 순정공소가 있다.

산골마을 학생들의 사자평 수학여행(사진 제공 정순옥)

▲오산못, 하동못은 오산 들판에 있다.

▲곡내못, 지곡못은 오두산 자락의 지목마을 기슭에 있다. 지곡못에서 올려다보는 오두산은 한폭의 수채화다.

◑연계산행

오두산, 밝얼산, 배내봉을 연계할 수 있다. 영남알프스 둘레길 2구간에 해당된다.

◑스토리

울주 상북중학교 학생들의 가을수학여행은 늘 사자평과 표충사였다. 당시 사자평을 지나며 고사리분교를 본 정순옥 씨는 "하늘 아래에 제일 높은 학교 같았어요. 먼길이었지만 그날이 그리워요." 상북중을 출발한 학생들은 양등재와 배내고개를 넘어 능동산 임도를 따라서 사자평 고사리분교에 도착했다. 이어서 층층폭포를 따라 표충사 앞 마을여관에서 하룻밤을 잤다.

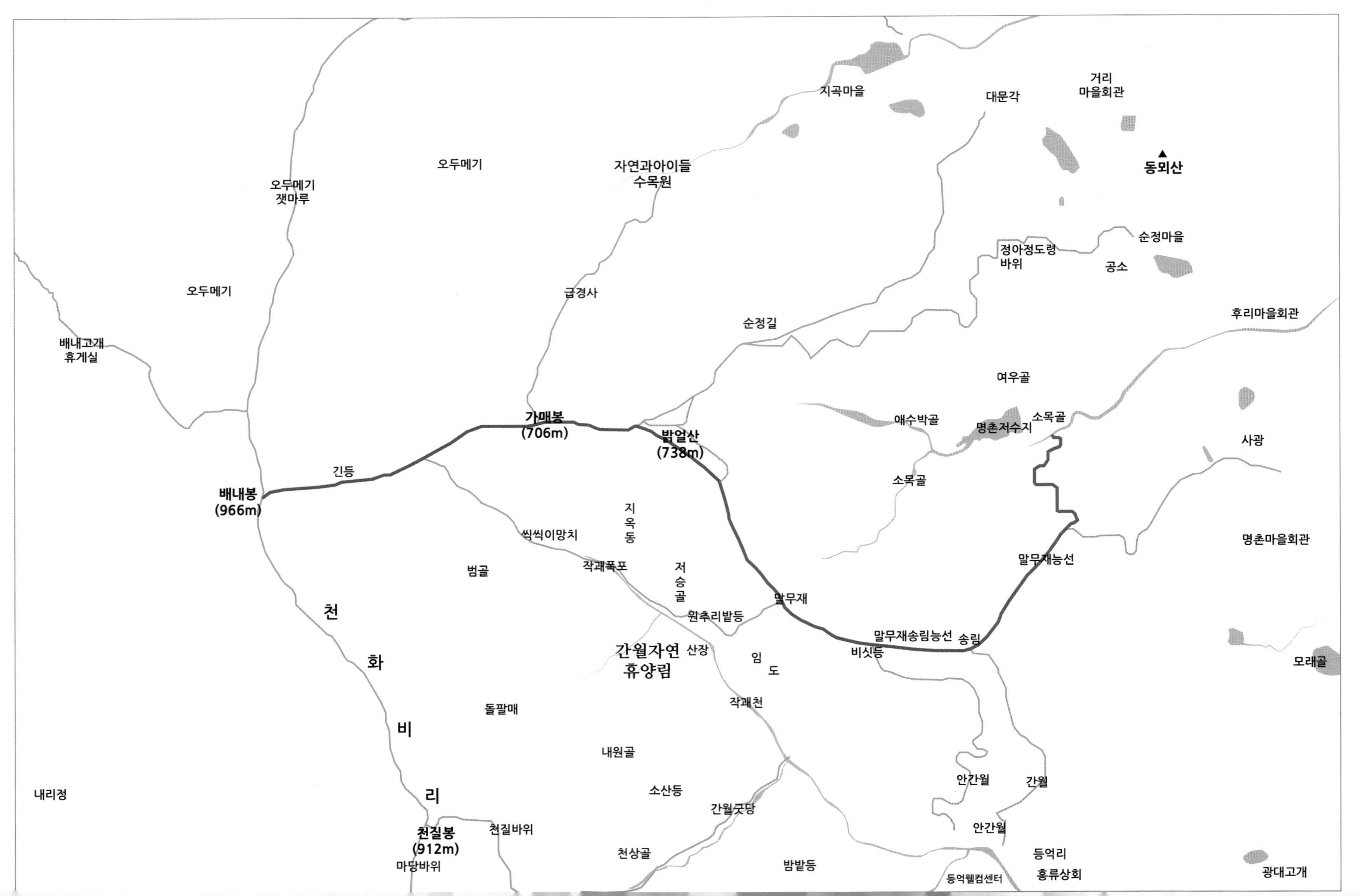

지곡마을
대문각
거리
마을회관
동뫼산
오두메기
자연과아이들
수목원
오두메기
잿마루
순정마을
정아정도령
바위
공소
오두메기
급경사
순정길
후리마을회관
배내고개
휴게실
여우골
애수박골
명촌저수지
소목골
사광
가매봉
(706m)
밝얼산
(738m)
긴등
배내봉
(966m)
소목골
지
옥
동
씩씩이망치
명촌마을회관
말무재능선
범골
작괘폭포
저
승
골
말무재
원추리밭등
천
말무재송림능선
송림
간월자연
휴양림
산장
임
도
비싯등
모래골
화
돌팔매
작괘천
비
내원골
안간월
간월
내리정
리
소산등
간월굿당
천질봉
(912m)
천질바위
안간월
천상골
등억리
마당바위
밤밭등
등억웰컴센터
홍류상회
광대고개

13. 밝얼산 '말무재'

밝얼산에서 천전리성으로 이어지는 능선이다. 말무재 능선은 밝얼산 기슭을 감고 돌아 멀리 언양 부로산으로 이어진다. 말무재는 말馬의 등처럼 고갯길이다. 명촌마을과 간월 저승골을 왕래하는 지름길이다. 또 가마솥처럼 생긴 가매등이 있다. 낙엽 융단 깔린 푹신푹신한 긴 자드락길을 걷다보면 꽃가마를 타고 가는 기분이 든다.

밝얼산 아래에 있는 이이벌은 고대 '거지화현居知火縣'이라는 부족국가가 있었던 땅이다. 지금의 언양, 상북을 중심으로 만호가 살았다고 전해온다. 언양 이이벌은 경주 서라벌, 양산 모래벌과 함께 3대 벌伐이다.

◑산행 길잡이

▲배내고개에서 출발하여 배내봉(1.5km)→가매봉→밝얼산→순정마을까지 거리는 약 7.2km, 배내고개에서→배내봉-말무재→부로산까지는 12km.

▲밝얼산 말무재에서 명촌저수지 후리마을, 안간월, 천전리 산성산으로 갈 수 있다. 난이도는 중등도다. 배내봉부터는 평탄한 내리막이다. 울창한 송림능선을 걸으며 신불산, 간월산과 등억리 복합웰컴선터를 조망할 수 있다.

◑스토리

동네 아낙들이 모여 밝얼산 순정만디에 나물을 캐러 다녔다. "정아정도령 바위 앞을 지나갈 때는 나물을 많이 캐게 해달라고 꼭 인사를 드렸어요." 삼베 밥 수건에 싼 주먹밥과 산에서 캔 산부추, 곤달비, 반달비, 꼬망추 참나물을 '참새미' 물가에 둘러앉아 쌈 싸먹던 시절을 잊지 못해 하는 박 할머니는 "죽기 전에 달고 시원한 '참새미' 물 한 모금 마시고 싶다."고 했다.

- 배성동의 '영남알프스 오디세이' 중에서

◑교통편

▲울산KTX나 언양터미널 정류장에서 석남사행 328번를 타고 배내고개에 내린다. 하산 후에는 길천초등학교 앞에서 953번, 954번 마을버스를 타고 언양터미널에 갈 수 있다.

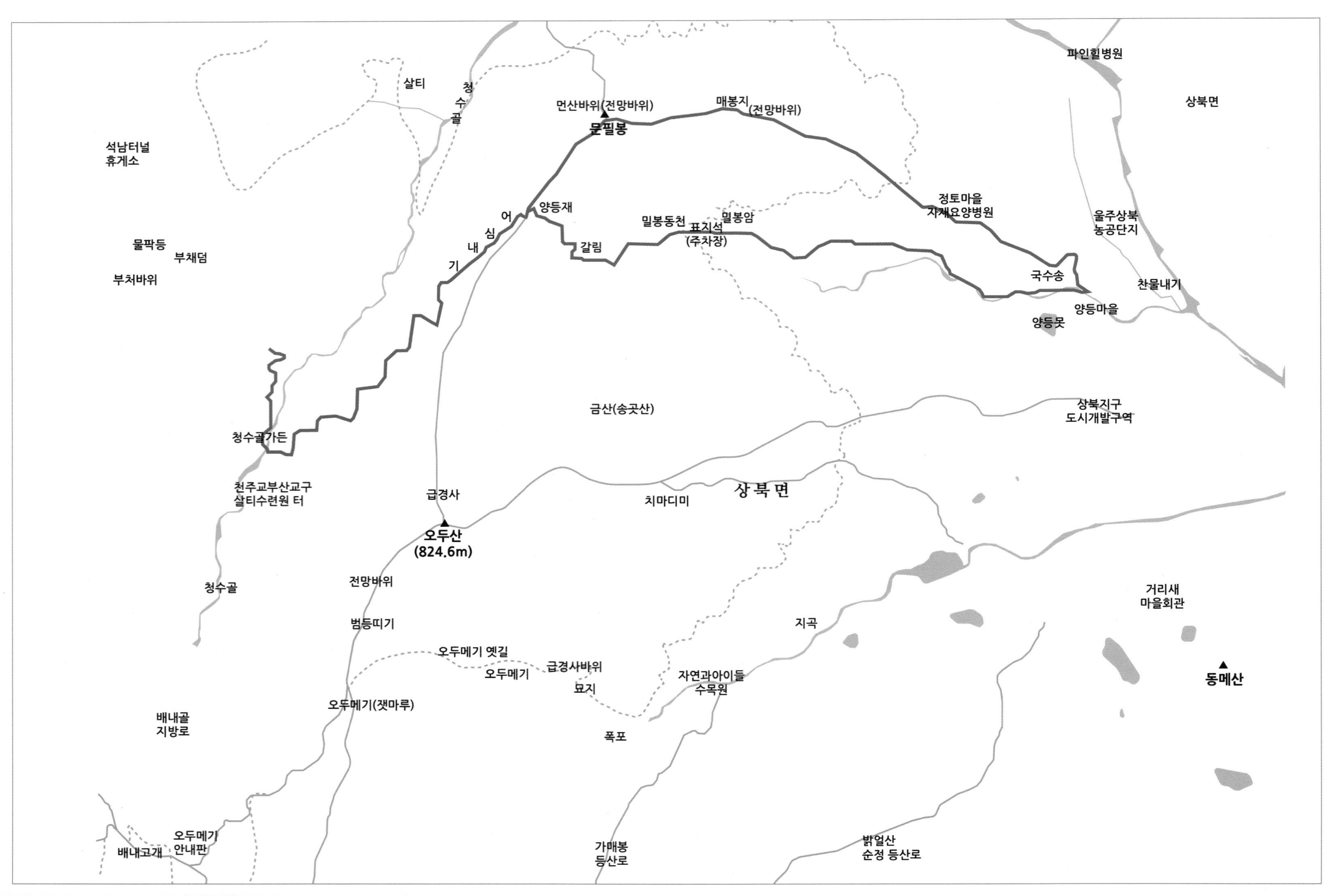

파인힐병원
상북면
살티
청
수
골
먼산바위(전망바위)
문필봉
매봉지(전망바위)
석남터널
휴게소
정토마을
자재요양병원
울주상북
농공단지
양등재
밀봉동천
표지석
(주차장)
밀봉암
물팍등
부채덤
부처바위
어
심
내
기
갈림
국수송
찬물내기
양등마을
양등못
금산(송곳산)
상북지구
도시개발구역
청수골가든
천주교부산교구
살티수련원 터
급경사
치마디미
상 북 면
오두산
(824.6m)
전망바위
청수골
거리새
마을회관
범등띠기
지곡
오두메기 옛길
급경사바위
오두메기
자연과아이들
수목원
묘지
동메산
오두메기(잿마루)
배내골
지방로
폭포
오두메기
안내판
배내고개
가매봉
등산로
밝얼산
순정 등산로

14. 밀봉동천 '어심내기'

문필봉 먼산바위에서 본 가지산 살티마을

양등마을에서 배내골로 연결되는 옛길이다. 길이 있는 곳에 사람이 있다. 밀봉암에서 양등재 사이로 난 밀봉동천 열두 고갯길은 언양장날이면 배내골 아낙들과 밀양장꾼들이 줄을 서 넘었다. 발품이 약한 아낙네들은 높은 오두메기 길보다는 수월한 양등잿길을 택했다. 배내골 사람들에게는 바깥세상과 소통할 수 있는 통로였다. 고즈넉한 길을 걷다보면 자연과 동화가 된다. 특이한 점은 밀봉동천 코스는 오르는 내내 육송들이 하늘을 뒤덮었다. 양등재에서 청수골 사이로 이어진 어심내기 옛길은 철쭉터널을 이룬다. 밀봉동천과 어심내기 길은 느리게 걷는 코스다. 달팽이 느림보 걸음은 여유롭고, 숨이 덜 가프다.

양등재에는 네 갈레 길이 있다. 오두산 가는 길, 문필봉 매봉지 가는 길, 배내골 길. 양등 밀봉암 가는 길이다. 모두가 자연미가 있는 아리랑 옛길이다. 가지산과 능동산 부처바위가 보인다. 무릎까지 쌓인 낙엽 길이 배내골 청수골 가는 길이다. 쪽박산 기슭으로 이어진 어심내기가 시작된다. 어심내기란 어두운 냇가길이라는 뜻이다. 자연재해로 유실된 길은 마을 사람들이 부역을 나와 다시 손을 봤다. 바닥에 떨어진 솔방울을 툭 툭 차면서 유유자적 걸을 수 있다.

◑산행 길잡이

▲양등마을에서 밀봉암→양등재 거리 약 4km(밀봉암 2km, 양등재 2km).

▲양등마을에서 밀봉암→양등재→어심내기→청수골 가든 거리는 약 6km.

▲배내고개에서 오두산→양등재→문필봉→국수송→양등마을 약 7.8km.

▲난이도는 중등도.

◑스토리

양등잿길은 양등마을 주민들이 사자평 억새를 베 나르던 길이다. 억새는 지붕을 이거나 생활용품을 만나는데 요긴하게 쓰였다. 멀리서보면 하늘을 찌를 듯 뾰족한 송곳봉우리는 송곳산, 쪽박산 혹은 금산이라 부른다. 벌의 날개처럼 밀봉암을 에워싼 봉우리는 매봉지다. 풍수적으로 벌이 날개를 편 형상의 지형은 재물 복이 있다고 한다. 과거 이 일대는 범, 늑대, 사슴이 득실거렸다. 기러기처럼 떠돌이 장꾼들이 다닌 통로였다. 장꾼들은 사자평으로 가거나 위험하기 짝이 없는 얼음골 층층 절벽을 타고 가기도 했다.

◑교통편

▲울산KTX이나 언양터미널에서 1713번, 807번, 328번 버스를 타고 양등마을 입구에서 내린다. 여기서 양등마을→밀봉암→양등재→어심내기→살티마을로 이어진다. 산행 후에는 배내골에서 나오는 328번 버스나 석남사 주차장에서 언양 버스를 탈 수 있다.

▲승용차편은 내비게이션 '양등마을경로당'이나 '밀봉암' 입력.

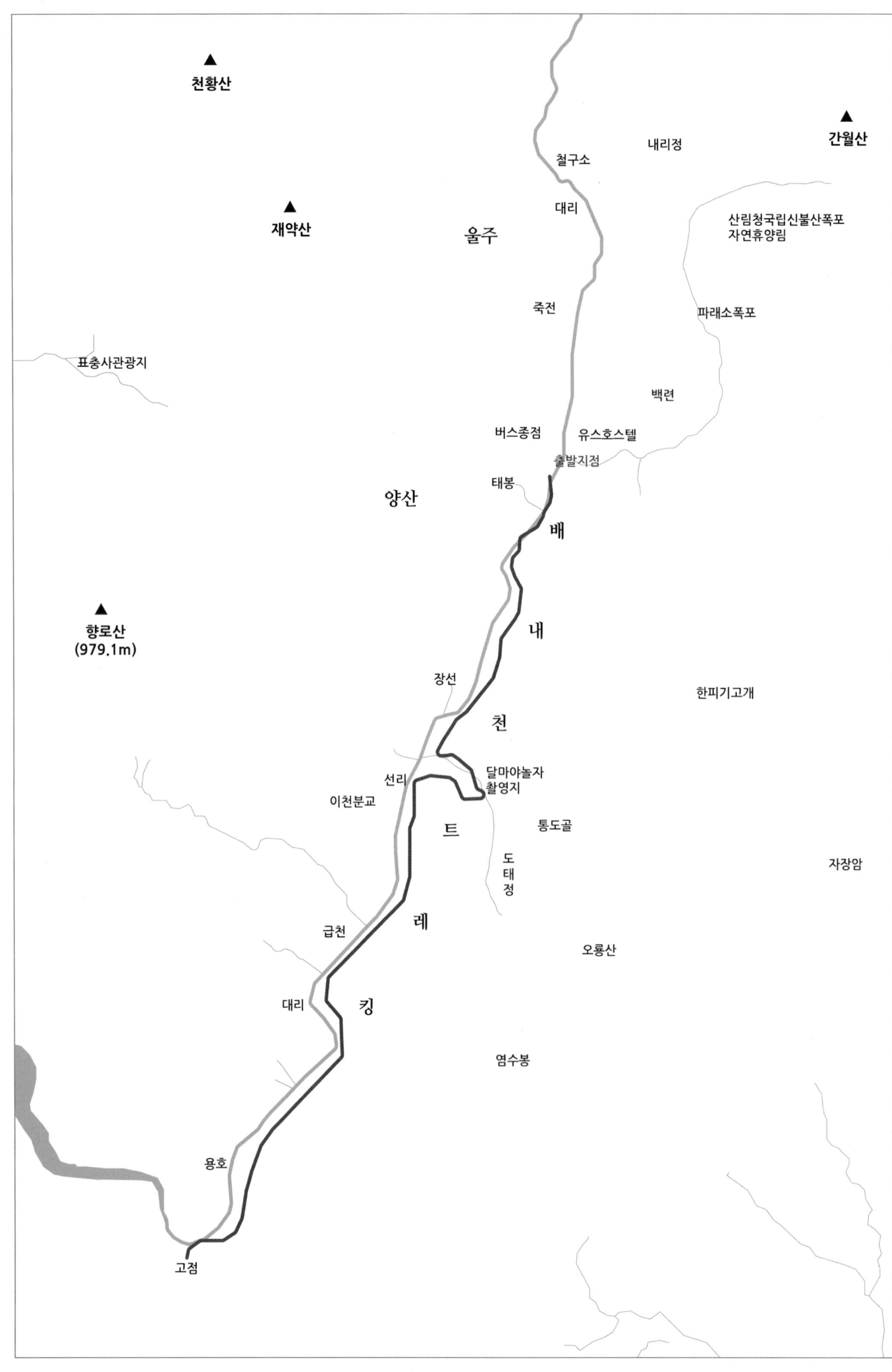

천황산
간월산
내리정
철구소
대리
재약산
울주
산림청국립신불산폭포
자연휴양림
죽전
파래소폭포
표충사관광지
백련
버스종점
유스호스텔
출발지점
태봉
양산
배
내
향로산
(979.1m)
장선
한피기고개
천
달마야놀자
촬영지
선리
이천분교
통도골
트
도
태
정
자장암
급천
레
오룡산
대리
킹
염수봉
용호
고점

15. '숲멍', '길멍', '물멍' 3박자가 어우러진 배내천 트레킹 코스

영남알프스의 중앙을 가로지르는 배내천을 따라 걷는 10km의 트레킹 코스로, 숲멍, 길멍, 물멍 3박자가 어우러진 코스다. 영남알프스 능선의 서쪽 자락을 흐르는 계곡 물과 자연 풍광이 빼어나고, 경사가 없어 유유자적 걷기 좋다. 따라서 멍 때리기에 더 없이 좋은 숲멍 코스다. 배내골은 고산 준봉에서 흘러드는 물이 모이는 일급수계다. 우거진 숲길을 걸으며 배내골 산과 마을 그리고 배내천을 가까이 바라보며 자연과 함께하는 길이다. 울산 함양간고속도로 배내골IC 개통으로 접근성이 좋아졌다.

◑산행 길잡이

배내천 트레킹 코스는 개울을 따라 유유자적 걷는 흙길 코스다. 전체 거리는 10km(공식 표시 거리는 9.77km), 3시간~4시간 소요된다.

▲1코스는 태봉마을 파래스교에서 장선마을까지 1.63km.

▲2코스는 장선마을에서 대리마을까지 4.65km.

▲3코스는 대리마을에서 풍호마을까지 2.4km.

▲4코스는 풍호마을에서 고점교까지 1.09km.

울주와 양산의 경계인 태봉마을에서 시작해 하류로 가면서 장선마을과 대리마을(이정표의 금천마을), 풍호마을에서 구간이 구분된다. 대체로 비탈을 가로질러 숲길을 걷는다.

◑스토리

배내골에 담겨있는 아픔의 역사뿐만 아니라 자연의 경이로움을 전달해 준다. 특히 임진왜란이나 한국전쟁처럼 전쟁이 일어날 때마다 은신처 역할을 했던 도태정은 상처가 깊은 산중오지마을이었다. 코스 안에는 배내골에서 신평장을 드나들었던 장길도 있다. 녹녹치 않은 주빈들의 삶을 뒤돌아보는 길이며, 사람에게 상처받은 마음을 자연에게 위로받는 치유의 길이기도 하다.

◑교통편

▲언양터미널에서 328번 버스를 타고 태봉 종점에 내린다. 인근 파래소교 건너편 들머리에 아치형 입간판이 세워져 있다.

▲양산 방면에서는 부산도시철도 양산역에 내려 시내버스 1000번, 원동역 2번 버스 이용한다.

▲원동역은 부산역이나 부전역 등에서 무궁화호 열차를 타고 가면 된다. 열차 시간에 맞춰 2번 버스가 출발한다.

▲승용차를 이용할 때는 경남 양산시 원동면 '태봉교'나 대리 '고점교'를 내비게이션 목적지로 하면 된다. 트레킹을 마친 뒤 차량을 회수할 때는 태봉마을에서 버스를 타고 농암대 정류장에 내리면 된다.

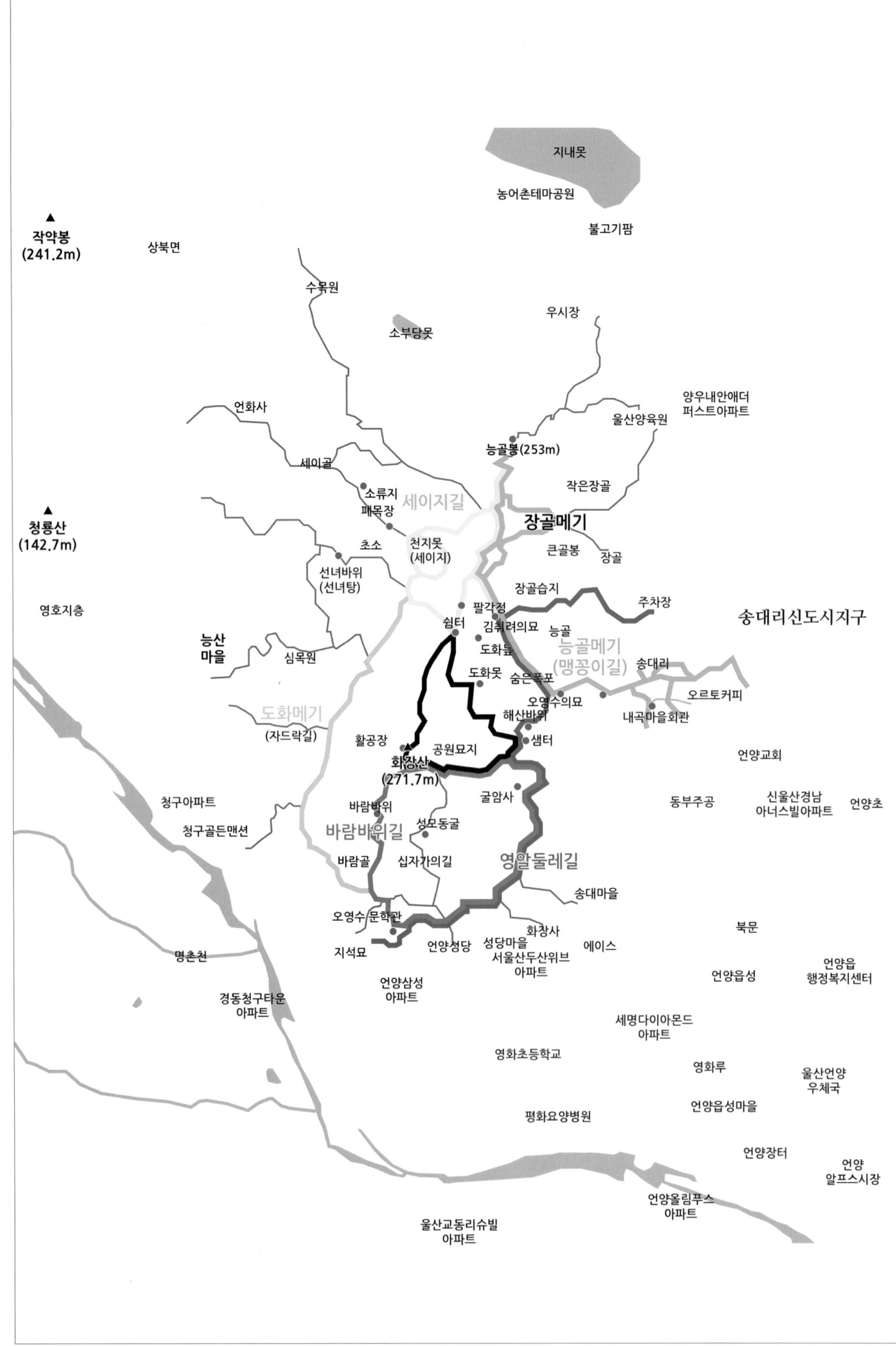

지내못
농어촌테마공원
불고기팜
작약봉
(241.2m)
상북면
수목원
소부당못
우시장
양우내안애더
퍼스트아파트
언화사
울산양육원
능골봉(253m)
세이골
작은장골
소류지
폐목장
세이지길
장골메기
청룡산
(142.7m)
초소
천지못
(세이지)
큰골봉
장골
선녀바위
(선녀탕)
장골습지
주차장
영호지층
팔각정
송대리신도시지구
쉼터
김취려의묘
능골
능산
마을
도화늪
능골메기
(맹꽁이길)
심목원
송대리
도화못
숨은폭포
오르토커피
오영수의묘
도화메기
해산바위
내곡마을회관
(자드락길)
활공장
샘터
공원묘지
언양교회
화장산
(271.7m)
청구아파트
굴암사
동부주공
신울산경남
아너스빌아파트
언양초
바람바위
청구골든맨션
성모동굴
바람바위길
바람골
십자가의길
영알둘레길
송대마을
오영수 문학관
북문
화장사
지석묘
언양성당
성당마을
에이스
언양읍
서울산두산위브
아파트
명촌천
행정복지센터
언양읍성
언양삼성
아파트
경동청구타운
아파트
세명다이아몬드
아파트
영화초등학교
영화루
울산언양
우체국
언양읍성마을
평화요양병원
언양장터
언양
알프스시장
언양올림푸스
아파트
울산교동리슈빌
아파트

16. 꽃을 감춘 산, 화장산 맨발 트레킹

도심의 무릉도원이다. 거기다 역사문화와 산림 수양, 힐링체험 그리고 맨발 트레킹을 할 수 있는 자연 정원 같은 곳이다. 전국 최고의 수목원으로도 손색이 없다.

화장산花藏山은 이름 그대로 꽃을 감춘 산이다. 2013년 화재로 산의 절반이 불 탔지면 다시 자연생태는 돌아왔다. 비록 271미터의 낮은 산이지만 신비로움과 여러 전설을 간직하고 있다. 어린 오누이가 곰에게 잡혀 먹혔다는 슬픈 설화, 왕자의 신비한 약을 화장산 굴암사에서 구했다는 도화 설화, 인접한 향산리 청룡산에는 열녀 동래정씨를 지킨 호랑이가 묻힌 영호지총이 있다.

주변에는 반구대와 언양읍성, 김취려장군묘소, 언양성당, 오영수문학관 등 역사 문화 유적지가 있고, 사통팔달 접근성이 월등하다. 거기다 동서남북 방향 어디서든 오를 수 있다.

화장산의 빼어난 점은 황토 대지와 정상평지에 크고 작은 못과 습지가 산재해 있다는 것이다. 또한 언양성당과 성모동굴, 화장사, 굴암사 그리고 공원묘지 등 산 자와 죽은 자의 성지이기도 하다.

◑산행 길잡이

▲영남알프스 둘레길 2-2구간에 속한다. 둘레길과 바람바위길은 가파른 송림길이고, 능골메기는 무난한 황톳길이다.

▲능골메기, 장골메기 : 언양교회(경남아너스빌)→내곡마을→오영수의 묘→김취려장군의 묘→능골봉.

▲세이지길 : 임도 쉼터→능골봉→세이지→초소바위(선녀탕).

▲바람바위길 : 언양성당(오영수문학관)→굴암사→도화정→화장산 정상(271m)→바람바위→언양성당.

▲도화메기 : 언양성당→오영수문학관 뒤 송림길→너들지대→삼목원 임도.

◑교통편

▲KTX울산역에서 택시로 10분, 언양터미널에서 약 5분 거리.

▲능골메기, 장골메기 버스편 : 308번, 857번, 1733번 경남아너스빌 하차. 1723번 언양읍성북문 하차.

▲세이지길, 바람바위길, 도화메기 버스편 : 1713번, 807번, 328번, 338번, 355번, 953번, 954번, 1713번.

▲능골메기 가는 승용차편은 언양읍 내곡24(오르토거피) 내비게이션 입력, 바람바위와 도화메기는 언양성당 내비게이션 입력하면 된다.

나가는 글

떠도는 자의 노래

길이 되어
산과 산 이어주리라

살기 위해서 죽고
죽어서 부활하는 억새 되어
산길 잡아주고 물길 터 주리라

아, 바위 되리라
협곡 솔바위 되어
그대 부르면 메아리되어 가리라

발품으로 그려낸
스토리 가이드북
영남알프스 100선

초판 1쇄 발행 2022년 10월 1일

기획 영남알프스 숲길 사회적협동조합 · 영남알프스학교
지은이 배성동
펴낸이 홍종화

편집·디자인 오경희 · 조정화 · 오성현 · 신나래
박선주 · 이효진 · 정성희
관리 박정대 · 임재필

펴낸곳 민속원
창업 홍기원
출판등록 제1990-000045호
주소 서울시 마포구 토정로 25길 41(대흥동 337-25)
전화 02) 804-3320, 805-3320, 806-3320(代)
팩스 02) 802-3346
이메일 minsok1@chollian.net, minsokwon@naver.com
홈페이지 www.minsokwon.com

ISBN 978-89-285-1763-3 03980